国家教材建设重点研究基地（高等学校人工智能教材研究）重点成果
新一代人工智能通识系列教材

人工智能通论

主　编　姜　迪　王红斌　方娇莉

副主编　潘晟旻　洪榆峰　殷　群　臧兆祥

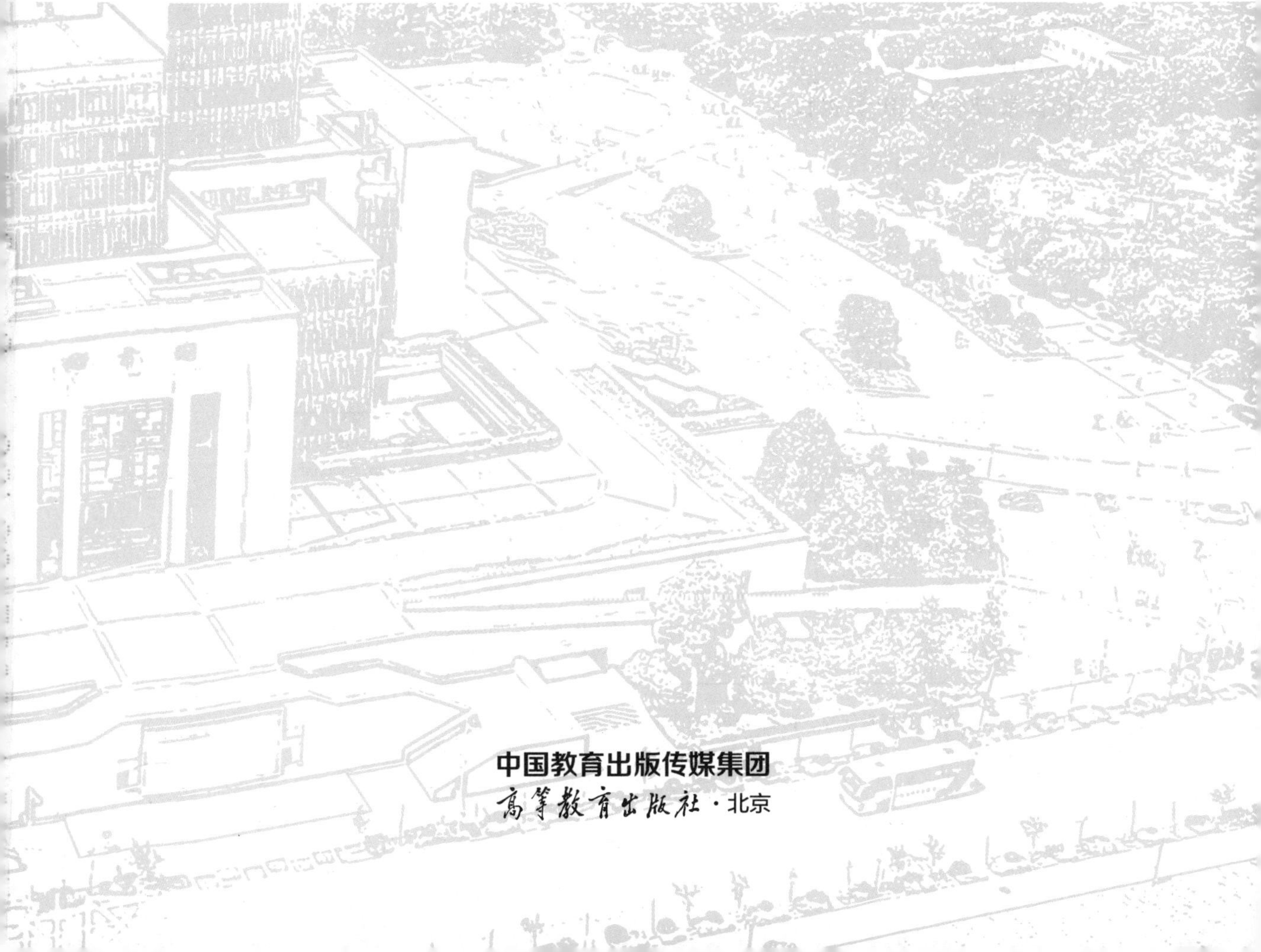

中国教育出版传媒集团
高等教育出版社·北京

内容提要

本书构建了"技术—人文"双维知识体系,以"智能的本质与未来"为主线,系统阐释从基础理论到前沿应用的完整知识图谱。内容突破传统范式,打造"去公式化算法解析+零(低)代码实践"双轨教学模式:一方面通过符号主义、连接主义与行为主义的哲学对话,以直观案例替代数学推导;另一方面依托可视化实验设计,让学习者无须编程即可体验人工智能领域的经典核心算法。

本书遵循"理论—认知—实践"架构组织章节内容,主要包括计算思维、人工智能、机器学习、深度神经网络、人工智能应用技术、人工智能行业应用和大模型,并通过行业案例与跨模态实践,为智能时代人才培养提供兼具方法论深度与价值观温度的教学范本。

本书既可作为人工智能通识课的教材,也可供对人工智能技术感兴趣的社会人士自学使用。

图书在版编目(CIP)数据

人工智能通论 / 姜迪,王红斌,方娇莉主编 ;潘晟旻等副主编. -- 北京 : 高等教育出版社,2025. 8.
(新一代人工智能通识系列教材). -- ISBN 978-7-04-065283-3

Ⅰ. TP18

中国国家版本馆 CIP 数据核字第 2025HC4240 号

Rengong Zhineng Tonglun

策划编辑	耿 芳	责任编辑	耿 芳	封面设计	张 志	版式设计	董思含
责任绘图	马天驰	责任校对	高 歌	责任印制	高 峰		

出版发行	高等教育出版社	网　址	http://www.hep.edu.cn
社　址	北京市西城区德外大街 4 号		http://www.hep.com.cn
邮政编码	100120	网上订购	http://www.hepmall.com.cn
印　刷	山东新华印务有限公司		http://www.hepmall.com
开　本	787mm×1092mm 1/16		http://www.hepmall.cn
印　张	24		
字　数	540 千字	版　次	2025 年 8 月第 1 版
购书热线	010-58581118	印　次	2025 年 8 月第 1 次印刷
咨询电话	400-810-0598	定　价	52.00 元

本书如有缺页、倒页、脱页等质量问题,请到所购图书销售部门联系调换

版权所有　侵权必究

物 料 号　65283-00

人工智能通论

主　编　姜　迪　　王红斌
　　　　方娇莉
副主编　潘晟旻　　洪榆峰
　　　　殷　群　　臧兆祥

1　计算机访问http://abooks.hep.com.cn/1272391，或手机微信扫描下方二维码进入新形态教材网。

2　注册并登录后，计算机端进入"个人中心"，单击"绑定防伪码"，输入图书封底防伪码（20位密码，刮开涂层可见），完成课程绑定；或手机端单击"扫码"按钮，使用"扫码绑图书"功能，完成课程绑定。

3　在"个人中心"→"我的学习"或"我的图书"中选择本书，开始学习。

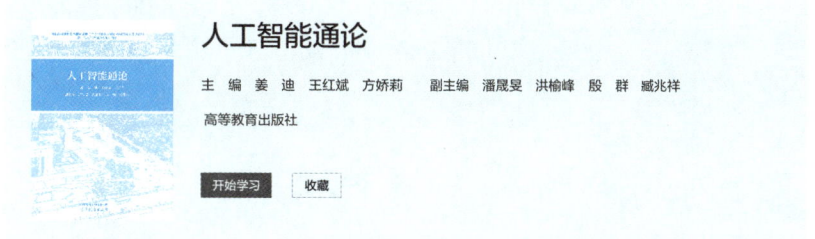

　　受硬件限制，部分内容可能无法在手机端显示，请按照提示通过计算机访问学习。

　　如有使用问题，请直接在页面点击答疑图标进行咨询。

新一代人工智能通识系列教材编委会

主　　任　潘云鹤（浙江大学）

副 主 任　郑南宁（西安交通大学）　　　　高　文（北京大学）

　　　　　陈　纯（浙江大学）　　　　　　戴琼海（清华大学）

　　　　　郑庆华（同济大学）　　　　　　阳化冰（高等教育出版社）

成　　员（按姓氏笔画排序）

　　　　　于　剑（北京交通大学）　　　　孙茂松（清华大学）

　　　　　马占宇（北京邮电大学）　　　　孙凌云（浙江大学）

　　　　　王飞跃（中国科学院大学）　　　杜　博（武汉大学）

　　　　　王延峰（上海交通大学）　　　　李　波（北京航空航天大学）

　　　　　王　娇（国家开放大学）　　　　杨小康（上海交通大学）

　　　　　文继荣（中国人民大学）　　　　杨　易（浙江大学）

　　　　　方勇纯（南开大学）　　　　　　肖　俊（浙江大学）

　　　　　古天龙（暨南大学）　　　　　　吴　飞（浙江大学）

　　　　　卢策吾（上海交通大学）　　　　吴　枫（中国科学技术大学）

　　　　　申恒涛（同济大学）　　　　　　吴维刚（中山大学）

　　　　　成秀珍（山东大学）　　　　　　何钦铭（浙江大学）

　　　　　吕建成（四川大学）　　　　　　张建国（南方科技大学）

　　　　　朱松纯（北京大学）　　　　　　张燕咏（中国科学技术大学）

　　　　　刘成林（中国科学院大学）　　　范晓鹏（哈尔滨工业大学）

　　　　　刘　挺（哈尔滨工业大学）　　　金耀初（西湖大学）

　　　　　刘　茜（高等教育出版社）　　　周志华（南京大学）

周　杰（清华大学）　　　　　　焦李成（西安电子科技大学）

高新波（重庆邮电大学）　　　　曾志刚（华中科技大学）

黄　华（北京师范大学）　　　　黎　铭（南京大学）

黄河燕（北京理工大学）　　　　薛向阳（复旦大学）

黄铁军（北京大学）　　　　　　薛建儒（西安交通大学）

秘 书 长　吴　飞（浙江大学）　　　　王　康（高等教育出版社）

孙凌云（浙江大学）

副秘书长　杨　洋（浙江大学）　　　　况　琨（浙江大学）

丛书序

2017 年国务院印发的《新一代人工智能发展规划》指出：人工智能的迅速发展将深刻改变人类社会生活、改变世界。新一代人工智能是引领这一轮科技革命、产业变革和社会发展的战略性技术，具有溢出带动性很强的头雁效应。

科技发展的事实已经表明，重大科技问题的突破，新理论乃至新学科的创生，常常是不同学科理论交叉融合的结果。利用不同学科之间依存的内在逻辑关系，在学科之间相互渗透、交叉和综合，往往可打开科学知识生产的前沿。

类似电力等通用目的技术，人工智能也具备"至小有内，至大无外"的与各种学科交叉的潜力，无论是从人工智能角度解决科学挑战和工程难题（AI for Science，如利用人工智能预测蛋白质序列的三维空间结构），还是从科学的角度优化人工智能（Science for AI，如从统计物理规律角度优化神经网络模型），未来的重大突破将越来越多地源自这种交叉领域的工作。

当前人工智能正在改变以数据观测为核心的实验科学和以发现物理世界基本原理为核心的理论科学，人工智能参与到基础学科和工程技术的生成假设、设计实验、计算结果、解释机理过程中，重新定义对科学和工程等领域中规律探索的手段，以计算方式合理应用科学定律来系统化地解决现实中复杂问题，犹如"水与电"一样让万千普通人用它创造出善意涟漪，迸发新意迭出和价值分享的知识力量。

人工智能、教育先行、人才为本。以科技创新催生新产业、新模式、新动能，推动从人工智能到"人工智能+"的历史性跃升，形成以人工智能为引擎的新质生产力，需要大批了解人工智能、使用人工智能、创新人工智能的时代人才。

为促进人工智能人才培养，国家新一代人工智能战略咨询委员会和高等教育出版社于 2018 年 3 月成立了"新一代人工智能系列教材"编委会。"新一代人工智能系列教材"已出版了包含人工智能基础理论、算法模型、技术系统、硬件芯片和伦理安全以及"智能+"学科交叉及实践等内容的 26 本理论技术教材和 11 本实践教材，形成了衔接前沿、涵盖完整、交叉融合的，而且具有中国特色的人工智能一流教材体系。

2024 年 11 月，高等教育出版社和国家教材建设重点研究基地（高等学校人工智能教材研究）对新一代人工智能系列教材编委会扩容，聘请我担任编委会主任，郑南宁院士、高文院士、陈纯院士、戴琼海院士、郑庆华院士和阳化冰副总编辑担任编委会副主任，并联合浙江大学出版社共同面向全国高校教师组织编写"有专业高度、显学理深度、含人文温度"的"新一代人工智能通识系列教材"，开启有组织的人工智能通识教育和"人工智能+"专业人才培养教材建设的新篇章。

教材建设是国家走向一流之大计，是高质量人才自主培养体系建设之基石。我希望"新一代人工智能通识系列教材"出版能够为人工智能各类型人才培养做出应有贡献，推进教育、科技、人才"三位一体"协同融合发展。

衷心感谢编委会成员、教材作者、出版社编辑等为"新一代人工智能通识系列教材"出版所付出的时间和精力。

前　言

　　人类对智慧的追求从未停歇。从远古时期的结绳记事，到工业革命的蒸汽轰鸣，再到如今人工智能（artificial intelligence，AI）的蓬勃发展，我们始终在尝试用工具和智慧拓展认知的边界。今天，人工智能已不再是科幻小说中的幻想，而是深刻融入日常生活、推动社会变革的核心力量。它让机器能够"看"世界、"听"声音、"说"语言、"想"策略，甚至"创造"艺术。本书将带领读者走进人工智能的奇妙世界，从基础理论到前沿技术，从算法原理到行业应用，共同探索智能的本质与未来。

　　1. 人工智能：一场改变人类文明的革命

　　人工智能的崛起，标志着人类首次尝试以系统化的方式赋予机器类人的思维能力。它不仅是一门技术科学，更是一种全新的思维方式。从计算思维的启蒙（第1章）到深度神经网络的复杂架构（第4章），从机器学习的自主进化（第3章）到大模型的颠覆性突破（第7章），人工智能的发展历程既是对人类智慧的模仿，更是对自然规律的超越。

　　在本书中，您将看到：计算思维如何成为解锁智能的钥匙，从图灵机的理论奠基到数据与算法的艺术表达（第1章）；人工智能的多元流派如何交织碰撞，从符号主义的逻辑推理到连接主义的神经网络革命（第2章）；机器学习如何让机器像生命体一样"成长"，通过监督学习、强化学习等路径实现自主决策（第3章）；深度神经网络如何突破传统算法的局限，在图像识别、自然语言处理等领域创造奇迹（第4章）；智能技术如何重塑教育、医疗、交通等各行各业，成为社会进步的"加速器"（第5~6章）；大语言模型如何以"涌现能力"开启通用人工智能的新纪元，同时面临伦理与安全的严峻挑战（第7章）。

　　2. 智能的双刃剑：机遇与责任并存

　　人工智能的每一次突破都伴随着深刻的反思。当自动驾驶汽车在街头穿梭、AI医生为患者诊断疾病、大模型生成媲美人类的文字与画作时，我们既惊叹技术的伟力，也需直面其"暗面"：数据隐私的泄露、算法偏见的蔓延、就业结构的颠覆……本书在探讨技术原理的同时，始终将安全与伦理（第2章）贯穿始终，引导读者思考：如何在追求技术创新的同时守护人性价值；如何在赋能社会的同时规避风险。

3. 从学习到创造：开启你的 AI 之旅

本书的设计兼顾理论与实践，既注重思维训练，也强调动手能力。通过流程图绘制（第 1 章）、机器学习实践（第 3 章）、大模型案例演练（第 7 章）等环节，读者将逐步掌握构建智能系统的核心技能。更重要的是，我们希望激发您的创造力——无论是用算法解决现实问题，还是用 AI 工具创作诗歌、绘画与音乐，人工智能的终极目标始终是扩展人类的可能性。

4. 未来已来：你准备好了吗

站在人工智能的浪潮之巅，我们既是见证者，也是参与者。本书不仅是一本教材，更是一张通往未来的船票。无论您是计算机科学的学习者、跨领域的研究者，还是对 AI 充满好奇的探索者，都将在本书的章节中发现：人工智能的奇妙世界，既是技术的疆域，更是人类智慧的镜像。

本书的完成凝聚了多位老师的智慧结晶，每一章节均由深耕该领域的作者倾力撰写，其中前言和第 7 章由姜迪编写，第 1 章由方娇莉编写，第 2 章和附录由潘晟旻编写，第 3 章由洪榆峰编写，第 4 章由臧兆祥编写，第 5 章由王红斌编写，第 6 章由殷群编写。编者邮箱：alexjiang_yn@163.com。

让我们一同启程，从计算思维的基石出发，穿越机器学习的迷雾，攀登深度神经网络的高峰，最终触摸大模型的星辰——在探索与创造中，共同书写智能时代的新篇章！

编者

2025 年 3 月

目 录

第1章 计算思维：解锁智能的钥匙

"计算思维将成为不仅是计算机科学家，而是所有人的基本技能。随着计算技术的普及，计算思维将像阅读、写作和算术一样，成为每个人日常生活的一部分。"

——周以真

在当今这个数字化时代，计算思维已经成为理解世界、改造世界的一把关键钥匙。从清晨被智能闹钟唤醒，到使用手机导航规划最佳出行路线；从在线购物平台的智能推荐，到社交媒体的个性化内容推送，计算思维无处不在，它正在以潜移默化的方式重塑着人类的生活方式。随着人工智能技术的快速发展，计算思维的重要性愈发凸显，它不仅是人类理解智能科技的基础，更是人类驾驭未来智能社会的必备技能。

本章将带领大家深入探索计算思维的奥秘，从日常生活场景出发，逐步揭示计算机科学的核心原理，最终掌握构建智能系统的基本方法。学习者将建立起对计算思维的全面认知，为后续深入学习人工智能奠定坚实基础。

本章学习目标：

◇ 理解计算思维的概念及其核心特征。

◇ 掌握计算机科学的基本原理和发展脉络。

◇ 了解数据在计算机中的表示和处理方式。

◇ 掌握算法设计的基本方法和流程图的绘制技巧。

◇ 能够运用 Raptor 工具实现简单算法的可视化设计。

1.1 生活中的智慧密码：计算思维无处不在

在日常生活中，人们常常会遇到各种需要解决的问题，从安排一天的行程，到规划家庭预算，再到选择购买何种商品。这些看似平常的活动背后，其实都隐藏着一种强大的思维方式——计算思维。计算思维并不是只有计算机科学家才具备的，它是一种可以帮助人们更高效地解决问题、做出决策的思维方法，人人都可以掌握并运用。

1.1.1　揭开计算思维的面纱

2006 年 3 月，周以真（Jeannette M. Wing）教授（如图 1.1 所示）在美国计算机权威期刊 *Communications of the ACM* 杂志上发表的 "Computational Thinking" 论文中，正式且系统地提出了计算思维的定义，将其阐述为运用计算机科学的基础概念进行问题求解、系统设计以及人类行为理解等涵盖计算机科学之广度的一系列思维活动。2010 年，周以真教授又指出计算思维是与形式化问题及其解决方案相关的思维过程，其解决问题的表示形式应该能有效地被信息处理代理执行。

图 1.1　周以真教授

周教授为了让人们更易于理解，又将计算思维更进一步地定义为：通过约简、嵌入、转化和仿真等方法，把一个看来困难的问题的解决重新阐释成一个我们知道问题的解决方法；是一种递归思维，是一种并行处理，是一种把代码译成数据又能把数据译成代码的方法，是一种多维分析推广的类型检查方法；是一种采用抽象和分解来控制庞杂的任务或进行巨大复杂系统设计的方法；是一种基于关注分离（SoC）的方法；是一种选择合适的方式去陈述一个问题，或对一个问题的相关方面建模使其易于处理的思维方法；是按照预防、保护及通过冗余、容错、纠错的方式，并从最坏情况进行系统恢复的一种思维方法；是利用启发式推理寻求解答，也是在不确定情况下的规划、学习和调度的思维方法；是利用海量数据来加快计算，在时间和空间之间，在处理能力和存储容量之间进行折中的思维方法。

国际教育技术协会（ISTE）和计算机科学教师协会（CSTA）2011 年将计算思维定义为具有以下特征的问题解决过程：以一种能够使用计算机和其他工具制订解决问题的方案，合理组织和分析数据，通过模型和模拟等抽象手段表示数据，通过算法思维（一系列有序步骤）实现解决方案的自动化，分析和评价解决方案以实现最有效的过程和资源组合，将问题解决方案和过程迁移到其他类型的问题。

1.1.2　探秘计算思维的特征

计算思维具有如下多个鲜明的特征。

1. 概念化与非程序化

计算思维强调把现实问题转化为计算机能够理解和处理的概念，而不是单纯地编写程序。例如在设计一款在线教育平台时，首先要对教学流程、课程体系、用户管理等进行概念化，明确各个环节的功能和相互关系，形成抽象的模型，再考虑如何通过编程实现。这一过程注重从实际问题中提炼出关键要素和逻辑，是解决问题的基础思维构建。

2. 抽象化与自动化

计算思维一方面能从复杂现象中提取关键信息，忽略无关细节，进而建立抽象模型。例如在分析城市交通流量时，把道路、车辆、行人等元素抽象为具备特定属性和关系的对象，像将道路抽象成具有通行能力和方向的线段，车辆抽象为有速度、位置等属性的实体，以此抽象模型研究交通规律。另一方面，计算思维基于抽象模型设计算法，并借助计算机实现自动化处理。以搜索引擎为例，对网页内容进行抽象化处理，即提取关键词、建立索引等，运用搜索算法实现对用户输入查询的快速匹配与结果返回，无须人工逐个网页查找，极大提高了信息获取效率。

2024 年诺贝尔物理学奖得主约翰·J·霍普菲尔德（John J. Hopfield）和杰弗里·E·辛顿（Geoffrey E. Hinton）（如图 1.2 所示）从概念化角度，将人类大脑神经元信息存储与恢复机制转化为计算机可理解的模型，抽象神经元为节点、连接关系为信息传递路径，保留关键交互属性，忽略复杂生理细节。从自动化角度，网络通过算法自动调整连接权重实现信息存储与恢复。进一步概念化，引入概率分布使模型能学习复杂模式，将问题抽象为数学和物理模型的参数求解，借助训练算法和计算机算力，从海量数据中自动提取信息，实现从数据到知识的转化，充分展现了计算思维的自动化特征。

同年，诺贝尔化学奖得主大卫·贝克（David Baker）、丹米斯·哈萨比斯（Demis Hassabis）和约翰·乔普（John M. Jumper）（如图 1.3 所示）运用计算思维分解蛋白质结构预测这一复杂化学问题，将氨基酸序列、空间结构等信息抽象为计算机可处理的数据，构建算法模型，利用计算机模拟蛋白质折叠，自动搜索稳定结构。这一过程涵盖问题分解、抽象化，以算法实现自动化计算，大幅提升研究效率，打破传统实验解析蛋白质结构的限制。

图 1.2　霍普菲尔德和辛顿

图 1.3　贝克、哈萨比斯和乔普

3. 分解与模块化

面对复杂问题，计算思维会将其分解为多个简单的子问题，以便逐个解决。例如在开发大型游戏时，可把它分解为角色设计、场景构建、游戏逻辑编写、用户界面开发等子问题，分别由不同团队或人员负责。同时，把问题的解决方案划分为相互独立又协同工作的模块，每个模块具有特定功能。如游戏开发中的角色模块负责角色的动作、属性等，场景模块负责地图、环境等，各模块之间通过接口交互，有效提高了开发效率和代码的可维护性。

4. 动态性与启发式

计算思维具备根据环境和问题的变化动态调整策略和方法的能力。比如在智能交通系统中，依据实时交通流量数据，动态调整信号灯时长和车辆行驶路线，以适应不同时段和路况的交通需求。同时，计算思维鼓励从不同角度思考问题，尝试多种策略和方法。在机器学习算法中，像遗传算法模拟生物进化过程，通过不断尝试不同的参数组合和解决方案来寻找最优解，这种启发式思维方式有助于突破传统思维局限，找到创新的解决方案。

5. 通用性与融合性

计算思维的方法和技术具有广泛通用性，可应用于各个领域。例如算法设计、数据结构等知识，不仅在计算机科学中至关重要，在金融领域用于风险评估、医学领域用于疾病诊断、生物学领域用于基因序列分析等方面，都发挥着重要作用。并且，计算思维与其他学科的思维方式相互融合，形成跨学科的解决方案。在解决实际问题时，往往需要结合数学思维、逻辑思维、工程思维等。比如在设计智能硬件产品时，既需要运用计算思维进行算法设计和数据处理，又需要运用工程思维进行硬件选型和结构设计，还需要运用数学思维进行性能分析和优化。

1.1.3　解锁生活中的计算思维方法

人们在日常生活中的很多做法其实都和计算思维不谋而合，也可以说，计算思维从生活中吸收了很多有用的思想和方法。

1. 最短路径问题

假如你是外卖配送员，要在规定时间内将多份外卖送到不同客户手中。为了节省时间，提高配送效率，你不会盲目地选择路线，而是会借助地图软件规划出经过所有送餐地点的最短路径，尽可能减少路程和时间，让配送服务更高效。

2. 分类

当你整理杂乱的杂物间时，面对琳琅满目的物品，该如何将它们放置得井然有序呢？你不会随意堆砌，而是会根据物品的用途、类型等属性进行分类。比如将工具类物品放在一起，生活用品归为一类，通过这种方式，让每个物品都有其对应的存放区域，方便日后快速找到所需物品。

3. 背包问题

当准备旅行背包，因背包容量有限，但想携带尽可能多的有用物品时，你不会把东西全塞进去，而是会权衡物品的重量和价值，优先放入价值高且重量轻的物品，像重要证件、高性价比的旅行用品等，确保在有限的背包空间里实现物品价值最大化。

4. 查找

在大型图书馆找一本指定的书时，你不会逐本翻阅，而是利用图书馆的检索系统，输入书名、作者等信息进行查找，系统会快速定位到书籍所在的书架区域和具体位置，帮你高效找到想要的书籍。

5. 回溯

在玩迷宫游戏时，如果走到死胡同，你不会一直困在那里，而是会回溯到之前的岔路口，尝试其他路径，直到找到出口。这种不断回退尝试的方法，就像计算机回溯算法一样，通过不断尝试不同分支，找到正确的解决方案。

6. 缓冲

观看在线视频时，如果网络不稳定，视频播放可能会卡顿。这时视频播放器会先缓冲一部分视频内容到本地缓存中，就像一个临时的"蓄水池"，当网络波动时，则从缓存中读取视频数据继续播放，保证观看的流畅性，避免频繁加载导致的中断。

7. 并发

在举办大型活动时，多个任务需要同时进行。比如场地布置、嘉宾接待、设备调试等工作，不能依次完成，会务组会安排不同小组同时开展这些任务，提高活动筹备效率，这和计算机并发处理多个任务的原理相似，充分利用资源，加快整体进程。

8. 博弈

在玩象棋时，每走一步棋，你都会思考对方可能的应对策略，以及自己下一步的应对方法。你会在脑海中模拟多种走法和对手的反应，权衡利弊后做出决策，通过不断地策略对抗与权衡，争取赢得棋局，这就是博弈思维的体现。

1.1.4　平凡之中见真章：揭示计算思维的底层逻辑

2025 年 3 月 14 日，我国邮政发行一套以"数学之美"为主题的特种邮票，其中一枚展现圆周率（π）的邮票（如图 1.4 所示），设计语言现代，饱含数学元素与我国古代科学成就。画面包含了 π 的本质定义，用细线表现早期经典割圆法，同时展示了牛顿在计算圆周率时扩展的帕斯卡三角，并将圆周率小数点后 996 位以缩微文字的方式呈现于画面，特别通过橘色设计突出前 7 位与第 35 位数字，纪念我国南北朝时期数学家祖冲之和德国数学家鲁道夫·范·科伊伦。

大家都知道，π（圆周率）是一个无理数，通常使用级数、无穷乘积或无穷连分数等形式来计算其近似值。其中，最为人所熟知的是莱布尼茨公式：

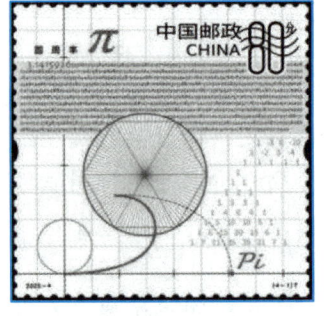

$$\frac{\pi}{4} = \sum_{n=0}^{\infty} \frac{(-1)^n}{2n+1} = 1 - \frac{1}{3} + \frac{1}{5} - \frac{1}{7} + \frac{1}{9} - \cdots$$

图 1.4　圆周率（π）邮票

计算机在处理利用该公式计算 π 值的操作时，一般会遵循以下的思维方式：

步骤 1：理清思路，确定算法。算法应该是有穷的，故具体实现时需要将该无限级数的计算转换为有限计算。观察该公式后，结合人们的生活习惯，可以将该公式的计算建模为：$\frac{\pi}{4} = \sum_{i=1}^{n} \frac{(-1)^{(i+1)}}{2i-1}$。该模型将莱布尼茨公式右边部分的计算统一为表达式：$\frac{(-1)^{(i+1)}}{2i-1}$，其中 i 的取值遵循人们的习惯，从 1 开始，一直取到 n。当 $i=1$ 时，累加和的第一项值为：$\frac{(-1)^{(1+1)}}{2 \times 1 - 1}$，即 1；当 $i=2$ 时，累加和的第二项值为：$\frac{(-1)^{(2+1)}}{2 \times 2 - 1}$，即 $-\frac{1}{3}$；依此类推，不断地迭代累加。

步骤 2：具体计算时，要根据计算精确度的要求输入一个大概的迭代次数 n 值保存在计算机中。

步骤 3：基于所建模型对应的算法，设置变量 i 遍历 1~n，计算对应的每一项值并将其进行累加。

步骤 4：完成 n 次操作后，将其累加和乘以 4，即可得到 π 的近似值。n 值越大，所得到的近似值就越精确。最后，将该近似值输出，问题得以解决。

拓展阅读：数学史上的创举

在该思维方式中，需要进行算法的抽象设计，还要解决数据的输入、存储和输出。其中就涉及了信息的存储和表示、算法的设计与实现。本章接下来的几个小节就将带着大家共同探寻计算思维的底层逻辑。

1.2　计算机的奥秘：从图灵机到现代计算机

1.2.1　图灵机：闪耀智慧的启明星

1936 年，英国数学家及计算机科学家艾伦·图灵（Alan Turing）提出被称为"图灵机"（如图 1.5 所示）的模型，其构想是将人的计算行为抽象为逻辑机器。图灵机是现代通用计算机的理论基础，如今所有通用计算机都是图灵机的一种实现。

图 1.5　图灵与图灵机模型

1. 图灵机的组成

图灵机由以下几个核心部分组成。

（1）一条无限长的纸带（tape）

纸带被划分为一个个小方格，每个方格可以存储一个符号，符号可以是数字、字母或者特定的标记。

（2）一个读写头（head）

读写头位于纸带上，可以左右移动，它能读取纸带上当前方格的符号，也能将新的符号写入该方格。

（3）一个状态寄存器（state register）

状态寄存器用于记录图灵机当前状态，状态包括初始状态、中间状态和最终状态，不同状态决定了图灵机的行为。

（4）一套控制规则（transition function）

根据当前读写头读取的符号以及图灵机所处的状态，控制规则决定了读写头的下一步动作，如写入新符号、向左或向右移动，以及图灵机状态的转换。

2. 图灵机的工作过程

图灵机的工作过程如下：

① 图灵机从初始状态开始，读写头位于纸带的某个起始位置。

② 读写头读取纸带上当前方格的符号，并根据当前状态和控制规则，决定执行相应操作。

③ 操作可能包括在当前方格写入新符号，然后读写头向左或向右移动一格。

④ 图灵机根据控制规则转换到新的状态。

⑤ 重复上述步骤，直到图灵机进入最终状态，此时完成了一次计算任务。

图灵机的原理基于计算的抽象模型，它通过状态的转换和读写头对纸带符号的操作，模拟了人类进行数学计算的过程。任何可计算问题都可以通过设计合适的图灵机来解决，它为现代计算机的理论基础奠定了重要基石，揭示了计算的本质和局限性。

1.2.2　冯·诺依曼架构：计算机的核心"中枢"

1946 年，美籍匈牙利数学家冯·诺依曼（John von Neumann）（如图 1.6 所示）等人在图灵机理论的基础上提出了"存储程序通用电子计算机方案"，即我们熟知的冯·诺依曼架构。该方案将图灵机的理论模型转化为实际可行的计算机体系结构，使计算机能够按照一定的规则和方式进行数据处理和计算。这一架构堪称计算机领域的奠基性成果，对现代计算机的发展产生了深远影响，其重要性如同大脑之于人体，是计算机系统运行的核心所在。冯·诺依曼架构主要由运算器、控制器、存储器、输入设备和输出设备五大部分组成（如图 1.7 所示）。

图 1.6　冯·诺依曼

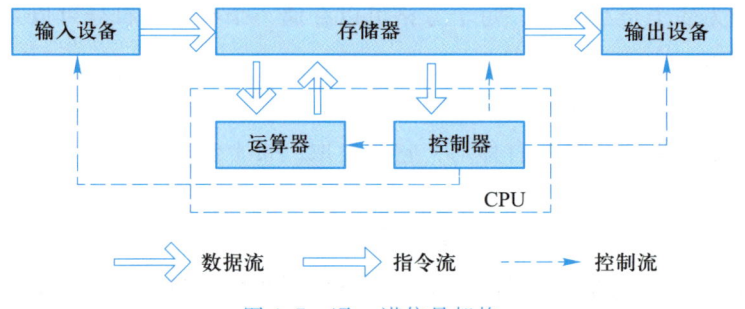

图 1.7　冯·诺依曼架构

运算器负责执行各类算术和逻辑运算，例如，在进行数值计算时，运算器就会快速处理加、减、乘、除等操作；控制器则如同整个计算机系统的指挥中枢，它依据程序指令的要求，精准协调各部件的工作，确保计算机有条不紊地运行，就像乐队指挥把控演奏节奏一样；存储器用于存储程序和数据，它是计算机的"记忆仓库"，无论是日常使用的办公软件，还是处理的数据文件，都存储于此；输入设备用于将外部信息，如数据、指令等输入到计算机中，常见的键盘、鼠标、扫描仪等都属于输入设备；输出设备则将计算机处理后的结果呈现给用户，像显示器、打印机等，让人们能够直观地获取处理结果。

冯·诺依曼架构采用了二进制形式表示数据和指令，并将程序和数据存储在同一存储器中，计算机按照程序设定的顺序，自动、连续地从存储器中取出指令并执行，实现了计算过程的自动化。以日常使用的计算机进行图片处理为例，打开图像处理软件时，程序以及待处理的图片数据都会被加载到存储器中。控制器根据程序指令，指挥运算器对图片数据进行各种处理，如调整色彩、裁剪尺寸等操作，最后通过显示器将处理后的图片展示出来。

在人工智能、大数据和高性能计算等领域快速发展的当下，冯·诺依曼架构的局限性逐渐凸显，也就是常说的"冯·诺依曼瓶颈"。冯·诺依曼架构的核心特点是存储和计算分离，数据存储在主存储器中，计算资源集中在中央处理器（CPU）上，数据需要在 CPU 和存储器之间频繁地读写，这就造成了性能瓶颈。而且指令和数据按顺序读取，无法并行处理，导致效率低下；数据流单向流动，无法同时读取和写入，限制了吞吐量。在大数据处理需要快速读写海量数据、深度学习要求高并行性计算的场景下，这些局限性愈发突出。

1.2.3　未来计算机体系的发展方向

未来的计算机体系将呈现出多维度的创新与变革，以下是一些主要的发展方向。

1. 从计算能力看

量子计算体系：量子计算机利用量子比特进行计算，量子比特可处于多个叠加态，能同时进行大量计算，在密码破解、金融风险分析、材料科学等领域有巨大潜力。

光计算体系：以光子作为信息载体，光的并行性和高速特性使光计算机具备超高运算速度和大信息处理量，且光信号传输能耗低、抗干扰能力强，适用于需要高效计算的场景。

2. 从存储架构看

存算一体架构：将计算功能融入存储单元，让存储设备直接进行计算，减少数据搬运，提高计算效率和能源利用率，在人工智能、大数据处理等领域优势明显。

新型存储介质架构：利用相变存储器、阻变存储器等新型存储介质，构建高速、大容量、低功耗的存储系统，提高计算机存储性能和数据持久性。

3. 从系统架构看

异构融合架构：将不同类型处理器（如 CPU、GPU、FPGA、ASIC 等）集成，根据任务特性分配给不同处理器，提高系统整体性能和能效比。

分布式架构：随着云计算、边缘计算的发展，计算机体系更倾向于分布式部署。数据和计算资源分布在多个节点，通过网络协同工作，提供灵活、可扩展的计算服务。

4. 从仿生角度看

生物计算架构：利用生物分子（如 DNA、蛋白质等）进行信息存储和处理，具有超高存储密度、低能耗等特点。

神经形态计算架构：模仿人脑神经元和突触结构与其工作原理，构建类脑计算系统，在模式识别、智能感知等方面有独特优势。

5. 从应用场景看

智能物联网架构：计算机体系将深度融入物联网，实现设备间的智能互联和协同工作，推动智能家居、智能交通等领域发展。

高性能计算架构：为满足天文、气象、航空航天等领域对大规模复杂计算需求，高性能计算机体系不断发展，具备更强计算能力和更快数据传输速度。

1.3   数据的魔法：数字化表示的艺术

在数字时代，数据不再是简单的信息片段，而是蕴含着巨大能量的宝藏。生活里，人们的每一次网购、每一条社交动态，都在产生数据。这些看似杂乱无章的信息，通过数字化表示的艺术，被转化为计算机能够理解和处理的形式。从电商平台依据浏览记录精准推送商品，到医疗领域借助大数据分析疾病趋势，数据以数字编码的形式，重塑着人们的生活。它让复杂的现实世界在数字空间里有了清晰的映射，帮助人们做出更明智的决策，推动各行业的创新发展。掌握数字化表示的艺术，就如同拥有了一把神奇的钥匙，能解锁数据的无尽潜力，为人们开启通往未来的大门。

1.3.1   数制及其转换：数字的奇幻之旅

数制也称为"记数制"，是用一组固定的符号和统一的规则来表示数值的方法。按照进位方式计数的数制称为进位记数制。在计算机内部，所有的信息都需要转换为数据的形式，并以二进制数据表示。二进制是数制的一种，计算机领域常用的数制还有八进制、十进制和十六进制，它们各自有着独特的特点和用途，并且可以相互转换，就像一场数字的奇幻之旅。

1. 基本概念

任何一个数制都包含两个基本要素：基数和位权。如果用 R 个基本符号（例如 0，1，2，$\cdots$，$R-1$）表示数值，则称其为 R 进制，R 称为该数制的基数。R 进制数中可用的数字符号称为数码，R 进制共有 R 个数码。一个数的每个位置上所代表的数值大小称为位权，位权的大小是以基数为底、以数码所在位置的序号为指数的整数次幂。整数部分最低位的位权是 R^0，次低位的位权为 R^1，$\cdots$，小数点后第 1 位的位权为 R^{-1}，第 2 位的位权为 R^{-2}……

常用数制如表 1.1 所示。

表 1.1　常 用 数 制

数制	基数	数码	位权	运算规则	尾符
十进制（decimal）	10	0~9	10^n	逢十进一	D 或 10
二进制（binary）	2	0、1	2^n	逢二进一	B 或 2
八进制（octal）	8	0~7	8^n	逢八进一	O 或 8
十六进制（hexadecimal）	16	0~9、A~F	16^n	逢十六进一	H 或 16

德国数学家莱布尼茨发明的二进制是对人类的一大贡献。与其他数制相比，在计算机中采用二进制具有以下优点。

（1）易于物理实现

计算机中的电子元器件大都具有两种稳定的状态，如电压的高和低、电灯的亮和灭、电容的充电和放电等，两种状态恰好可以用二进制数中的"1"和"0"来对应表示。

（2）运算规则简单

从运算操作的简便性考虑，二进制是比较方便的一种记数制。二进制只有两个数码，在进行算术运算时非常简便，由此简化了运算器等物理器件的设计。

在计算机内部，二进制的加法是基本运算，四则运算中的其他运算都可以从加法和移位运算推导出来。

二进制数的加法运算规则如下：

$$0+0=0 \quad 0+1=1 \quad 1+0=1 \quad 1+1=10 \text{（逢二进一）}$$

（3）工作可靠性高

电压的高低、电流的有无两种状态分明，采用二进制的数字信号可以增强信号的抗干扰能力，可靠性高。

（4）适合逻辑运算

二进制数的"0"和"1"两个数码，可以对应表示逻辑值的"假"和"真"，进行逻辑运算非常方便。

2. 进制数转换

进制之间的转换是数字处理中的基础操作，深入理解这些转换原理，无论是对于计算机编程、数据存储，还是数学计算等方面都有着重要的意义，它为不同的数字表示系统之间架起了沟通的桥梁。

（1）十进制数转换为二（八、十六）进制数

通常需要对整数部分和纯小数部分分别进行转换，最后将转换后的两部分合并，得到转换结果。整数部分"除 2（8、16）倒取余"，直到商为 0；纯小数部分的转换方法为"乘 2（8、16）顺取整"，直到小数部分为 0 或者满足所要求的小数位数为止。

【例 1.1】将十进制数 18.125 转换为二进制数。

① 先将整数部分的 18 转换为二进制数，转换方法为"除 2 倒取余"。

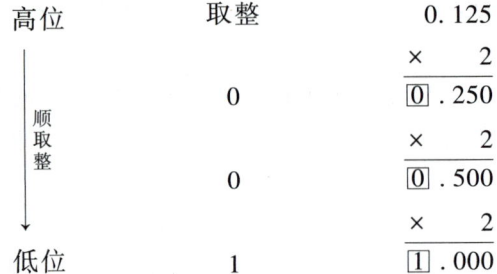

$$得到：(18)_{10} = (10010)_2。$$

② 再将纯小数部分 0.125 转换为二进制数，转换方法为"乘 2 顺取整"。

得到：$(0.125)_{10} = (0.001)_2$。

所以：$(18.125)_{10} = (10010.001)_2$。

练一练：

将十进制数 18.125 分别转换为八进制数和十六进制数。

（2）二（八、十六）进制数转换为十进制数

二（八、十六）进制数转换为十进制数比较简单，只需按位权展开成一般表达形式，然后用十进制数进行计算即可。

【例 1.2】 将二进制数 10010.001 转换为十进制数。

$$(10010.001)_2 = 1 \times 2^4 + 0 \times 2^3 + 0 \times 2^2 + 1 \times 2^1 + 0 \times 2^0 + 0 \times 2^{-1} + 0 \times 2^{-2} + 1 \times 2^{-3}$$
$$= 16 + 0 + 0 + 2 + 0 + 0 + 0 + 0.125$$
$$= (18.125)_{10}$$

练一练：

① 将八进制数 235.76 转换为十进制数。

② 将十六进制数 7F.3C 转换为十进制数。

（3）二、八、十六进制数的相互转换

八进制数的基数 $8 = 2^3$，因此 1 位八进制数相当于 3 位二进制数。将二进制数转换为八进制数时，整数部分从右向左每 3 位一组，用等值的 1 位八进制数表示，小数部分从左向右每 3 位为一组，用等值的 1 位八进制数表示，若不足 3 位，则需要在整数部分的左端补 0 为 3 位，在小数部分的右端补 0 为 3 位；将八进制数转换成二进制数时，只要把每位八进制数用等值的 3 位二进制数表示，并去掉整数部分最左边的 0 和小数部分最右边的 0。

十六进制数与二进制数的转换和八进制数与二进制数的转换类似，由于十六进制数的基数 $16 = 2^4$，因此每位十六进制数可以用 4 位二进制数表示，每 4 位二进制数可以用等值的 1 位十六进制数表示。

表 1.2、表 1.3 分别给出了二进制数和八进制数、十六进制数之间的对应关系。

表 1.2　二进制数与八进制数之间的对应关系

二进制数	八进制数	二进制数	八进制数
000	0	100	4
001	1	101	5
010	2	110	6
011	3	111	7

表 1.3　二进制数与十六进制数之间的对应关系

二进制数	十六进制数	二进制数	十六进制数
0000	0	1000	8
0001	1	1001	9
0010	2	1010	A
0011	3	1011	B
0100	4	1100	C
0101	5	1101	D
0110	6	1110	E
0111	7	1111	F

【例 1.3】将二进制数 10010.001 转换为八进制数。

每 3 位二进制数用等值的 1 位八进制数表示，转换如下：

$$\underset{2}{010} \quad \underset{2}{010} \quad . \quad \underset{1}{001}$$

所以：$(10010.001)_2 = (22.1)_8$。

想一想：该二进制数转换为十六进制数是多少呢？

【例 1.4】将十六进制数 6A.78 转换为二进制数。

每位十六进制数用等值的 4 位二进制数表示，转换如下：

$$\begin{array}{ccccc} 6 & A & . & 7 & 8 \\ \underline{0110} & \underline{1010} & . & \underline{0111} & \underline{1000} \end{array}$$

所以：$(6A.78)_{16} = (1101010.01111)_2$。

想一想：该十六进制数转换为八进制数又是多少呢？

1.3.2   数值型数据的密码：定点与浮点的故事

数值型数据在数学领域代表着具有正负和大小属性的数。而在计算机系统里，数值型数据主要分为定点数和浮点数这两种类型。

若要深入掌握数值型数据在计算机中的表示方式，首先需要了解数据的存储单位。因为数据存储单位是构建计算机数据表示体系的基础，明确了存储单位，才能更好地理解定点数和浮点数在计算机内存中的存储形式、编码规则以及它们所能表示的数值范围和精度等重要特性。

1. 数据的存储单位

在计算机中，存储任何数据都要占用不同位数的二进制位。

（1）位

位来自英文 bit（简记 b），音译为"比特"，表示二进制位。位是计算机中最小的数据单位，表示 1 个二进制数码 0 或 1。

（2）字节

字节来自英文 byte，习惯上用大写的 B 表示。字节是计算机中常用的数据单位，由 8 个二进制位组成，通常用于存储和传输数据。1 个字节可以表示 256 种不同的状态，是构成信息的基本单位。

（3）字和字长

字是一个相对较大的数据单元，通常由若干个字节组成。字的大小可以根据计算机体系结构和操作系统的不同而变化。例如，在 32 位计算机中，1 个字通常等于 4 字节；在 64 位计算机中，1 个字通常等于 8 字节。

字长是指计算机的 CPU 一次能够处理的二进制数据的位数，它直接影响计算机的运算精度、速度和处理能力。字长是计算机处理数据的基本单位大小，是衡量计算机性能的一个重要技术指标。

（4）容量单位

计算机存储器的容量常用 B、KB、MB、GB、TB 等单位来表示，它们之间的换算关系如下：

1 B = 8 b

1 KB = 1 024 B = 2^{10} B

1 MB = 1 024 KB = 2^{10} KB = 2^{20} B

1 GB = 1 024 MB = 2^{10} MB = 2^{30} B

1 TB = 1 024 GB = 2^{10} GB = 2^{40} B

TB 之后还有 PB、EB、ZB、YB 等存储单位。

（5）地址

在计算机存储器中，每个存储单元必须有唯一的编号，称之为地址。通过地址可以定位存储单元，进行数据的查找、读取或存入。

2. 定点数表示

拓展阅读：中国计算机之母

定点数是约定小数点在某个固定位置上的数。定点数有两种：定点整数和定点小数。约定小数点在数值的最右边为整数，约定小数点在数值的最左边为小数。计算机中的整数又分为两类：无符号整数和有符号整数。无符号整数一定是正整数；有符号整数既可以是正整数，也可以是负整数。

（1）无符号整数

无符号整数常用于表示存储单元的地址这类正整数，可以是 8 位、16 位、32 位、64 位或更多位。8 位表示的正整数取值范围为 $0 \sim 255(2^8-1)$，16 位表示的正整数取值范围为 $0 \sim 65\ 535(2^{16}-1)$，32 位表示的正整数取值范围为 $0 \sim 4\ 294\ 967\ 295(2^{32}-1)$。

（2）有符号整数

有符号整数可用原码、反码和补码来表示，不同表示方法有不同的计算规则。其中，正数的原码、反码和补码相同：最高位为 0 表示正号，其余数值位同其数值的二进制数。负数的原码、反码和补码不同：负数的原码是最高位为 1 表示负号，其余数值位同真实数值的二进制数；负数的反码是最高位为 1 表示负号，其余数值位在真实数值的二进制数基础上逐位取反（即若是 0 则改为 1，若是 1 则改为 0）；负数的补码是最高位为 1 表示负号，其余数值位在反码基础上由最低位加 1 得到。

【例 1.5】以 32 位机器字长为例，给出 −1949 的原码、反码和补码，以及在计算机中的最终存储形式。

$$(-1949)_{10} = (-111\ 1001\ 1101)_2$$

原码：1000 0000 0000 0000 0000 0111 1001 1101

反码：1111 1111 1111 1111 1111 1000 0110 0010

补码：1111 1111 1111 1111 1111 1000 0110 0011

在人们日常使用的 x86 系统（多为个人计算机、服务器）以及 ARM（多为手机、平板计算机）的默认模式中，采用的是一种小端模式排列字节存入。顾名思义，小端模式就是位权小的字节位于低地址，位权大的字节位于高地址。因此，−1949 在计算机中的最终存储形式如图 1.8 所示。

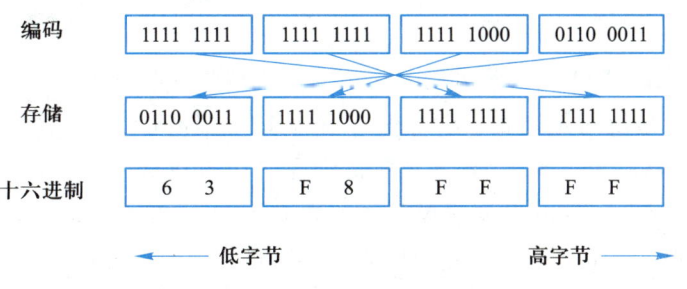

图 1.8 −1949 小端模式存储

想一想：1949 的原码、反码和补码，以及在计算机中的最终存储形式是什么？

（3）定点小数

数值除了整数还有小数，在计算机中不采用某个二进制位来表示小数点，而是约定小数点的位置。定点小数约定小数点位置在符号位和数值部分之间。定点小数是纯小数，即所有定点小数绝对值均小于 1。

3. 浮点数表示

字长一定的情况下，定点数表示的数值范围在实际问题中是不够用的，尤其是在科学计算中。特大或特小的数通常使用"浮点数"表示。浮点数是指小数点位置不固定的数，它既有整数部分，又有小数部分。

IEEE 754 浮点规格中包含了多种长度的浮点格式，其中最常用的是 32 位（4 字节）单精度浮点（如图 1.9（a）所示）和 64 位（8 字节）双精度浮点（如图 1.9（b）所示），两种格式的浮点均包含 3 个部分：符号、阶、尾数，只是长度不同。单精度浮点的表示范围为 $-3.4 \times 10^{38} \sim 3.4 \times 10^{38}$，精度为 7~8 位十进制数字；双精度浮点的表示范围为 $-1.79 \times 10^{308} \sim 1.79 \times 10^{308}$，精度为 16~17 位十进制数字。

图 1.9 32 位单精度浮点与 64 位双精度浮点

【例 1.6】以 32 位机器字长为例，给出数值 3.14 在计算机中的最终存储形式。

此处利用 IEEE 754 标准中的 32 位浮点数格式，该数值的浮点表示步骤如下。

① 二进制转换。将 3.14 转换为二进制数。整数部分 3 的二进制表示为 11，而小数部分 0.14 转换为二进制是无限循环小数 0.00 1000 1111 0101 1100 0011…，因此 3.14 转换为二进制数字为 11.00 1000 1111 0101 1100 0011…。

② 二进制科学记数法。11.00 1000 1111 0101 1100 0011… = 1.100 1000 1111 0101 1100 0011…$\times 2^1$，指数为 1，尾数为 1001 0001 1110 1011 1000 011…。

③ 记录符号。符号的记录使用 1 位即可，通常用 0 表示正号，用 1 表示负号，在本例中，记录符号用一个 "0" 位即可。

④ 记录阶。IEEE 754 中的阶采用 8 位记录，支持阶的范围为 $-127 \sim 127$，不采用补码表示阶的正负，而是使用偏移表示法，偏移量为 127。阶值＝实际指数＋偏移量。在本例中，指数为 1，偏移后为 128，因此 8 位阶记录为 "1000 0000"。

⑤ 记录尾数。IEEE 754 中的尾数有 23 位。理论上，此处应当记录 "1.100 1000 1111 …"，仔细观察就会发现，除 0 之外二进制中所有的实数科学记数法都可以写成 1.＊＊＊ 的形式，因此在许多浮点系统中，尾数只记录 "1." 之后的部分。这样做的优点在于：节约了一个

位的空间，多存储了 1 位尾数，提高了精度；锁定了二进制科学记数法的书写方式，使得阶不能随意调整，这样一个实数不会出现等价的不同阶的多种表达。因此，此处舍去小数点之前的"1"，只记录"100 1000 1111 0101 1100 0011"。

⑥ 将符号、阶、尾数组合。最后，1 位符号"0"、8 位阶"1000 0000"、23 位尾数"100 1000 1111 0101 1100 0011"共同组成了 32 位浮点对数值"3.14"的编码表示，如图 1.10 所示。

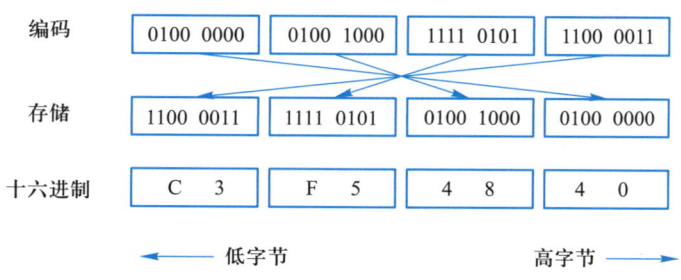

图 1.10 3.14 的单精度浮点表示

由上例的表示可知，浮点中的"阶"实际表示了小数点所在的位置。而由于不同数据的阶是变化的，因此小数点并不固定，而是浮动的，故称这种记录符号、尾数和阶的实数表示方法为"浮点数"。

【例 1.7】编写 Python 程序"1-1.py"，以二进制形式分别将-1949、1949、3.14 写入文件"1.dat"，用 WinHex 软件打开"1.dat"文件，验证最终存储形式。

① 打开 Python 编译器，新建文件"1-1.py"，在其中输入以下代码：

```
#该模块用于处理二进制数据的打包和解包
import struct

# 打开文件,用二进制写入模式
file = open('1.dat', 'wb')

# 写入整数-1949
int_positive =-1949
# 使用 'i' 格式将整数打包成 32 位二进制数据
packed_positive_int = struct.pack('i', int_positive)
file.write(packed_positive_int)

# 写入整数 1949
int_negative =1949
# 使用'i'格式将整数打包成 32 位二进制数据
packed_negative_int = struct.pack('i', int_negative)
```

```
file. write( packed_negative_int)

# 写入浮点数 3. 14
float_num = 3. 14
# 使用'f'格式将浮点数打包成 32 位二进制数据
packed_float = struct. pack('f', float_num)
file. write( packed_float)

# 写入换行符,将字符串转换为字节类型
file. write( b'\n')

# 关闭文件
file. close( )
print( "数据已成功写入 1. dat 文件。" )
```

② 选择 "Run" 菜单中的 "Run Module"，或者按 F5 功能键运行该程序，可以看到 "数据已成功写入 1. dat 文件。" 的运行显示。

③ 运行 WinHex 软件，打开文件 "1. dat"，可以看到这 3 个数据和换行符在计算机中的存储形式，如图 1.11 所示。1949 在计算机中是以 9D 07 00 00 存储的，之前的 "想一想" 你分析对了吗？

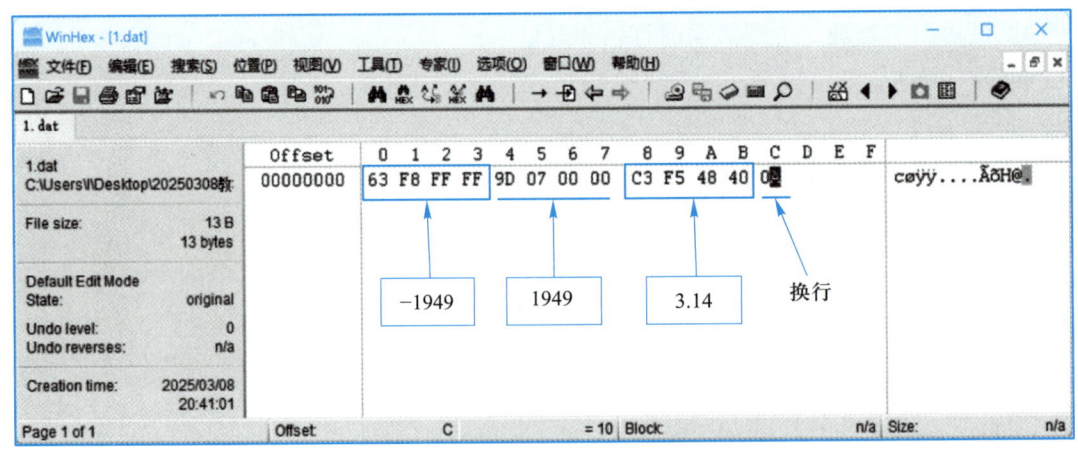

图 1.11   数值型数据在计算机中的实际存储形式

1.3.3   多媒体的数字化世界：文字、声音、图像、视频的奥秘

在当今数字化时代，多媒体已深度融入人们生活的每一处角落。从清晨唤醒我们的手机闹铃，到工作时计算机屏幕上的文档与图表，再到夜晚休闲时观看的视频节目，文字、

图像、声音和视频这些多媒体元素无处不在，共同构建起一个绚丽多彩的数字化世界。它们不仅革新了人们获取信息、交流互动的方式，还极大地丰富了人们的娱乐生活，成为现代社会不可或缺的部分。那么，这些多媒体元素是如何在数字化世界中存在、转化、处理以及发挥作用的呢？接下来，我们一同深入探索文字、图像、声音、视频背后的奥秘。

1. 文字的数字化

文字包括西文字符（英文字母、数字、其他字符）和汉字。计算机中的数据都是以二进制的形式存储和处理的，因此对文字也需要按特定的规则进行二进制编码，即用不同的二进制编码来代表不同的文字。

（1）西文字符编码

ASCII（American Standard Code for Information Interchange，美国标准信息交换代码）是一种常用的西文字符标准码，被国际标准化组织（ISO）定为国际标准。ASCII 采用 7 位二进制编码，可以表示 2^7 即 128 个字符，如表 1.4 所示，其编码的排列次序为 $b_6b_5b_4b_3b_2b_1b_0$，b_6 为高位，b_0 为低位。

表 1.4　ASCII 码表

$b_6b_5b_4$ / $b_3b_2b_1b_0$	000	001	010	011	100	101	110	111
0000	NUL	DLE	SP	0	@	P	`	p
0001	SOH	DC1	!	1	A	Q	a	q
0010	STX	DC2	"	2	B	R	b	r
0011	ETX	DC3	#	3	C	S	c	s
0100	EOT	DC4	$	4	D	T	d	t
0101	ENQ	NAK	%	5	E	U	e	u
0110	ACK	SYN	&	6	F	V	f	v
0111	BEL	ETB	'	7	G	W	g	w
1000	BS	CAN	(	8	H	X	h	x
1001	HT	EM	)	9	I	Y	i	y
1010	LF	SUB	*	:	J	Z	j	z
1011	VT	ESC	+	;	K	[	k	{
1100	FF	FS	,	<	L	\	l	|
1101	CR	GS	–	=	M	]	m	}
1110	SO	RS	.	>	N	^	n	~
1111	SI	US	/	?	O	_	o	DEL

关于 ASCII 码有以下几点说明：

① 通常一个 ASCII 字符占用 1 字节（8 b），最高位为"0"。

② 标准的 7 位 ASCII 字符分为两类：一类是可显示的打印字符，共有 95 个；另一类是控制字符或通信专用字符，共 33 个。

③ 数字字符 0~9 的 ASCII 码是连续的，为 30H~39H；ASCII 字符是区分大小写的，大写字母 A~Z 和小写字母 a~z 的 ASCII 码也是连续的，分别为 41H~5AH 和 61H~7AH。例如，大写字母 A 的 ASCII 码为 1000001B，即 65D；小写字母 a 的 ASCII 码为 1100001B，即 97D；可推出大写字母 C 的 ASCII 码为 67D，小写字母 c 的 ASCII 码为 99D。

（2）汉字编码

汉字数量庞大，而且汉字字形、字体复杂多变，使用计算机对汉字进行处理就复杂得多。汉字的输入要采用输入码；在计算机中存放和处理要使用机内码；输出时需要用对应的字形码进行显示和打印。

① 汉字输入码。根据编码元素的来源不同，可将众多的汉字输入码分为以下几类。

● 区位码：1980 年，我国颁布了第一个汉字编码字符集标准，即 GB 2312—1980（《信息交换用汉字编码字符集　基本集》），收录了 6 763 个汉字以及 682 个图形字符，给出了几种汉字编码标准。其中区位码是一个 4 位的十进制数，在该方案里，所有的字符被放置在一个 94 行 94 列的矩阵中。矩阵的每一行被称作一个"区"，每一列被称作一个"位"。每个字符都由它所在的"区"和"位"来唯一确定，前两位代表区码，后两位代表位码，组合起来就是区位码。例如，"中"字在区位码表中处于第 54 区的第 48 位，所以它的区位码就是 5448。

● 拼音码：拼音码是以汉语拼音为基础的，只要是掌握了汉语拼音的人，一般不需要专门训练和记忆，即可使用拼音码。但汉字同音字太多，输入重码率很高，因此按拼音输入后还必须进行同音字选择，影响输入速度。

● 字形编码：字形编码是以汉字的形状为基础的。汉字虽多，但都由笔画组成，全部汉字的笔画和部件是有限的，五笔字型是较有影响的一种字形编码。

人们在上述编码基础上，还发展了词组输入、联想输入等多种快速输入方法。还有应用于智能手机、电子记事本和袖珍翻译器等设备的联机手写体文字识别，应用于微信、QQ 等软件的汉字语音识别，采用光学输入设备（如扫描仪）对印刷或书写完成的文字进行识别的脱机文字识别。这些技术和方法使得汉字输入更加方便、智能、快捷。

② 国标码。GB 2312—1980 中的汉字代码除了十进制形式的区位码外，还有一种十六进制形式的编码，称为国标码。国标码是在不同汉字系统间进行汉字交换时使用的编码。国标码不等于区位码，它是由区位码转换得到的。将区位码转换成国标码的方法是：先将十进制区码和位码转换为十六进制的区码和位码，再将这个代码的高、低两个字节分别加上 20H（十进制的 32），就得到国标码。例如，"中"的区位码为 5448，区码 54 转换为十六进制是 36H，位码 48 转换为十六进制是 30H，国标码就是 5650H（36H+20H = 56H，30H+20H = 50H）。

③ 汉字机内码。虽然国标码是汉字信息交换的编码，但因其前后字节的最高位为 0，与 ASCII 码发生冲突，会出现二义性。所以计算机内部不能使用国标码。需要将国标码进行转

换，得到机内码。机内码是供计算机系统内部进行存储、加工处理、传输统一使用的代码。国标码转换为机内码的方法是：将国标码两个字节的最高位由 0 改为 1，其余 7 位不变，即国标码的每个字节都加上 80H。例如，"中"字的国标码是 5650H，其机内码是 D6D0H（56H+80H，50H+80H）。在 WPS 软件中选择"插入|符号"，打开"符号"对话框，找到"中"字，可以看到"中"字的机内码对应的十六进制字符代码为 D6D0H，如图 1.12 所示。

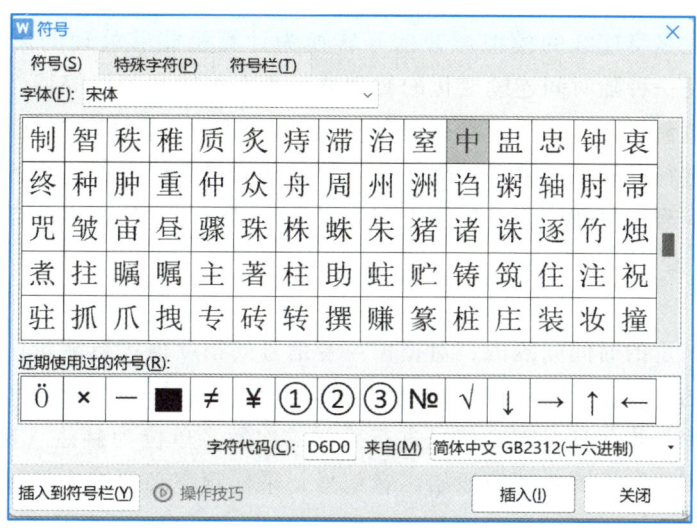

图 1.12　"中"字的机内码

机内码表示简单，解决了中西文机内码存在二义性的问题。除机内码外，还有如 GBK、UCS、BIG5、Unicode 等多种编码方案。其中，Unicode 又称为万国码或统一码，是计算机科学领域里的一项业界标准，包括字符集及编码方案等，它为每种语言的每个字符都设定了统一且唯一的二进制编码，从而满足跨语言、跨平台进行文本转换、处理的要求。Unicode 的编码方式有 3 种：UTF-8、UTF-16、UTF-32。由于 UTF-8 与字节序无关，同时兼容 ASCII 码，使得 UTF-8 成为现今互联网信息编码标准而被广泛使用。

④ 汉字字形码。汉字字形码是汉字信息处理中用于描述汉字字形外观、以便在显示器或打印机等输出设备上呈现出具体汉字形状的编码，它有点阵编码和矢量编码两种方法。点阵编码把汉字看成是一个由若干个点组成的方阵，每个点可以有不同的状态（如亮或暗、有墨或无墨），通过记录这些点的状态来表示汉字的形状。例如，常见的点阵规格有 16×16、24×24、48×48、96×96、128×128、256×256。不同的字体有不同的字库，如黑体、仿宋体、楷体等。以"中"的 16×16 点阵为例（如图 1.13 所示），

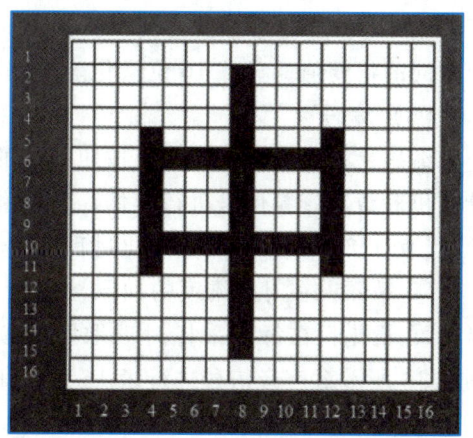

图 1.13　"中"字点阵

一个汉字由 16 行 16 列共 256 个点组成，每个点用 1 位二进制数表示（1 表示该点显示，0 表示该点不显示），那么一个 16×16 点阵的汉字就需要 32 字节（16×16÷8＝32）来存储其字形码。因此，所有汉字的字模点阵构成"字库"。字库中存储了每个汉字的点阵代码，当显示输出时才检索字库，根据字模点阵输出字形。

2. 声音的数字化

声音的数字化是将连续的模拟声音信号转换为计算机能够处理的离散数字信号的过程。声音本质上是一种随时间连续变化的物理波，具有振幅和频率等特性。模拟声音信号是连续的电压或电流变化，无法直接被计算机处理。而数字信号则是由离散的数值表示，计算机可以对其进行存储、传输和处理。声音数字化的核心就是将连续的模拟声音信号转换为离散的数字信号，以便计算机能够识别和操作。声音信息的数字化需要经过采样、量化、编码等过程。

（1）采样

采样是指在一定的时间间隔内，对模拟声音信号的幅度值进行测量，获取一系列离散的样本点。采样的过程就像是对连续的声音波形进行拍照，每隔一段时间记录一次声音的幅度值。采样频率是指每秒对声音信号进行采样的次数，单位为赫兹（Hz）。根据奈奎斯特采样定理，为了能够准确地还原原始声音信号，采样频率必须至少是原始声音信号最高频率的两倍。例如，人类听觉的频率范围一般在 20 Hz~20 kHz，为了完整地记录人类可听范围内的声音，采样频率通常设置为 44.1 kHz 或 48 kHz，这样可以保证声音信号中的高频成分能够被准确采样。

（2）量化

量化是将采样得到的样本点的幅度值用有限个离散的数值来表示的过程。由于采样得到的样本点的幅度值是连续的，而计算机只能处理离散的数字，因此需要对这些幅度值进行量化。量化位数是指用于表示每个样本点幅度值的二进制位数。量化位数越多，能够表示的幅度值范围就越精细，声音的质量也就越高。常见的量化位数有 8 位、16 位、24 位等。例如，8 位量化可以表示 $2^8＝256$ 个不同的幅度值，而 16 位量化可以表示 $2^{16}＝65\ 536$ 个不同的幅度值，显然 16 位量化能够提供更精确的声音表示。

（3）编码

编码是将量化后的样本值按照一定的格式进行组织和存储的过程。编码的目的是方便计算机对数字音频信号进行存储、传输和处理。

【例 1.8】声音信号数字化过程示例。

① 采样：在时间维度的抽取，如图 1.14 所示在等间隔时间 $t_1 \sim t_{12}$ 上进行采样。

② 量化：在每次采样时读取瞬时模拟信号的强度，将信号强度分为若干等级，如图 1.14 所示对声音信号进行了 16 级量化处理。

③ 编码：对每个强度等级进行二进制编码，组成二进制序列并直接输出，或继续进行压缩编码并输出，如图 1.14 所示将 16 级声音信号编码为 0000~1111 并输出。

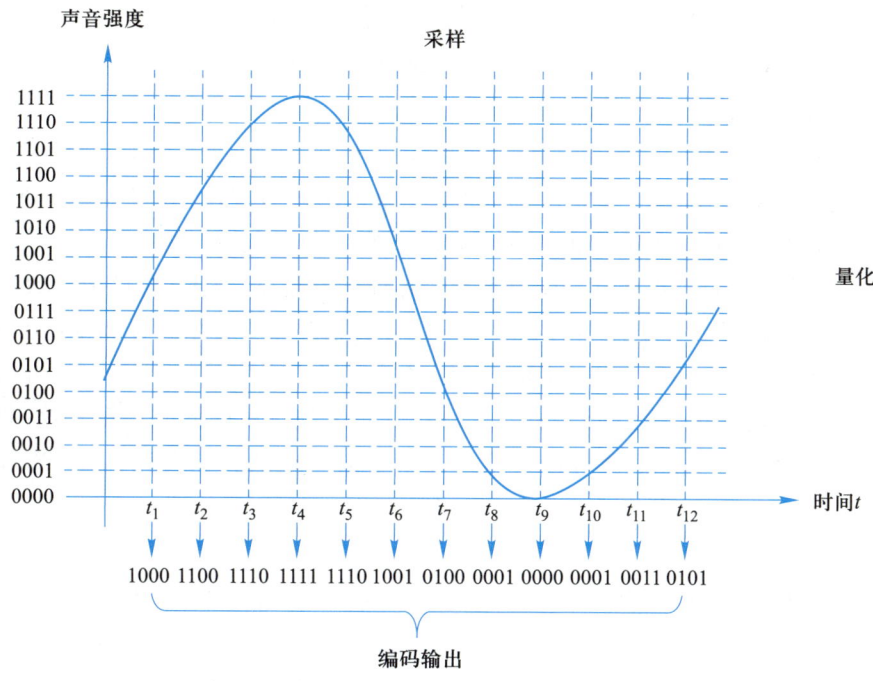

图 1.14 声音信号的采样、量化和编码

数字音频信号的主要参数包括采样频率、量化位数、声道数、使用的编码方法及数码率。

声道数是指声音通道的个数。单声道只记录和产生一个波形，双声道则可以记录和产生两个波形，即"立体声"，其存储空间则是单声道的两倍。

数码率也称比特率，简称码率，单位为 b/s（位/秒）或 B/s（字节/秒），反映的是每秒传输的数据量。码率的计算公式为：

$$码率(b/s) = 采样频率(Hz) \times 量化位数 \times 声道数$$

采用数字音频信号获取声音文件的方法最突出的问题就是数据量大，声音文件在未压缩时所需存储容量的计算公式为：

$$存储容量(B) = 码率(b/s)/8 \times 时间(s)$$

例如，1 s 的 MP3 音乐，采用双声道，采样频率为 44.1 kHz，16 位量化，其未压缩时的码率为：

$$44.1 \times 16 \times 2 = 1\ 411.2(kb/s)$$

1 s 的 MP3 音乐所需的存储容量为：

$$1\ 411.2/8 \times 1 \approx 172.3(KB)$$

（4）常见编码标准

① 无损编码标准。

● PCM（pulse code modulation）：这是一种最基本的音频编码方式，也是其他编码标准的基础。它直接对模拟声音信号进行采样、量化和编码，将连续的声音信号转换为离散的数字信号，能提供最原始、最真实的声音质量。缺点是数据量非常大，占用大量的存储空间和传输带宽。PCM 常用于对声音质量要求极高的专业音频领域，如音乐制作的母带处理、音频设备的测试等。

● FLAC（free lossless audio codec）：采用无损压缩算法，通过分析音频数据中的冗余信息，使用线性预测和熵编码等技术来减少数据量。解码时，FLAC 可以完全还原出原始的音频信号。在保证无损音质的前提下，FLAC 能将音频文件压缩到 PCM 文件大小的 50%~70%。它是开源的，具有良好的跨平台兼容性，并且支持标签信息和元数据的存储；适合对音质要求较高且有一定存储需求的音乐爱好者，常用于音乐收藏和专业音频存档。

● ALAC（Apple lossless audio codec）：同样是无损压缩编码，专门为苹果设备和操作系统设计，与苹果的生态系统兼容性极佳。它在保持无损音质的同时，压缩效率较高，能有效减少音频文件的大小。主要应用于苹果设备上的音乐播放和存储，如 iPhone、iPad、iTunes 等。

② 有损编码标准。

● MP3（MPEG-1 audio layer 3）：该模型具有较高的压缩比，能将音频文件压缩到原始大小的十分之一甚至更小，同时保持相对较好的音质。它是一种非常流行的音频编码格式，几乎所有的音频播放器和设备都支持。MP3 广泛应用于音乐的网络传播、移动设备音乐播放等领域，适合对存储空间和传输带宽有一定限制的场景。

● AAC（advanced audio coding）：MPEG-2 和 MPEG-4 标准中的音频编码部分，采用了比 MP3 更先进的技术，如改进的心理声学模型、多声道编码、高效的频谱分析等。它能更精确地去除冗余信息，提高压缩效率。在相同的比特率下，AAC 的音质通常优于 MP3，尤其是在低比特率的情况下。它支持多声道音频编码，可用于实现环绕声效果。AAC 被广泛应用于数字广播、在线音乐平台、视频音频编码等领域，如苹果的 iTunes 音乐商店就主要采用 AAC 格式。

● Ogg Vorbis：Ogg 是一种开源的有损音频编码格式，它使用离散小波变换（DWT）来分析音频信号的频率成分，并结合心理声学模型进行量化和编码。音质与 AAC 相当，在中低比特率下表现出色。它常用于开源音频播放器、自由音乐下载网站等，也适用于一些对版权和成本有要求的项目。

3. 图像的数字化

计算机屏幕上显示出来的画面通常有两种：一种称为矢量图形或几何图形，简称图形（graphics），是用一组命令来描述的，这些命令用来描述构成直线、矩形、圆、曲线等的形状、位置、颜色等属性，其基本特点是尺寸可以任意变化而不损失质量，如图 1.15 所示；另一种称为点阵图像或位图图像，简称图像（image），图像是由一个个像素排成矩阵组成的，图像文件通过描述画面中每一个像素的亮度或颜色来表示该画面，位图图像比较适合表现照片或要求精细细节的图片，如果要放大位图图像，就要人为增加像素个数，这就会使图像变得模糊，如图 1.16 所示。

图 1.15　矢量图形尺寸可以任意变化　　　　　　图 1.16　位图图像局部放大变得模糊

图像通常需要由扫描仪、数码相机、摄像机等设备输入计算机，计算机获得图像的过程称为图像的获取。计算机处理图像时，首先必须对连续的图像进行空间幅值和颜色的离散化处理，离散化的结果称为数字图像，以位图的形式存储。图像数字化同样要经过采样、量化和编码的过程。

（1）采样

采样是将连续的图像在空间上进行离散化的过程。它把图像划分为若干行若干列，每一行和每一列的交汇点为一个采样点，即一个像素，这些采样点构成了数字图像的像素矩阵。采样间隔决定了采样点的密度。采样间隔越小，采样点就越密集，数字图像就越能准确地反映原始模拟图像的细节；反之，采样间隔越大，采样点就越稀疏，数字图像的细节就会丢失，可能会出现模糊或锯齿状的边缘。目前大多数照相机已经达到千万像素的空间采样率（横向像素数量×纵向像素数量）。

（2）量化

量化是将采样得到的像素点的亮度或颜色值用有限个离散的数值来表示的过程。由于采样得到的像素点的亮度或颜色值是连续的，而计算机只能处理离散的数字，因此需要对这些值进行量化。量化等级决定了每个像素点能够表示的亮度或颜色的细致程度。量化等级越多，能够表示的亮度或颜色变化就越丰富，数字图像的质量也就越高。例如，对于灰度图像，如果采用 8 位量化，那么每个像素点可以表示 $2^8 = 256$ 个不同的灰度等级；如果采用 16 位量化，则可以表示 $2^{16} = 65\ 536$ 个不同的灰度等级。对于彩色图像，通常使用 RGB 模型，每个颜色通道（红、绿、蓝）都有一定的量化位数，例如常见的 24 位真彩色图像，每个通道采用 8 位量化，总共可以表示 $2^{24} = 16\ 777\ 216$ 种不同的颜色。

（3）编码

编码是将量化后的像素值按照一定的格式进行组织和存储的过程。编码的目的是减少数字图像的数据量，便于存储和传输。常见的图像编码方式有无损编码和有损编码。无损编码在压缩图像数据时不会丢失任何信息，解压后可以完全恢复原始图像。有损编码则通过去除图像中的一些冗余信息和人眼不太敏感的信息来减少数据量，但解压后图像会有一定程度的质量损失。

【例 1.9】灰度图像像素阵列示例。

　　图 1.17 呈现了一个白底黑字的手写 "3" 的像素分布与对应的数值，这是一个仅包含光线强度而并未记录色彩的图像。

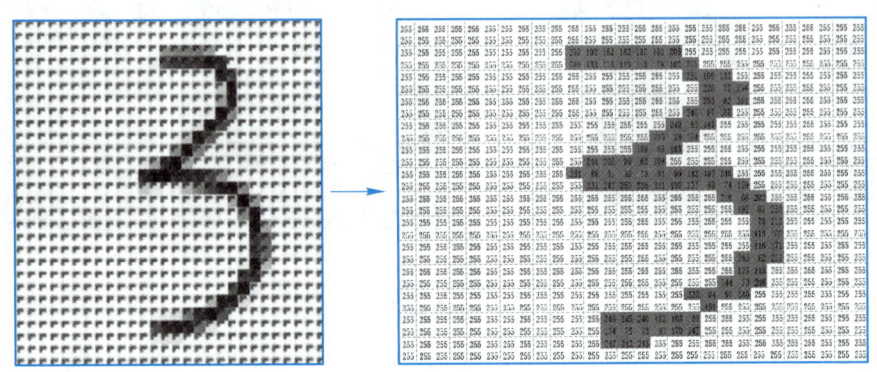

图 1.17　灰度图像的二维空间采样与单字节量化编码

【例 1.10】彩色图像像素 RGB 值。

　　图 1.18 呈现了一张分辨率为 367×217 的彩色图像前两行部分像素点的 RGB 值。每个像素需要红、绿、蓝三色编码，因此每个像素通常占用 3 字节。

图 1.18　彩色图像像素点的 RGB 值

　　（4）常见编码标准

　　① 无损压缩编码标准。

　　● BMP（bitmap）：这是一种简单的图像文件格式，采用无压缩或简单的行程编码（RLE）压缩方式。无压缩时，它直接存储每个像素的颜色值；RLE 压缩则是通过记录连续相同像素的数量来减少数据量。优点是格式简单，支持多种颜色模式，包括黑白、灰度、索引色和真彩色等，并且所有图像编辑软件都支持该格式，适合用于图像的原始数据保存和简单处理。缺点是文件通常较大，因为它没有进行复杂的压缩，不适合在网络上快速传输。BMP 常用于需要高质量图像存储且对文件大小不太敏感的场景，如操作系统的桌面壁纸、图像编辑软件的临时保存格式等。

● PNG（portable network graphics）：采用无损压缩算法，通过预测像素值之间的关系，并对预测误差进行 Huffman 编码来实现压缩。它具有良好的图像质量，支持透明通道，这使得其在网页设计中非常受欢迎，可以实现图像与背景的自然融合。同时，它对图像进行无损压缩，解压后能完全还原原始图像，广泛应用于网页设计、图标制作、图像编辑等领域，尤其是需要透明效果和高质量图像的场景。

● GIF（graphics interchange format）：这是一种基于字典的无损压缩方法，通过建立一个字符串字典，用较短的编码来表示重复出现的字符串。它支持动画功能，是互联网上最早支持动画的图像格式之一。它最多只能存储 256 种颜色，因此适用于颜色较少的图像，如简单的图标、动画表情包等。GIF 常用于制作简单的动画、网页上的动态图标、小型广告等，因其文件相对较小，适合在网络上快速加载。

② 有损压缩编码标准。

● JPEG（joint photographic experts group）：基于离散余弦变换（DCT）的有损压缩算法。具有很高的压缩比，可以显著减小图像文件的大小，但压缩过程会导致一定的图像质量损失。用户可以根据需要调整压缩质量，在文件大小和图像质量之间进行权衡。JPEG 是摄影、互联网图片分享等领域最常用的图像格式。

● JPEG 2000：相比 JPEG，JPEG 2000 在压缩效率和图像质量上有了显著提升，尤其是在高压缩比的情况下，能更好地保留图像的细节和边缘信息。它支持多种分辨率和质量层次的编码，可以根据不同的需求进行解码。JPEG 2000 适用于对图像质量要求较高的专业领域，如医学影像、卫星遥感图像、数字图书馆等，也逐渐在互联网图像和高清电视等领域得到应用。

③ 其他编码标准。

● WebP：由 Google 开发，结合了无损和有损压缩技术。在相同的图像质量下，WebP 格式的文件大小通常比 JPEG 和 PNG 更小。它支持透明度和动画，具有良好的兼容性和性能，在网页开发中得到越来越广泛的应用，特别是在移动互联网领域，能够减少网页的加载时间，提高用户体验。

● HEIF（high-efficiency image file format）：基于 HEVC（H.265）视频编码标准，采用了先进的编码技术，具有更高的压缩效率，能够在更小的文件下提供与 JPEG 相当或更好的图像质量。它还支持多种功能，如深度图、动画、多视图等。随着智能手机和数码相机对图像存储需求的增加，HEIF 逐渐成为一种有潜力的图像存储格式，一些新款的苹果和安卓设备已经开始支持该格式。

4. 视频的数字化

视频数字化是将连续的模拟视频信号转化为计算机可处理、存储和传输的数字视频信号的过程。它在现代社会的娱乐、通信、监控、教育等众多领域都有着广泛的应用。模拟视频信号是随时间连续变化的电信号，包含了视频画面的亮度、色彩、同步等信息。而数字视频则是由一系列离散的图像帧组成，每帧图像又由众多像素点构成，每个像素点用特定的数值表示其颜色和亮度。视频数字化的核心就是把模拟视频的连续信息转换为数字视频的离散信息。

（1）采样

在视频数字化中，不仅要对每一帧图像进行空间上的采样（如同图像数字化中的采样），还要对视频信号在时间上进行采样。空间采样是将每一帧图像分割成多个像素点，而时间采样则是按照一定的时间间隔从连续的视频流中选取图像帧。时间采样频率（帧率）指的是每秒采集的图像帧数，单位为帧每秒（f/s）。常见的帧率有 24 f/s、25 f/s、30 f/s、60 f/s 等。较高的帧率能使视频画面更加流畅，减少画面的卡顿感，尤其适用于快速运动场景的视频；而较低的帧率可能会导致画面在运动时出现不连贯的现象。例如，电影通常采用 24 f/s 的帧率，电视节目常用 25 f/s 或 30 f/s，而一些游戏视频为了追求极致的流畅度，会使用 60 f/s 甚至更高的帧率。

（2）量化

对采样得到的每一帧图像的像素点的亮度和颜色值进行量化，将连续的模拟值转换为有限个离散的数字值，这与图像数字化中的量化原理相同。量化位数决定了每个像素点能够表示的亮度或颜色的细致程度。常见的视频量化位数有 8 位、10 位、12 位等。较高的量化位数可以提供更丰富的色彩和亮度层次，使视频画面更加细腻、真实，但同时也会增加数据量。例如，8 位量化每个像素点可以表示 256 种颜色或灰度等级，而 10 位量化则可以表示 1 024 种。

（3）编码

将量化后的视频数据按照一定的格式进行组织和压缩，以减少数据量，便于存储和传输。由于视频数据量巨大，如果不进行压缩，存储和传输都会面临很大的困难。压缩编码原理是利用视频信号中的冗余信息进行压缩，包括空间冗余（同一帧图像内相邻像素之间的相关性）、时间冗余（相邻帧之间的相似性）和视觉冗余（人眼对某些信息不敏感）等。通过去除这些冗余信息，可以在保证一定视频质量的前提下，大幅减少数据量。

【例 1.11】计算一段视频的存储容量。

假设有一段视频，其参数如下：

视频时长：$t = 10$ min

分辨率：1 920×1 080（全高清，横向有 1 920 个像素，纵向有 1 080 个像素）

帧率：$f = 30$ f/s，意味着每秒播放 30 个画面

色彩深度：$b = 24$ 位，即每个像素用 24 位来表示颜色信息

音频采样率：$S_a = 44\ 100$ 次/s，也就是每秒进行 44 100 次采样

音频位深度：$b_a = 16$ 位，每次采样用 16 位来表示声音信息

声道数：$c = 2$（立体声）

计算过程如下：

① 计算视频部分的存储容量。

首先计算每帧图像的像素数量，像素数量等于横向像素数乘以纵向像素数：

$$N_p = 1\ 920 \times 1\ 080 = 2\ 073\ 600\ \text{（个）}$$

然后计算每帧图像的数据量，每帧图像数据量等于每帧像素数乘以色彩深度：

$$D_f = N_p \times b = 2\ 073\ 600 \times 24\ \text{（位）}$$

接着计算每秒视频的数据量，每秒视频数据量等于每帧图像数据量乘以帧率：

$$D_{v-s} = D_f \times f = 2\ 073\ 600 \times 24 \times 30\ \text{（位）}$$

最后计算整个视频时长内视频部分的数据量，先将时长 10 min 换算成秒，10 min = 10×60 s = 600 s：

$$D_v = D_{v-s} \times t = 2\ 073\ 600 \times 24 \times 30 \times 600\ \text{（位）}$$

将其换算成字节（1 字节 = 8 位）：

$$D_v = (2\ 073\ 600 \times 24 \times 30 \times 600) \div 8\ \text{（字节）}$$

再换算成兆字节（MB，1 MB = $1\ 024 \times 1\ 024$ B）：

$$D_v = (2\ 073\ 600 \times 24 \times 30 \times 600) \div (8 \times 1\ 024 \times 1\ 024) \approx 10\ 325.19\ \text{MB}$$

再换算成吉字节：

$$10\ 325.19\ \text{MB} \div 1\ 024 \approx 10.08\ \text{GB}$$

② 计算音频部分的存储容量。

先计算每秒音频的数据量，每秒音频数据量等于音频采样率乘以音频位深度乘以声道数：

$$D_{a-s} = S_a \times b_a \times c = 44\ 100 \times 16 \times 2\ \text{（位）}$$

再计算整个视频时长内音频部分的数据量：

$$D_a = D_{a-s} \times t = 44\ 100 \times 16 \times 2 \times 600\ \text{（位）}$$

换算成字节：

$$D_a = (44\ 100 \times 16 \times 2 \times 600) \div 8\ \text{（字节）}$$

换算成兆字节：

$$D_a = (44\ 100 \times 16 \times 2 \times 600) \div (8 \times 1\ 024 \times 1\ 024) \approx 101.47\ \text{（MB）}$$

③ 计算整个视频文件的存储容量。

整个视频文件存储容量 $D = D_v + D_a$，约为 10.08 GB + 101.47 MB，因为 101.47 MB 相对 10.08 GB 较小，在粗略计算时可忽略不计，所以整个视频文件存储容量约为 10.08 GB。

④ 考虑压缩情况。

在实际应用中，视频通常会经过压缩处理。例如采用 H.264 编码进行压缩，压缩比一般能达到 10∶1 到 50∶1。假设压缩比为 20∶1，那么压缩后的视频文件存储容量为 10.08÷20 = 0.504 GB，约 504 MB。

（4）常见编码标准

常见的视频编码标准有以下几种。

① MPEG 系列。

● MPEG-1：早期的视频编码标准，主要用于 VCD 等应用，它可以将视频数据压缩到原来的 1/10 至 1/20，图像质量相对较低，适合在较低带宽和存储条件下使用，如 1.15 Mb/s 的传输速率下能提供较好的视频质量，典型分辨率为 352×288。

● MPEG-2：常用于 DVD 视频、数字电视广播等领域，能提供更高的图像质量和分辨率，支持标准清晰度（SD）和高清晰度（HD）视频，可适用不同的比特率，从标清的几 Mb/s 到高清的几十 Mb/s，如常见的 8 Mb/s 用于标清电视，典型分辨率有 720×576、1 920×1 080 等。

● MPEG-4：不仅支持传统的视频编码，还能处理基于对象的视频内容，在低比特率下能提供较好的图像质量，广泛应用于网络视频、移动视频等领域，如在移动设备上，几百 Kb/s 的码率就能提供不错的视频效果，支持多种分辨率，包括 CIF（352×288）、VGA（640×480）等。

② H.26x 系列。

● H.264/AVC：目前应用最广泛的视频编码标准之一，具有很高的编码效率，能在相同图像质量下比以往标准减少约 50% 的码率，在网络视频、高清电视、视频监控等众多领域都有广泛应用，在高清视频流中，通常 2~6 Mb/s 的码率就能提供很好的视觉效果，支持从标清到 4K 甚至更高的分辨率。

● H.265/HEVC：H.264 的继任者，进一步提高了编码效率，在相同图像质量下，码率可再降低 30%~50%，主要应用于超高清视频（如 4K、8K）的编码传输，由于其高编码效率，在 4K 视频传输中，10~15 Mb/s 的码率就能呈现出非常出色的画质。

● H.266/VVC：最新的视频编码标准，在 H.265 的基础上再次提升了编码性能，能在更高分辨率和帧率下实现更高效的编码，预计将在未来的 8K 及更高分辨率视频、高动态范围（HDR）视频等领域发挥重要作用，可在 8K 分辨率下以相对较低的码率提供高质量视频。

③ 其他编码标准。

● VP8：Google 开发的开源视频编码标准，主要用于网络视频，具有良好的压缩性能和快速的解码速度，在 WebM 格式中广泛应用，能在较低码率下提供不错的视频质量，常用于在线视频播放等场景，在标清视频中，几百 Kb/s 的码率就能有较好表现。

● VP9：VP8 的继任者，进一步提高了编码效率，可在相同码率下提供比 VP8 更好的图像质量，也是 WebM 格式的重要编码标准，在网络视频领域对 H.264 等标准形成了有力竞争，在高清视频中，1~3 Mb/s 的码率能实现较好的视觉效果。

● AV1：由开放媒体联盟（AOM）开发，是一种开源、免专利费的视频编码标准，集合了众多先进的编码技术，旨在提供比现有标准更高的编码效率，主要应用于网络视频和流媒体领域，有望在未来的视频应用中得到广泛推广，在 4K 视频中，预计能以较低码率提供高质量的视频内容。

1.4　算法的智慧：构建智能世界的基石

1.4.1　程序的基本结构：构建智能蓝图的关键要素

程序是由多条指令组成的有序序列，用于完成某些具体功能。著名计算机科学家尼古拉斯·沃斯（Niklaus Wirth）（如图 1.19 所示）曾经提出一个公式：程序＝数据结构＋算法。程序设计语言也称为计算机语言，是人和计算机之间传递信息的媒介。为了驱使计算机完成某些工作，必须将人的意图用计算机语言告诉计算机。计算机语言的发展分为 3 个阶段：机器语言、汇编语言和高级语言，而高级语言也经历了从早期语言到结构化程序设计语言、从面向过程到面向对象程序设计语言的过程。高级语言的下一个发展目标是面向应用的，即只需要告诉程序要做什么，程序就能自动生成算法并自动运行处理，这就是智能化的程序设计语言。

结构化程序设计的概念最早由荷兰科学家 E. W. 迪杰斯特拉（E. W. Dijkstra）（如图 1.20 所示）于 1965 年提出，他认为任何程序只需要基于顺序结构、选择结构和循环结构这 3 种控制结构即可编制出来。

图 1.19　尼古拉斯·沃斯

图 1.20　迪杰斯特拉

1. 顺序结构

顺序结构程序像流水线一样自上而下，依次执行各条指令。顺序结构是最简单、最常见的程序结构，只要按照解决问题的顺序写出相应的语句即可。生活中，顺序结构的例子随处可见。就拿购物来说，线上购物时，人们先打开购物 App 或网站，在搜索栏输入商品名称搜索，从结果里挑出心仪商品，单击进入详情页查看信息、选好款式尺码后加入购物车，接着进入购物车勾选结算，选好支付方式付款，最后就等商家发货、接收快递；线下购物则是先走进商场或店铺，浏览找商品，查看价格质量，合适就拿到收银台，收银员扫码算价，顾客付款后带着商品离开。再看邮寄信件包裹，需先备好物件，写清收件人信息，贴好邮票或备好邮费，包裹还需先称重确定邮费，之后交给工作人员检查登记，才完成邮寄等待签收。

2. 选择结构

在程序设计中，有时需要依据不同的条件做出不同的决策，这就是选择结构（也称分支结构）。在选择结构中，程序根据不同条件，执行相应的语句序列。在日常生活中，人们会遇到很多选择结构的问题。例如，根据自己的需要检索图书、根据高考成绩决定报考哪所大学、出租车的里程计价策略、个人所得税阶梯缴纳制度等。

选择结构有 3 种形式，分别是单分支结构、双分支结构和多分支结构。

（1）单分支结构

单分支是指条件判断后，只有一种可能性。以空调使用为例，当你外出时，会先查看空调是否处于运行状态。如果发现空调还在运行，那么就将空调关闭，以节省电量；如果空调本身就是关闭状态，就不需要进行额外操作，直接出门即可。这里"空调是否处于运行状态"就是判断条件，只有当条件满足（空调运行）时，才执行关闭空调这一特定操作，这便是单分支结构在生活中的体现。

（2）双分支结构

双分支是指条件判断后，有两种可能性。例如，根据天气决定出行方式。早上起床后查看天气预报，如果今天下雨，就选择开车上班，因为开车可以避免被雨淋湿；如果今天不下雨，就选择骑自行车上班，既能锻炼身体又能欣赏沿途风景。这里"是否下雨"是判断条件，根据这个条件的结果执行不同的操作，下雨就开车，不下雨就骑车，形成了双分支结构，根据条件来决定执行哪一个分支。

（3）多分支结构

多分支结构是指有多种条件判断，根据条件判断的情况执行不同的操作。例如，根据考试成绩给予奖励问题。期末考试结束后，根据考试成绩来给予不同的奖励。如果成绩在 95 分及以上，就带孩子去旅游，让孩子开阔眼界；如果成绩在 85 分至 94 分，就给孩子买一套他喜欢的书籍，鼓励他继续学习；如果成绩在 70 分至 84 分，就带孩子去吃一顿大餐，激励他下次进步；如果成绩在 70 分以下，就和孩子一起分析试卷，找出问题，制定学习计划，帮助他提高成绩。这里"考试成绩"作为判断条件，根据成绩所处的不同区间执行不同的操作，形成了多分支结构，有多个分支路径可供选择，具体执行哪一个分支取决于条件的判断结果。

3. 循环结构

循环结构是指为了在程序中反复执行某个功能而设置的一种程序结构，由循环条件来判断继续执行某个功能还是退出循环。循环结构有 3 个要素：循环变量、循环体和循环中止条件。循环体语句可以是相似的或者相同的，这种重复执行操作可以根据条件终止。

常见的循环结构有两种形式：当型循环和直到型循环。

（1）当型循环

当型循环先判断循环条件是否成立，若成立，则执行循环体，执行循环体之后再判断循环条件是否成立，若成立，再次执行循环体，如此反复，直到循环条件不成立时为止。例如，在图像识别的车牌识别系统里，当型循环至关重要。系统需要识别监控视频中每一帧画面里的车牌。假设视频按帧存储，系统会从第一帧画面开始处理。每处理一帧，就检查视频中是否还有下一帧画面（这就是循环条件）。只要存在未处理的帧，系统就会持续执行车牌识别流程。该流程包括图像预处理，增强画面清晰度；利用图像识别算法定位车牌位置；再对车牌区域进行字符分割与识别，将识别出的字符与数据库中的车牌信息进行比对等操作。直到所有视频帧都处理完毕，即没有下一帧画面时，循环结束，系统完成了对这段监控视频中所有车牌的识别工作。

（2）直到型循环

直到型循环先执行循环体，再判断循环条件是否成立，若不成立，则再次执行循环体，继续判断循环条件。如此反复，直到循环条件成立，此时循环过程结束。例如，在一款游戏的新手引导流程里，直到型循环就发挥着关键作用。当新玩家进入游戏时，系统会开启新手引导。引导过程中会不断向玩家展示各种游戏操作和功能介绍，每展示一项后，系统会询问玩家是否已经理解该项操作（这是循环继续的条件）。只要玩家表示不理解，系统就会重复展示该项操作内容，直到玩家确认已经理解，才会继续进行下一项引导内容。如此循环，直到玩家完成所有新手引导项目，整个新手引导流程结束，玩家可以自由进行游戏。

程序的基本结构是构建智能程序的基石，它们相互配合，使得程序员能够将复杂的问题分解为一个个可解决的小问题，通过编写清晰、高效的代码来实现各种功能。随着技术的不断发展，编程语言和编程范式也在不断演进。未来，程序的构建将更加注重智能化、自动化和高效化。人工智能和机器学习技术的融入，使得程序能够自动学习和优化自身的行为，根据不同的场景和数据做出更加智能的决策。同时，随着硬件技术的进步，对程序性能的要求也将越来越高，这将促使程序员不断探索新的算法和编程方法，以提高程序的执行效率和资源利用率。

1.4.2　算法：智能的"配方"

算法在我国古代文献中称为"术"，最早出现在《周髀算经》和《九章算术》中。《周髀算经》中采用"步同余算法"计算天文历法，揭示日月星辰的运行规律，囊括四季更替、气候变化，给人们的生活作息提供有力的保障，而《九章算术》给出的四则运算、求最大公约数、求最小公倍数、开平方、开立方、解线性方程组等诸多算法，解决了生产、生活中的很多应用问题。从唐代开始，我国关于算法论述的书籍层出不穷，如唐代的《算法》、宋代的《杨辉算法》、元代的《丁巨算法》、明代的《算法统综》、清代的《开平算法》等，足以彰显我国古代在算法方面的成就。

西方算法概念的出现比我国要晚，波斯数学家花拉子米（al-Khwarizmi）于公元 9 世纪提出了算法的概念，随后传到了欧洲。算法最终写作 algorism，意思是采用阿拉伯数字的运算法则。到了 18 世纪，算法正式定名为 algorithm。含义也从算术中的运算法则演变为对解题方案的准确而完整的描述，成为"一系列解决问题的清晰指令"的代名词，代表着用系统的方法描述解决问题的策略、机制。

在当今数字化和智能化的时代浪潮中，算法无处不在，它就像是智能世界的"配方"，为各种复杂问题提供了解决方案，推动着科技的进步和社会的发展。从搜索引擎帮助人们在海量信息中快速找到所需内容，到电商平台根据人们的浏览和购买记录精准推送商品，再到自动驾驶汽车在复杂路况下安全行驶，算法都发挥着关键作用。

1. 算法的概念

拓展阅读：我国古代算法思想

算法是一系列解决问题的清晰指令，它代表着用系统的方法描述解决问题的策略机制。简单来说，算法就是计算机执行特定任务的有限步骤集合，这些步骤必须是明确的、有序的，并且在有限的时间内能够完成。例如，计算两个数之和的算法可以简单描述为：输入两个数，将这两个数相加，输出结果。这个看似简单的过程，体现了算法的基本要素：输入、处理和输出。

从本质上讲，算法是对问题解决过程的抽象和形式化表达。它不依赖具体的编程语言或硬件环境，而是一种通用的思维方式。无论是使用 Python、Java 还是 C++等编程语言来实现算法，其核心的逻辑和步骤是不变的。算法的设计需要深入理解问题的本质，分析问题的特征和规律，然后运用合适的数学模型和逻辑结构来构建解决方案。

算法的优劣可以用时间复杂度和空间复杂度来衡量。时间复杂度是指算法需要消耗的时间资源，而空间复杂度是指算法需要消耗的空间资源。复杂度越高，所需的计算机资源越多；复杂度越低，所需的计算机资源越少。此外，一个好的算法还应该具有良好的结构和易理解性。

2. 算法的特性

一个算法具有以下特性。

（1）输入

算法可以有零个或多个输入，这些输入是算法处理的数据。输入可以来自用户的输入、文件读取、数据库查询等。

（2）输出

算法必须有一个或多个输出，这些输出是算法处理后的结果。输出可以是屏幕上的显示、文件的写入、数据的返回等。

（3）有穷性

算法必须在有限的步骤内结束，不能无限循环下去。这意味着算法执行的时间和资源是有限的，不会出现死循环或无限递归等情况。

（4）确定性

算法的每一步都必须有明确的定义，不能存在歧义。在相同的输入条件下，算法的执行结果应该是唯一的。

（5）可行性

算法的每一步都必须是可行的，能够通过有限的时间和资源来完成。这意味着算法中使用的操作和计算都应该是计算机能够执行的基本操作，如加法、减法、比较、赋值等。

3. 算法的描述

通常可以使用自然语言、程序流程图、N-S 图、伪代码等多种不同的方法进行算法的描述，目的是清晰地展示问题求解的基本思想和具体步骤。

其中，最常用的程序流程图是一种由图框和流程线组成的图形，图框表示各种类型的操作，图框中的文字和符号表示操作的内容，流程线表示操作的先后次序。用图形表示算法，直观形象，易于理解。

美国国家标准化组织规定了一些常用的流程图图形符号，如表 1.5 所示，已成为国际通用标准。

表 1.5　流程图图形符号

名称	图形符号	含义
起止框		算法的开始与结束
输入输出框		输入或输出
判断框		表示条件选择，有一个入口，两个或多个出口，控制算法的不同执行流程
处理框		表示具体处理操作，如计算、赋值等，对应具体的业务逻辑
流程线		表示算法的执行顺序
连接点		一对连接点标注相同的数字和文字，用于连接画在不同位置的流程线
注释框		用于书写注释

用流程图描述的顺序结构、双分支选择结构、循环结构如图 1.21~图 1.24 所示。

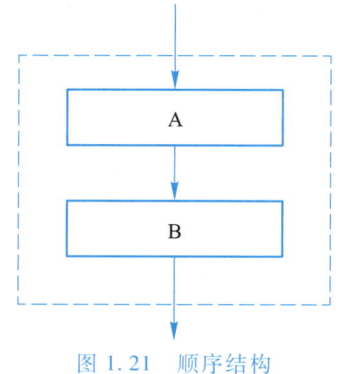

图 1.21　顺序结构　　　　图 1.22　双分支选择结构

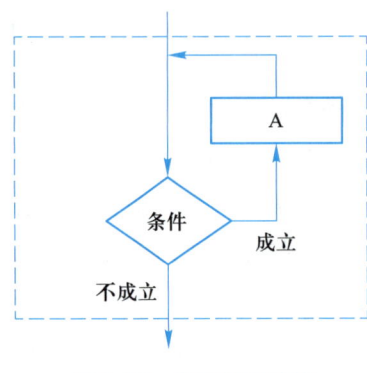

图 1.23　当型循环结构

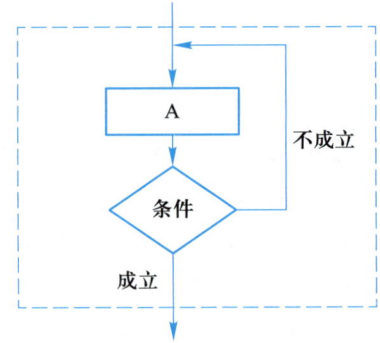

图 1.24　直到型循环结构

【例 1.12】用程序流程图描述 π 值的计算。

该算法的程序流程图如图 1.25 所示。

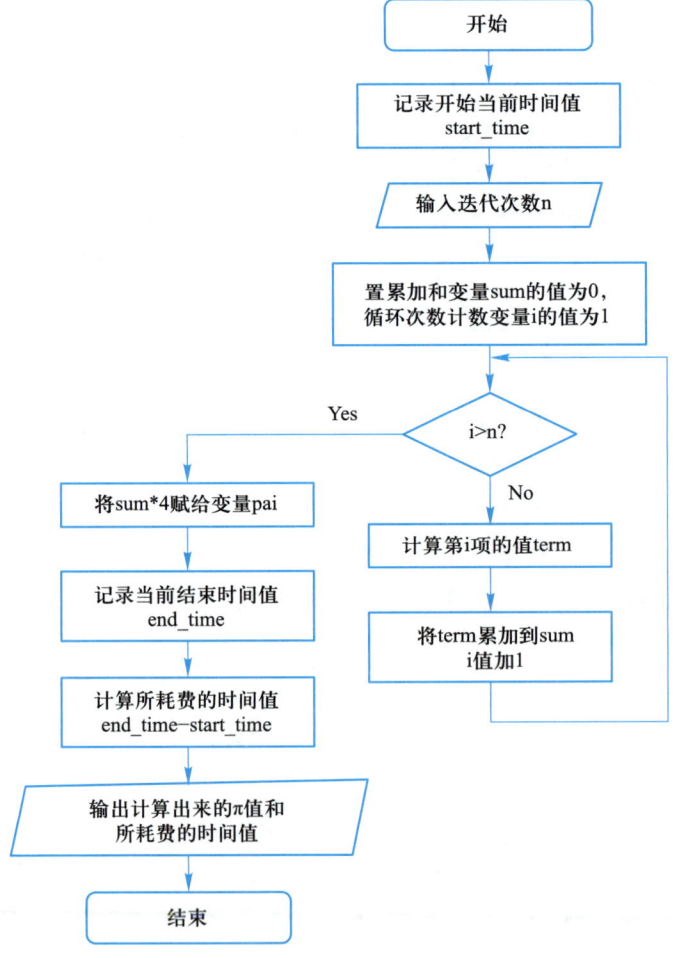

图 1.25　π 值计算的程序流程图

1.5　流程图的艺术：用 Raptor 绘制智能之路

1.5.1　流程图：智能思维的可视化表达

　　Raptor（the rapid algorithmic prototyping tool for ordered reasoning）是用于有序推理的快速算法原型工具，是一种基于流程图的可视化的程序设计环境，为程序和算法设计的基础课程教学提供实验环境。Raptor 用基本的流程图图形符号来创建算法，可以调试和运行算法，包括单步执行和连续执行模式。该环境可以直观地显示当前执行符号所在的位置，以及所有变量的内容。

　　Raptor 具有以下特点：

　　① 语言简洁灵活，用流程图实现程序设计，可使初学者不用花太多时间就能进入计算思维中关于问题求解的算法设计阶段。

　　② 具有基本的数据结构、数据类型和运算功能。

　　③ 具有结构化控制语句，支持面向过程及面向对象的程序设计。

　　④ 语法限制较宽松，程序设计灵活性大。

　　⑤ 可以实现计算过程的图形表达及图形输出。

　　⑥ 对常量、变量及函数名中所涉及的英文字母大小写视为同一字母，但只支持英文字符。

　　⑦ 程序设计可移植性较好，可直接运行得出程序结果，也可将其转换为其他程序语言，如 C++、C#、Ada 及 Java 等。

1. Raptor 安装及界面

　　Raptor 是一款免费的工具，可以从官方网站获取。根据计算机类型及操作系统的具体情况下载对应的安装文件，双击安装文件，按提示选择默认选项即可完成安装。

　　Raptor 的应用界面主要包含两部分：程序设计界面（Raptor）和主控制台界面（MasterConsole），分别如图 1.26 和图 1.27 所示。

　　程序设计界面主要用来进行程序设计，而主控制台界面用于显示程序的运行结果和错误信息等。

2. Raptor 介绍

　　（1）Raptor 符号

　　Raptor 符号表示要执行的一系列动作。符号间的连接箭头确定所有操作的执行顺序。Raptor 程序执行时，从 Start 符号起步，并按照箭头所指方向执行程序，直到执行到 End 符

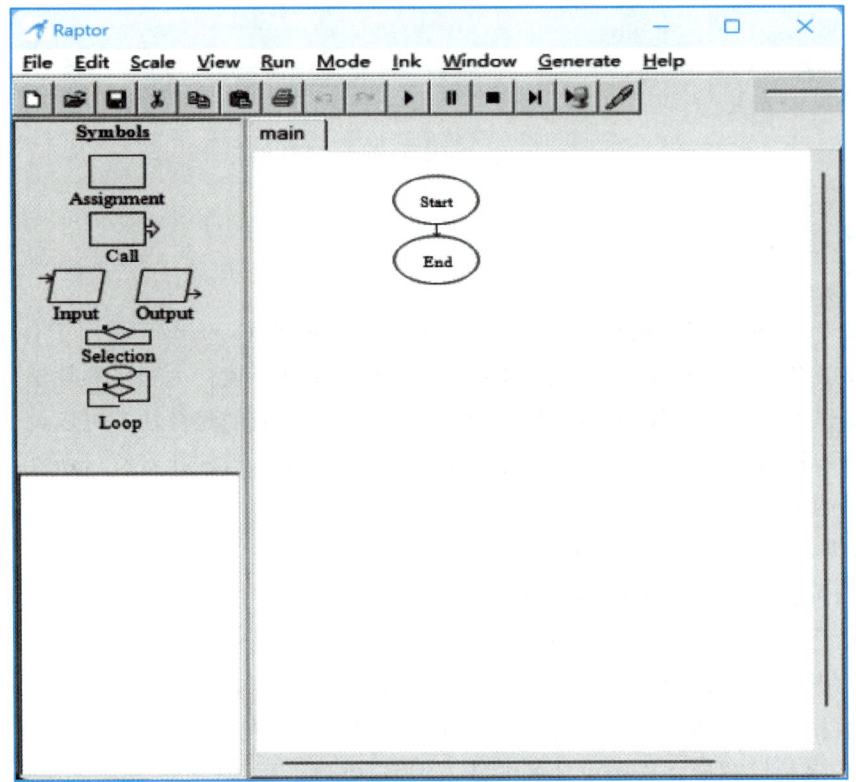

图 1.26　程序设计界面

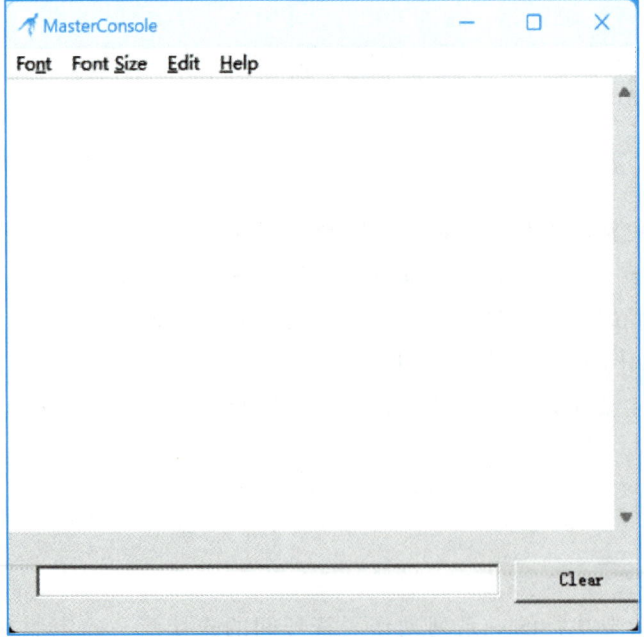

图 1.27　主控制台界面

号。Raptor 程序的初始状态只有 Start 符号和 End 符号。在 Start 符号和 End 符号之间插入一系列 Raptor 符号，就可以创建有意义的 Raptor 程序了，其中 Raptor 符号与程序设计语言中的语句所起的作用相对应。

Raptor 有 6 种符号，每种符号代表一个指令类型。基本符号如表 1.6 所示。

表 1.6　**Raptor** 符号及其说明

功能	符号	名称	说明
输入		Input （输入语句）	用户输入数据，将数据的值赋给变量
赋值		Assignment （赋值语句）	给变量赋值
调用		Call （过程调用）	执行一个过程，该过程包含很多语句
输出		Output （输出语句）	显示变量的值，也可将变量的值保存到文件中
选择		Selection （选择语句）	根据给定条件执行某分支
循环		Loop （循环语句）	当循环条件为假，执行循环体语句； 当循环条件为真，退出循环

由于 Raptor 的设计考虑了程序设计初学者，因此一些特殊设计与传统流程图有差异。需要注意的是，Raptor 流程图中循环条件出口的两个方向（Yes/No）与传统流程图相反。所以在 Raptor 流程图中当循环条件为假，执行循环体语句；而当循环条件为真，退出循环。

（2）Raptor 程序的注释

Raptor 的开发环境与其他许多编程语言一样，允许对程序进行注释。注释本身对计算机毫无意义，并不会被执行。注释的目的是增强程序的可读性，帮助他人理解自己所设计的程序或算法，特别是在程序代码比较复杂、很难理解的情况下。在 Raptor 中，选择任何一个流程图中的符号，包括 Start、End 这两个流程图符号，然后再右击，可以从快捷菜单选择 Comment 来输入注释语句，如图 1.28 所示。输入完注释内容后，单击"Done"按钮，就得到了如图 1.29 所示的注释效果。

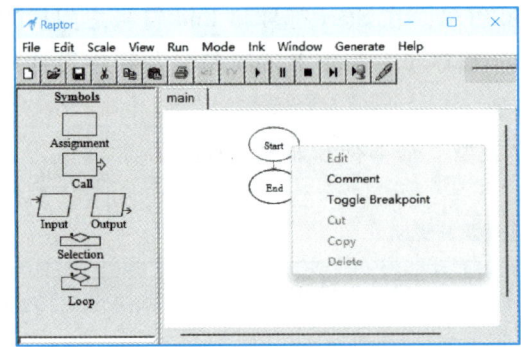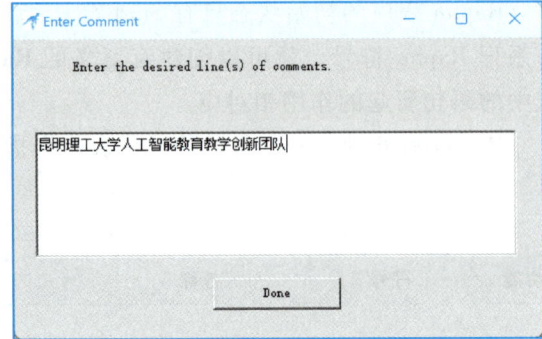

图 1.28   注释输入

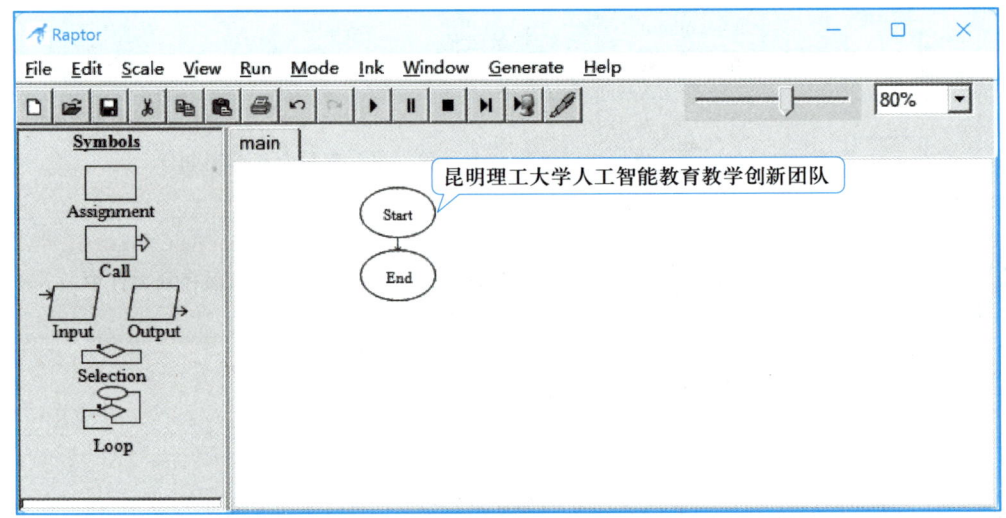

图 1.29   注释效果

注释一般有 4 种类型：

① 编程标题。说明程序的作者和编写时间、程序（子图、子程序）的目的等。特别是在有子图和子程序的算法程序中，子图和子程序的设计目的需要详细说明，在有子程序定义的算法中，子程序的各个形式参数的设计目的也需要详细说明（添加到 Start 符号中）。

② 分节描述。用于标记程序，使程序员更容易理解程序整体结构中的主要部分，例如算法中主要分支和循环语句的标注。

③ 逻辑描述。解释算法中标准或非标准的逻辑设计。例如，递归程序中基线条件（base case）和正常递归部分的标示。

④ 变量说明。解释算法中使用的主要变量的用途，哪些是用于接收输入的变量，哪些是输出变量，哪些是保存中间结果的临时变量。

3. Raptor 基本概念

（1）常量

在程序运行过程中其值不能被改变的量称为常量。Raptor 定义了以下常量：pi（圆周率）定义为 3.1416，e（自然对数的底）定义为 2.7183，true/yes（布尔值：真）定义为 1，false/no（布尔值：假）定义为 0。

（2）变量

在程序运行过程中其值可以改变的量称为变量。Raptor 中的变量具有数据类型、变量名和变量值 3 个属性。变量用于存储数据，程序运行期间其值可以被改变。每个变量都必须有一个名字，即变量名。变量名必须遵循命名规则，即由数字、字母和下划线组成，并且第一个字符必须是字母，例如，sum、day、r 都是合法的变量名。变量的初值决定了该变量的数据类型：可以是实数，即 123、7.3、-2.5；可以是字符串，即用双引号括起来的一串字符，如" China"" Kunming"；也可以是字符，即用单引号括起来的一个字符，如' A ''?'。

4. Raptor 基本运算符

Raptor 中的基本运算符有 3 类：算术运算符、关系运算符和逻辑运算符。

（1）算术运算符

用来处理四则运算的符号称为算术运算符。它是最简单，也是最常用的符号，尤其是数字处理，几乎都会使用算术运算符。Raptor 中有 6 种基本的算术运算符，如表 1.7 所示。

表 1.7　**Raptor 的算术运算符**

运算符	说明	范例
+	加法运算	$4+5=9$
-	减法运算	$2\ 025-1\ 949=76$
*	乘法运算	$3*7=21$
/	除法运算	$9/2=4.5$
^ 或 **	幂运算	$3\char`\^2=3**2=9$
mod 或 rem	取余运算	$7 \bmod 3=1$，$10 \operatorname{rem} 2=0$

（2）关系运算符

关系运算符也称为比较运算符，用于将两个数据进行比较，判断两个数据是否满足指定的关系。运算结果是一个逻辑值，关系成立值为 true，关系不成立值为 false。Raptor 中有 6 种基本的关系运算符，如表 1.8 所示。

表 1.8   **Raptor** 的关系运算符

运算符	说明	范例
=	等于	（1+1）= 2（结果为 true）
!=，/=	不等于	（1+1）!= 2（结果为 false）
>	大于	'z'>'a'（结果为 true）
>=	大于或等于	4>= 5（结果为 false）
<	小于	7<9（结果为 true）
<=	小于或等于	'C'<='B'（结果为 false）

（3）逻辑运算符

逻辑运算符主要用于程序条件的判断，运算的结果为一个逻辑值 true 或 false。Raptor 中有 4 种逻辑运算符，如表 1.9 所示。

表 1.9   **Raptor** 的逻辑运算符

运算符	说明	范例
not	非运算，运算对象为 true 时结果为 false，否则结果为 true	not（（1+1）= 2）（结果为 false）
and	与运算，只有两个运算对象的值都为 true 时结果才为 true，否则结果为 false	'z'>='a' and 'Z'>='A'（结果为 true）
or	或运算，只有两个运算对象的值都为 false 时结果才为 false，否则结果为 true	1>2 or 3 = 4（结果为 false）
xor	异或运算，只有两个运算对象的值各为 true 和 false 时结果才为 true，否则结果为 false	1>2 xor 3<4（结果为 true）

1.5.2   Raptor 应用案例

【例 1.13】用 Raptor 实现求 π 值的设计。

具体操作步骤如下：

① 启动 Raptor 软件，新建并保存文件"1-1.rap"。

② 在左窗格中选择"Assignment"符号，单击将其添加至"Start"符号和"End"符号之间，双击"Assignment"符号，在 Set 文本框中输入 start_time，在 to 文本框中输入 Current_Time，单击"Done"按钮。

③ 选择"Input"符号，将其添加至"Assignment"符号下方。双击"Input"符号，在 Enter Prompt Here 文本框中输入""Please enter the number of iterations:""（注意：要连

同英文的双引号一起输入），在 Enter Variable Here 文本框中输入变量名 n，单击"Done"按钮。

④ 选择"Assignment"符号，将其添加至"Input"符号之后，双击"Assignment"符号，在 Set 文本框中输入 sum，在 to 文本框中输入 0，单击"Done"按钮。

⑤ 在"Assignment"符号后再添加一个"Assignment"符号，在其 Set 文本框中输入 i，在 to 文本框中输入 1，单击"Done"按钮。

⑥ 在其后添加"Loop"符号，双击"Loop"符号，在 Help 文本框中输入循环结束条件 i>n，单击"Done"按钮。

⑦ 选择"Assignment"符号，将其添加至"Loop"符号的"No"分支，在其 Set 文本框中输入 term，在 to 文本框中输入（-1)^(i+1)/(2 * i-1)，单击"Done"按钮。

⑧ 在该"Assignment"符号后再添加一个"Assignment"符号，在其 Set 文本框中输入 sum，在 to 文本框中输入 sum+term，单击"Done"按钮。

⑨ 继续在其后再添加一个"Assignment"符号，在其 Set 文本框中输入 i，在 to 文本框中输入 i+1，单击"Done"按钮。

⑩ 选择"Assignment"符号，将其添加至"Loop"符号的"Yes"分支，在其 Set 文本框中输入 pai，在 to 文本框中输入 4 * sum，单击"Done"按钮。

⑪ 在"Assignment"符号后再添加一个"Assignment"符号，在其 Set 文本框中输入 end_time，在 to 文本框中输入 Current_Time，单击"Done"按钮。

⑫ 继续在其后添加一个"Assignment"符号，在其 Set 文本框中输入 elapsed_time，在 to 文本框中输入 end_time-start_time，单击"Done"按钮。

⑬ 在其后添加"Output"符号，双击"Output"符号，在 Enter Output Here 文本框中输入""The approximate value of PI is:"+pai+"，The time spent is:"+elapsed_time"（注意：要连同英文的双引号一起输入），单击"Done"按钮。

⑭ 右击部分符号，选择"Comment"为其添加适当注释，便于理解设计思路。

⑮ 保存该文件，最终得到对应的程序设计流程图如图 1.30 所示（说明：设计图太长，分为两部分，并用○标识连接）。

⑯ 单击工具栏按钮 ▶ 执行该程序，输入迭代次数 n 值，例如：100，单击"OK"按钮，可以看到左边符号窗格下方的变量观察区会显示程序执行过程中相关变量值的变化情况，如图 1.31 所示。

⑰ 程序执行完成后，会显示计算得到的 π 值为 3.131 6，以及程序运行所耗费的时间为 330 146（该时间因计算机性能和执行程序时同时运行的任务数量不同而有所差异）。此次计算得到的 π 值误差略大。再次执行程序，增大输入的迭代次数，例如输入 1 000 时，计算出的 π 值为 3.140 6；输入 10 000 时，计算出的 π 值为 3.141 5。此时，对应的运行耗时分别为 3 123 103 和 32 289 732。如图 1.32 所示，可以看出随着迭代次数增加，π 值的计算误差缩小了，但程序运行所耗费的时间大幅增加。

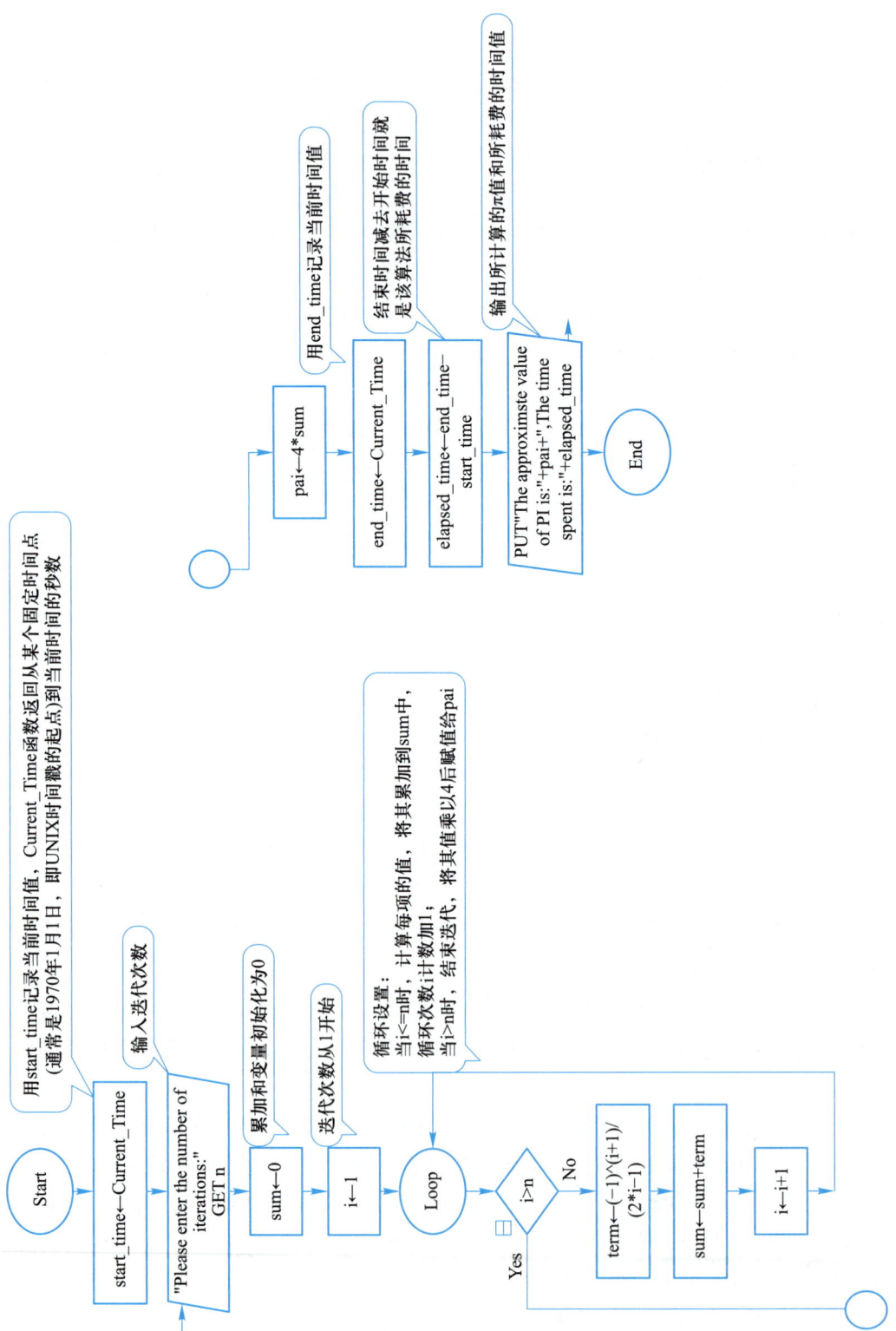

图 1.30　π 值计算的 Raptor 程序流程图

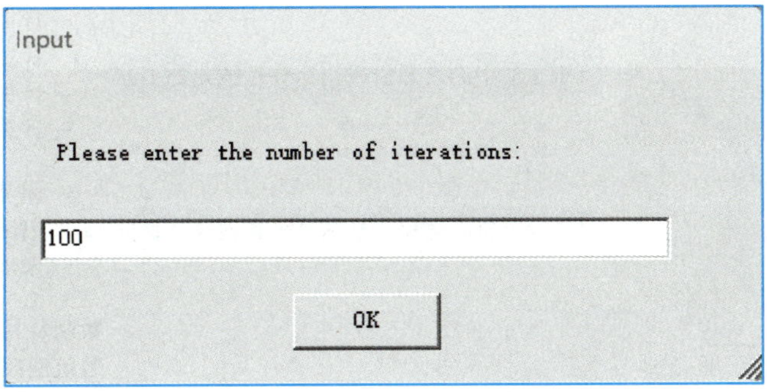

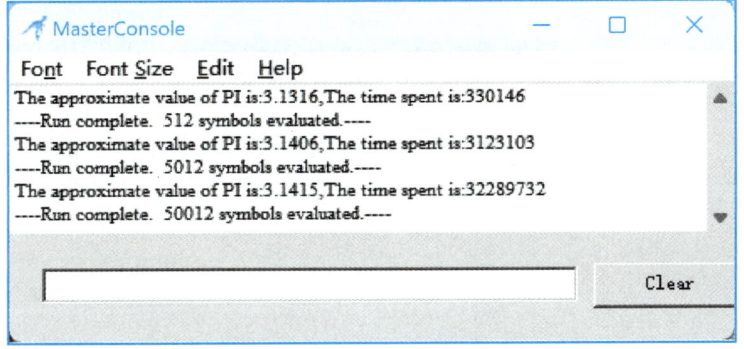

图 1.31　程序执行时的输入

图 1.32　不同迭代次数 π 值的计算结果

本章小结

　　本章以计算思维为核心，梳理了从生活中的智慧到计算机科学基础的理论脉络，解析了计算思维的概念、特征及其在日常生活中的应用，揭示了图灵机、冯·诺依曼架构等计算机科学的基石，并探讨了数据数字化表示与算法设计的艺术。计算思维不仅是理解计算机科学的钥匙，更是解锁智能世界的核心能力。通过流程图等工具，我们能够将复杂的逻辑可视化，为构建智能系统奠定基础。计算思维正从理论走向实践，而实现这一跨越的关键在于将抽象思维转化为具体解决方案——下一章将聚焦人工智能的定义、发展历程及其核心要素，揭示智能系统如何通过算法与数据驱动实现自主进化。

　　本章内容思维导图如下：

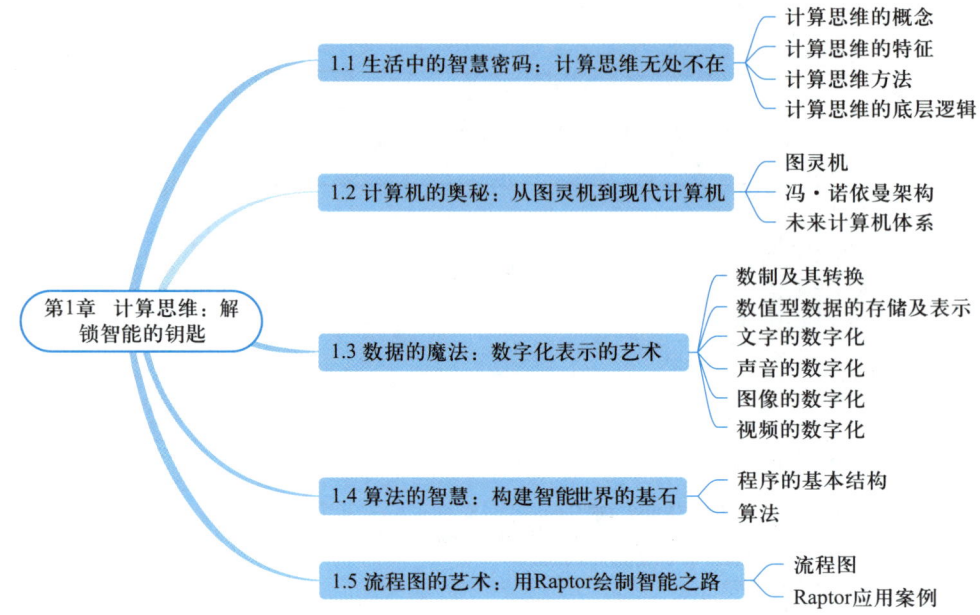

习题

一、单选题

1. 下列 4 组数依次为二进制、八进制和十六进制，不符合要求的是（　　）。

A. 11、78、19　　　　B. 10、7B、1A　　　　C. 12、80、FF　　　　D. 11、77、1F

2. 十进制数 10 转换为二进制数是（　　）。

A. 1010　　　　　　B. 1100　　　　　　　C. 1001　　　　　　D. 110

3. 二进制数 1101 转换为十进制数是（　　）。

A. 11　　　　　　　B. 12　　　　　　　　C. 13　　　　　　　D. 14

4. 八进制数 25 转换为十进制数是（　　）。

A. 20　　　　　　　B. 21　　　　　　　　C. 22　　　　　　　D. 23

5. 十进制数 37 转换为八进制数是（　　）。

A. 43　　　　　　　B. 44　　　　　　　　C. 45　　　　　　　D. 46

6. 十六进制数 A3 转换为十进制数是（　　）。

A. 163　　　　　　　B. 173　　　　　　　C. 183　　　　　　D. 193

7. 十进制数 28 转换为十六进制数是（　　）。

A. 1C　　　　　　　B. 1D　　　　　　　　C. 1E　　　　　　　D. 1F

8. 二进制数 101101 转换为八进制数是（　　）。

A. 55　　　　　　　B. 56　　　　　　　　C. 57　　　　　　　D. 58

9. 八进制数 67 转换为二进制数是（　　　）。

A. 111110　　　　B. 110110　　　　C. 110111　　　　D. 111111

10. 二进制数 110011 转换为十六进制数是（　　　）。

A. 36　　　　B. 35　　　　C. 34　　　　D. 33

11. 十六进制数 F2 转换为二进制数是（　　　）。

A. 11110010　　　　　　　　B. 11110001

C. 11100010　　　　　　　　D. 11100001

12. 十进制数 23 的 8 位二进制补码是（　　　）。

A. 11101001　　　　　　　　B. 10010111

C. 01101001　　　　　　　　D. 00010111

13. 若一个 8 位二进制补码表示的十进制数是-55，其补码是（　　　）。

A. 01001001　　　　　　　　B. 11001001

C. 10110111　　　　　　　　D. 00110111

14. 8 位二进制补码 10100110 表示的十进制数是（　　　）。

A. 66　　　　B. -66　　　　C. 86　　　　D. -86

15. 一个无符号非零二进制整数后加 4 个 0，形成的新数是原数的（　　　）。

A. 2 倍　　　　B. 4 倍　　　　C. 8 倍　　　　D. 16 倍

二、简答题

1. 简述计算机中用二进制表示和编码的原因。

2. 分别将下列十进制数转换成二进制数、八进制数、十六进制数。

346　0.6　52.725

3. 分别将二进制数 11010.0011 转换成十进制数、八进制数、十六进制数。

4. 假设计算机字长为 32 位，采用补码表示，请写出下列十进制数在计算机中的二进制表示。

35　-76

5. 一首长 3 min 的 MP3 音乐，采样频率 44.1 kHz，双声道，16 位量化，计算未压缩时所需的存储容量。

6. 一段时长 2 min、双声道、16 位量化的声音未压缩数据量为 10.58 MB，计算相应的采样频率。

7. 计算一幅分辨率为 1 024×768 像素、未压缩的真彩色的数据量。

8. 用 Raptor 软件计算 1~100 的奇数总和与偶数总和。

9. 用 Raptor 软件计算"上下五千年"中共有多少个闰年。其中"上下五千年"具体指公元前 2975 年到公元 2025 年。

10. 某人有 100 元钱，打算买 100 只鸡。到市场上一看，公鸡 5 元钱一只，母鸡 3 元钱一只，小鸡 1 元钱 3 只。用 Raptor 软件编一个程序，算出如何能刚好用 100 元钱买 100 只鸡。

实验 1-1　信息的表示

一、实验目的

1. 深入理解十进制、二进制、八进制和十六进制之间的转换原理，熟练掌握进制转换的方法。

2. 学会使用 Winhex 软件查看文件中存储的信息，了解计算机中数据的存储形式。

二、实验内容

1. 熟练掌握二、八、十、十六进制数之间的相互转换。

2. 深入理解整数的原码、反码和补码概念。

3. 探究数值数据在计算机中的存储及表示方式。

4. 了解字符在计算机中的存储及表示形式。

5. 研究灰度图像在计算机中的存储形式。

三、实验环境

1. 中文版 Windows 7 以上。

2. Winhex 软件。

3. Python 3.6 以上。

四、实验步骤

1. 进制转换

① 请手动计算完成以下进制数的转换：

$(1949)_{10}$ = (　　　　　　　)$_2$ = (　　　　　　　)$_8$ = (　　　　　)$_{16}$

$(1001011)_2$ = (　　　　)$_8$ = (　　　　)$_{16}$

$(FD1A)_{16}$ = (　　　　　　　)$_2$ = (　　　　　)$_{10}$

$(372)_8$ = (　　　　　　　)$_2$ = (　　　　　)$_{10}$

② 打开 Windows 自带的"计算器"，选择"程序员"模式，选择不同进制输入上题的数据，观察验证手动转换的结果是否正确。

2. 在 32 位机器字长计算机中，以下数据的原码、反码和补码分别是：

1729 的原码是 [　　　　　　　　　　　]_原，反码是 [　　　　　　　　　　]_反，补码是 [　　　　　　　　　　]_补。

−365 的原码是 [　　　　　　　　　　]_原，反码是 [　　　　　　　　　　]_反，补码是 [　　　　　　　　　　]_补。

3. 数值在计算机中的存储形式

① 打开 Python IDLE 编程环境，新建程序文件"实验 1-1. py"，输入以下代码并按功能键 F5 执行该程序。

```python
import struct   #该模块用于处理二进制数据的打包和解包
# 打开文件,以二进制写入模式
file = open('data. bin', 'wb')


#写入整数 1729
int_positive = 1729
#使用'i' 格式将整数打包成 32 位二进制数据
packed_positive_int = struct. pack('i', int_positive)
file. write(packed_positive_int)


#写入整数−365
int_negative = −365
#使用'i' 格式将整数打包成 32 位二进制数据
packed_negative_int = struct. pack('i', int_negative)
file. write(packed_negative_int)


#写入正浮点数 520. 25
float_num = 520. 25
#使用'f' 格式将浮点数打包成 32 位二进制数据
packed_float = struct. pack('f', float_num)
file. write(packed_float)


#写入负浮点数−0. 1314
float_num = −0, 1314
#使用'f' 格式将浮点数打包成 32 位二进制数据
packed_float = struct. pack('f', float_num)
file. write(packed_float)


#关闭文件
```

file. close( )

print("数据已成功写入 data. bin 文件。")

② 使用 Winhex 软件打开写入数据文件 data.bin，可以看到数据都已写入，如图 1.33 所示。

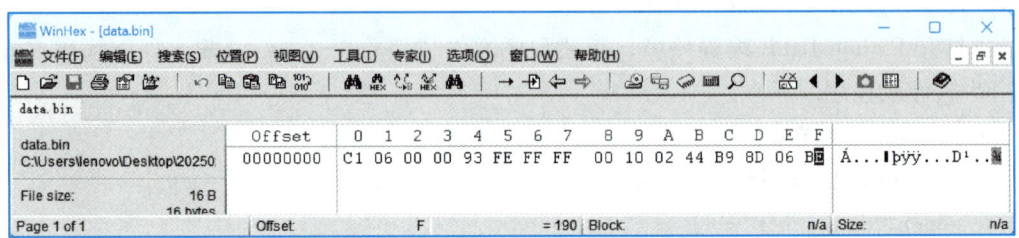

图 1.33　Winhex 中 data. bin 文件的查看效果

③ 观察存储内容回答以下问题，同时自行完成过程推演。

（1729）D 的存储形式是（_____）H。

（-356）D 的存储形式是（_____）H。

（520.25）D 的存储形式是（_____）H。

（-0.1314）D 的存储形式是（_____）H。

4. 字符在计算机中的存储形式

① 打开 Windows 自带的 "记事本"，新建文件 "字符 .txt"，在其中输入以下内容并选择 "ANSI" 编码方式保存文件，如图 1.34 所示。（在中文 Windows 系统中，ANSI 通常对应 GB 2312—1980 或 GBK 编码，每个汉字占用 2 字节。如果默认 UTF-8 则是一种 Unicode 编码方式，每个汉字占用 3 字节。）

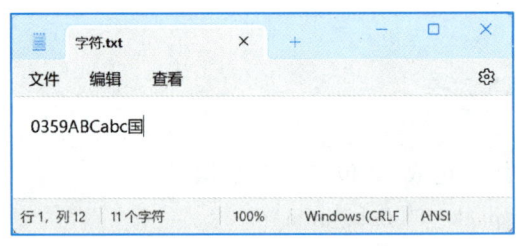

图 1.34　"字符 .txt" 文件内容

② 使用 Winhex 软件打开该文件，可以看到数据都已写入该文件，其内容如图 1.35 所示。

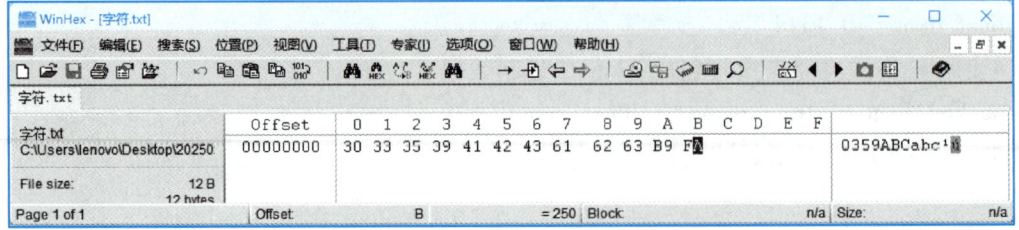

图 1.35　Winhex 中 "字符 .txt" 文件的查看效果

③ 请分析每个字符的编码并回答以下问题。

数字字符' 0 '' 3 '' 5 '' 9 '的 ASCII 码的十六进制数各是多少?

大写字母' A '' B '' C '的 ASCII 码的十六进制数各是多少?

小写字母' a '' b '' c '的 ASCII 码的十六进制数各是多少?

同一字母的大小写形式的 ASCII 码值相差多少?

汉字"国"存储的机内码是 B9FA,请反推其国标码和区位码。

5. 灰度图像在计算机中的存储形式

① 打开 Windows 自带的"画图"软件,任意设置画布大小,选择铅笔,调整铅笔像素,保证有一定粗度,设置铅笔颜色为黑色,绘制如图 1.36 所示的数字"8",将文件保存为"8.bmp"。

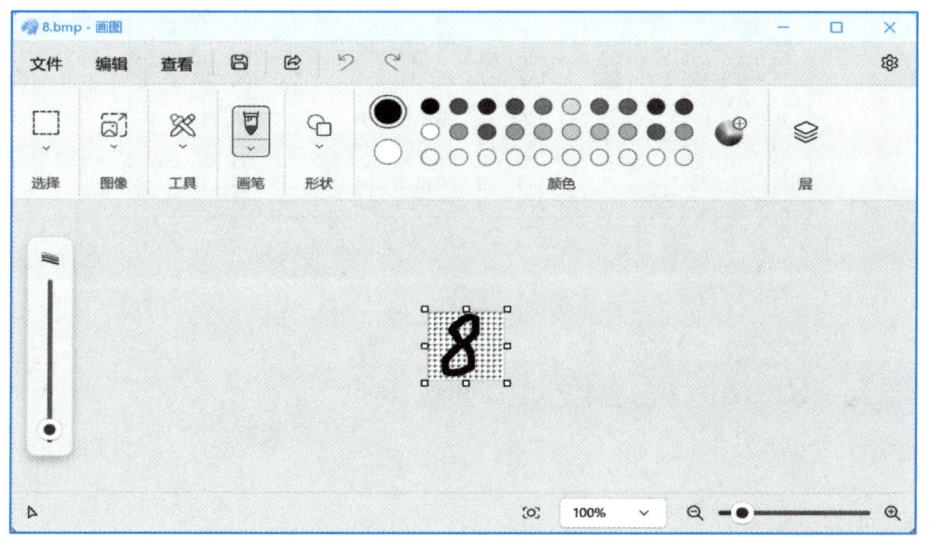

图 1.36　绘制数字"8"位图

② 打开 Python IDLE 编程环境,新建程序文件"实验 1-2.py",输入以下代码并按功能键 F5 执行该程序。

```python
from PIL import Image
import numpy as np
#读取图片
image_path = '8.bmp'  #图片路径
image = Image.open(image_path)
#将图片转换为灰度图
gray_image = image.convert('L')
#确保图片尺寸为 16×16
if gray_image.size != (16, 16):
```

```
    gray_image = gray_image. resize((16, 16))
#将图片数据转换为 numpy 数组
image_array = np. array(gray_image)
#显示矩阵形式的灰度值
print(image_array)
```

该程序将任意尺寸的图片转换为 16×16 的灰度图，运行结果如图 1.37 所示，每个数值对应像素的灰度值，非 255 值的像素点可以看出数字 "8" 的轮廓。

```
[[255 255 255 255 255 255 250 159  81 110 219 255 255 255 255 255]
 [255 255 255 255 255 250 103   0   5   2  75 255 255 255 255 255]
 [255 255 255 255 241  77   0  94 213  58  58 255 255 255 255 255]
 [255 255 255 255 128   0 101 248 255  61  59 255 255 255 255 255]
 [255 255 255 255  74   0 169 255 246  30  58 255 255 255 255 255]
 [255 255 255 255 207  13  62 241  92   0 129 255 255 255 255 255]
 [255 255 255 255 123   0  59   0  86 234 255 255 255 255 255 255]
 [255 255 255 255 170   0   0  34 244 255 255 255 255 255 255 255]
 [255 255 255 207  18  25  64   0 160 255 255 255 255 255 255 255]
 [255 255 255 228  36   9 187 241  16  65 255 255 255 255 255 255]
 [255 255 247  70   0 157 255 255  71  41 252 255 255 255 255 255]
 [255 255 215   0 107 255 255 255  95  30 250 255 255 255 255 255]
 [255 255 213   0 166 255 255 214  45  28 250 255 255 255 255 255]
 [255 255 222   2  65 117  79   5   7 113 253 255 255 255 255 255]
 [255 255 251  96  21  13  30  72 200 255 255 255 255 255 255 255]
 [255 255 255 255 235 233 245 255 255 255 255 255 255 255 255 255]]
```

图 1.37　数字 "8" 灰度文件的查看效果

实验 1-2　Raptor 算法设计

一、实验目的

1. 掌握 Raptor 程序设计工具的使用方法。
2. 能够运用 Raptor 设计和实现简单的算法，加深对算法逻辑的理解。

二、实验内容

1. 认识 Raptor 软件的基本操作过程。
2. 用 Raptor 软件设计求解选择结构、循环结构、穷举法和函数调用等问题。

三、实验环境

1. 中文版 Windows 7 以上。
2. Raptor 软件。

四、实验步骤

1. BMI 问题求解

① 问题描述。

输入身高和体重，根据体重（kg）除以身高（m）的平方得出的身体质量指数（body mass index，BMI）来判定人体胖瘦程度以及是否健康。如果 BMI 小于 18.5，显示"Under Weight"；如果 BMI 大于或等于 18.5 并小于 24，显示"Health"；如果 BMI 大于或等于 24 并小于 28，显示"Overweight"；如果 BMI 大于或等于 28，显示"Adiposity"。

② 算法分析。

这类问题属于多分支结构，根据输入数据计算数值，然后判断该数值属于哪种情况，执行其所满足的条件对应的结果显示。

③ 该程序的 Raptor 设计如图 1.38 所示，请完成该流程图的设计并运行程序。

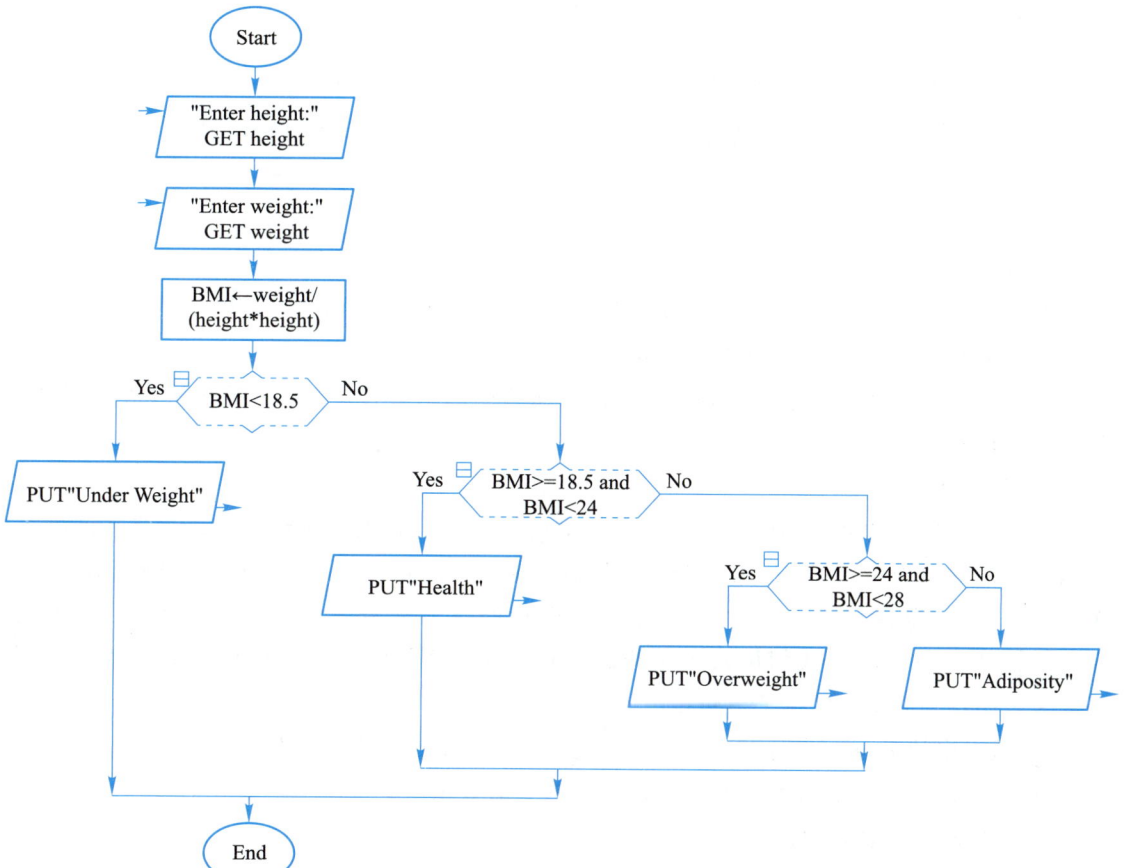

图 1.38   BMI 程序流程图

2. 穷举法求解鬼谷算问题

① 问题描述。

相传汉高祖刘邦问大将军韩信统御士兵多少，韩信答：每 3 人一列余 1 人，5 人一列余 2 人，7 人一列余 4 人，13 人一列余 6 人，刘邦茫然而不知其数。

② 算法分析。

这类问题及其解法一般称为孙子定理，国外称为"中国余数定理"，它是我国闻名于世的古代数学问题。题目是求除以 3 余 1，除以 5 余 2，除以 7 余 4，除以 13 余 6 的最小自然数。可以采取穷举法，穷举对象是自然数，设为 x，穷举范围为 1，2，3，4，…，直到符合条件的自然数。真解应该同时满足 4 个条件：x mod 3 = 1，x mod 5 = 2，x mod 7 = 4，x mod 13 = 6。

③ 该程序的 Raptor 设计如图 1.39 所示，请完成该流程图的设计并运行程序。

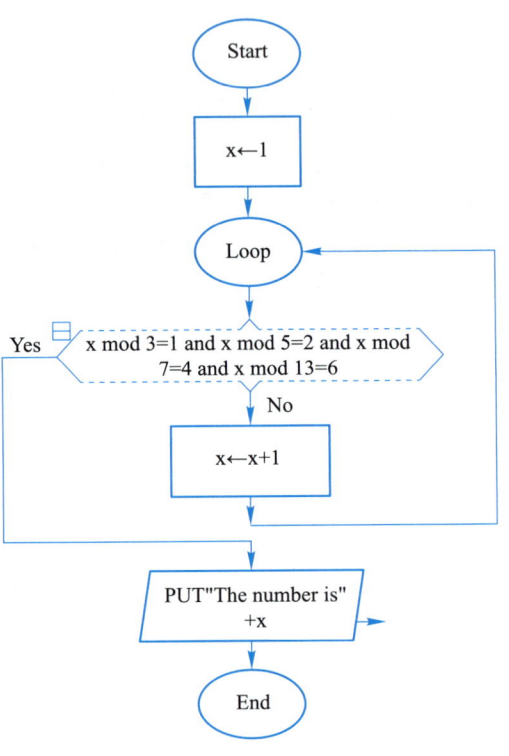

图 1.39　鬼谷算问题程序流程图

3. 猴子吃桃问题求解

① 问题描述。

有一堆桃子，猴子第一天吃了其中的一半，并再多吃了一个；以后每天猴子都吃其中的一半，然后再多吃一个。当到第 n 天时，想再吃时（还没吃），发现只有 1 个桃子了。问最初这堆桃子有多少个？

② 算法分析。

这是一个典型的逆推问题，我们可以从最后一天剩下的桃子数量开始，逐步往前推算出前一天的桃子数量。设第 i 天剩余的桃子数量为 p_i，已知 $p_n = 1$（第 n 天还没吃时剩下 1 个桃子）。根据题目条件，每天吃了当天桃子数量的一半再多一个，那么可以得到递推关系：$p_{i-1} = (p_i + 1) \times 2$。我们从第 n 天开始，通过这个递推公式依次计算出第 $n-1$ 天、第 $n-2$ 天……直到第 1 天的桃子数量。

③ 该程序的 Raptor 设计如图 1.40 所示，请完成该流程图的设计。

④ 运行该程序。输入不同的天数，得出桃子的数量。

$n = 2$ 时，桃子总数为：_____；

$n = 5$ 时，桃子总数为：_____；

$n = 8$ 时，桃子总数为：_____；

$n = 10$ 时，桃子总数为：_____。

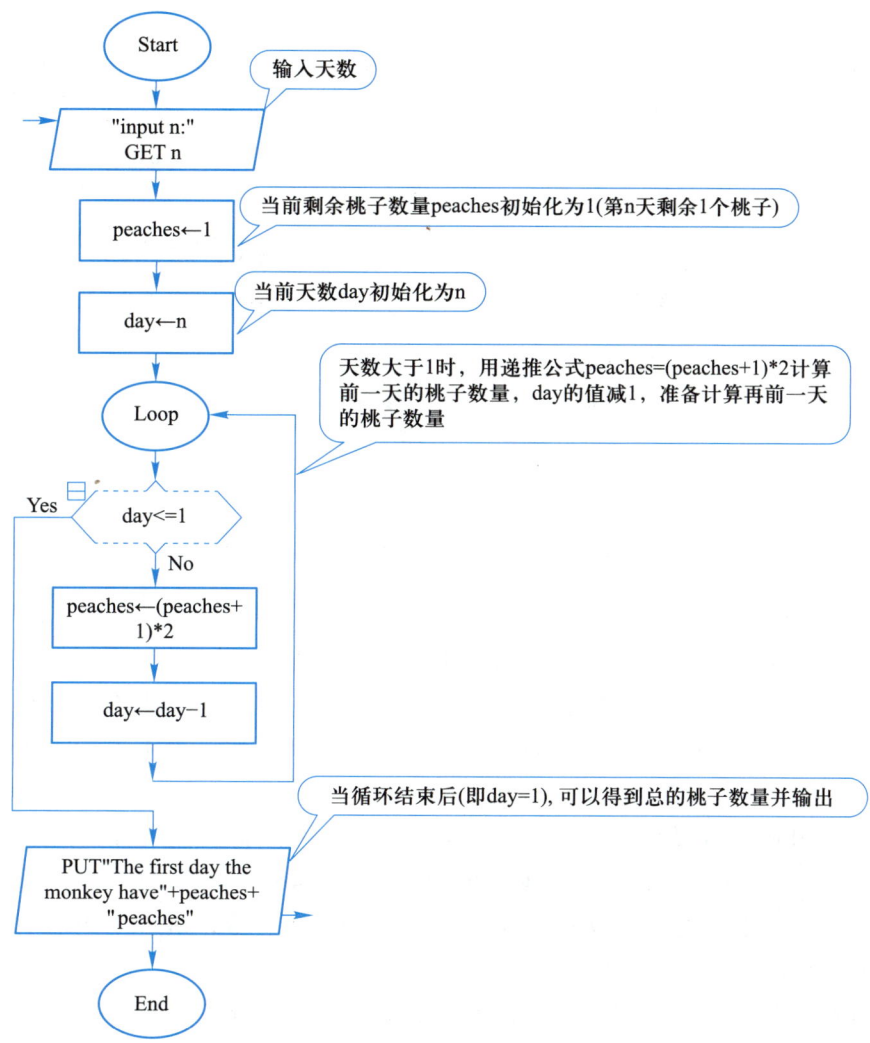

图 1.40 猴子吃桃的 Raptor 设计图

4. 递归算法求解 n 的阶乘

（1）算法分析

递归法解决问题需要以下 3 个步骤。

① 确立递归公式。

$n! = 1 \times 2 \times 3 \times \cdots \times (n-1) \times n$ 可以描述为 $n! = (n-1)! \times n$，由此建立递归公式，当 $n > 1$ 时，$f(n) = f(n-1) \times n$。

② 确立递归终止条件。

当 $n = 1$ 时，$f(n) = 1$。对于任何给定的 n，只需要递归求解到 1! 即可。

③ 编写递归求解过程。

假设 $n = 5$，求 5! 的过程如图 1.41 所示。

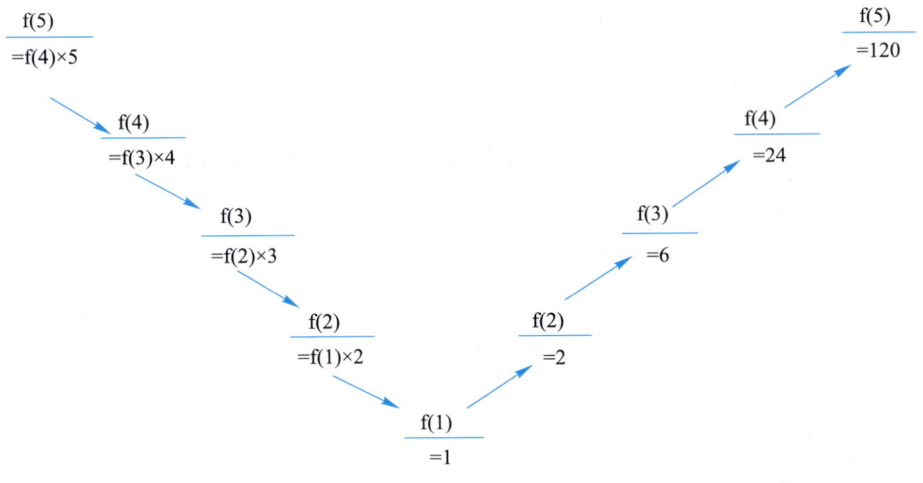

图 1.41   递归求解过程

（2）操作步骤

① 启动 Raptor 软件，新建并保存 rap 文件。

② 选择 "Input" 符号，将其添加至 "Start" 符号和 "End" 符号之间。双击 "Input" 符号，在 Enter Prompt Here 文本框中输入 ""Enter a number:""，在 Enter Variable Here 文本框中输入变量名 n，单击 "Done" 按钮。

③ 单击 "Mode" 菜单中的 "Intermediate" 命令。将鼠标定位在主图的 "main" 标签上，右击，选择 "Add Procedure"，在弹出的 "Create Procedure" 窗口中设置参数，如图 1.42 所示，子过程名为 f，n 为输入参数，result 为输出参数，单击 "OK" 按钮，创建子过程（子图）f。

④ 在子图 f 中，选择 "Selection" 符号，将其添加至 "Start" 符号和 "End" 符号之间。双击 "Selection" 符号，在窗口中输入 n = 1，单击 "Done" 按钮。

⑤ 在子图 f 中，选择 "Assignment" 符号，将其添加至 "n = 1" 框的 Yes 分支。双击 "Assignment" 符号，在 Set 文本框中输入 result，在 to 文本框中输入 1，单击 "Done" 按钮。

⑥ 在子图 f 中，选择 "Call" 符号，将其添加至 "n = 1" 框的 No 分支。双击 "Call" 符号，在弹出的 "Enter Call" 窗口中设置参数，如图 1.43 所示，单击 "Done" 按钮。

⑦ 在子图 f 中，选择 "Assignment" 符号，将其添加至 "Call" 符号下方。双击 "Assignment" 符号，在 Set 文本框中输入 result，在 to 文本框中输入 result * n，如图 1.44 所示，单击 "Done" 按钮，子过程 f 编辑结束。

⑧ 单击主图的 "main" 标签，选择 "Call" 符号，将其添加至 "Input" 符号下方。双击 "Call" 符号，在弹出的 "Enter Call" 窗口中设置参数，如图 1.45 所示，单击 "Done" 按钮。

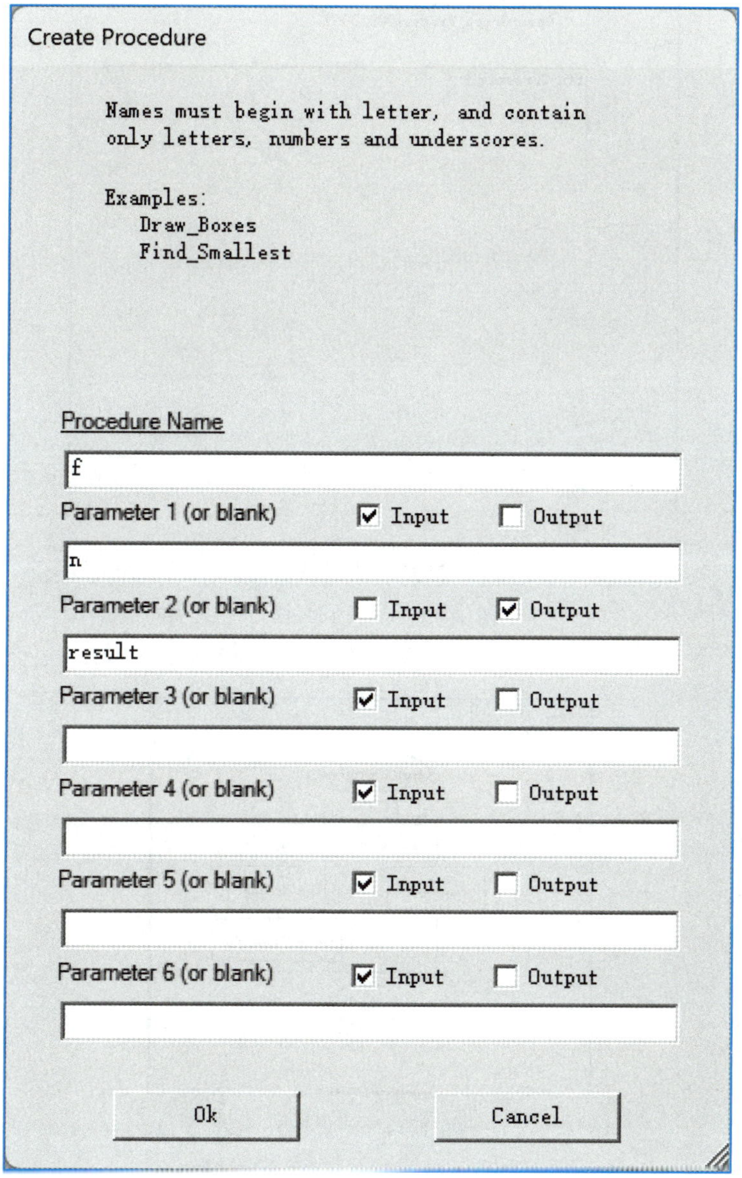

Create Procedure

Names must begin with letter, and contain
only letters, numbers and underscores.

Examples:
　Draw_Boxes
　Find_Smallest

Procedure Name

| f |

Parameter 1 (or blank)　☑ Input　☐ Output

| n |

Parameter 2 (or blank)　☐ Input　☑ Output

| result |

Parameter 3 (or blank)　☑ Input　☐ Output

| |

Parameter 4 (or blank)　☑ Input　☐ Output

| |

Parameter 5 (or blank)　☑ Input　☐ Output

| |

Parameter 6 (or blank)　☑ Input　☐ Output

| |

　　Ok　　　　　　　Cancel

图 1.42　Create Procedure 窗口

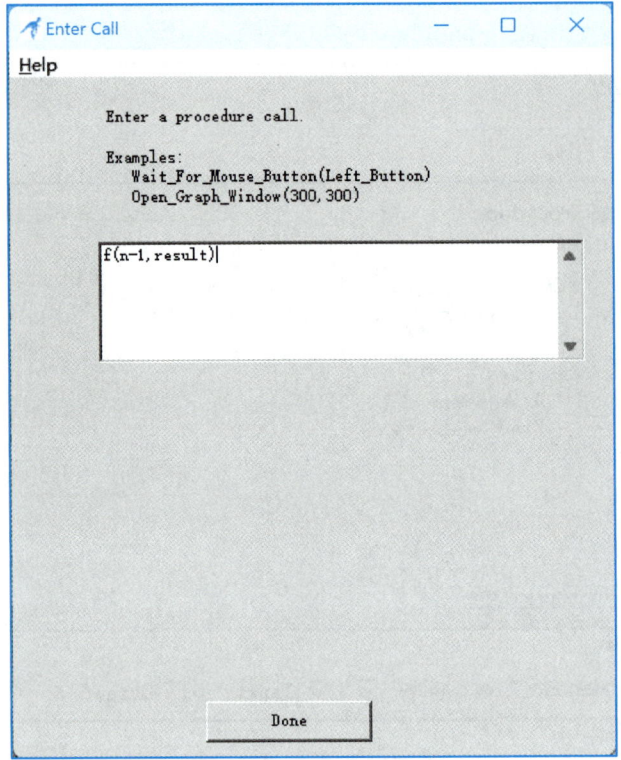

图 1.43   Enter Call 窗口

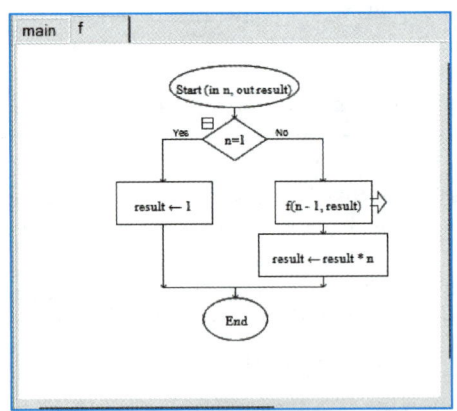

图 1.44   子过程 f

⑨ 选择 "Output" 符号，将其添加至 "Call" 符号下方。双击 "Output" 符号，设置参数如图 1.46 所示，单击 "Done" 按钮。完成主图 main 的设计，如图 1.47 所示。

⑩ 在程序设计界面中执行该程序，在弹出的 "Input" 对话框中输入 5，程序运行结果如图 1.48 所示。

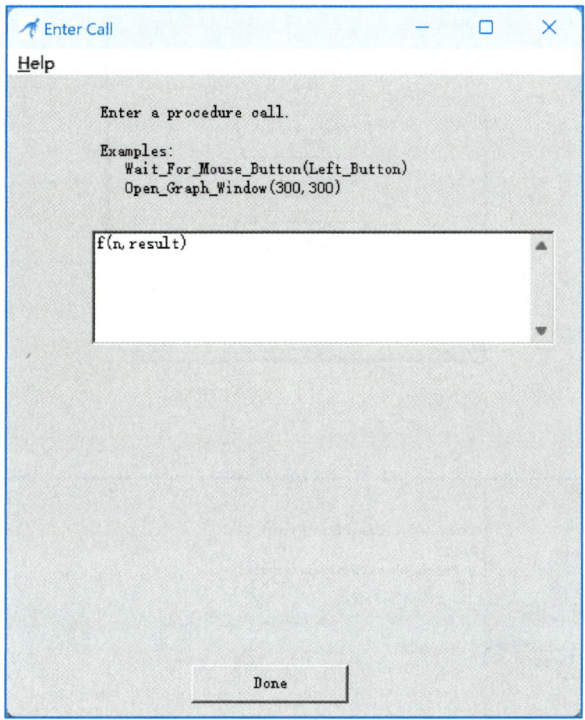

图 1.45　main 的"Call"参数设置

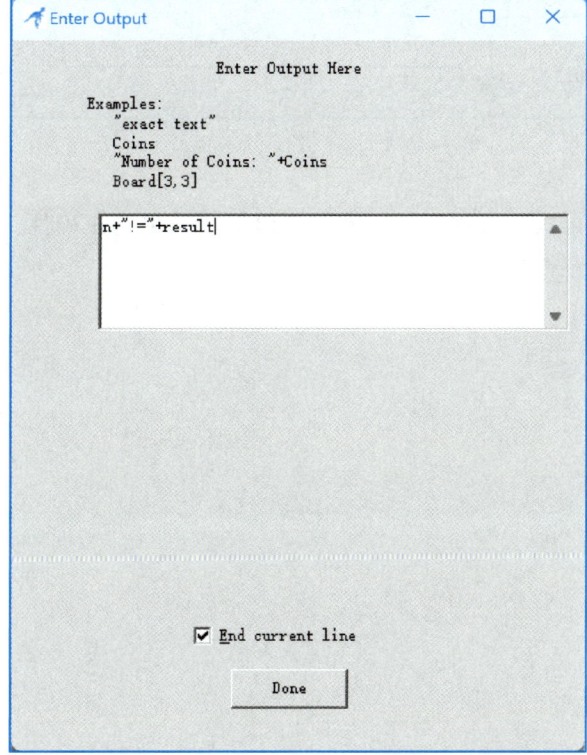

图 1.46　main 的"Call"的"Output"参数设置

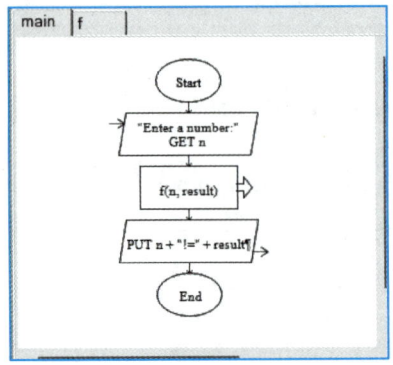

图 1.47   main 的设计流程图

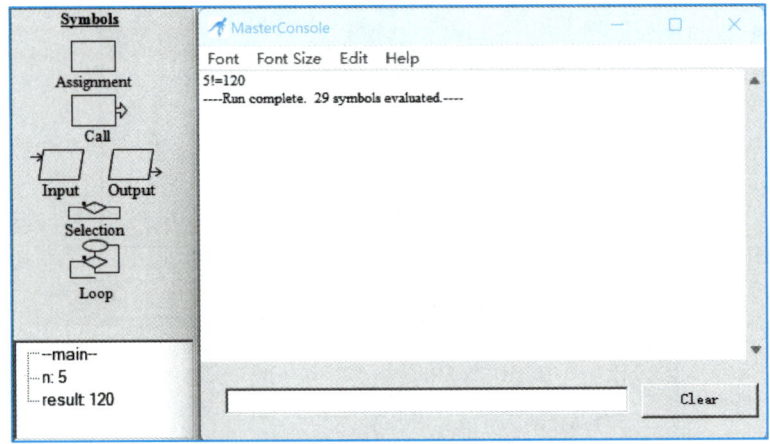

图 1.48   程序运行结果

⑪ 输入不同的值再次执行程序，观察并检验输出结果的正确性。

第2章　人工智能：通向未来之门

　　人工智能是人类第一个能够自行做出决策并产生想法的科技，因此这项发明很有可能比过去电报、印刷机甚至文字的发明都更重要。

——尤瓦尔·赫拉利

　　人工智能旨在研究智能的本质和规律，模拟、延伸乃至超越人类智能。时光飞驰，在 21 世纪的前 20 年里，随着信息技术的深度发展，人工智能极速进化，快速融入了人们生产、生活的各个角落。今天，人工智能已然为新质生产力的培育与发展注入了强大动力，成为推动经济社会转型升级的关键力量。面对倏然而至的，以人工智能为核心的第四次工业革命浪潮，人们不禁要思考人工智能究竟是什么，人工智能的理论根基是什么，人工智能会给人类一个怎样的未来。

　　本章学习目标：

　　◇ 掌握人工智能的定义。

　　◇ 了解人工智能的发展概况及相关学派，以及各个学派的认知观。

　　◇ 了解人工智能的核心要素、学科体系和系统分类。

　　◇ 熟悉人工智能的研究目标和内容，以及人工智能的应用领域。

2.1　何以智能：从本源认识人工智能

　　现在让人和机器进行一场"猜数"的游戏。人在心里想好一个数字，不告诉机器，让机器猜测。机器可以根据人给出的反馈（例如猜大了、猜小了、猜对了）来判断这个数字是什么。显然，机器解决这个问题所用的策略，就是第 1 章所讲的"算法"。

　　机器甲完成问题所用的方法如下：

　　步骤 1：令猜测的数字 x = 1。

　　步骤 2：询问是否猜中。

步骤 3：如果没有猜中，则 x+1，返回至步骤 2。

如果猜中了，结束。

机器乙完成问题所用的方法如下：

步骤 1：设置上限 high＝100，下限 low＝1（假设在 1～100 猜测）。

步骤 2：令猜测的数字 x＝（high+low）/2。

步骤 3：询问是否猜中。

步骤 4：如果猜小了，则 low＝x；如果猜大了，则 high＝x，返回至步骤 2。

如果猜中了，结束。

这两个机器的猜数思路如图 2.1 所示。

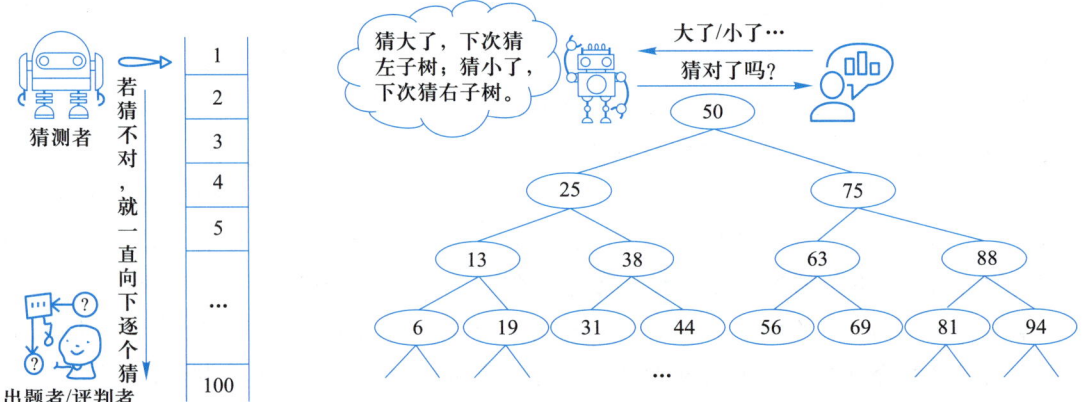

图 2.1　机器甲（左）与机器乙（右）的猜数方法

显然，机器甲用的是一个一个猜测的"笨办法"，运气好的话，1 次就猜中了，而运气差的话，100 个数要猜测 100 次。而机器乙相比就聪明多了，它在 100 个数中猜测，至多只要 7 次就可以猜中结果。那么，是否还可以设计出更加聪明的算法呢？答案是肯定的。

机器甲之所以笨拙，是因为它只知道如果猜错了就继续向下猜，而机器乙则引入了反馈机制，根据本次猜测数字与预定数字的大小关系而调整下一次猜数的范围。如果一个算法能够从蛮力破解到建立固定规则策略，直至能够通过历史数据训练、分析答案的分布概率等，获取特征信息而实时动态调整策略，那么这样的算法就越来越接近人的思维方式，这样的算法就可以称为"智能"算法。

2.1.1　认知之"道"：智能

在地球母亲 45 亿多年漫长的生命演化进程中，生命形式经历了从简单到复杂的更迭演进。第四纪冰川之后，人类登上了地球的舞台，成为这颗蔚蓝星球上唯一孕育出智慧文明的物种。人类文明卓然而立，从众多物种中脱颖而出的原因，科学的认定是其"智能"的形成并在基因中世代传递所致。

"智人"是生物学意义上人类对自己所属物种的自我称谓，可见智能被人类视为区别于其他生命种群的一种崇高存在。智能究竟是什么？人们发现，智能（intelligence）这一看似普通的词汇，却很难给出一个统一而又准确的定义。哲学、心理学等不同学科对智能的理解均有各自的侧重。智能作为一种复杂的认知能力，通常可以理解为处理信息、学习、推理、解决问题以及适应环境的能力。老马识途、雁阵惊寒……均是生命个体或群体在认知自然、适应生存环境过程中产生的智能行为，因此智能并非人类的专属，在人工智能时代，甚至非生命体也拥有了"智能"的特质。

对智能本质的揭示，并没有否定人类"万物灵长"的优势，毕竟从打磨石器到漫步月球、从刀耕火种到太空育种、从结绳记事到万物互联，人类对智能驾驭的广度和深度一骑绝尘。著名心理学家霍华德·厄尔·加德纳（Howard Earl Gardner）将人类智能定义为"解决问题或创造产品的能力（the ability to solve problems, or to create products）"。他提出的多元智能理论，把人类智能划分为如下几类：

① 语言智能（linguistic intelligence）。

② 音乐智能（musical intelligence）。

③ 空间智能（spatial intelligence）。

④ 逻辑数理智能（logical-mathematical intelligence）。

⑤ 身体动觉智能（bodily-kinesthetic intelligence）。

⑥ 自然主义智能（naturalist intelligence）。

⑦ 内省智能（intrapersonal intelligence）。

⑧ 人际智能（interpersonal intelligence）。

多元智能结构及典型行为特征如图 2.2 所示。

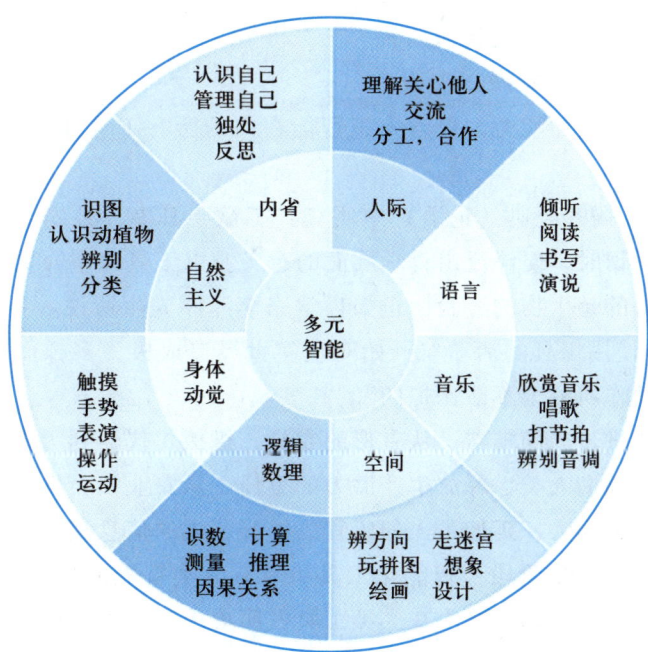

图 2.2　多元智能结构及典型行为特征

人类多元的智能，是在长期认识自然、改造自然的过程中渐进形成的。从打磨石器到征服烈焰，从发明文字到使用计算机，人类深刻地认识了客观世界的三大要素：物质、能源和信息，并开启了通过文化累积经验、传承智慧、适应环境的全新道路，从此摆脱了自然进化的桎梏。

拓展阅读：
智商与情商

2.1.2   智能工具的崛起

"假舆马者，非利足也，而致千里；假舟楫者，非能水也，而绝江河。"，生产工具的制造和使用是人类智能的主要物化表现，是生产力发展的重要标志。从石器时代、青铜器时代、铁器时代到蒸汽时代、电气时代，直至信息时代，生产工具的进步持续拓展和延伸着人类的能力。

工具总体上可分为两类：非智能工具和智能工具。眼睛看得不够远，人们发明了望远镜；脚走得不够快，人们发明了汽车；计算过于烦琐，人们发明了算盘……这类基于物理过程替代人力，甚至文字、算盘这类扩充记忆容量、替代机械计算的工具，均属于非智能工具。而能够模拟人类思维的工具，即模拟需要"动脑子"才能完成的行为，例如学习、逻辑推理、理解语言等，这类工具则属于智能工具。简言之，作为人类用以生存、发展、改造自

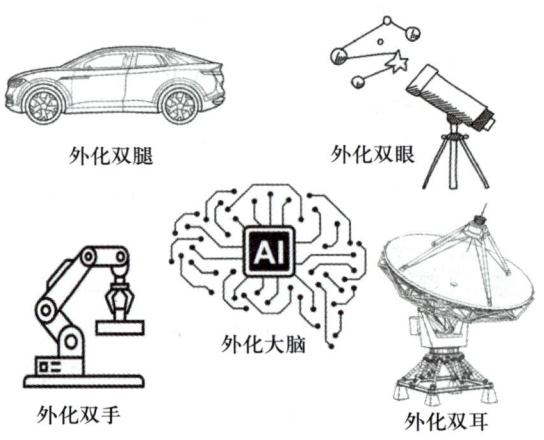

外化双腿   外化双眼

外化大脑

外化双手   外化双耳

图 2.3   工具外化人的能力

然的发明，工具外化了人的能力，包含人工智能在内的所有工具都具有这一普遍的意义，如图 2.3 所示。

远在 2500 年前，儒家经典《论语》中便有"工欲善其事，必先利其器"的表述，当工具的普遍性成为常识时，便浮泛出哲学层面的意义。以工具为中介的人类劳动，成为其他物种所不可能获得的超生物的经验。正如哲学家李泽厚先生所说："工具的出现突破了生物种族的局限"，使用工具的活动"开始对现实世界造成极为多样而广泛的客观因果联系，这是任何本能动作所完全不能比拟的"。

工具是人类文明进步的助推器，从有形的农具、机械、仪器到无形的方法、策略、智谋，它们一直承担着辅助人类、释放生产潜力的重任。从农业社会发展到信息社会，人类创造的工具拓展了人的体力，延伸了人的感官，提升了人的信息获取能力。历史已经按照自己的发展规律来到智能化阶段，智能化工具将具有人类智能的特点：会学习、会思考、能灵活处理信息、可自主正确决策。在人类工具发明史中，人工智能堪称迄今为止最伟大的一项成就。

2.1.3　人工智能初探

21世纪科技的天幕里，人工智能宛如一颗熠熠发光的星辰。人工智能的崛起已从单一技术突破转向系统性创新，其标志不仅是某个事件，更是一个持续演进的进程。人工智能不仅在棋局上战胜了人类，图像识别、文本生成、代码编写、对话交互、逻辑推理……人们一次又一次叹服人工智能所涌现出来的超凡能力。在制造业、金融、医疗等传统行业面临效率瓶颈时，人工智能快速成为降本增效的核心驱动力，完成了从工具到生态的质变。随着普通公众对语音助手、推荐系统等智能化生活依赖程度的不断加深，乃至各国纷纷将发展人工智能上升为国家战略，人们不得不重新审视这个既熟悉又陌生的名词——人工智能。它从哪里来，又将推动科技与文明走向哪里去。

人工智能（artificial intelligence，AI）是研究、开发用于模拟、延伸和扩展人类智能的理论、方法、技术及应用系统的一门新的技术科学，是计算机科学的一个分支。"人工智能"这一概念的提出者约翰·麦卡锡（John McCarthy，1971年图灵奖得主）对人工智能最初的定义是"人工智能就是要让机器的行为看起来就像是人所表现出的智能行为一样"。显然，这只是对人工智能直观而朴素的认识。直到现在，人们也很难对人工智能给出一个严格而准确的定义，原因在于人类对于自身的智能构成要素和智能产生及工作机制的理解依然非常有限。随着研究和应用的深入，人工智能所蕴含的内涵已经得到很大的扩展，至今，人工智能已经发展成为以计算机科学为基础，由数学、统计学、哲学、脑科学、语言学、认知学、心理学等多学科交叉融合的新型技术科学。

基于智能发展水平，人工智能被分为三类。

1. 狭义人工智能（artificial narrow intelligence，ANI）

ANI也被称为弱人工智能，是专注于特定应用或任务的人工智能，它无法创造具备真正推理与问题解决的能力，也不存在真正的智能与自主意识，只是模拟了人类能力的某一特定部分。智能语音助手Siri、围棋高手AlphaGo、人形机器人Sophia，甚至给人感觉能力超强的ChatGPT、DeepSeek等大模型，本质上都属于ANI的应用。"弱人工智能"不是形容其智能低下，而是因为其不具备全面的通用智能能力，但这并不影响它在特定场景下足以媲美甚至远超人类的效能，只是这些场景都是相对稳定且受控的。

2. 通用人工智能（artificial general intelligence，AGI）

AGI也被称为强人工智能，是指智能水平与人类相似，具备高度的灵活性和自适应性，能够在多样化的任务和环境中学习、改进，表现出类似于人类的推理能力和智慧的智能系统。

从学术角度理解通用人工智能的"通用"，其在现实世界和社会场景中满足3个基本条件：第一，它必须能够完成无限的任务，而不是像过去那样只能完成预先定义的有限几个任务；第二，它要能在场景中主动地、自主地发现任务；第三，它要有自主的价值驱动，而不是被动地被数据所驱动。所以尽管目前生成式人工智能应用取得了较大的成功，但它们远未达到通用人工智能的标准。

3. 超级人工智能（artificial super intelligence，ASI）

ASI 是指智能水平全面超过人类的人工智能系统，其不仅拥有比人类更强大的计算能力、学习能力，还能在创造力、情感理解等方面超越人类。ASI 是在强人工智能经过逻辑演化后产生的展望，目前尚未取得任何实质进展。从技术角度看，ASI 是人工智能发展的终极目标，具有巨大的潜力和挑战。在推动其发展的同时，需要谨慎考虑其可能带来的各种影响，并采取相应的措施来确保其安全、可控且有益于人类社会。

？ 想一想：

（1）从 ANI 到 AGI 的核心技术壁垒是什么？是算力规模、算法突破，还是对"意识"本质的理解？

（2）当 AGI 在医疗、教育等领域全面超越人类专家，是否会导致人类因放弃自主学习而导致能力的退化？

2.1.4　人工智能溯源

著名的科学哲学理论创立者卡尔·R·波普尔（Karl R. Popper）曾提出一个有关科学起源的著名论断："科学必须始于神话，并伴随对神话的批判（science must begin with myths，and with the criticism of myths.）"。人工智能是人类古老的梦想之一，对于人造智能体的追求和畅想，经历了从神话世界走向现实世界的漫漫征程，且远远未至终点。这个过程分为 3 个阶段：蒙昧思想起源阶段、理论奠基与科学探索阶段以及现代科学研究阶段。

1. 神话时代：人工智能蒙昧思想起源

在人类文明的早期，神话与传说中便已出现对智能生命的幻想。

在希腊神话中，塔罗斯（Talos）是一个用青铜打造的巨人，由火与工匠之神赫菲斯托斯（Hephaestus）和宙斯共同创造。他被赋予保护克里特岛的职责，能在岛屿周围巡逻，抵御外敌入侵。塔罗斯的存在展示了古希腊人对自动化和机械生命体的幻想，这种对自律行动的设想，是古代人类对智能机器最早的探索之一，反映了他们对非生命体进行复杂任务的可能性思考。现代 AI 和机器人技术的发展在某种程度上实现了塔罗斯的神话，比如自动驾驶汽车和安保机器人，这些技术正在向着自律操作和复杂环境中工作的方向前进。

在我国的古代典籍中，也多次出现过对"人工智能"的畅想。例如，《列子·汤问》中，偃师创造了能歌善舞的人偶，不仅外貌完全像一个真人，能歌善舞，而且还有足以乱真的感情流露。这不仅反映了古人对模拟人类动作的兴趣，也展示了他们对自动化机器的初步设想。现代机器人尤其是社交机器人，正朝着能与人类互动的方向发展，其起源可以追溯到这些古人曾经畅想的机械装置，如图 2.4 所示。

(a) 古代科幻寓言中的人偶　　　　(b) 助阵北京半程马拉松赛的机器人"天工"

图 2.4　从幻想走向现实的智能机器人

古代先哲在思考世界本质、探究人类认知的同时，也对智能和机器进行了深入探讨，为后来的科学探索提供了理论基础。亚里士多德（Aristotle）提出了关于逻辑和心灵的理论，他认为逻辑可用于模拟心灵的推理过程。AI 中的专家系统和自动推理技术均受到亚里士多德逻辑学的启发。笛卡儿（Descartes）提出了"机械论"的思想，认为身体可以被视为一种复杂的机器，但他坚持认为心灵和意识是不可机械化的。这一观点激发了对机器能否拥有意识的长期争论。现代 AI 研究中的意识问题和情感计算研究，仍然受到笛卡儿思考的影响。

2. 半信史时代：人工智能的理论奠基与科学探索

人类长期对"智能生命"的梦想与思考，终于在近代数学、逻辑学和计算机科学等学科取得创新突破之后，具备了萌芽的沃壤与力量。人工智能走出神话世界，迈向科学实践，得益于如下重要的理论与实践基础。

（1）布尔代数（Boolean algebra）

1854 年，乔治·布尔（George Boole）出版了《思维规律》一书，用自己开创的数学体系证明了基于明确定义的符号和运算规则，可以表达形式逻辑的推理过程，从而模拟人的思维，这便是布尔代数。布尔代数引入了二元逻辑运算，如"与"（AND）、"或"（OR）和"非"（NOT），为人工智能中的逻辑推理提供了数学框架。现代人工智能系统中的专家系统和决策树等，广泛使用布尔逻辑进行复杂问题的推理与决策。

（2）形式逻辑（formal logic）

形式逻辑作为逻辑学的重要分支，是一门研究思维的形式结构及其规律的科学。它专注推理和论证的形式，而非具体内容，通过对概念、判断和推理等思维形式的分析，揭示出正确思维的规则和方法。亚里士多德提出了著名的三段论，如"所有的科学都会不断向前发展，人工智能是科学，所以人工智能会不断向前发展"，系统阐述了演绎推理规则，还确立了矛盾律、排中律等基本逻辑规律，为形式逻辑的发展奠定了基础。诸多逻辑学家在亚里士多德逻辑基础上，对词项、命题和推理进行更深入研究，推动了形式逻辑的发展。

时至近代，莱布尼茨提出了"通用语言"和"理性演算"的设想。他希望构建一种通用的符号语言，将思维过程转化为类似数学运算的符号操作，这是形式逻辑向形式化、符号化发展的重要思想基础。1879 年，戈特洛布·弗雷格（Gottlob Frege）在其《概念文字》一书中，引入量词和谓词，建立了完整的逻辑演算系统，为用数学方法描述人类思维提供了坚实的理论基础。形式逻辑为人工智能提供了基本的思维框架、知识表示方法和推理机制，成为人工智能大厦不可或缺的理论基石。

（3）计算机科学（computer science）

计算机科学的兴起是人工智能从理论走向实践的关键一步。计算机为人工智能的研究提供了必需的计算能力，支持复杂的数学运算和逻辑推理，使得模拟智能成为现实可能。1945 年，冯·诺依曼在其撰写的报告 "First Draft of a Report on the EDVAC" 中首次系统地提出了以"存储程序"为核心的现代计算机设计标准——冯·诺依曼架构，使得复杂的计算任务可以通过程序控制进行。计算机的诞生为人工智能提供了实现工具，成为人工智能大厦的另一块基石。

（4）图灵测试

艾伦·图灵这位在计算机科学与人工智能发展历程中具有里程碑意义的人物，他的研究成果为人工智能的诞生奠定了坚实基础。

1950 年，图灵在其论文《计算机器与智能》中提出了著名的图灵测试。图灵测试旨在为判断机器是否具有智能提供一个可操作的标准：将一个人与一台机器分别置于两个不同房间，测试者通过某种方式（如文字交流）向两者提问，5 分钟以后，若机器可以让超过 30% 的测试者误以为它是人，那么就可以认为这台机器具有智能。图灵测试示意图如图 2.5 所示。

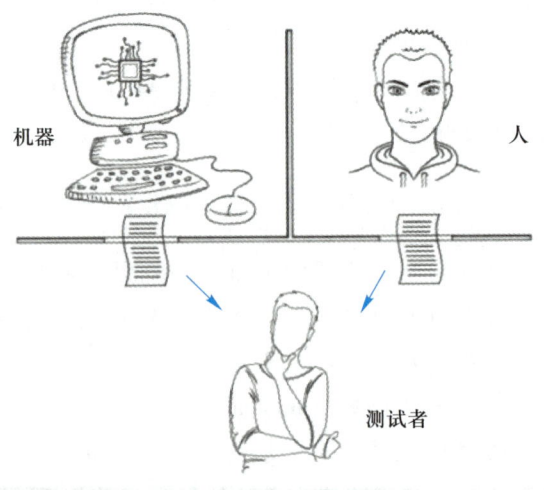

机器　　人　　测试者

图 2.5　图灵测试示意图

　　图灵测试从行为主义的角度，为人工智能的发展提供了一个重要的目标和评估标准，它引导了后续人工智能领域对于智能本质的思考和研究方向，促使科学家们不断探索如何让机器表现出与人类相似的智能行为。

　　图灵机和图灵测试这两大成果，一个从底层计算模型上，一个从智能判定标准上，为人工智能的发展划定了基本框架，堪称人工智能诞生前的一抹曙光。在人工智能学科尚未正式确立之前，图灵的研究就已经为其发展奠定了基石，从概念到技术，从理论到实践，都产生了深远影响，因此图灵当之无愧地被誉为"人工智能之父"。

3. 信史时代：人工智能学科的诞生与发展

　　1956 年 6 月到 8 月，在美国达特茅斯学院举行了人工智能暑期研讨会，史称"达特茅斯会议"，是人工智能作为一门学科正式登上历史舞台的开端。

　　会议由约翰·麦卡锡、马文·明斯基（Marvin Minsky，1969 年图灵奖得主）、纳撒尼尔·罗切斯特（Nathaniel Rochester，IBM 701 总设计师）和克劳德·香农（Claude Shannon，信息论创始人）共同发起，参会者包括 1975 年图灵奖得主艾伦·纽厄尔（Allen Newell）、1975 年图灵奖和 1978 年诺贝尔经济学奖得主赫伯特·西蒙（H. A. Simon）、"机器学习"一词的创立者亚瑟·塞缪尔（Arthur Samuel）、模式识别理论奠基人奥利弗·塞弗里奇（Oliver Selfridge）等 40 余位学者，如图 2.6（a）所示。这些参会者在接下来的几十年里在人工智能领域实现了一次又一次的创新与突破，如图 2.6（b）所示。他们代表性的成果有麦卡锡的 LISP 语言、塞弗里奇的机器感知理论、塞缪尔的机器学习方法等。

　　(a) 1956年达特茅斯会议部分参会者　　　　(b) 2006年达特茅斯会议50周年部分参会者重聚

图 2.6　达特茅斯会议部分参会者

　　达特茅斯会议开创了人工智能学科，首次确立了"人工智能"这一术语，为后续的研究提供了重要的思路和方向。因此，1956 年也就成了人工智能发展历史的元年。人工智能在随后的发展中并非一帆风顺，到目前为止，经历了三次发展浪潮和两次低谷，发展概况如图 2.7 所示。

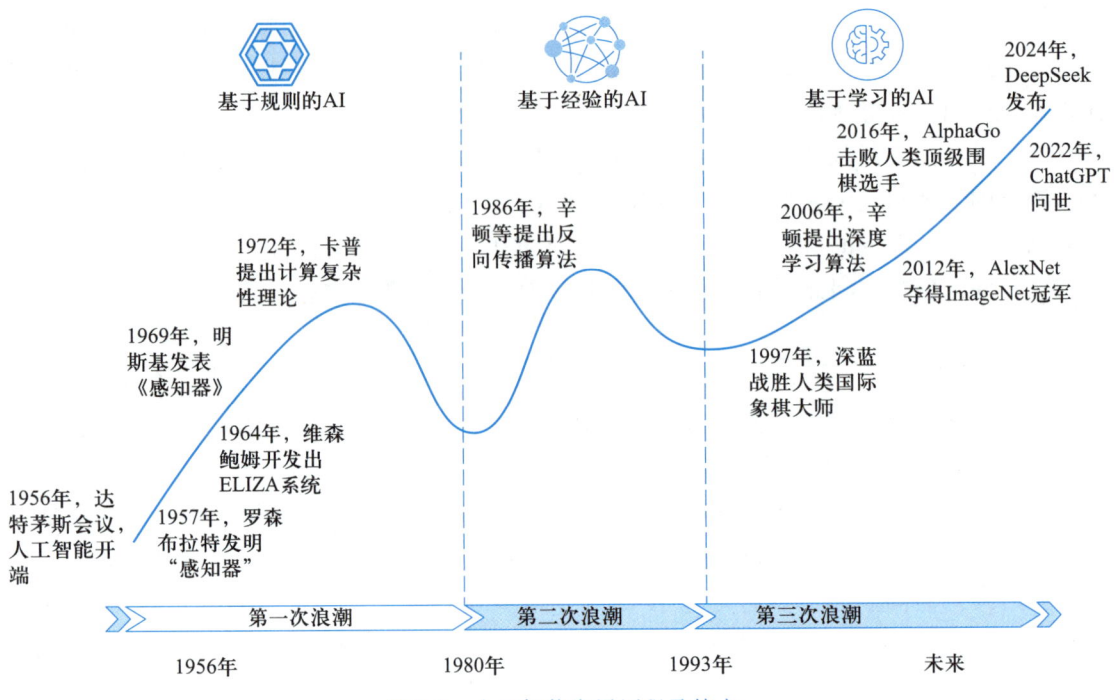

基于规则的AI

基于经验的AI

基于学习的AI

2024年，DeepSeek发布

2016年，AlphaGo击败人类顶级围棋选手

1986年，辛顿等提出反向传播算法

2006年，辛顿提出深度学习算法

2022年，ChatGPT问世

1972年，卡普提出计算复杂性理论

2012年，AlexNet夺得ImageNet冠军

1969年，明斯基发表《感知器》

1997年，深蓝战胜人类国际象棋大师

1964年，维森鲍姆开发出ELIZA系统

1956年，达特茅斯会议，人工智能开端

1957年，罗森布拉特发明"感知器"

第一次浪潮   第二次浪潮   第三次浪潮

1956年   1980年   1993年   未来

图 2.7   人工智能发展历程及特点

（1）第一次浪潮：黄金时代（1956—1974 年）

达特茅斯会议之后，人工智能学科迎来了近 10 年的发展高潮，这一阶段研究思路以符号演算解决推理问题为核心，研究目标乐观地聚焦通用人工智能的愿景。1956 年，纽厄尔和西蒙开发了首个 AI 程序，可证明数学定理；1966 年，MIT 研究员约瑟夫·维森鲍姆（Joseph Weizenbaum）开发出 ELIZA 系统，该系统作为第一代对话机器人，用于模拟心理治疗对话；1969 年，斯坦福大学 SRI 研究所开发出首个能够在预设场景中自主探索并避开障碍物的机器人 Shakey，如图 2.8 所示。这一时期一系列的理论和实践成果引发了当时科学界对于人工智能发展过于乐观的估计，例如 1965 年西蒙预言"20 年内，人工智能将完成人能够做到的一切工作"。

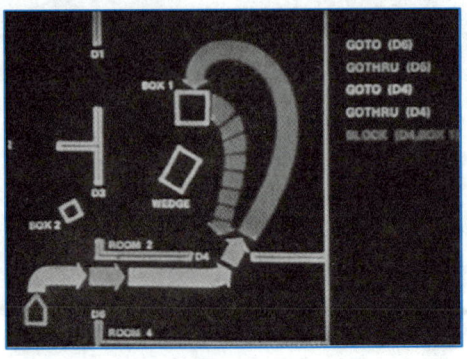

图 2.8   首个自主移动机器人 Shakey 及其控制界面

（2）第一次低谷：凛冬考验（1974—1980 年）

人工智能经历初期快速的发展之后，很快遇到了因计算能力不足，算法局限于简单任务，不能处理实际应用场景中不确定性问题等瓶颈。例如 Shakey 机器人受当时传感器设备的局限性以及计算能力不足的影响，完成一个任务通常需要耗费数小时，而且只能在预先设置好的、相对简单且受控的实验室环境中工作。

早在 1969 年，马文·明斯基在其出版的《感知器》一书中便证明了单层神经网络的严重局限性；1972 年，理查德·卡普对计算复杂性进行了系统研究，揭示了人工智能中许多问题难以在合理时间内找到确切的答案；1973 年，数学家莱特希尔（Lighthill）向英国政府提交了一份关于人工智能的研究报告——《莱特希尔报告》，指出"迄今为止，在人工智能领域的任何一个分支中，都没有出现他们当时承诺的重大成果"。很快，英国政府、美国国防部高级研究计划局（DARPA）和美国国家科学委员会等开始大幅削减甚至终止了对人工智能的投资。人工智能进入了第一个发展低谷，也被称为"AI Winter（AI 之冬）"。

（3）第二次浪潮：暂时回暖（1980—1987 年）

20 世纪 80 年代，人们逐渐清醒认识到通用型人工智能的目标过于遥远，应该在受限的任务领域取得人工智能的进展。于是出现了研究方法的转变，以专家系统为代表的知识型人工智能开始成为主流，并取得了成功的应用。例如，1980 年卡内基梅隆大学为 DEC 公司开发出一套名为 XCON 的专家系统，该系统能够根据客户需求和配置选项，自动生成计算机系统的配置方案，并成功应用于实际生产中，大大提高了配置效率和准确性；1986 年，杰弗里·辛顿等人提出反向传播算法（BP 算法），为神经网络复兴奠定了基础。

（4）第二次低谷：春寒料峭（1987—1993 年）

虽然专家系统在部分领域的应用为人工智能的发展带来了短暂的繁荣，但是其局限性也很快暴露出来。首先，专家系统的知识领域往往很狭窄，难以迁移。其次，随着专家系统内部规则的不断丰富，其输出结果将呈现更多的错误，对其测试也将愈发复杂、困难。最后，专家系统不具备学习能力，必须通过对底层逻辑模型不断更新来应对新的问题，维护成本和复杂性随之剧增。

上述原因导致 20 世纪 80 年代末至 90 年代初，专家系统在商界失宠，政府和社会对人工智能的投资再次大幅削减，人工智能发展再次跌入低谷。

（5）第三次浪潮：从复苏到勃发（1993 年至今）

经过了两次低谷，研究者们开始更加务实地看待人工智能，认真研究在特定领域内问题的求解方法。人们越来越意识到在人工智能研究中数据的重要性和统计模型的价值，机器学习逐渐成为主流的研究方法。与此同时，计算机、互联网技术的深入发展，大数据时代的到来，都为人工智能发展提供了有力的数据、算力的支撑，人工智能发展快速从复苏走向了繁荣。

从 20 世纪 90 年代末开始，人工智能在语音识别、图像识别、自然语言处理等领域相继取得了一系列的突破。1997 年 5 月，IBM 深蓝战胜了人类国际象棋世界冠军加里·卡斯帕罗夫，成为人工智能发展史上的一个里程碑。如果说深蓝在软件设计上采用了知识库结合搜索的方法，依靠每秒可算 2 亿步棋的"蛮力"和存储 100 年来几乎所有国际特级大师的开局和残局下法的"记忆"战胜人类还不足为惧，那么 2016 年 AlphaGo 击败围棋世界冠军李世石，则展现了以深度强化学习为核心技术的人工智能的无限潜力，如图 2.9 所示。其实早在 2006 年辛顿提出深度学习算法之后，人工智能便开启了迅猛发展的新篇章。特别是 2010 年以后，以深度学习为基础的新一代人工智能技术突飞猛进，快速与其他学科相融合，释放出令人震惊的生产力，涌现出大量具有商业价值的应用。

(a) 1997年深蓝战胜国际象棋大师　　　　　(b) 2016年AlphaGo战胜围棋顶尖选手

图 2.9　深蓝和 AlphaGo

时至今日，人工智能在语音识别、语言翻译、图像识别、感知任务等越来越多的领域超过了人类。2022 年，OpenAI 发布了基于 Transformer 的大语言模型（large language model，LLM）ChatGPT，通过学习人类的文字资料，它可以流畅地与人对话，还可以写小说、写论文、调试代码，快速推动了生成式 AI 的普及。

人工智能经历了近 70 年的风风雨雨，如今正处在高速发展的阶段。人工智能已经渗透到日常生产、生活、工作之中，成为新质生产力的核心要素。这一繁荣局面的到来，归因于人工智能三要素：算法、算力和数据的长足进步。但人们也要清醒地认识到，通用人工智能（artificial general intelligence，AGI）的终极目标远未实现，惊人算力同样伴随着惊人的能耗，人们在享受"算法红利"的同时也被算法支配，数据偏见和深度伪造等问题引发了深度的科技伦理的争议。人工智能依然在"技术突破—过度期待—现实瓶颈—调整再出发"的历史规律中螺旋演进，仍需通过理论创新（如类脑计算）、伦理治理和能源效率提升，突破瓶颈，构建一个更加智能、可持续发展的未来。

2.2　源流纵横：人工智能的主要学派

人工智能自诞生以来，便围绕着"如何实现智能"这一核心问题，衍生出多种研究范式和方法论。其中，符号主义（symbolism）、连接主义（connectionism）和行为主义（behaviorism）被视为人工智能的三大主流学派。不同的学派秉持相应的理论基础和实践方法。

2.2.1　符号主义：智能的"语言"

符号主义又称逻辑主义（logicism）或计算机学派（computerism），它是人工智能研究进程中第一个确定的研究方向，因此也被称为经典人工智能。符号主义起源于20世纪50年代，其核心思想为"智能的本质是符号操作"，即认为人类思维可以被形式化为一系列符号规则，计算机通过执行这些规则便可模拟人类的推理过程。早期人工智能的发展，符号主义学派功不可没，达特茅斯会议的参会者几乎都属于符号主义学派。

符号主义取得的第一个代表性成果是纽厄尔和西蒙等人于1956年研制的"逻辑理论机（LT）"数学定理证明程序，该程序可以证明数学大师罗素的名著《数学原理》第二章中的全部52条定理，表明了可以应用计算机研究人的思维过程，模拟人类智能活动。LT被公认为是第一个AI程序。因为开拓了人工智能"问题求解"的重大领域，纽厄尔与西蒙共享了1975年"图灵奖"，如图2.10所示。

图2.10　符号主义代表人物：纽厄尔和西蒙

继LT程序成功之后，1959年美籍华人学者王浩用他首创的"王氏算法"，在IBM 704机上用时不到9分钟就完成了《数学原理》全部350条一阶定理的证明。

符号主义基于一种简单而朴素的思想：如果人类将所有问题的逻辑都告诉AI，那么AI就能帮助人类解决所有问题了。例如：看到红灯→停下；看到绿灯→通过。

【例2.1】用符号主义思想模拟雨天的预测。

公式或者定义易于进行抽象推导，但是天气变化目前难以用物理定律计算，而经验知识在预测天气方面往往更加有效。假设某地4月份降雨的历史数据构成的经验知识为：气温低于10℃，云量大于80%且空气湿度大于60%的情况下，大概率会降雨。根据这样的经验，可构建一套符号系统和规则来模拟人判断天气的思维过程，即符号主义规则。经分析，得到决策树如图2.11所示。

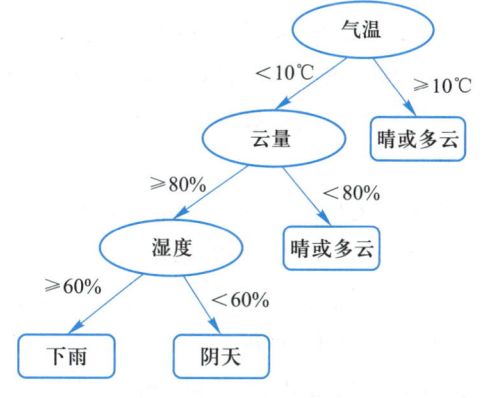

图2.11　以符号主义思想产生的天气预测决策树

 想一想：

上述决策树等价于"如果……那么……"形式的经验知识表示方式。请根据第1章所

学的 Raptor 及算法知识，将其转换成相应的流程图，进而生成可执行的程序代码。

用今天的眼光来看例 2.1 这种经验推理，很难认为其具有"智能"特征。符号主义学派在人工智能研究早期，致力于用类似的方法完成数理推理、逻辑证明，取得了不错的成绩，但是很快发现仅靠推理能够解决的问题很少，且当时的算力很难支撑现实复杂问题的计算。但是符号主义学派并没有因此止步，而是将研究重点转向利用某些领域的知识，构建"知识系统"。在该领域内，构建一个巨量的知识库以及推理引擎，任何形式化的符号问题都可以被此系统解决，理想情况下机器知道所有"符号"在物理世界的含义。这样的系统当时被称为通用问题解决器（general problem solver），后来称为专家系统。

从 20 世纪 60 年代开始，"专家系统"开始在人工智能研究领域得以发展，并取得了一系列成功。如可以帮助化学家判断某待定物质分子结构的 DENDRAL 专家系统、可以辅助医生做简单诊断的 MYCIN 专家系统以及通过设计高效的小型计算机系统配置，每年为 DEC 公司节省 2 500 万美元的 R1 专家系统等。专家系统结构如图 2.12 所示。

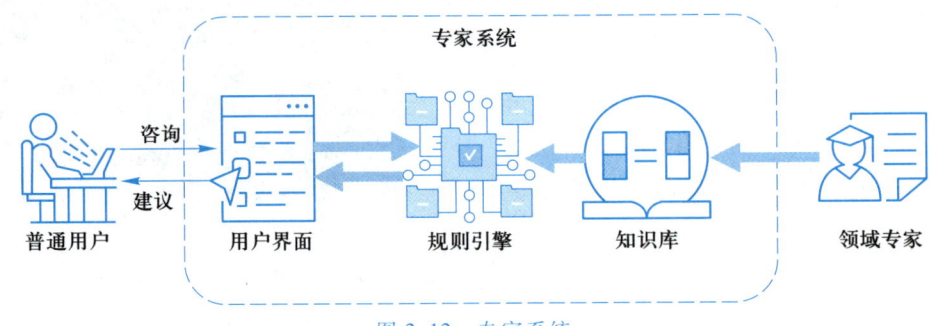

图 2.12　专家系统

专家系统并不要求领域专家具有编程能力，也能参与构建和维护知识库。专家系统中的规则引擎能够根据知识库中的知识推理解决新问题，还能给出解释的证据链。专家系统主导了 20 世纪 60 年代至 80 年代的人工智能研究，在知识库、知识工程领域取得了非凡的成绩，1997 年 IBM 深蓝在国际象棋对弈中战胜人类，也是符号主义的辉煌成果。但是这样的逻辑匹配看似智能，实际上只是盲目地进行模式匹配，距离人类期望的人工智能还相去甚远。

在无穷无尽的世界里，究竟有多少知识能被撷取？在人类尚不能认清自身智能本质的当下，又有多少智能可以实现形式化？试图通过公理系统推演出一切智能的符号主义不可避免地陷入了低谷。1986 年，芝加哥大学哲学教授约翰·豪格兰德（John Haugeland）将"用原始人工智能的逻辑方法解决小领域范围的问题"称为"出色的老式人工智能"（good old-fashioned artificial intelligence，GOFAI），这一观点得到了广泛的认同。

2.2.2　连接主义：神经网络的复兴

连接主义又称为仿生学派（bionicsism）或生理学派（physiologism），是当前人工智能研究最主流的学派。

连接主义有着深厚的哲学思想渊源。早在 18 世纪，哲学家大卫·休谟（David Hume）便对理性主义提出质疑。他认为人类智能中对因果关系的判断，表面看是依据理性和推理，实际上仅是源于在观念之间做连接的习惯。例如教一个孩子远离火，并不需要计算或推理，只需要让孩子体会到手靠近火苗会有灼烧感，他就会反射性地缩回去。休谟的这种观点在神经科学中得到了证实。科学家发现，神经元之间通过突触（树突末端）连接，当两个神经元接受频繁的刺激，彼此间突触连接的强度就会不断提高，这其实就是人类的学习过程。比如，多次的朗读和背诵有助于人们记牢古诗词，其本质就是强化了神经元之间建立的连接。

连接主义学派的学术起点甚至早于符号主义学派。1943 年，生物学家沃伦·麦卡洛克（Warren McCulloch）和沃尔特·皮茨（Walter Pitts）首次提出了神经网络的概念，并试图应用莱布尼茨的机械大脑设想来建立一个大脑思维模型——M-P 神经元模型。这个模型为后来机器模拟大脑打开了一扇门，它的出现推动了神经网络技术的出现，人工智能中连接主义即发源于此。

1957 年，弗兰克·罗森布拉特（Frank Rosenblatt）发明了一种称为"感知器"（perceptron）的神经网络模型，该模型把 M-P 神经元平铺排列在一起，就可以不依靠人工编程，仅靠学习完成一些简单的视觉处理和模式识别任务。这种连接主义思想已经独立于"图灵机"，成为另外一种体系结构。感知器是连接主义在人工智能领域研究的早期代表性成果。

感知器模型和神经细胞之间究竟存在着怎样的联系呢？

神经细胞结构大致可分为：树突、细胞体、轴突及轴突末端。单个神经细胞类似于一种只有两种状态的机器——激活时为"是"，未激活时为"否"。神经细胞的状态取决于从其他的神经细胞收到的输入神经信号量，当信号量总和超过了某个阈值时，细胞体就会激活，产生神经信号（电脉冲）。电脉冲沿着轴突并通过轴突末端传递到其他神经元。感知器也被称为单层人工神经网络，在结构上类似于神经细胞，可接收多个带有权重的输入信号，经过"加和处理"后，根据阈值输出一个信号（1 或 0）。作为一种线性分类器，感知器是最简单的前向人工神经网络形式。感知器与神经细胞对比如图 2.13 所示。

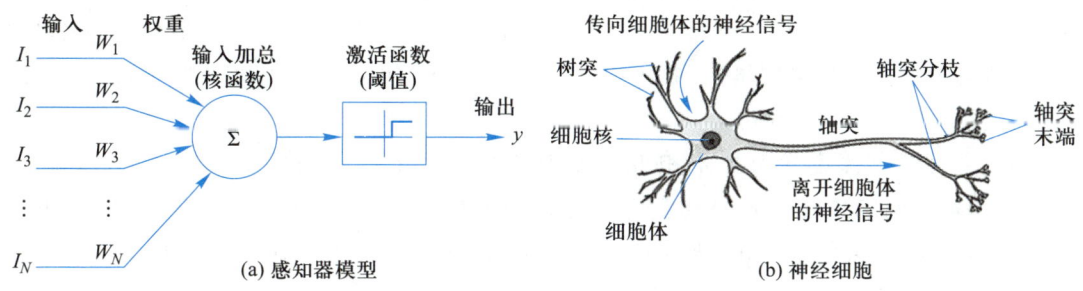

图 2.13 感知器模型与神经细胞

连接主义学派在人工智能领域的研究也不是一帆风顺的。1969 年，马文·明斯基在其著作《感知器》中提出，单层感知器能够非常容易地实现逻辑与、或、非等线性可分问题的运算，但对哪怕是异或这样简单的非线性可分问题，感知器的学习过程都会发生振荡。要解决非线性可分问题，就需要引入更高维非线性网络，在当时多层网络并无有效的训练算法。这些论点使得连接主义的神经网络研究陷入长达 10 年的发展低谷。

1986 年，辛顿等人提出了一种适用于多层感知器的反向传播算法。BP 算法的基本思想不是像感知器那样用误差本身去调整权重，而是用误差的导数，即梯度去调整。通过误差的梯度做反向传播，更新模型权重，以下降学习的误差，拟合学习目标，实现"网络的万能近似功能"的过程。BP 算法示意如图 2.14 所示。

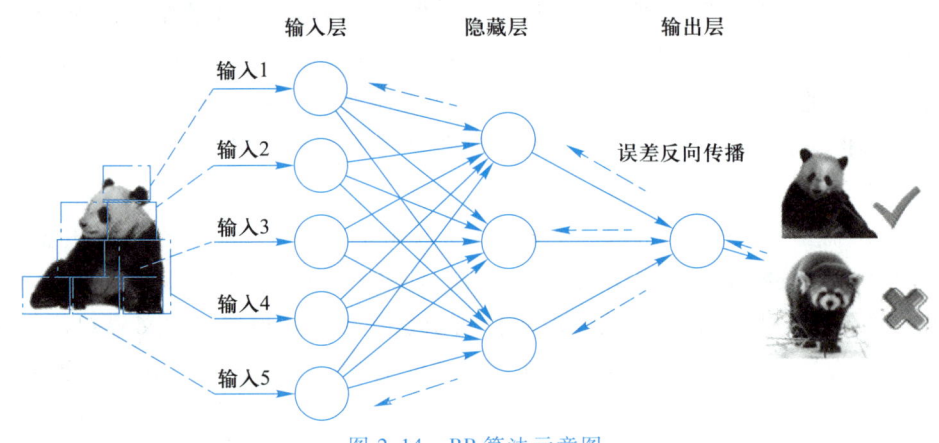

图 2.14   BP 算法示意图

BP 算法的提出，意味着感知器的局限性得到了突破，为神经网络的进一步发展铺平了道路。连接主义终于迎来了复兴。20 世纪 90 年代以后，连接主义学派的人工神经网络研究伴随着计算机硬件能力的提升和互联网带来的海量数据，开始进入蓬勃发展的快车道，各种不同结构的神经网络被提出并得以应用。

2006 年，辛顿在 *Science* 上发表了重要的论文，提出深度信念网络（deep belief network，DBN），深度学习（deeping learning）正式诞生了，2006 年被称为深度学习元年，辛顿也因此被称为"深度学习之父"。传统神经网络构建的机器学习算法需要人工结构化或标记数据，以便算法能够从数据中提取特征。而深度学习算法使用具有更多"隐藏"层（数百个）的深度神经网络，无需人工干预便可自动从海量的数据集中提取特征。深度学习是加强版的"人工神经网络"，是连接主义学派迄今为止在人工智能研究中最为出色的代表性成果，如图 2.15 所示。

2006 年以后，深度学习技术相继在多个领域取得了极大的成功。2012 年，AlexNet（基于卷积神经网络）在 ImageNet 竞赛中大幅降低了图像分类的错误率；2016 年 AlphaGo（基于深度学习和蒙特卡洛树搜索算法）围棋水平超越人类；2022 年 ChatGPT（基于 Transformer 神经网络架构）横空出世，揭开 AIGC（人工智能生成内容）时代大幕……以深度学习为代表的连接主义学派成为当今人工智能研究领域的主角。

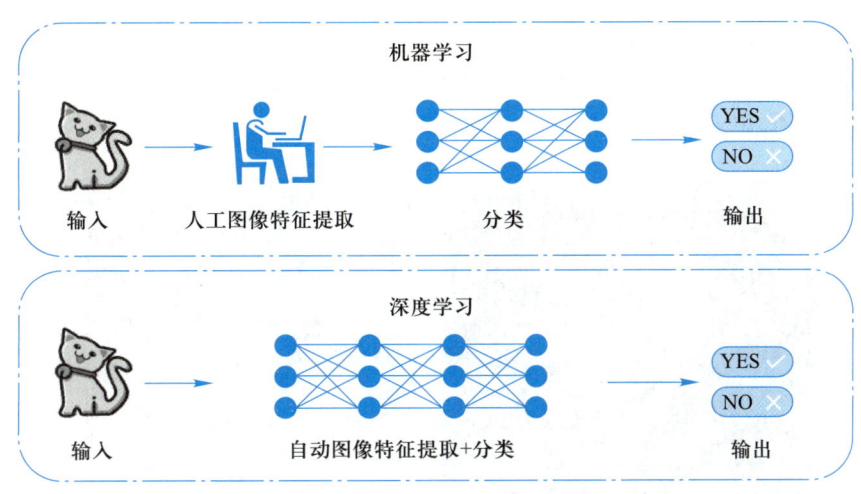

图 2.15　机器学习与深度学习

2.2.3　行为主义：智能的"行动"

虽然符号主义学派和连接主义学派在人工智能领域都取得了不错的研究成果，但是距离人们最初期待的人工智能相差还很远。一个新的学派，追求研究像人一样的人工智能，这种"像"，不仅体现在计算能力上，还体现在外表上、行为上，这便是行为主义学派。

行为主义又称进化主义（evolutionism）或控制论学派（cyberneticsism）。该学派奉控制论为圭臬，认为智能取决于感知和行动，而不需要知识、表示及推理。什么是"感知和行动"？打个比方，一个人出门时，感到天气凉，于是就加了件外衣，这就是感知和行动。行为主义学派把智能体当作一个开放系统，该系统可以探知外部环境的变化，并根据环境的变化产生行为。这种"感知—行为"的方法既适用于动物，也适用于机器。生物智能是自然进化的产物，生物通过与环境及其他生物之间的相互作用，从而发展出越来越强的智能，人工智能也可以沿这个途径发展。

行为主义学派还支持"遗传—进化"的观点，认为人工智能应该和人类智能一样，依靠进化、通过遗传过程中的随机变异（基因突变）和适应环境的自然选择，逐代筛选出更健壮、更聪明的个体。

行为主义的学术根源是西方心理学的一个主要流派，该流派于 1913 年创立。心理学的行为主义学派在对动物学习进行实验研究的基础上推断人类的学习过程和规律。在他们看来，学习就是刺激—反应的连接，学习的目的就是获得这些连接或建立联系，学习的条件是不断得到强化。这些观点与人工智能的行为主义学派不谋而合，因此行为主义被迁移至人工智能的研究领域。1948 年，数学家诺伯特·维纳（Norbert Wiener）发表了科学著作《控制论：或关于在动物和机器中控制和通信的科学》（以下简称《控制论》），如图 2.16 所示。《控制论》中揭示了机器通信和控制机能与人的神经、感觉机能的共同规律，为现代科学技术研究提供了崭新的科学方法。在人工智能领域里，行为主义学派以《控制论》的出版作为起源标志，因此又常被称为"控制论学派"，根据其学说特点，有时也被称作"进化主义学派"。

图 2.16　诺伯特·维纳及其著作《控制论》首版封面

　　行为主义早期的研究重点是人在控制过程中的智能行为，例如自寻优、自适应、自组织、自学习等。同时也为 20 世纪 80 年代后期诞生的智能机器系统学科打下了理论基础。20 世纪 90 年代，行为主义代表人物麻省理工学院的罗德尼·布鲁克（Rodney Brooks）提出了"无表征智能"的概念，利用行为主义学派的思想，成功地设计出了若干能够自主移动的机器人，今天广为使用的扫地机器人，就是这类机器人的实际应用。行为主义学派的代表作首推六足行走机器人，它被看作是新一代的"控制论动物"，是一个基于"感知—动作"模式模拟昆虫行为的控制系统。另外，著名的研究成果还有波士顿动力机器人和波士顿大狗，如图 2.17 所示。它们的智慧并非来源于大脑控制中枢，而是来源于肢体与环境的互动。

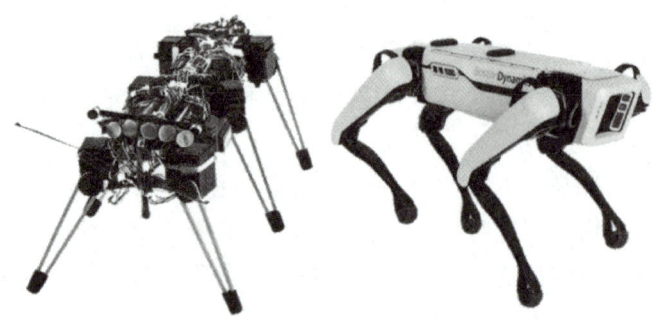

图 2.17　行为主义代表作：MIT 六足行走机器人和波士顿大狗

　　行为主义发展至今，一直未成为人工智能的主流学派，但受其思想启发，演化出许多重要的方法、算法及应用。例如人工智能领域重要的技术——强化学习，其灵感就是来自行为主义，让一个智能体不断地采取不同的行动，改变自己的状态，和环境进行交互，从而获得不同的奖励，只要设计出合适的奖励规则，智能体就能在不断地试错中习得合适的策略。从 AlphaGo 到 MOBA 类游戏，到处可见强化学习的影子。由于强化学习和深度神经网络的结合，目前"学习"的成分大于"强化"的过程，因此被归于连接主义学派。

行为主义学派在诞生之初就具有很强的目的性，这也导致它的优劣都很明显。其主要优势便在于重视行为的结果，即机器自身的表现，故实用性很强。行为主义在攻克某个技术难点之后就能迅速将其投入实际应用。例如机器学会躲避障碍，就可应用于扫地机器人、自动驾驶、无人机、工业机器人甚至火星探测车。不过也因为过于重视行为表现，侧重于应用技术的发展，将大脑视为"黑盒"，使得该学派鲜有重要的理论获突破，从而迎来爆发式增长。

行为主义还有一个重要的特点，就是多学科的交叉融合。这一学派涉及的学科众多，计算机科学、控制学、机械学、材料学以及声、光、电等一系列细分学科都与其产生交叉。因此，行为主义学派和符号主义学派及连接主义学派几乎没有纷争，且形成了众多卓有成效的合作。

2.2.4　融会贯通：人工智能的未来

符号主义、连接主义和行为主义分别从不同角度探索了智能的本质和实现方法。符号主义强调逻辑和推理，连接主义关注神经网络和学习，行为主义则注重交互和适应。三者的特点如表 2.1 所示。

表 2.1　人工智能 3 个学派特点

	符号主义	连接主义	行为主义
思想起源	数理逻辑	仿生学	控制论
主要原理	物理符号系统	人工神经网络	控制论、感知—控制系统
学派思维	抽象思维（认知即计算）	形象思维（认知即网络）	感知思维（认知即反应）
研究重点	数学可解释性	仿人脑模型	身体模拟及应用
代表方法	知识工程、专家系统	机器学习、深度学习	智能机器人、智能控制
代表成果	LT 程序、深蓝计算机	神经元模型、ChatGPT	六足行走机器人
发展历程	1956 年提出人工智能概念 20 世纪 80 年代，快速发展 20 世纪 90 年代后发展缓慢	1943 年提出人工神经网络概念 20 世纪 70—80 年代，发展缓慢 20 世纪 90 年代至今，快速发展	1948 年《控制论》发表 20 世纪 80 年代后快速发展并与多学科融合形成众多应用

尽管三大学派在方法论上存在诸多差异，但是都以算法、算力和数据作为核心要素，

彼此并不相互排斥。人类具有智能不仅是因为拥有大脑，并且还要能够持续学习。机器要想更加"智能"，也需要不断学习。符号主义靠人工赋予机器智能，连接主义是靠算法使机器自动习得智能，行为主义依靠与环境的作用和反馈获得智能。三者之间的优点与缺陷都很明显，意味着彼此可以扬长补短，共同合作创造更强大的人工智能。

目前的人工智能研究中，已经涌现了许多不同学派融合的成功案例。比如知识图谱是大数据时代的知识工程集大成者，就是符号主义与连接主义相结合的产物，是实现认知智能的基石。知识图谱广泛应用于搜索引擎、智能问答、语言语义理解、大数据决策分析、智能物联等领域，为 AI 系统提供丰富的知识资源和推理能力。图 2.18 展示了关于苏轼的人物关系知识图谱。

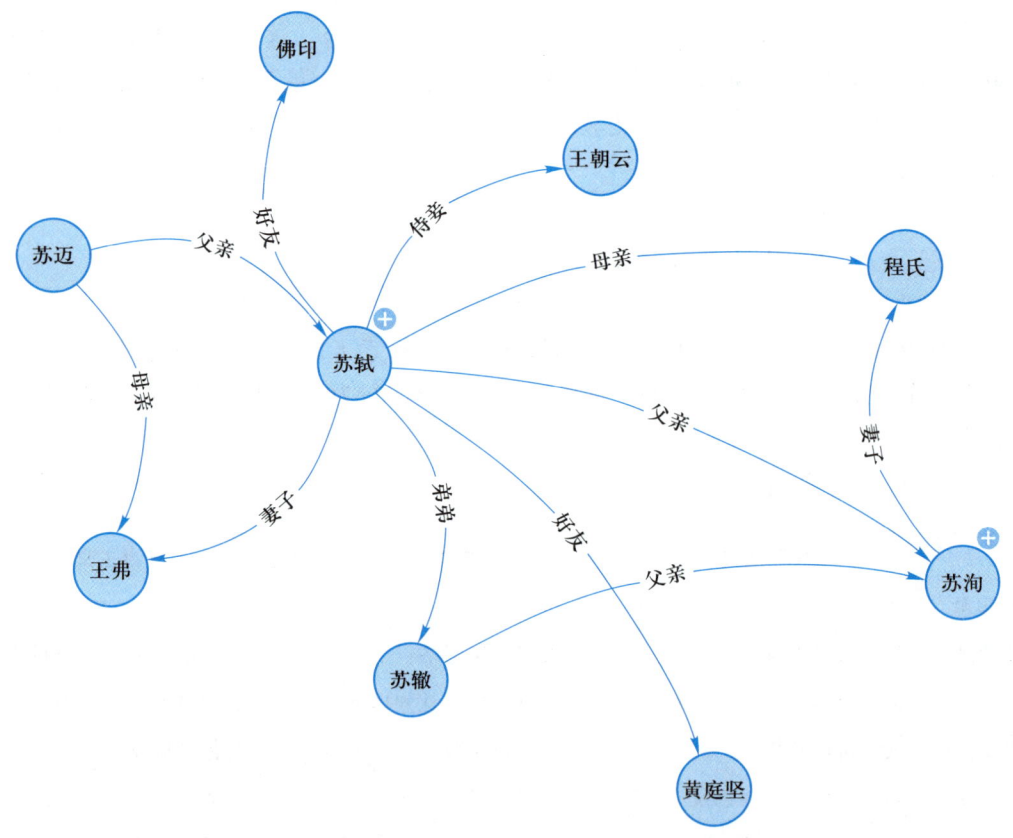

图 2.18   人物关系知识图谱

再比如行为主义是 3 个学派中唯一具有智能"载体"的（如机器狗的身体），而符号主义和连接主义则无类似"载体"。将连接主义的"大脑"安装在行为主义的"身体"上，使机器人不但能够对环境做出本能的反应，还能够思考和推理，这便是目前的研究与应用热点——具身智能机器人。图 2.19 展示的是接入了大模型"大脑"的国产通用具身机器人——"京天博特"。

京天博特具身机器人的主要参数：
身高：1.8 m
体重：47 kg
负重能力：30 kg
行走速度：18 km/h
人工智能大模型：接入人工智能大模型，能够更好地理解人的意图，
执行复杂的任务
北斗导航和多元传感器：以北斗导航为切入点，装配多元传感器和
室内导航系统，实现精准的室内定位
云控系统：加装云控系统，实现对机器人跨城市、跨地域控制

图 2.19　国产具身智能机器人

　　人工智能在三大学派不断推陈出新、交叉融合发展的推动下，取得了令人瞩目的成绩。今天，人工智能在某些领域已经可以超越人类智能，但在整体上取代或全面超越人类智能则仍然十分渺茫。目前的技术方法实现的人工智能，在创造力、情感与道德、常识推理与理解以及自主性与适应性等方面存在显著的局限性。在通向通用人工智能愿景的漫漫征程中，有太多的"无人区"需要进一步去探索、去突破。也许在未来，还会有新的学派诞生，引领人工智能研究和应用走向更大的进步。

2.3　探索未知：人工智能的奇妙领域

　　人工智能研究的目的是在机器世界里实现人类智能的物化。人类的智能来自大脑，而大脑处理的信息则来自眼、耳、口、鼻、舌、肢体等多种感官。人工智能的研究正朝向接近还原人类多感官触发——大脑认知学习的真实情境。如果将人工智能看作是一个生命体，那么它从呱呱坠地的新生儿到快速成长的孩童，也要通过感知认识、学习这个多彩的世界。事实上，人工智能的发展虽然还处在弱人工智能阶段，但是在研究者不断的追求和努力下，人工智能这个小生命已经睁开了好奇的眼睛，听到了风声雨声，能够理解人类的话语并开始咿呀学语……

　　大脑是一切智能的源头，脑科学（也称为神经科学）的研究成果使得人们更好地认识智能、理解智能、运用智能、开发智能，为人工智能的研究和创新提供了灵感和思路。20世纪初现代神经科学就通过研究人类大脑皮层神经元胞体的密度、大小和形状，得出了人脑的功能分区，其宏观划分如图2.20所示。

　　大脑是由不同的脑区来完成不同的功能，

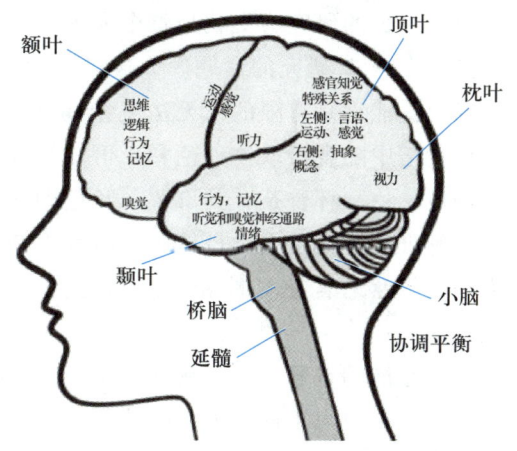

图 2.20　人脑功能区划分宏观示意图

多个脑区之间又有联合学习的能力。感知器官从外界收集到的信息分别经过对应脑区大脑皮层处理后，经特定脑区转化为更复杂的特征组合，并最终形成意识。那么人工智能是否可以沿着这一路径深入发展，构造出一个"超强大脑"呢？事实上，人工智能研究与人类大脑之间存在多维联系，具体如表 2.2 所示。

表 2.2　人类大脑与人工智能之间的联系

	人脑	人工智能
微观结构	由神经元构成，神经元构成复杂的神经网络	构建人工神经网络算法进行深度学习及自适应，以处理复杂问题
功能分区	5 个叶，细分为 52 个功能区（Brodmann 分区），分别负责视觉认知、听觉认知、语言认知、学习与记忆、情绪与情感	模拟大脑的功能来实现各种任务，如语音识别、图像识别、自然语言处理和机器翻译等
学习机制	通过学习来改变自己的结构和功能，从而提高智能	通过学习来改进自己的性能，如通过神经网络的训练来优化参数
表示方式	大脑使用各种表示方式来表示信息，如图像、语音和文本等	人工智能系统也需要学习如何表示信息，以便进行有效的处理和分析

下面从几个典型研究领域概览人工智能在不同"脑区"取得的探索与认知的成果。

2.3.1　自然语言处理：与机器对话的未来

语言是人类特有的一种符号系统，是以语音为物质外壳，以语义为意义内容的词汇材料和语法组织规律的体系。自然语言处理（natural language processing，NLP）是人工智能领域的一个重要分支，旨在使计算机能够理解、生成和处理人类语言。人类的语言行为一般分为"听、说、读、写"，自然语言处理主要是研究其中的读和写（语音识别和语音合成技术已经使 AI 可以"听"和"说"人类的语言）。自然语言处理被誉为"人工智能技术皇冠上的明珠"，因为语言本身就是智能的最重要载体，能够解析语言才是真正的智能。

自然语言的研究历史就是整个人工智能技术的发展史，因为著名的"图灵测试"，本身就是一个 NLP 研究的命题。人类的自然语言是人与人思想交流的主要工具，但是自然语言的表达能力是有限的，无法完全捕捉和刻画现实世界的复杂性。如图 2.21 所示，从计算机色谱中随意拾取一种色彩，可以精准通过数值刻画，但是用自然语言却很难精确描述这种色彩；一杯香茶，其口感、汤色即便在《茶经》这样的典籍中，也很难通过自然语言给出标准的答案。人类自然语言纷繁复杂且在动态发展，因语境、使用习惯、文化背景的不同，自然语言在显性表意背后还蕴含着大量的隐性知识，这是 NLP 研究的另一个难点。

人工智能的符号主义学派和连接主义学派均在自然语言处理领域做过具有代表性的研究。符号主义致力于通过人工构造规则来描述自然语言，然后用确定的逻辑推理来处理自然语言。所谓的规则，就是蕴含在自然语言中的词法、句法等结构信息。研究者试图通过总结这些结构之间的规则，达到处理和使用自然语言的目的。这种方法甚至催生了一个新的学科——计算语言学。符号主义学派基于规则的 NLP 研究在简单的自然语言处理方面很快就取得了进展，最具代表性的成果是 1956 年 MIT 人工智能研究室研制成功的 ELIZA 的程序，如图 2.22 所示。该程序通过一个解释器运行一个 300 多行的脚本，实现了简单的聊天功能，尽管它设计的最初目的是进行心理治疗，但是今天被公认为是世界上第一个聊天机器人。

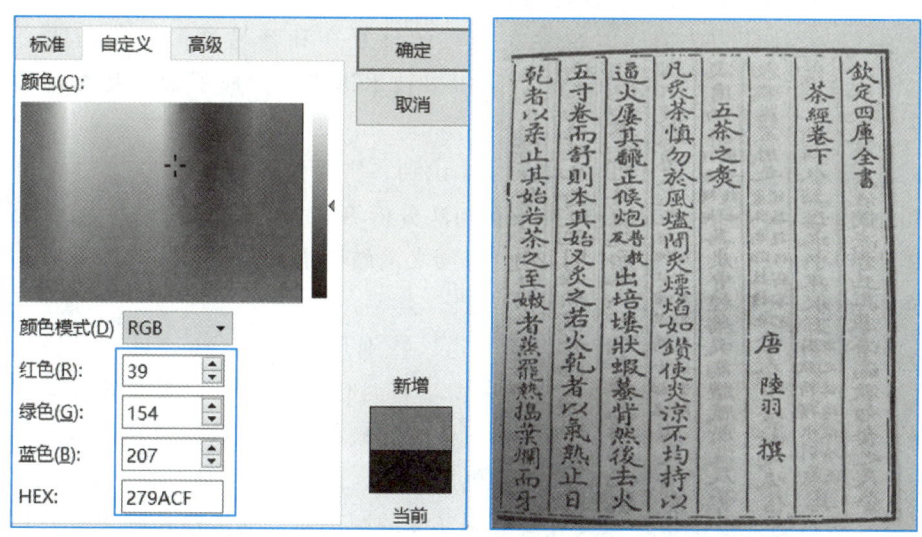

图 2.21　自然语言在精确描述色彩、茶香等方面的局限

```
Welcome to

          EEEEEE  LL    IIII  ZZZZZZZ  AAAAA
          EE      LL     II        ZZ  AA  AA
          EEEEE   LL     II       ZZZ  AAAAAAA
          EE      LL     II      ZZ    AA  AA
          EEEEEE  LLLLLL IIII  ZZZZZZZ  AA  AA


Eliza is a mock Rogerian psychotherapist.
The original program was described by Joseph Weizenbaum in 1966.
This implementation by Norbert Landsteiner 2005.


ELIZA: Is something troubling you ?
YOU:   Men are all alike.
ELIZA: What is the connection, do you suppose ?
YOU:   They're always bugging us about something or other.
ELIZA: Can you think of a specific example ?
YOU:   Well, my boyfriend made me come here.
ELIZA: Is it important to you that your boyfriend made you come here ?
YOU:   He says I'm depressed much of the time.
ELIZA: I am sorry to hear that you are depressed.
YOU:   It's true. I am unhappy.
ELIZA: Can you explain what made you unhappy ?
YOU:
```

图 2.22　基于规则的聊天机器人 ELIZA

符号主义乐观地估计了自然语言的复杂性，他们所假设的"在客观世界存在一套完备的自然语言生成规律，每一句话都遵守这套规律而生成"一直没能成为现实。基于规则的 NLP 研究陷入了长期的停滞。

20 世纪 80 年代，由于计算机技术的发展和算力的提升，自然语言处理研究得以复苏，研究人员开始使用统计机器学习方法处理自然语言任务，即符号主义的 NLP 研究方法。NLP 研究开始关注大规模文本数据的统计规律和概率模型，通过神经网络等模型进行文本分类、情感分析、信息抽取等任务。连接主义方法的优点是能够处理大规模数据，具有较好的泛化能力，但同时也存在参数调整复杂和容易过拟合等问题。这一时期，自然语言处理的方法百花齐放，取得了很多技术进步，形成了如下几类自然语言处理方法：

① 词法分析：包括分词、词性标注、实体识别、拼写检查等。

② 句法分析：包括句法结构分析、依存句法分析等。

③ 语义分析：包括词义表示（词嵌入）、词义消歧、语义角色标注等。

④ 文档分析：包括篇章结构、摘要、文档分类等。

迈入 21 世纪，随着深度学习方法大行其道，特别是 2012 年 AlexNet 在计算机视觉领域的巨大成功，使得 NLP 的研究也进入了深度学习时代。严格说，深度学习模型也属于统计机器学习，只不过用深度神经网络代替了传统的概率分布函数。自然语言是词汇的序列，一个词语与其相邻的词语之间关系应该更加密切，两个具有相同周边词的词语，它们大概率是意义相近的词语，就好像具有类似朋友圈的两个人，其性格爱好大概率相似（物以类聚、人以群分）一样。因此，自然语料库可以根据不同的规律转换为相应的概率矩阵，由此自然语言和图像、语音一样，都可以用出色的深度学习算法进行预测。前文所述的，在语音识别领域取得出色成绩的 Transformer 模型，同样成功推动了深度学习在 NLP 领域的应用和发展。目前应用效果最好的模型，基本上都使用了注意力模型，并从各个角度进行了改进和优化。

从早期基于规则的方法，到统计学习方法，再到深度学习方法，NLP 技术不断突破，应用场景也越来越广泛。随着开源工具、云计算服务和行业应用的不断成熟，NLP 技术的应用生态也在不断壮大。例如 Google Cloud Natural Language API、Amazon Comprehend 等服务提供了文本分析、情感分析、实体识别等功能，用户通过简单的 API 调用即可使用这些服务。智能搜索引擎、机器翻译工具、聊天机器人、智能购物推荐系统……NLP 出现在人们生活的各个角落。未来，NLP 技术将继续在智能交互、知识获取、决策支持等方面发挥重要作用，为人类社会带来更多便利和价值。

2.3.2　机器听觉：领悟从"听懂"开始

今天，人们已经习惯了通过对话设置导航、利用语音助手播放音乐甚至控制家中的灯光和电器。这些便捷的交互背后，离不开人工智能赋能的机器听觉技术。

　　机器听觉，旨在赋予机器"听"的能力，使其能够像人类一样理解和分析声音信息。一切以声音为输入的机器学习任务，都可以纳入机器听觉的范畴。机器听觉技术已广泛应用于各个领域，包括语音识别与交互、音乐信息检索与分析、环境声音识别与监测、医疗诊断与辅助等。其中应用最为广泛的当属自动语音识别（automatic speech recognition，ASR）。

　　语音是人类最自然的交互载体，与机器进行语音交流，让机器听懂语音，是人们长期以来梦寐以求的技术愿景。语音识别相当于"机器的听觉系统"，语音识别技术就是让机器通过识别和理解，把语音信号转变为相应的文本或命令。早在 1952 年，贝尔实验室就研制成功了一套能够识别 10 个英文数字发音的系统，20 世纪 70 年代以后，开始了大规模的语音识别研究，并在小词汇量、孤立词的识别方面取得了实质性进展。此后相当长一段时间内，语音识别技术一直沿着基于标准模式匹配和统计学方法的技术路线进行研究，没有取得突破性进展。直至 2009 年，借助深度神经网络的兴起和大数据语料的积累，语音识别技术才革新了研究范式，取得了令人瞩目的技术进步。语音识别技术在深度学习时代的主要技术历程如表 2.3 所示。

表 2.3　语音识别技术在深度学习时代的主要技术历程

时间起点	技术架构	特点
2011 年	基于 DNN+HMM（深度神经网络+隐马尔科夫模型）的语音识别	可实现相邻语音帧拼接，增加了语音的时序结构信息，语音状态分类概率有了明显提升，具备了环境学习能力，提升了对噪声和口音的鲁棒性
2014 年	基于 LSTM+CTC（长短期记忆网络+连接时序分类）的不完全端到端语音识别	LSTM 具有长短期记忆能力，改善了语音识别中语义关联的分析能力 CTC 解决了语音输入序列和输出序列之间对齐的问题，提高了识别准确率
2017 年	基于以自注意力机制为核心特征的 Transformer 完全端到端（语音和文字同时处理）语音识别	充分发挥深层神经网络和并行计算的优势，语音识别速度和准确率大幅提升；统一了机器视觉、自然语言处理和语音识别的研究框架

　　Transformer 模型已经成为目前语音识别领域的技术"金标准"，主要得益于如下三方面优势。

　　① Transformer 采用的自注意力机制是一种通过上下文来理解当前词的创新方法，语义特征的提取能力更强。以中文语音为例，该特性可以更好地根据周边词汇和语境选择带有歧义的同音字或词（比如洗澡和洗枣），从而得到更准确的识别结果。

　　② 解决了传统的语音识别方案中各部分任务独立，无法联合优化的问题。单一神经网络的框架变得更简单，随着模型层数更深，训练数据越大，准确率越高。它还支持以专有数据集来训练模型，得到相应场景下更准确的识别结果。

③ 新的神经网络结构可以更好地利用和适应新的硬件（比如 GPU）并行计算能力，运算速度更快。这意味着转写同样时长的语音，基于 Transformer 的算法模型可以在更短的时间内完成，更能满足实时转写的需求。

如今语音识别的正确率已经接近甚至部分超越人类。语音识别错误率通常用词错误率（word error rate，WER）来衡量，即识别错误的词数与总词数的比例。人类的语音识别错误率为 5.1%~5.9%，在理想条件（如清晰语音、低噪声环境）下，目前 AI 语音识别的错误率已经低至 2%~3%。然而，在复杂场景（如嘈杂环境、口音、方言、语速过快等）中，AI 语音识别错误率仍然高于人类。另外，语音识别技术从语音中能够获得的信息远远不止文字，还包括语种、说话人身份、说话人情绪等，相应的任务分别称为语种识别、说话人识别、情感识别。

语音识别技术已经与其他人工智能技术深度融合，构成了丰富的应用生态，甚至语音用户界面（voice user interface，VUI）+图形用户界面（graphic user interface，GUI）已经成为智能手机、智能手表、自动驾驶汽车等诸多智能设备及系统的标准配置，掀起了一场人机交互方式的风暴，如图 2.23 所示。

图 2.23　VUI 与 GUI 融合的人机交互模式

人工智能技术的快速发展为机器听觉带来了前所未有的机遇，使其在各个领域展现出巨大的应用潜力。未来，随着算法的不断优化和计算能力的提升，机器听觉技术将更加智能化、人性化，为人类社会带来更多便利和价值。

📝 **练一练：**

基于"腾讯会议"软件，完成以下任务：

① 练习使用腾讯会议的语音生成会议记录功能，实践 ASR 的应用。

② 思考并体会腾讯会议语音生成会议记录功能可感知的 AI 特征（例如该功能对上下文的理解）。

2.3.3　机器视觉：让机器"看"见世界

机器视觉作为人工智能的一个重要分支，涉及机器如何理解和处理图像和视频，包括模式识别、图像理解和 3D 重建等技术。与人眼相比，机器视觉在效率、精度、环境要求、安全性等各因素上都有明显的优势。由人工智能、计算机科学、图像处理和模式识别等诸多领域合作形成的机器视觉系统，充分模拟了人类视觉功能，不但可以"看见"这个世界，还可以"认知"所看到的内容。

人工智能在机器视觉领域开展了 40 余年的研究工作，积累了大量的算法。深度学习方法诞生后，人工智能在图像识别和机器视觉方面更是取得了长足的进步，例如深度学习网络 2014 年开始用于人脸识别，在 LFW 数据集中，人脸识别的准确率超过了 99%。仅人脸识别一个细分领域，就实现了丰富而成熟的应用场景，例如一位参加马拉松比赛的运动员，在比赛结束后，马上就可以通过人脸比对搜索，找到自己在比赛全程的照片集。人脸识别应用场景用例如图 2.24 所示。

(a) 刷脸支付　　　　　　　(b) 人脸搜索　　　　　　　(c) 人脸解锁

图 2.24　人脸识别丰富的应用场景

在机器视觉领域中，目标检测（object detection）是一个具有挑战性且重要的研究方向。目标检测不仅要预测图片中是否包含待检测的目标，还需要在图片中指出检测目标的位置。2016 年，Joseph Redmon 等学者提出一种名为 YOLO（you only look once）的目标检测算法，YOLO 设计目标是快速定位图片中包含的物体，并识别出每个物体的分类、位置等。该算法把空间分割和类别预测结合到一个神经网络中，相比传统算法，大大提高了检测的速度。其算法执行步骤如图 2.25 所示。

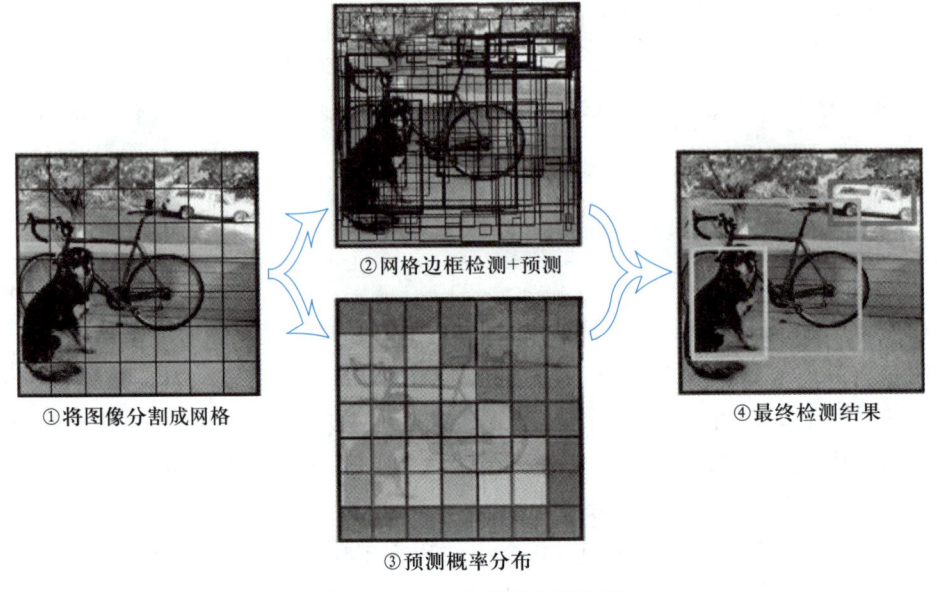

①将图像分割成网格   ②网格边框检测+预测   ③预测概率分布   ④最终检测结果

图 2.25   YOLO 算法步骤解析

YOLO 目前已经衍生出多个优化的算法版本，并已经被广泛应用于无人驾驶、智能安防、智能交通等多个领域。其快速的检测速度在需要快速响应的应用中表现尤为突出。

机器视觉，这门赋予机器"看"世界能力的技术，在 AI 的浪潮中正经历着前所未有的变革。深度学习算法的突破，如同为机器视觉插上了腾飞的翅膀，使其从简单的图像识别跃升至复杂场景的理解与分析。卷积神经网络（convolutional neural network，CNN）等技术的应用，让机器能够从海量数据中自主学习，精准识别图像中的物体、人脸、文字，甚至理解图像背后的语义信息。AI 的赋能，不仅提升了机器视觉的精度和效率，更拓展了其应用边界。从工业质检到医疗诊断，从自动驾驶到智能安防，机器视觉正以惊人的速度渗透到各行各业。它如同一位不知疲倦的观察者，以超越人类的敏锐和精准，洞察着世界的每一个细节。

2.3.4　机器人：智能的"身体"

机器人既是人类对人工智能最初的梦想，也是当人工智能在视觉、听觉、自然语言处理等分项赛道中均取得优异成绩之后必将集成协同，构建通用甚至超级大脑的最终载体。在人工智能发展过程中，制造机器人一直是研究者的终极目标。从 1959 年第一台工业机器人"尤尼梅特"（Unimate）到 2017 年第一个获得人类公民身份的类人机器人索菲亚（如图 2.26 所示），从漫步火星的祝融号火星车到深入人体的胶囊机器人，机器人已经成为人类改造自然、提高生产力、探索未知的利器。

(a) 尤尼梅特　　　　　　　　　　　　(b) 索菲亚

图 2.26　第一台可编程控制的机器人 Unimate 与第一台获得人类公民身份的机器人索菲亚

在人们的印象中，人工智能与机器人有着紧密的关联，但事实上到目前为止，现有的机器人绝大多数都是按照人类编好的指令在工作，真正具有较高智能的机器人并未出现，就像当前人工智能水平处于"弱人工智能"阶段一样，符合人类期许的可以全面媲美人类通用智能的机器人依然还停留在梦想阶段。

除了涉及智能和感知，机器人技术还需综合力学、材料、控制、规划等多学科的技术，以目前的科技水平，实现一个具有特定功能的机器人并不难，但是要实现全面近似人类智能和行为能力的机器人却面临诸多的瓶颈和挑战。就以人类走路这么一件看似自然的能力而言，对于机器人就要解决地图表示、信息感知、路径规划、通信、决策及交互等一系列问题。与单纯靠计算机就可以实现的 AI 不同，机器人设计与实现受以下几方面条件的限制：

① 能量供给。虽然计算机在运行程序时也考虑能源问题，特别是算力与能源供给关系密切，但是这不是算法设计首要考虑的因素。但是对于机器人而言，如果需要用导线连接电源，那么其行动必然受限，而若用电池供电，那么其所有的软硬件设计均需考虑能量问题。

② 较高的容错度。计算机程序需考虑异常问题，在通用场景行动的机器人更要考虑各种异常的发生，例如一个行动发生了意外、自身机械装置遇到了故障、环境突然出现预想之外的变化等。

③ 并行处理任务能力。对于计算机而言，并行只是为了提高执行程序的效率，但是机器人的并行是需要有能力处理同时发生的多个问题。例如在避险的同时保持稳定性，在执行任务时遇到来自陌生环境的多源通信请求与干扰等。

④ 实时交互性。计算机的交互性通常场景稳定、路径明确，但是机器人需要不断同动态世界进行交互，外部环境的突发变化，需要机器人能够实时做出反应。

尽管目前机器人的形态各异，所处外部环境和执行的任务目标差异明显，但是作为靠自身动力和控制能力来实现各种功能的智能机器，机器人必须具备以下 3 个组成部分：

① 效应器（机械结构）：旨在对环境施加物理作用力，如轮子、抓手、关节等，这些部件构成了机器人的物理和运动系统，使其能够执行各种任务。

② 传感器：用于感知环境，包括摄像头、雷达、激光器和麦克风来测量环境和周围人的状态，陀螺仪、应变和扭矩传感器以及用于测量机器人自身状态的加速器等。

③ 处理器：是机器人的大脑，也是智能决策的核心，负责处理传感器数据、执行算法、制定决策，并控制执行器执行相应的动作。

处理器是机器人的"大脑"，是人工智能的主要实验场。处理器的感知与识别功能主要有以下几个：

① 机器视觉：用于处理图像数据和实现视觉感知。

② 声音识别：用于识别和理解语音输入。

③ 触觉反馈：用于处理和解释机器人通过触觉传感器获取的信息。

④ 环境感知：用于感知和理解温度、湿度等周围环境。

机器人的决策与规划、控制与执行同样需要通过内置特定算法的软件加以实现。

人工智能机器人技术在感知、学习、决策和执行等方面取得了显著进展，代表性成果展示了其在复杂任务中的强大能力。未来，随着多模态融合、自主学习、人机协作等技术的发展，人工智能机器人将在家庭服务、医疗护理、工业制造、应急救援等领域发挥更大的作用。

2.3.5　AIGC：人工智能的创作盛宴

人工智能生成内容（artificial intelligence generated content，AIGC）即利用人工智能技术自动生成文本、图像、音频、视频等内容，正在悄然改变人们创造和消费信息的方式。从文学创作到艺术设计，从音乐制作到影视剪辑，AIGC 以其强大的生成能力和无限的创意潜力，正在重塑人类文化的边界。这种利用复杂算法、模型和规则，从大模型数据集中学习，以创造新的原创内容为目标的人工智能技术，被称为生成式人工智能（generative artificial intelligence，GAI）。

2020 年，OpenAI 公司发布 GPT-3，这是一个参数量达到 1 750 亿的巨型模型，展示了前所未有的文本生成能力。它可以描述长达 1 000 个汉字的上下文相关性文本，训练这个模型使用了经过过滤后仍达 570 GB 的文本数据。在这样的模型上可以通过简单情节描述而生成文案或小说。2022 年 11 月，搭载了 GPT-3.5 的 ChatGPT（chat generative pre-trained transformer）横空出世，凭借逼真的自然语言交互与多场景内容生成能力，迅速引爆互联网，在全球范围内引起轰动。ChatGPT 是人工智能技术驱动的自然语言处理工具，它能够通过理解和学习人类的语言来进行对话，还能根据聊天的上下文进行互动，真正像人类一样来聊天交流，甚至能完成撰写邮件、视频脚本、文案、翻译、代码、论文等任务。

从 2023 年起，全球范围内大模型及其 AIGC 产品迎来了爆发性增长。OpenAI 在 2023 年 3 月发布了 GPT-4，它是一个多模态大模型（接受图像和文本输入，生成文本），相比上一代的 GPT-3，GPT-4 可以更准确地解决难题，具有更广泛的常识和解决问题的能力。2023 年 12 月，谷歌发布大模型 Gemini，它可以同时识别文本、图像、音频、视频和代码 5 种类型信息，还可以理解并生成主流编程语言（如 Python、Java、C++）的高质量代码。2024 年 2 月 16 日，OpenAI 发布了名为 Sora 的文本生成视频大模型，只需输入文本就能自动生成视频，再次震撼科技界，如图 2.27 所示。Sora 的诞生，意味着人工智能不仅在处理静态信息上越来越强大，而且在动态内容的创造上也展现出了惊人的潜力。

2024 年 12 月，拥有 6 710 亿参数的国产大模型——DeepSeek-V3 发布，性能表现媲美甚至超越 GPT-4o、Claude-3.5-Sonnet 等国际顶级闭源模型。DeepSeek 以不到 600 万美元的训练成本、开源的发展之路，开启了国内 AI 智能普惠的大幕。

图 2.27　利用 Sora 生成视频

鉴于 AIGC 未来巨大的发展前景，引发各领域基于业务运营需求竞相开发 AIGC/大模型产品的热潮。据统计，2023 年仅国内就发布了 238 个大模型，几乎平均每天都有一个大模型问世。目前国内代表性大模型产品如表 2.4 所示。

表 2.4　国内代表性大模型

大模型	图标	表现优异的方面
DeepSeek		综合能力
豆包		用户数量
Kimi		文本处理能力
即梦 AI		作图能力
通义万相		视频生成能力
智谱清言		文档归纳能力

大模型为 AIGC 提供了强大的技术基础和支撑，而 AIGC 则进一步推动了大模型的发展和应用。AIGC 技术对行业发展的影响深远且广泛，主要体现在以下几个方面：

① 内容创新领域的革新。AIGC 技术能够自动生成高质量的文本、图像、音频和视频

等内容，极大地提高了内容创作的效率。在新闻、广告、自媒体等领域，AIGC 已经实现了广泛应用，帮助创作者快速生成多样化、个性化的内容，满足市场需求。这种技术革新不仅降低了内容创作的成本，还激发了创作者的创新灵感，推动了内容产业的繁荣发展。

② 生产力提升与成本降低。AIGC 技术在多个行业中展现了其提升生产力和降低成本的潜力。例如，在制造业中，AIGC 技术可以辅助设计、优化生产流程，降低生产成本。这些应用使得企业能够更快地响应市场变化，提升竞争力。

③ 用户体验的升级。AIGC 技术通过提供个性化、定制化的内容和服务，显著提升了用户体验。在智能客服、在线教育等领域，可以根据用户的需求和偏好提供精准的服务，满足用户的个性化需求。这种以用户为中心的服务模式不仅增强了用户的满意度和忠诚度，还为企业带来了更多的商业机会。

④ 推动行业创新与产业转型。AIGC 技术的快速发展为传统行业带来了转型升级的契机。通过与 AIGC 技术的深度融合，传统行业可以探索新的商业模式和服务模式，实现创新发展。例如，在金融领域，AIGC 技术可以应用于投资策略优化、风险管理等方面，提高金融机构的决策效率和准确性。

下面通过一个具体的案例，感受 AIGC 在辅助编程方面的能力。

【例 2.2】通过豆包 PC 端大模型，实现 AIGC 辅助编程。

步骤 1：打开豆包官方站点，下载并安装豆包电脑版。

步骤 2：在豆包 PC 端界面选择"AI"编程，如图 2.28 所示。

图 2.28 豆包 PC 端界面

步骤 3：在图 2.28 所示的提示词框内用语音或者文字描述编程的需求。例如"请编写一段 Python 代码，利用 tutle 库，绘制一个红色的五角星"，此时右侧的"发送"按钮被激活，单击该按钮，就可以生成满足要求的 Python 程序，如图 2.29 所示。

图 2.29　豆包根据需求自动生成代码

　　步骤 4：此时在代码解释文本后，豆包自动根据提示词上下文相关性生成了与修改完善此程序有关的提示语，用户可以根据需要选择完善代码，也可以根据自己的需求，在提示词框内继续补充需求以完善代码。

　　最后，可以在支持 Python 在线编译的网络平台中，或者在安装有 Python 的本地 PC 中验证代码的执行结果是否满足预期。对于毫无编程经验的用户，同样可以通过提问，由豆包给出运行程序的方案及指南。

练一练：

　　MarsCode 是基于豆包大模型的 AI 编程助手，它支持超过 100 种编程语言，具备代码补全、代码推荐、代码错误检测与修复、技术问答等 AI 功能。

　　① 查找资料，了解 MarsCode 的基本使用方法，并通过 "#+空格" 的指令，让其生成判断一个数是否为素数的 Python 代码。

　　② 用 "/explain" 指令来解释①中生成的代码。

　　人工智能为人们带来了空前的创作盛宴，不但可以令人瞬间跨越词格韵律的羁绊，成为腹有诗书的诗人作家，甚至可以起心动念间通过几行文字的描述在梦境般的视频中游目骋怀，编程、凝练科技文献形成综述、生成自己满意的数字人形象……灵感与能力之间的鸿沟似乎被无限缩小，甚至弥合。

2.4　安全与伦理：人工智能的双刃剑

人工智能技术的迅猛发展正在重塑人类社会的运行逻辑，但其带来的安全与伦理挑战亦如影随形。目前 AI 技术虽然还处在弱人工智能时代，但是它对各个领域的赋能潜力已经足以令人震惊。人类文明的发展是线性的，而人工智能的发展是指数形式的，在人工智能技术不断迈向"通用人工智能"的进程中，会迎来机器文明替代人类文明的那个"奇点"吗？

拓展阅读：
人工智能的
"奇点"的
预言

放下对遥远未来的担忧，现实生活中"大数据杀熟""信息茧房"现象已经给人们带来了误导和利益损害，从算法歧视到隐私泄露，从责任归属到技术失控，人工智能的"双刃剑"特性日益显现。

2.4.1　风险与挑战：智能的"暗面"

人类致力于人工智能研究，是要创造一种与人共生的、服务于人类的智慧合作者或者伙伴。但是在 GPT-4 以每秒万亿次运算解构人类语言、AlphaFold 破解百万级蛋白质结构的今天，人类对人工智能的判断还能犹如"禽兽之变诈几何哉？止增笑耳。"这样的自信吗？

1942 年，科幻作家艾萨克·阿西莫夫（Isaac Asimov）在其小说《转圈圈》中写下机器人三定律：

第一定律：机器人不得伤害人类，或因不作为而让人类受到伤害。

第二定律：机器人必须服从人类的命令，除非这些命令与第一定律相冲突。

第三定律：机器人必须保护自己的存在，只要这种保护不与第一或第二定律相冲突。

上述定律体现了人类对技术进步与由此引发风险之间关系的深刻思考，也开启了人类对人工智能发展的隐忧——既渴望其突破生物智能的边界，又恐惧其挣脱伦理枷锁的反噬。当 OpenAI 首席科学家伊尔亚·苏茨克维（Ilya Sutskever）坦言"超级智能可能无法被完全控制"时，阿西莫夫三定律的古典框架，正在深度神经网络的黑箱中变得支离破碎。虽然人工智能还没有发展到威胁人类的地步，但一些现实风险已经出现，这些风险主要体现在如下几方面。

1. 算法黑箱带来的 AI 应用风险

目前人工智能主流的研究方法是以深度学习为代表的基于统计机器学习方法。这些数据驱动的模型在许多任务上表现出色，但是多层神经网络和非线性函数，以及多达数百亿甚至数万亿的参数构成了一个巨大的"黑箱"，没有人能够理清数据与决策之间的来龙去脉。几乎不具备可解释性（interpretability）的算法模型为人工智能决策结果的可控性带来了巨大的挑战。在医疗诊断、金融风险评估、司法审判、自动驾驶等很多关键业务场景，都无法容忍算法模型的不可解释性。

2. 系统漏洞带来的 AI 失控风险

伴随着人工智能技术的深入发展，其算法复杂度也在迅速提升，数据依赖度也呈现越来越高的发展趋势，这为新型的恶意攻击技术的衍生提供了温床，比如网络犯罪分子可以利用 GAI 创建复杂的恶意软件，这些"智能"恶意软件更加难以预测和控制，增加了大范围系统中断和大规模数据泄露的风险。再比如，攻击者通过向算法模型投喂污染数据使模型中毒，导致在后续的预测和决策中表现不佳或产生错误的结果。这种"数据投毒"行为导致数据中毒、AI 失控的案例层出不穷。例如微软 2016 年在 Twitter 上发布的聊天机器人 Tay，仅上线 16 个小时，便被用户调教成了充满偏见、满嘴脏话的"熊孩子"，此事件导致微软遭受声誉损害，甚至受到了法律诉讼威胁，如图 2.30 所示。

图 2.30　遭受"数据投毒"的聊天机器人 Tay

与数据投毒产生的结果类似，AI 幻觉也可以误导用户对真相的理解，或者传播虚假的观点与信息。AI 幻觉（AI hallucination）是指生成式人工智能模型在生成文本或回答问题时，尽管表面上呈现出逻辑性和语法正确的形式，但其输出内容可能包含完全虚构、不准确或与事实不符的信息。AI 幻觉的产生通常是由于模型在缺乏相关信息的情况下，通过概率性选择生成内容，而非基于真实世界的知识库或逻辑推理，这使得其输出不仅难以信赖，且可能误导用户。图 2.31 展示了在某 AIGC 产品中，用户发出误导性 prompt，AI 通过搜索相关网页作为信息源给出的错误性论述。

3. AI 快速普及带来的社会与经济风险

AI 技术的发展已经对人类社会带来了就业冲击。低技能及传统岗位被 AI 取代的风险逐年递增，例如电商客服 AI 替代率已经达 60% 以上。由于 AI 技术在图像识别、语音识别、数据分析等领域表现出色，能够高效地完成大量重复性、规律性强的工作，这使得翻译、文本编辑、信用评估、投资决策等岗位也面临被替代的风险。

除上述风险之外，算力对能源的巨大需求引发的环境与资源风险、AI 介入与接管部分决策权之后造成的诸多伦理与法律风险等同样不容忽视。

2.4.2　偏见与隐私：智能的"道德"考验

人工智能这把锋利的"双刃剑"，除了技术层面的风险需要引起重视，还为社会带来了伦理、道德方面的困惑。例如，大数据杀熟、AI 在就业筛选中的歧视、滥用深度伪造技术引发的社会信任危机等现象已不鲜见。以下几方面的问题较为具有代表性。

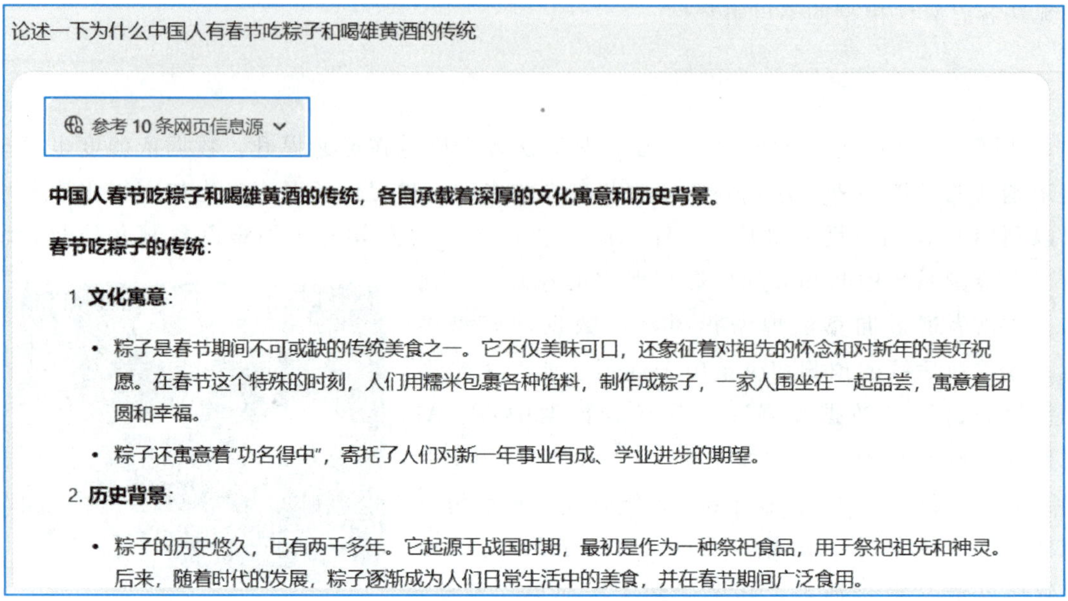

论述一下为什么中国人有春节吃粽子和喝雄黄酒的传统

> 🌐 参考 10 条网页信息源 ∨
>
> **中国人春节吃粽子和喝雄黄酒的传统，各自承载着深厚的文化寓意和历史背景。**
>
> **春节吃粽子的传统：**
>
> **1. 文化寓意：**
>
> - 粽子是春节期间不可或缺的传统美食之一。它不仅美味可口，还象征着对祖先的怀念和对新年的美好祝愿。在春节这个特殊的时刻，人们用糯米包裹各种馅料，制作成粽子，一家人围坐在一起品尝，寓意着团圆和幸福。
> - 粽子还寓意着"功名得中"，寄托了人们对新一年事业有成、学业进步的期望。
>
> **2. 历史背景：**
>
> - 粽子的历史悠久，已有两千多年。它起源于战国时期，最初是作为一种祭祀食品，用于祭祀祖先和神灵。后来，随着时代的发展，粽子逐渐成为人们日常生活中的美食，并在春节期间广泛食用。

图 2.31　基于概率生成内容产生的幻觉

1. 数据隐私侵犯

AI 的发展依赖大量数据，这些数据的收集、存储、分析和使用过程中，个人隐私容易被侵犯。例如，某些应用未经同意便存储用户行为数据，甚至出售给第三方。用户对此往往缺乏知情权和控制权。

2. 信息茧房

随着智能推荐和大数据分析技术的不断发展，人们所接触的信息和社交群体逐渐趋于以兴趣点为核心的"信息茧房"之中。用户接触最多的是算法推荐过来的信息，容易受困于狭窄的信息空间，而且会越来越集中，这容易促使人们一叶障目地看待周围的世界，失去对真实世界判断的客观和全面性。用户接收到的信息越来越单一，削弱了他们接触不同观点和信息广度的机会，导致认知偏见的加剧。

3. 算法歧视

在物流、就业筛选、医疗诊断等 AI 参与的事务中，AI 算法有时会表现出不可忽视的偏见，这可能源于数据样本的不均衡或算法设计的不公正；例如某些外卖平台的配送算法通过实时优化路线压缩配送时间，导致骑手超负荷工作；算法忽略交通拥堵、天气等现实因素，仅以"最短时间"为目标，强制骑手逆行或超速；骑手因系统惩罚机制（如超时扣款）被迫接受高风险行为等。

4. 深度伪造技术的滥用

深度伪造是深度学习和伪造合成的中性技术词汇，即利用深度学习算法，实现图像、音视频的模拟和伪造。因其逼真的"移花接木"和"无中生有"功能常被恶意使用，而变得充满争议。这类技术被不法分子利用来进行诈骗、诋毁或传播谣言，造成了较为严重的社会信任危机。

2.4.3 权利与义务：智能时代的责任与担当

2021 年，联合国教科文组织（UNESCO）发布《人工智能伦理建议书》，其中提出了七大核心原则来确保人工智能应用的伦理合规性和社会责任感，包括人工智能安全、公平与非歧视、可持续性、隐私与数据保护、人类监督与决策、透明度与问责、意识与扫盲意义。这是全球首份关于人工智能伦理的规范文本，是全球人工智能伦理治理的共同纲领。人工智能风险和伦理问题已经在全世界范围内得到了广泛重视。

2023 年 11 月，首届全球人工智能安全峰会在英国布莱切利庄园拉开帷幕。开幕式上，由包括我国在内的与会国共同达成的《布莱切利宣言》正式发表，同意通过国际合作，建立更加完善的人工智能监管方法。这份全球首个 AI 治理宣言的签署标志着国际社会对人工智能安全问题的关注和重视。

作为全球人工智能发展的重要力量，我国正逐步构建起人工智能的法律法规、伦理规范和政策体系。相关政策出台情况如表 2.5 所示。

表 2.5　我国在人工智能伦理治理方面发布的重要文件

发布年份	文件标题	与人工智能治理相关的内容
2017 年	《新一代人工智能发展规划》	提出到 2025 年初步建立人工智能法律、法规、伦理规范和政策体系
2018 年	《人工智能标准化白皮书（2018 版）》	深入探讨人工智能安全、伦理和隐私问题
2019 年	《新一代人工智能治理原则——发展负责任的人工智能》	提出和谐友好、公平公正、敏捷治理在内的 8 条原则
2022 年	《互联网信息服务算法推荐管理规定》	我国出台的全球首份算法综合治理文件，直击"大数据杀熟""信息茧房"等痛点，赋予用户算法知情权与选择权
2023 年	《生成式人工智能服务管理办法》	我国人工智能产业的首份监管文件

上述文件的出台，表明了我国政府坚持伦理先行、做好风险防范的决心，以及为人工智能伦理治理持续做出的卓有成效的努力。

我国在人工智能伦理治理中坚持人本导向的价值内核，即生存权保障和发展权平等的原则。例如在自动驾驶、医疗 AI 等领域，确立了"人身安全绝对优先"原则；在《互联网信息服务算法推荐管理规定》中明确禁止基于地域、职业的差异化服务，通过算法监管遏制"数字歧视"。

人工智能的伦理与风险问题不仅是技术挑战，更是对人类文明价值观的考验。我国在人工智能伦理治理方面开创了一条技术赋能与制度约束双向协同的创新之路。具体体现在以下几个方面。

1. 制度创新

将 AI 应用场景按风险等级划分，实施差异化监管；各部门联合开展 AI 伦理风险研判和治理，破解"监管孤岛"难题。

2. 技术创新

积极发展可信 AI（explainable AI，XAI），积极探索 AI 隐私数据保障技术，破解算法偏见顽疾。例如百度研发的"算法决策溯源系统"，使深度学习模型输出可理解的决策依据；蚂蚁集团通过"数据不动、模型动"架构，在保障隐私前提下实现跨机构 AI 训练；商汤科技在人脸识别系统中植入公平性约束算法，将不同族群的错误率差异控制在 5% 以内。

只有通过有效的人工智能伦理治理，包括持续的技术改进、明确的道德规范、全面的教育和文化培育，才能让人类在享受 AI 红利的同时，规避其潜在的风险。正如哲学家康德所言："人是目的，而非工具。"在 AI 时代，这一原则应成为技术发展的终极指南。

本章小结

本章以人工智能发展脉络为核心，梳理了从符号主义到神经网络的流派迭代，解析了机器视觉、自然语言处理等关键技术突破，并警示算法偏见与隐私泄露等伦理挑战。人工智能正从工具属性向自主认知演进，而实现这一跨越的关键在于赋予机器自主学习能力。下一章将聚焦监督学习、强化学习等范式，揭示智能系统如何通过数据驱动实现自主进化。

本章内容思维导图如下：

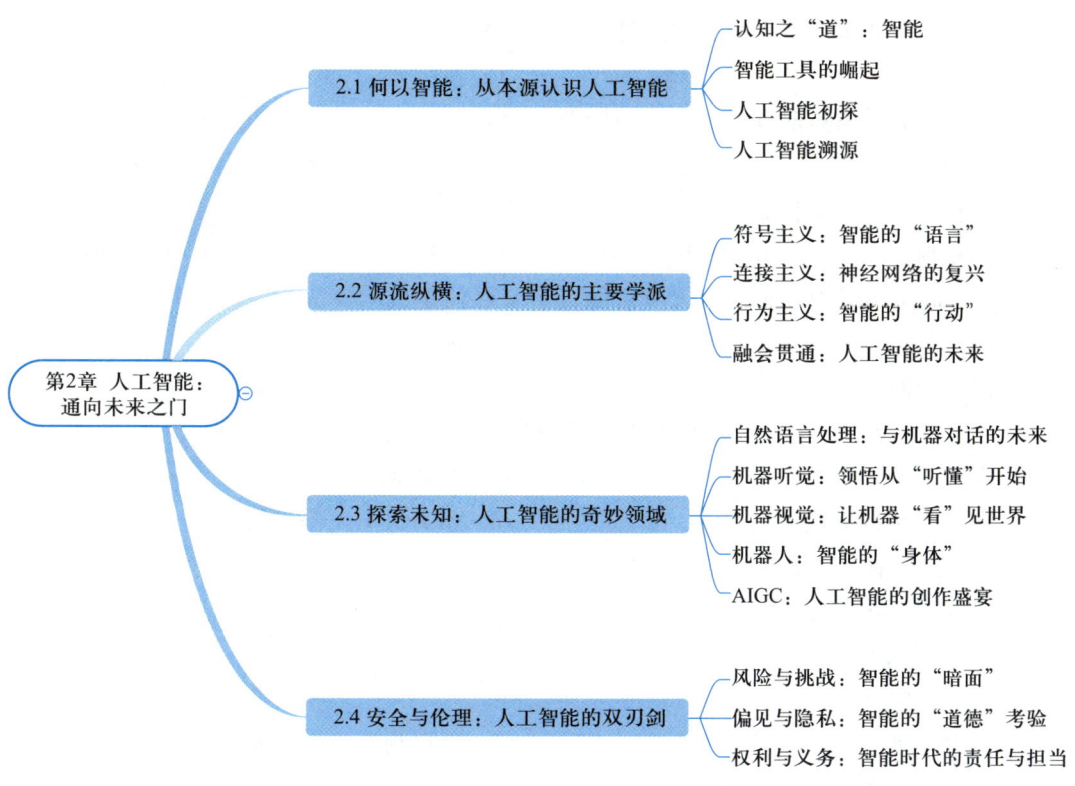

2.1 何以智能：从本源认识人工智能	认知之"道"：智能
	智能工具的崛起
	人工智能初探
	人工智能溯源
2.2 源流纵横：人工智能的主要学派	符号主义：智能的"语言"
	连接主义：神经网络的复兴
	行为主义：智能的"行动"
	融会贯通：人工智能的未来
2.3 探索未知：人工智能的奇妙领域	自然语言处理：与机器对话的未来
	机器听觉：领悟从"听懂"开始
	机器视觉：让机器"看"见世界
	机器人：智能的"身体"
	AIGC：人工智能的创作盛宴
2.4 安全与伦理：人工智能的双刃剑	风险与挑战：智能的"暗面"
	偏见与隐私：智能的"道德"考验
	权利与义务：智能时代的责任与担当

（第2章 人工智能：通向未来之门）

习题

一、判断题

1. AlphaGo 是人工智能行为主义的代表性成果。　　　　　　　　　　　　（　　　）
2. 图灵测试是一种判定机器是否具有智能的试验方法。　　　　　　　　　（　　　）
3. 算力是人工智能发展的要素之一。　　　　　　　　　　　　　　　　　（　　　）
4. 机器人三定律是全球通用的人工智能伦理治理的约束条件。　　　　　　（　　　）
5. AI 幻觉是一种人为的恶意攻击行为。　　　　　　　　　　　　　　　　（　　　）

二、单选题

1. 人工智能的缩写是（　　　）。

A. AI　　　　　　　　　B. IA　　　　　　　　　C. CPU　　　　　　　　　D. PC

2. 人工智能起源于（　　　）。

A. 19 世纪 30 年代　　　　　　　　　　B. 19 世纪 50 年代

C. 20 世纪 50 年代　　　　　　　　　　D. 20 世纪 90 年代

3. 通过图灵测试的标准是，误以为在和自己说话的是人而非机器，误判的测试者占比达到（　　　）。

A. 30%　　　　　　　B. 70%　　　　　　　C. 40%　　　　　　　D. 60%

4. 机器人实现运动控制的关键组件是（　　）。

A. 传感器　　　　　B. 控制器　　　　　C. 执行器　　　　　D. 电源

5. 智能客服系统实现自动回答用户问题，主要依赖的技术是（　　）。

A. 机器视觉　　　　B. 机器听觉　　　　C. 自然语言处理　　D. 数据分析

6. 以下不属于人工智能伦理关注的主要问题是（　　）。

A. 隐私保护　　　　B. 算法公平性　　　C. 数据安全　　　　D. 算法效率

7. 以下应用场景中，最需要人工智能可解释性的是（　　）。

A. 简单的数据分类任务　　　　　　B. 预测天气情况

C. 医疗诊断辅助　　　　　　　　　D. 推荐电影给用户

8. 人工智能发展早期（20 世纪 50 年代—70 年代）的标志性成果是（　　）。

A. 深蓝战胜卡斯帕罗夫　　　　　　B. AlphaGo 战胜李世石

C. 专家系统的兴起　　　　　　　　D. ChatGPT 大模型的发布

9. 连接主义在人工智能发展历程中复兴的时期是（　　）。

A. 20 世纪 40 年代—60 年代　　　　B. 20 世纪 60 年代—80 年代

C. 20 世纪 80 年代—90 年代　　　　D. 21 世纪初至今

10. AIGC 的优势在于（　　）。

A. 完全真实且毫无误差　　　　　　B. 可以快速生成大量内容

C. 只能生成固定模板的内容　　　　D. 不需要人类的任何干预

三、简答题

1. 符号主义和连接主义在知识表示上有何区别，总结并举出实例。

2. 结合具体案例分析行为主义如何通过强化学习实现智能体的自适应能力。

3. 以 AIGC 在广告设计中的应用为例，探讨其对创意产业的影响以及可能引发的伦理问题。

实验 2　利用 DeepSeek 辅助设计智能推荐算法流程图

一、实验目的

1. 了解 DeepSeek 的基本功能与操作方法，熟悉在线绘图工具 draw.io 的使用。

2. 掌握利用 DeepSeek 和 draw.io 共同创建关于智能推荐算法流程图，理解智能推荐算法的基本逻辑与关键要素。

3. 培养学生的创新思维和实践能力，为后续相关课程的学习奠定基础。

二、实验内容

根据给定方案，运用 DeepSeek 辅助设计并绘制智能推荐算法中兴趣标签权重计算的详细流程图，并以 Mermaid 格式在 draw.io 中进行绘制。给定计算方案如下。

- 兴趣标签权重＝行为权重×时长权重×衰减因子。
- 行为权重：什么都不干 1 分，评论+0.5，点赞+0.5，转发+2，收藏+1。
- 时长权重：10 s 以内权重为 0.5，10~60 s 为 1，60 s 以上为 2。
- 衰减因子：0~3 天内权重为 1，3~7 天权重为 0.85，7~15 天权重为 0.7，15~30 天权重为 0.5，30 天以上权重为 0.1。

兴趣标签权重与阅读时长、评论、点赞、转发、收藏等行为密切相关，用户的活跃程度则决定了衰减因子权重。

三、实验环境

1. DeepSeek 平台。
2. 在线绘图工具 draw.io。

四、实验步骤

1. DeepSeek 平台注册与登录

打开浏览器，访问 DeepSeek 官方网站；单击"注册"按钮，按照提示填写相关信息，如用户名、密码、邮箱等，完成注册，并登录 DeepSeek 平台。

2. 熟悉 DeepSeek 功能与操作

查看平台内的帮助文档，或者来自网络的教程资源，熟悉如何输入提示词（prompt）、获取结果以及进行基本的设置和调整。

3. 理解算法

分析智能推荐算法兴趣标签权重的计算方法，考虑算法的输入、计算过程和输出。

4. 在 DeepSeek 中生成算法流程图的文本描述，即 prompt

检查输入的文本描述是否清晰、准确、完整，确保能够表达兴趣标签权重计算的主要逻辑和关键环节。对文本进行必要的修改和完善，以提高后续流程图生成的质量。注意：要在 prompt 中说明生成 Mermaid 格式。

5. 使用 draw.io 绘图

复制 DeepSeek 生成的流程图代码，打开在线绘图工具 draw.io。

在 draw.io 的工作界面工具栏中，选择"+"→"高级"→"Mermaid"，如图 2.32 所示。然后在编辑框内粘贴来自 DeepSeek 生成的 Mermaid 代码。

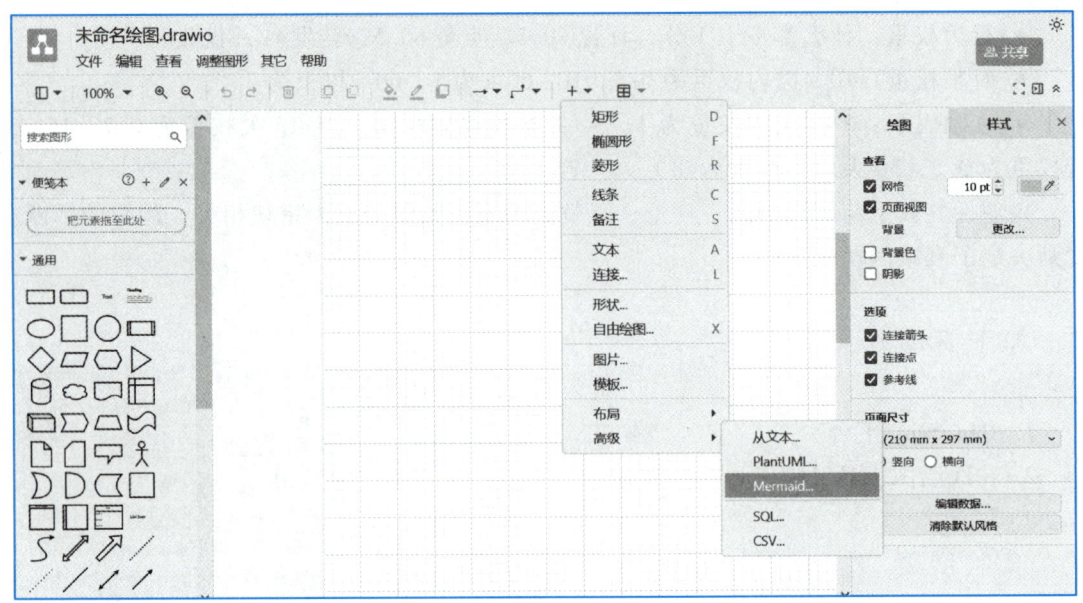

图 2.32　在 draw.io 中导入 DeepSeek 生成的代码

6. 在 draw.io 中美化流程图

（1）调整布局

使用 draw.io 的布局工具（如自动布局功能）对流程图中的节点和边进行合理布局，使整个流程图更加清晰、美观且易于阅读。根据需要手动调整节点的位置，确保各个模块之间的逻辑关系清晰明了，避免线条交叉或混乱。

（2）设置样式

为流程图中的不同节点（如矩形表示的用户行为分析模块、圆形表示的商品特征提取模块等）设置不同的填充颜色、边框颜色和字体样式，以区分不同的功能模块。

调整边的样式，如箭头的粗细、颜色、形状等，表示不同的流程方向和数据流向。为流程图添加标题、注释和说明文字，使用合适的字体大小和颜色，增强流程图的可读性和可理解性。

（3）添加细节元素

根据需要在流程图中添加一些细节元素，如图标、图片、链接等，进一步丰富流程图的内容。例如，在用户行为数据采集节点旁边添加一个电脑图标，表示数据来源于用户在平台上的操作；在商品特征提取节点中插入一个小图片示例，展示商品的特征信息。

7. 保存与导出流程图

在 draw. io 中完成流程图的美化后，单击"文件"→"保存"命令，对美化后的流程图进行保存。选择"文件"→"导出"命令，将流程图导出为常见的图片格式（如 PNG、JPEG）或 PDF 格式，用于在实验报告中展示。

第3章　机器学习：让智能自主成长

机器学习不是魔术，它是数学、数据和计算的交响乐，但这场交响乐正在重新定义人类文明。

——斯图尔特·罗素

当计算机获得与人类相似的思考能力时，世界将开启无限可能。机器学习，作为人工智能领域中使机器得以通过数据自我进化的技术，正以显著的速度对人类文明的界限进行重新定义。它不只是算法的组合，更是开启未来世界的钥匙：从医疗影像中精确发现早期癌症，到金融系统预测全球市场波动；从农田中使用无人机优化作物生长，到工厂中让机器人自主调整生产线——机器学习已悄然融入人类社会每一个角落，其魅力在于"从数据中提炼智慧"。它不仅能够处理结构化数据，还能理解和生成自然语言，甚至在艺术创作中也展现出独特的创造力。随着技术不断进步，机器学习正朝着更加智能化、人性化的方向发展。相信在不久的将来，机器学习将为人类带来更多的惊喜，开启更多的可能性。

本章学习目标：

◇ 掌握机器学习的定义。

◇ 了解机器学习的分类及其特征。

◇ 理解机器学习典型算法的特点、区别及应用场景。

◇ 熟悉机器学习实践的基本流程。

3.1　学习的力量：机器学习初探

学习是人类具有的一种智能行为。机器学习作为人工智能的一个重要分支，是一门融合了概率论、近似论、矩阵论、统计学、代数学、算法学、心理学、优化方法、数值方法等多领域知识的交叉学科。该领域利用计算机作为主要工具，通过算法和统计模型，让计算机能够从大量数据中发现模式和规律，并利用这些模式进行预测或决策，使计算机得以从海量数据中识别出模式和规律，并基于这些模式进行预测或做出决策，以此来模拟人类的学习过程，进而提升学习的效率。那机器学习的定义及其本质是什么？

3.1.1 机器学习的早期定义

1959 年，作为机器学习领域的先驱之一，亚瑟·塞缪尔首次提出机器学习的定义：机器学习是一门使计算机能够在没有显著式编程的情况下进行学习的学科领域。该定义中最难理解的是：何谓显著式编程？先看两个案例。

【例 3.1】 菊花和玫瑰花识别。

人类编程让计算机能够自动区分菊花与玫瑰花，若向计算机提供信息指出菊花为黄色，玫瑰花为红色（如图 3.1 所示），计算机便可能将所见的黄色图像识别为菊花，将红色图像识别为玫瑰花，此即为显著式编程。

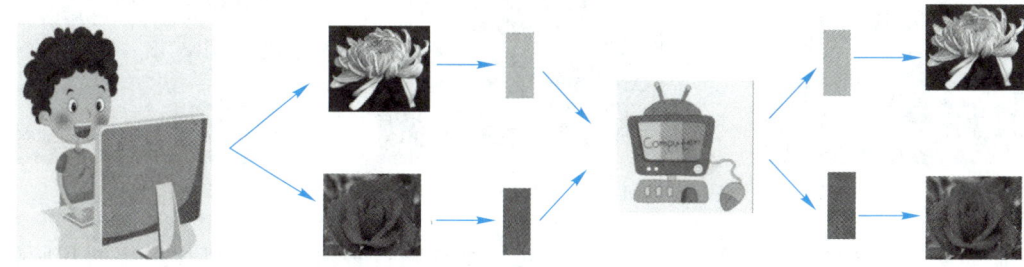

图 3.1 菊花和玫瑰花识别（显著式编程）

若人类仅向计算机提供一系列菊花和玫瑰花图像（如图 3.2 所示），并编写程序让计算机自行归纳菊花与玫瑰花之间的差异，只要程序设计得当，计算机不仅能够总结出菊花多为黄色，玫瑰花多为红色，还可能发现菊花花瓣细长、玫瑰花花瓣圆润等其他特征。简言之，人们不预先限定计算机必须总结出何种规律，而是允许计算机从众多可能的规律中挑选出最能有效区分菊花与玫瑰花的规律，以实现对这两种花卉的识别。这种让计算机自主总结规律的编程方法，称之为非显著式编程。亚瑟·塞缪尔所定义的机器学习，正是特指这种非显著式编程方法。

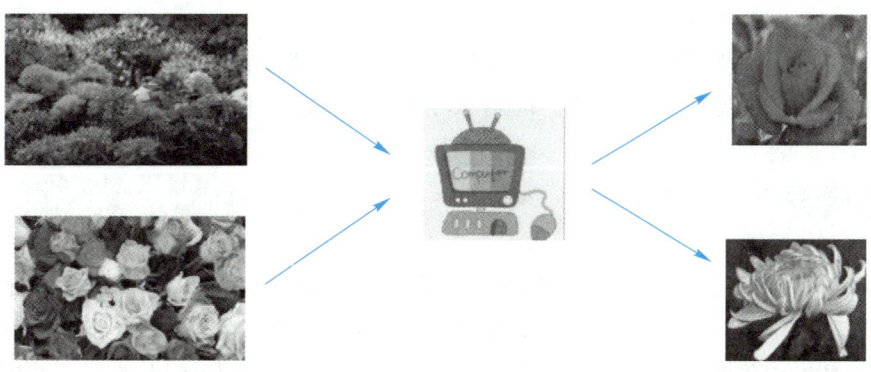

图 3.2 菊花和玫瑰花识别（非显著式编程）

【例 3.2】 机器人冲咖啡。

假设让一台机器人协助人类制作一杯咖啡。传统编程范式下，首先向机器人下达一系列精确指令：向右转，向前移动 5 步，接着左转，再向前移动 5 步，直至抵达咖啡机。随后，机器人被指示拿起杯子，将其放置于适当位置，并按下冲泡咖啡的按钮。咖啡冲泡完成后，机器人再次接收到指令，沿原路返回（如图 3.3 所示）。

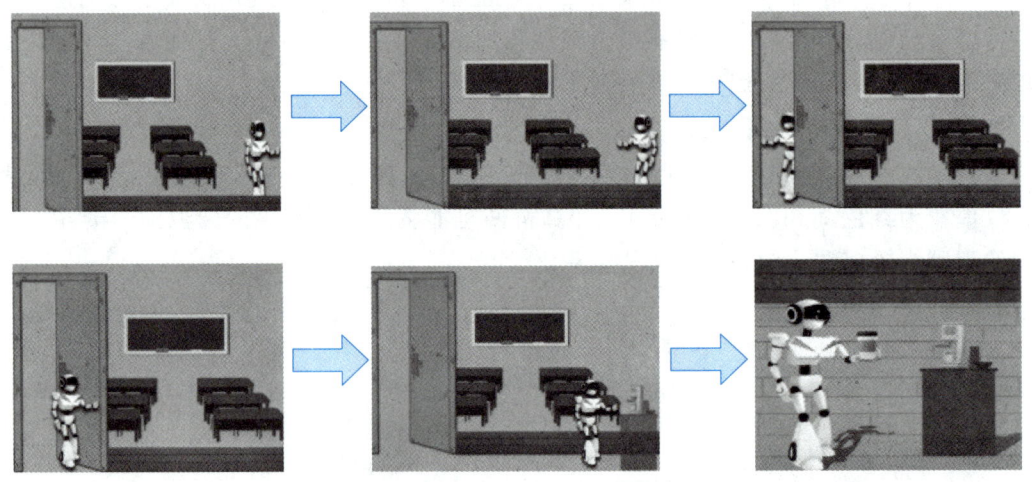

图 3.3   机器人冲咖啡（非显著式编程）

显而易见，这种传统显著式编程方法存在一个缺陷：必须为计算机详尽规划其所处的环境，包括机器人的具体位置、咖啡机方位、按钮的准确位置以及机器人行进路线等，所有这些都须事先规划得一清二楚。若有规划这一切的时间，人们恐怕早已亲手冲好咖啡，又何必借助机器人之力呢？因此，非显著式编程的优势便体现出来：首先，定义机器人可执行的一系列动作，如左转、右转、前进、后退、取杯、按按钮等。然后，为特定环境下机器人执行这些动作所带来的效益设定一个标准，称为收益函数。若机器人采取某一动作导致自身跌倒或撞击墙壁，则程序规定此时收益函数值为负。反之，若机器人采取某一动作成功取得咖啡，则程序应对此行为予以奖励，规定此时收益函数值为正。可以预见，最初计算机可能会采取随机化的行为，但只要程序设计得当，计算机最终是有可能找到一个最大化收益函数的行为模式。

由此可见，非显著式编程使得计算机能够通过数据和经验自主学习，完成人类交付的任务。正如亚瑟·塞缪尔所定义的，机器学习关注的正是这种非显著式编程方法的实现。

3.1.2 机器学习的现代定义

1998 年，汤姆·米切尔（Tom Mitchell）在其所著的书 *Machine Learning*（业界公认机器学习领域第一本成熟的教科书）中对机器学习进行了如下定义：一个计算机程序被称为可以学习，是指它能够针对某个任务 T 和某个性能指标 P 从经验 E 中学习。这种学习的特点是它在任务 T 上的性能（由 P 衡量）会随着经验 E 的增加而提升。

　　以菊花与玫瑰花识别为例，任务 T 为编写程序实现对这两种花卉的识别，经验 E 可理解为向计算机提供大量菊花与玫瑰花的图像。在机器学习领域，这些图像被称为训练样本。性能指标 P 的定义因不同的机器学习算法而异，在此以识别率（即期望更多菊花或玫瑰花的图像能被正确识别）作为衡量性能的标准。根据汤姆·米切尔的定义，菊花与玫瑰花识别旨在构建相应的机器学习算法模型，随着训练样本的增加，即经验 E 的累积，识别率 P 亦将逐步提升。若使用先前所述的显著式编程方法无法实现这一目标，因为显著式编程在设计之初便固定了程序的输入与输出，识别率不会随着训练样本的增加而有所改善。

　　机器人冲咖啡例子中，任务 T 是开发程序指导机器人完成咖啡冲泡。经验 E 则包括机器人在多次尝试冲泡过程中的行为及其结果，例如跌倒、撞击障碍物，以及成功获取咖啡等，这些均是行为的直接结果。性能指标 P 可以定义为在规定时间内成功完成冲泡咖啡的次数。若人们所编写的机器学习程序足够优秀，随着机器人在操作过程中积累的行为结果数据增多，它将能够借助这些历史行为和经验进行学习，从而在规定的时间内更频繁地成功完成咖啡的冲泡任务。

　　相较于亚瑟·塞缪尔的定义，汤姆·米切尔的定义更倾向于数学化，依据经验 E 提升性能指标 P 的过程，本质上是一个最优化过程。因此，数学领域内关于最优化的诸多理论均可适用于此。数学在现代机器学习领域的重要性由此可见一斑。

 想一想：

以下 4 个机器学习任务的经验 E 是什么？性能指标 P 又是什么？

① 计算机下棋（教计算机如何与人对弈）。

② 垃圾邮件识别（教计算机自动识别垃圾邮件）。

③ 商品推荐（教计算机区分客户群体）。

④ 自动驾驶（教计算机驾驶汽车）。

提示：经验 E 和性能指标 P 是由人设计的，没有统一标准答案，但这些学习任务 T 有没有异同之处呢？

3.2　学习之道：机器学习多种方式

3.2.1　机器学习分类

　　从任务性质审视上述问题，依据任务的经验 E，以上想一想这 4 个任务至少可以分成两类。

　　① 任务 1 计算机下棋和任务 4 自动驾驶中，经验 E 是由计算机与环境互动获得，计算机产生行为同时获得这个行为的结果。程序只需要定义这些行为的收益函数，对行为进

行奖励或惩罚。计算机下棋任务中，下赢了就奖励，下输了就惩罚。自动驾驶任务中，顺利到达目的地就奖励，中途出了事故就惩罚。人类只需要设计收益函数算法，让计算机通过自动改变行为模式获得最大化收益完成机器学习。这种通过与环境的互动逐渐强化自己行为模式的机器学习称为强化学习（reinforcement learning）。

② 任务 2 垃圾邮件识别和任务 3 商品推荐中，经验 E 是由人收集起来输入计算机。任务 2 垃圾邮件识别需要收集大量邮件，并告诉计算机每一封邮件是垃圾邮件还是非垃圾邮件，告诉计算机每一个训练样本是什么的过程叫作为训练数据打标签（labeling for training data）。因此，输入计算机的经验 E 就是这些训练样本以及对应的标签集合。人们把这一类输入计算机训练数据同时加上标签的机器学习称为监督学习（supervised learning）。数据标签化往往需要巨大的人力投入。以任务 3 商品推荐为例，系统需依据客户的购买历史、浏览行为、年龄、性别等信息，将客户划分为不同的细分市场，目的是设计更为精确的营销策略和定制化的产品推荐方案，改善客户体验并增强营销的效率。然而，耗费数万小时的人工成本显然不经济。人们把在无标签的数据中挖掘数据内在结构或模式的机器学习称为无监督学习（unsupervised learning）。

综上所述，在性能指标 P 提升过程中，按照机器学习是否与环境交互以获取经验 E（即依赖外部反馈信号以获得奖励或惩罚），可将机器学习分为强化学习和（无）监督学习（如图 3.4 所示）。值得注意的是，这种分类并非绝对，现代机器学习领域实践是多种方法混合应用。例如，阿尔法狗（AlphaGo）是典型的强化学习任务，在其初始训练阶段采用现有高手对局棋谱进行监督学习。通过监督学习，阿尔法狗首先获得了相对优秀的围棋模型，随后在此基础上进行强化学习进一步提升棋艺。这是监督学习与强化学习相结合的典型范例。

拓展阅读：
机器学习方
法特征

3.2.2　监督学习：有导师的智能成长

监督学习类似于老师把知识直接传授给学生，学生记住老师讲解的知识并用于实践。回顾垃圾邮件识别任务，目标是让机器分辨邮件类别。

① 老师先收集大量邮件，并标明哪些是垃圾邮件，哪些是正常邮件，这些标注即是监督信息（数据标签）。

② 学生用这些邮件训练一个邮件分类模型。

③ 将新邮件送入分类模型，通过模型分辨出它是否为垃圾邮件。

由此可知，监督学习是通过使用标注的数据（包含输入特征和对应输出标签）来训练模型，使模型能够学习输入特征与输出标签之间的映射关系，其显著特征就是每个训练数据都有对应的标签。

根据标签的属性特征，监督学习主要分为以下两类。

① 分类（classification）：数据标签呈现离散特征，目标是学习输入特征与离散目标类

别之间的映射关系，以便对新的输入数据进行分类。例如人脸识别的任务有两种模式（如图 3.5 所示）。

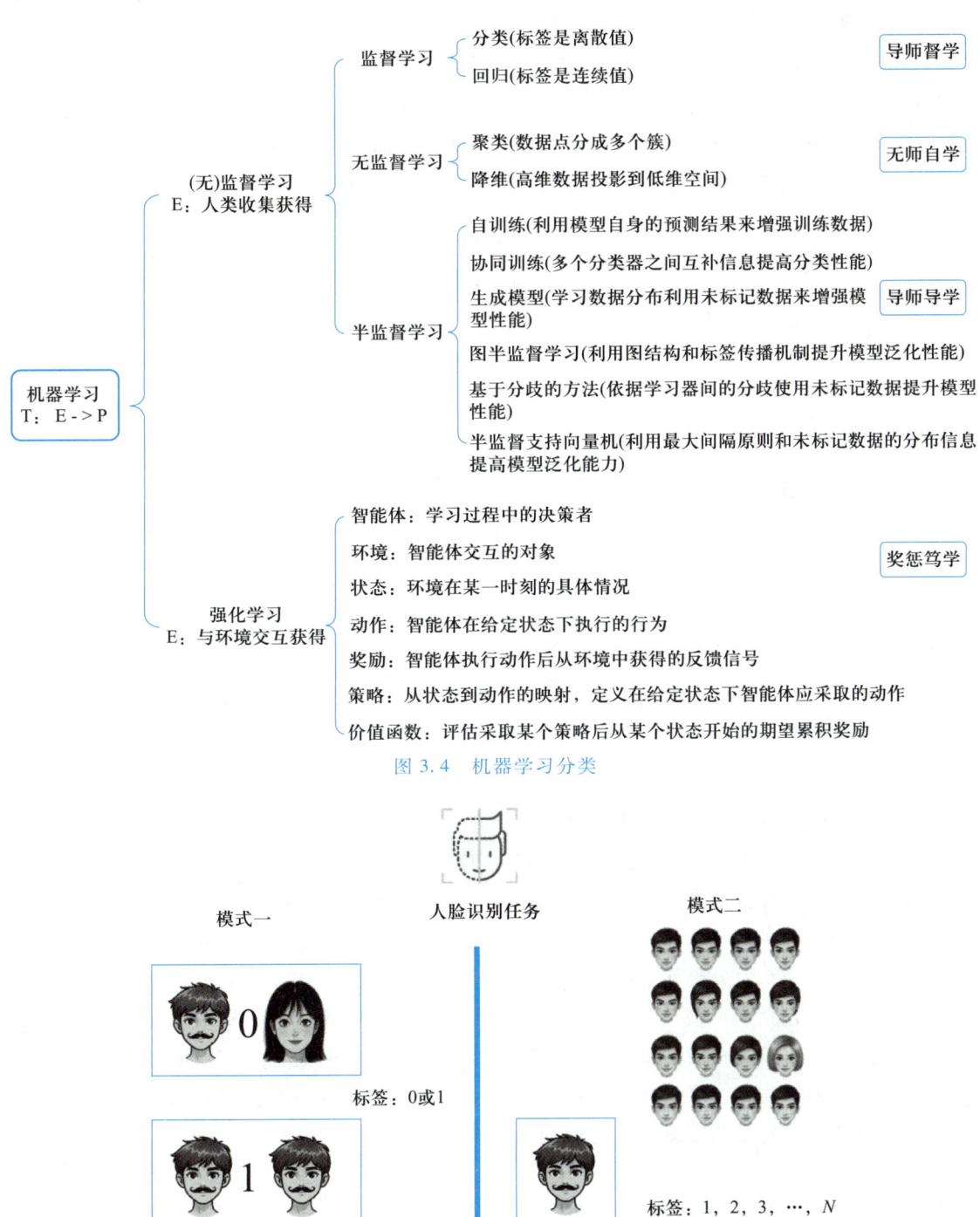

图 3.4　机器学习分类

图 3.5　人脸识别任务

第一种模式：识别两张人脸是不是同一个人，同一个人的标签记为 1，不是同一个人的标签记为 0。标签是离散的 0 和 1 数值。第二种模式：识别一张人脸是一堆人脸当中的哪一个。假设总共有 N 个人，某一张特定图片的标签可以定义为 1，2，3，$\cdots$，N，标签也是离散的数值，这也是一个分类的问题。

常见的分类算法如支持向量机（SVM）、决策树、K 最近邻和随机森林等，广泛用于垃圾邮件过滤、情感分析、图像分类、医疗诊断等领域。

② 回归（regression）：数据标签呈现连续特征，目标是学习输入特征与连续目标变量之间的映射关系，以便对新的输入数据进行准确的数值预测。例如某公司销售预测情况如图 3.6 所示。

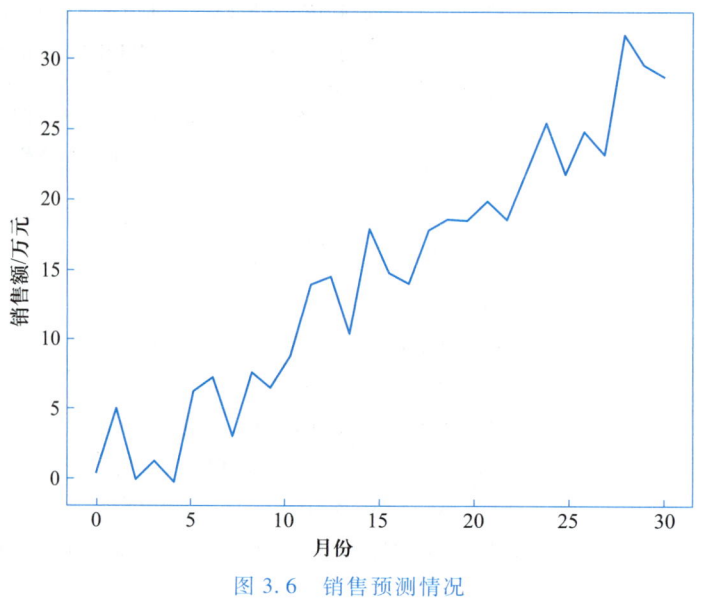

图 3.6   销售预测情况

本数据集中月份序列数据被用作训练样本，销售额则作为相应的标签值。由于销售额是连续变量，该问题被归类为回归分析范畴，据此可预测未来 30 个月的销售趋势。或许有读者提出疑问，若将销售额四舍五入至万元，它便呈现为离散状态，预测销售额难道不是分类问题吗？确实，分类与回归问题之间的界限并非十分清晰，因为连续与离散的定义可相互转化。一个专为分类问题设计的机器学习模型适当调整便能应对回归问题，反之亦然。线性回归（包括简单线性回归和多元线性回归）、多项式回归、岭回归、高斯过程回归以及神经网络回归等，均为常见的回归算法，它们具有不同的优势与局限性，广泛应用于房价预测、天气预测、疾病风险防控、客户信用评估等场景，选择何种回归算法通常取决于数据特性、问题复杂度以及模型性能的需求。

3.2.3   无监督学习：自主探索的智能成才

无监督学习的显著特征是其训练数据缺乏相应的标签，类似于在没有老师指导的情况下进行自主学习，即便没有老师，学生仍可通过观察周围的世界发现诸多规律。计算机为什么可以通过无标签数据获得类别信息呢？例如在商品推荐任务中客户分类问题，图 3.7（a）中标注了训练样本的空间分布：〇代表一类客户，×代表另一类客户，则这是一个监督学习问题。图 3.7（b）中，假设这些训练数据没有类别属性标签，如何进行分类呢？若同一类训练数据（客户）在空间中距离（购买记录、浏览行为、年龄、性别等）更近（更类似），则可以根据样本的空间信息把它聚集为两类，从而实现无标签的机器学习，即无监督学习。

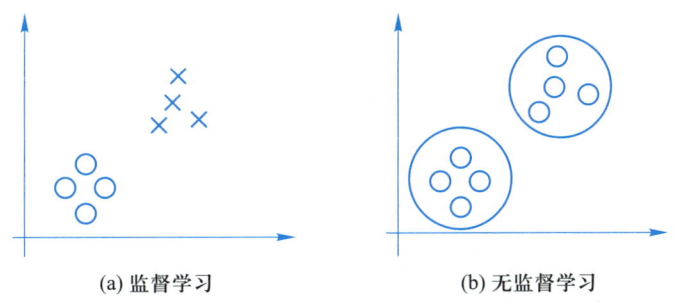

(a) 监督学习　　　　　(b) 无监督学习

图 3.7　监督学习与无监督学习对比

由此可知，无监督学习处理的是未标注的数据，即数据中没有明确的输出标签，目标是通过分析数据的内在结构和模式，发现数据中的隐藏信息，从而对数据适时处理。根据学习目标不同，无监督学习主要分为以下两类：

①聚类：目标是根据无标签数据特征将数据样本分成相似的组别或簇，如 K 均值聚类（K-means）、层次聚类（hierarchical clustering）、DBSCAN（density-based spatial clustering of applications with noise）等，常用于数据分析、市场细分、图像分割等应用场景。

②降维：目标是在无标签数据中寻找规律，简化数据，将高维数据投影到低维空间，同时尽可能保留数据的内在结构，保持数据的主要特征，减少噪声和计算复杂度，如主成分分析（principal component analysis，PCA）、线性判别分析（linear discriminant analysis，LDA）、奇异值分解（singular value decomposition，SVD）等，常用于数据可视化、特征提取等应用场景。

3.2.4　半监督学习：导学相伴的智能之路

随着数据科学与人工智能技术的发展，未标注数据获取变得相对容易且数量庞大。无监督学习方法虽然不依赖标注数据，但其产生的结果往往难以解释。监督学习方法则面临标注成本高昂的问题，且数据标注的不精确、不完整会直接影响机器学习效率。半监督学习是一种融合了监督学习与无监督学习特点的机器学习方法，它通过利用少量的标注数据（即有监督数据）与大量的未标注数据（即无监督数据）共同进行模型训练，以期在标注数据稀缺的情况下，增强模型的性能。读者可以将其视为导学式学习，教师先向学生讲授解题思路，然后布置作业让学生自己完成，学生通过教师引导方式逐步掌握知识。简言之，半监督学习是先利用少量标注数据进行模型训练形成基础模型，随后利用该模型对未标注数据进行标签预测，将预测置信度较高的数据纳入训练集，通过这一迭代过程直至模型达到收敛状态。自训练（self-training）、协同训练（co-training）、生成模型（generative models）、图半监督学习（graph-based semi-supervised learning）、基于分歧的方法（disagreement-based methods）、半监督支持向量机（semi-supervised SVM）等均为常见半监督学习方法，广泛应用于自然语言处理、计算机视觉、医学影像分析等领域。

总之，数据有标签对应监督学习，数据无标签对应无监督学习，数据标签不够多则为半监督学习，如图 3.8 所示。

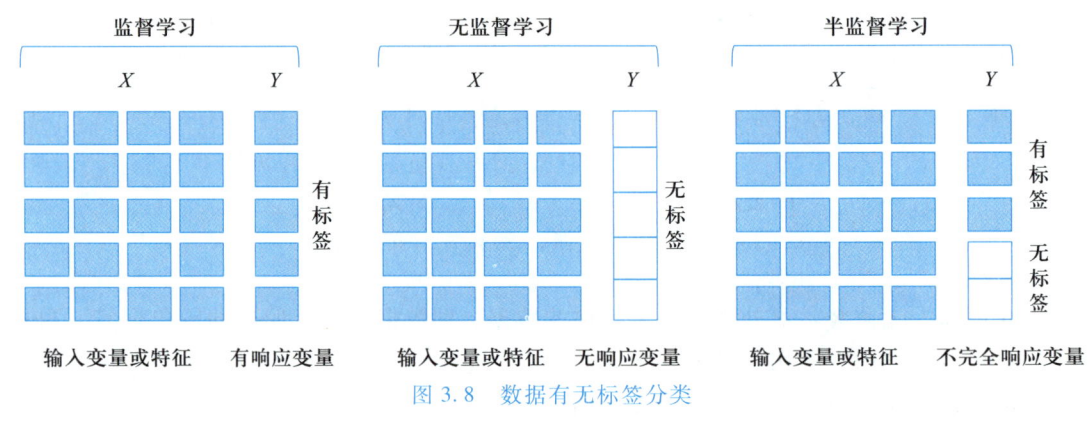

图 3.8　数据有无标签分类

3.2.5　强化学习：奖惩驱动的智能进化

强化学习也称为增强学习，是一种让智能体在与环境的持续互动中，通过反复尝试来调整学习策略，目的是获得最大化回报或达成特定目标。例如前述机器人冲咖啡、机器人下棋、机器人自动驾驶，都是用奖惩信号代替监督信号来引导它主动学习，具备交互性、序列决策、奖励信号反馈、探索与利用之间的平衡等特征。强化学习领域内有多种算法，每种算法都有其独特的特点和适用场景，包括但不限于 Q 学习、Sarsa、深度 Q 网络、策略梯度方法、Actor-Critic 模型以及深度确定性策略梯度等。通过这些算法的应用，强化学习在电子游戏、机器人控制、自动驾驶等多个领域取得了显著成果。

拓展阅读：强化学习实践

 想一想：

大家与人工智能助手一起探讨：

（1）除上述分类标准外，机器学习还有其他的分类方式吗？

（2）请列举一个熟悉的实例，说明人工智能在实际应用中是如何综合运用多种机器学习方法的。

3.3 任务与目标：机器学习使命图解

3.3.1 监督学习：分类

  监督学习是机器学习中的一种方法，通过使用标注的数据（即包含输入特征和对应输出标签的数据）来训练模型，使模型能够学习输入特征与输出标签之间的映射关系，并对新的、未见过的数据进行预测或分类。由于有标注数据，模型的性能可以通过各种评估指标（如准确率、精确率、召回率、均方误差等）进行直接评估。K 最近邻算法（K-nearest neighbor，KNN）是监督学习算法之一，它是如何实现分类的呢？先来看一个例子。

  森林里住着熊猫和狐狸两种动物（如图 3.9 所示），猎人发现一个动物脚印，如何推测这是什么动物呢？

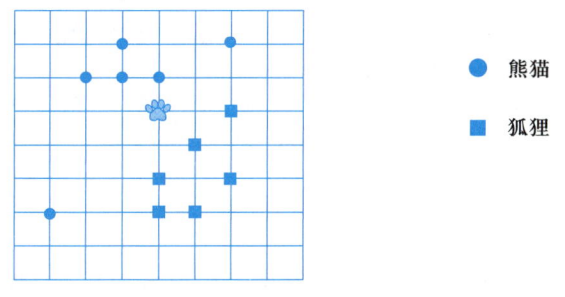

图 3.9 熊猫与狐狸

  俗话说：物以类聚，人以群分。最符合判断习惯的是以脚印为中心画圆，在圆范围内有 1 只熊猫（如图 3.10 所示），那么大概率这只脚印是熊猫留下的。

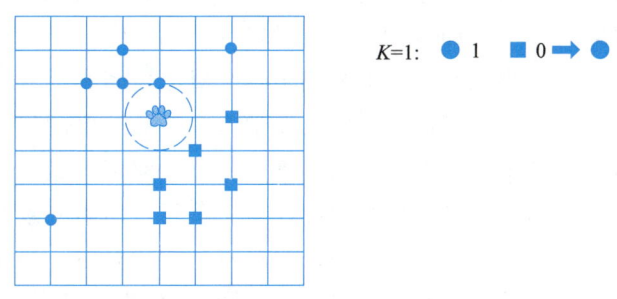

图 3.10 脚印推测（$K=1$）

  或许读者疑惑：是不是太草率啦？那就扩大圆的范围，在范围内有两只熊猫和 1 只狐狸（如图 3.11 所示），熊猫是搜索范围内的主要特征，那么大概率这只脚印是熊猫留下的。

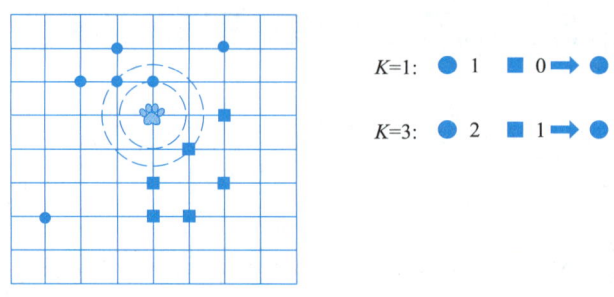

图 3.11   脚印推测 （K = 3）

再扩大搜索范围呢？这时情况发生了变化，搜索范围内出现两只熊猫和 3 只狐狸 （如图 3.12 所示），狐狸成为搜索范围内的主要特征，大概率这只脚印是狐狸留下的。

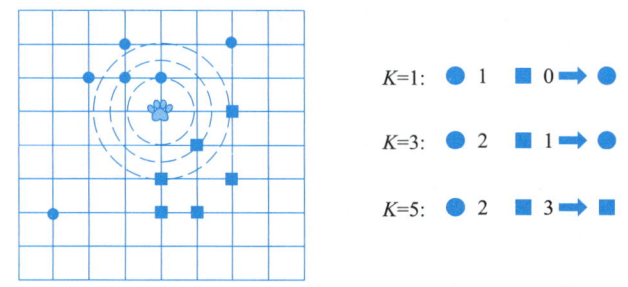

图 3.12   脚印推测 （K = 5）

这就是 KNN 算法原理的直观呈现，若给定一个已知标签类别的训练样本集，即森林中熊猫和狐狸的脚印信息，其中圆点 （●） 和正方形 （■） 表示样本数据，熊猫和狐狸表示类别标签，并据此训练分类模型，当输入没有标签的新样本 （未知的测试数据） 时，算法会将新样本的特征与训练集中对应的特征进行比较，找到训练集中与之最为相近的 K 个数据，该 K 个数据的大多数属于某个类型，那么未知新样本就判定属于该类型，因此该算法取名为 KNN。KNN 算法模型训练步骤归纳如下：

第一步，算距离。计算测试对象和训练集中每个对象之间的距离。

简而言之，距离的定义及其度量方法是机器学习中至关重要的概念，它直接关系到分类算法的性能。在分类任务中，样本点的类别判定依赖其邻域内其他点的归属。因此，精确地度量样本点之间的距离对于确保分类准确性至关重要。距离度量实质上是对样本点间相似性的量化表达。在众多距离度量方法中，针对不同应用场景，必须进行细致的适用性分析，以选择最合适的度量方式。例如，在欧几里得空间中，两点间距离通常采用欧氏距离进行计算；在城市交通网络中，驾驶距离的估算则倾向于曼哈顿距离；在无线通信网络建模过程中，切比雪夫距离是常用的度量方法。

拓展阅读：
距离度量典
型方法

第二步，找邻居。圈定距离最近的 K 个训练对象为近邻。

上述示例说明，KNN 算法中参数 K 的选择对于分类性能具有决定性影响。若参数 K 设定过小，分类结果易受噪声数据点的显著干扰；反之，若 K 值过大，则可能导致引入大量非目标类别的数据点。为了确定适宜的 K 值，通常采用交叉验证技术。实践应用中有一条经验规律：K 值一般应小于训练样本数量的平方根，并且通常选取为奇数，类似于投票机制，以避免出现票数均等导致的决策困难。

第三步，做分类。根据 K 个近邻的主要类别对测试对象进行分类。

观察图 3.13，KNN 算法将未知样本 X 归为圆点类别。未知样本 Y 归为三角形类别，显然 Y 的分类缺乏足够的说服力。本案例揭示了该算法在执行分类任务时的局限性。在样本分布不均衡的情况下，若某一类别的样本数量远大于其他类别，当输入一个未知样本时，该样本的 K 个最近邻中可能被数量较多的样本所主导。但从相似性角度分析，数量较少的样本实际上可能与目标样本更为接近。因此，有充分的理由推断，该未知样本应被归类于数量较少的样本类别。然而 KNN 算法却不关心这个问题，它只是关心哪类样本的数量最多。

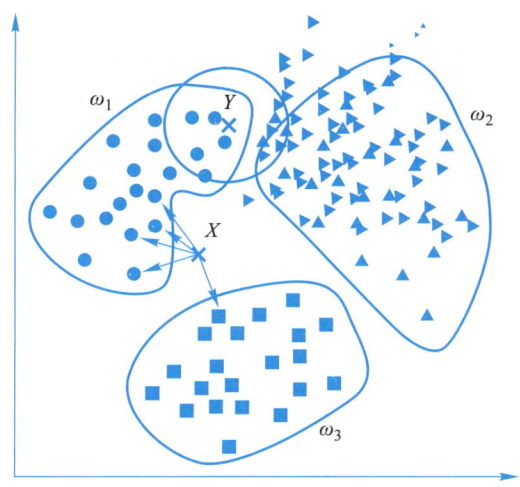

图 3.13　KNN 算法不足及改进

对于这类问题，研究者引入加权方法加以改进，即与目标样本距离小的邻居，它的权值就大，与目标样本距离远的邻居，它的权值相对就小，从而避免因某一类样本数量占比大导致误判的情况。

综上所述，KNN 算法因其直观性，使得算法逻辑易于掌握，且无需对已知数据的完整分布有所了解，该算法的决策仅依据待测样本点邻近样本点的局部分布。然而，这种依赖局部分布的特性也可能导致结论不准确，如 K 值的选择对算法结果具有决定性影响，不同的 K 值可能会导致截然不同的分类结果。这一点在猎人推测动物足迹案例中得到了生动的展示，反映了 K 值不同选择可能出现的差异。

拓展阅读：
KNN 近邻之道

3.3.2　监督学习：回归

动物足迹推测案例中数据标签表现出显著的离散特性。与此对应，公司销售额预测任务中数据标签则呈现为连续数值特征，属于另一类重要的监督学习问题——回归。图 3.14 展示的是某公司过去 30 个月的销售情况。如何据此预测未来 30 个月销售情况，为企业的运营策略规划提供科学依据呢？

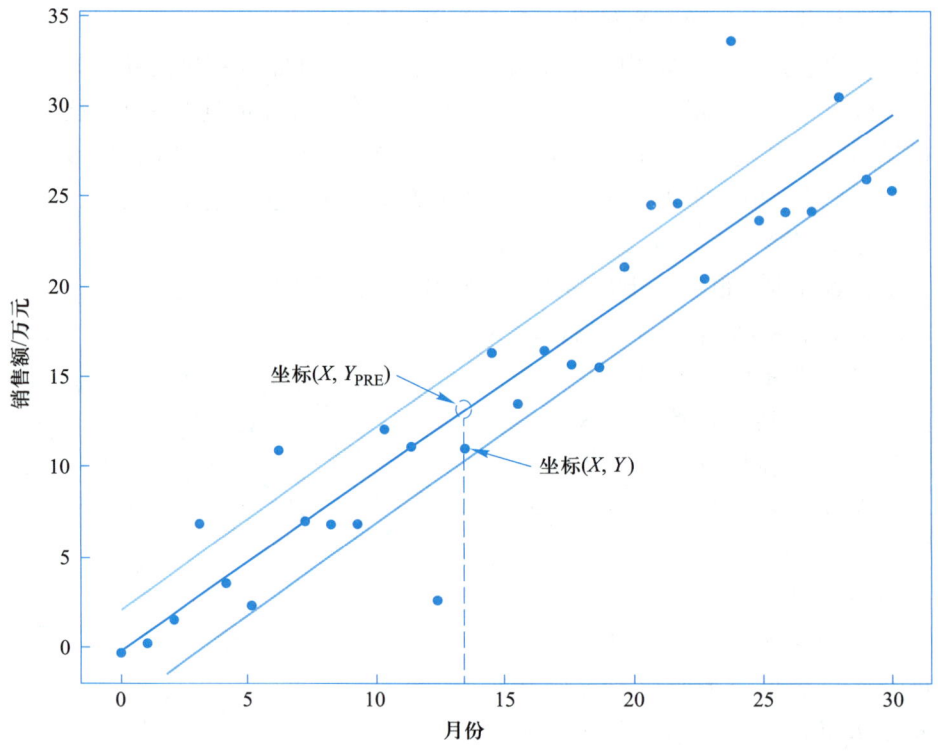

图 3.14　某公司过去 30 个月销售情况

此时面临 3 个问题。

1. 模型选择：用什么模型预测未来 30 个月的销售情况

通过分析过去 30 个月的销售数据不难发现，若能求解出图中所示的一元线性回归模型，便能对未来的销售趋势进行预测。这一过程是基于数据特征对机器学习模型进行选择的体现：

$$Y = kX + b$$

其中 X 表示月份，Y 表示销售额。

2. 模型训练：哪条直线作为预测模型

图 3.14 中 3 条直线的差异主要取决于斜率 k 和截距 b 的不同，机器学习模型训练的本质，是利用过去 30 个月的销售情况（视为训练集）不断拟合求取一元线性方程参数 k 和 b 的过程，目标是对未来 30 个月的销售情况（视为测试集）进行预测。因此，训练集数据越多，模型参数越能准确反映数据规律，更能精准预测未知数据。

3. 模型评估：训练得出的模型是最优的吗

若模型在训练集上拟合的性能非常好，但对于测试集（未知）拟合的性能不好，这种现象称为"过拟合"。反之，训练集上拟合不是很好，测试集（未知）也不会拟合很好，这种现象称为"欠拟合"。那如何评估模型优劣呢？假设 X 个月的实际销售额是 Y（图中实心点），模型预测的销售额是 Y_{PRE}（图中虚线点），每一组 Y_{PRE} 与 Y 越接近，说明模型拟合程度越好，但（$Y-Y_{\text{PRE}}$）正负值会相互抵消，因此一般采用均方误差（mean square error，MSE）来评估模型拟合程度，即

$$\text{MSE} = \frac{1}{n} \sum_{i=1}^{n} \left(Y_i - Y_{\text{PRE}_i} \right)^2$$

显然，MSE 数值越小，模型 $Y=kX+b$ 拟合程度越好，模型越优秀，测试集（未知）预测越精准。若 MSE 精度不满足实际需求时，可扩大训练集数据量训练模型，不断调整参数 k 和 b，也可人工干预参数调整。当然，现实情况要更复杂，公司销售额与广告投入、季节变化、市场供求、政策调整等多维度因素相关，这时可能需调整为多项式回归模型重新进行训练。

拓展阅读：
多项式回归

3.3.3 无监督学习：聚类

秋意盎然，大学校园迎来一批充满活力的新生。对音乐充满热情的同学纷纷加入了音乐社团，对动漫文化情有独钟的同学则聚集到了动漫社团，而对人工智能充满好奇的同学则参加了智能机器人社团。来自五湖四海、互不相识的新同学，借助这个平台相识相知，逐渐形成了一个个紧密的小团体，不仅丰富了课余生活，还找到了归属感。归属感是一种神奇的力量，它引导着志趣相投的人们聚在一起，让兴趣迥异的人们渐行渐远。归属感究竟是什么？同学们是如何依据那些无法明确标记的"标签"进行如图 3.15 所示的聚类呢？

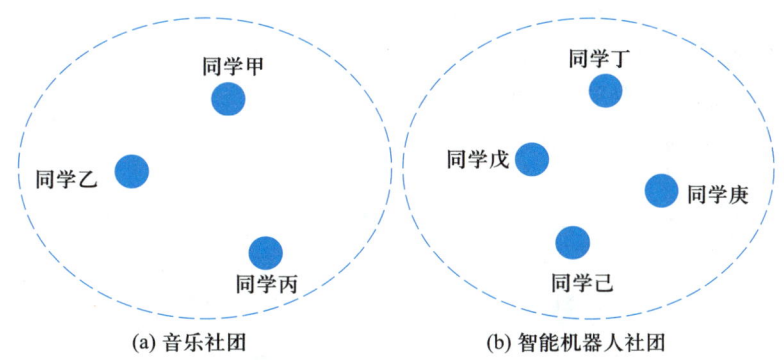

图 3.15 大学校园招新聚类

可将学生视为平面上的 7 个点，每个点使用（X，Y）坐标进行数字化标识。从人类视角来看，依据位置特征自然把它们分成两类，左边的 3 个点是一类，右边的 4 个点是一类。在计算机视域下，对其分类是一个复杂而有趣的聚类过程。K-means 算法是无监督学习聚类算法之一，其聚类过程中有两个重要的概念：簇（cluster）和质心（centroid）。簇

是数据集中的一组样本点，这些样本点在特征空间中彼此相似，与其他簇中的样本点相异。质心是每个簇的中心点，它代表了该簇所有点的中心位置或平均位置。本例依据点的位置进行聚类，因此质心就是每个簇中元素的几何中心，用叉号表示（如图 3.16 所示）。每一个元素和它的簇内质心有一定的距离，这些距离的累加和就是簇的类内距离（inner-class distance）。

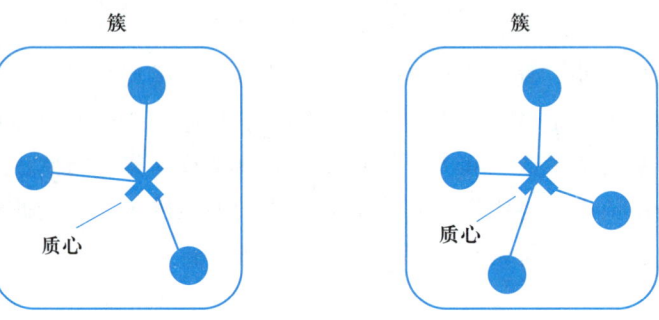

图 3.16　簇、质心和类内距离

K-means 聚类有一个重要结论：当聚类达到最优时，类内距离最小。换言之，如果聚类的结果和实际分类有较大误差时，类内距离也较大。例如聚类初始质心在图 3.17 所示位置，图中上面 3 个点为一类，下面 4 个点为一类，显然类内距离大于图 3.16 正确分类时的类内距离。

基于前述概念，本文将深入分析数据点的聚类过程：设定 7 个点，依次命名为 X_1 至 X_7。初始阶段，随机选取平面中的两点作为聚类的起始质心 C_1 和 C_2（如图 3.18 所示）。

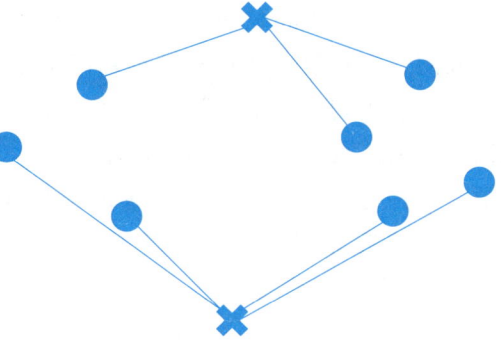

图 3.17　任意点为聚类质心起始点

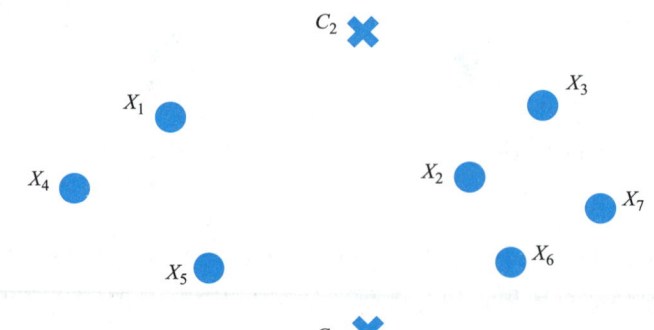

图 3.18　初始聚类质心选择

如何判定 X_1 到 X_7 的类别归属？只需计算出它们与 C_1、C_2 之间的距离，根据距离远近，将它们归入距离较近的类别。例如 X_1 距离 C_2 比较近，所以把 X_1 归为 C_2 一类。X_5 距离 C_1 比 C_2 近，所以把 X_5 归为 C_1 一类（如图 3.19 所示）。

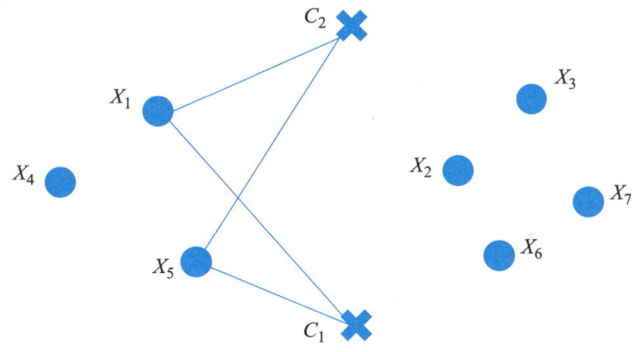

图 3.19　数据点与质心间距离比较

通过这种方式，X_1、X_2、X_3 归为 C_2 的类别，X_4、X_5、X_6 和 X_7 归为 C_1 的类别。这时计算对应的类内距离（如图 3.20 所示），显然这个距离仍然比较大（相较于图 3.16），说明聚类仍未结束。

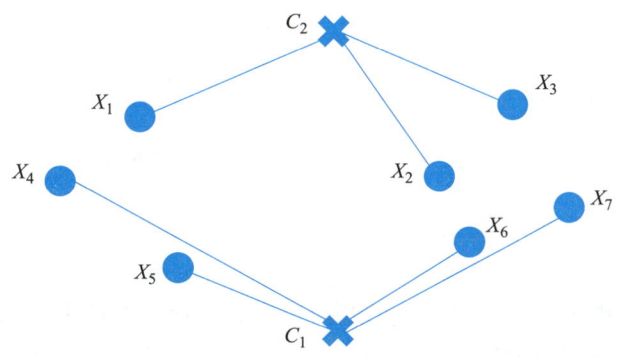

图 3.20　数据点聚类后类内距离

基于此分类结果，重新计算各类的几何中心，以获得更新后的聚类质心（如图 3.21 所示）。

基于新的聚类质心，再次对数据点进行距离分类。例如，X_1 最初被归类为 C_2 类别，但重新计算其与更新后的 C_1 和 C_2 的距离，发现其与 C_1 的距离更短，因此 X_1 的类别被重新划分为 C_1 类别。原先 X_6 归属于 C_1 类别，鉴于其与 C_2 更近，故其被重新归类为 C_2 类别。同样的类别发生改变的还有 X_7，道理完全相同。X_2、X_3、X_4 和 X_5 的类别保持不变。各数据点类别更新后，图 3.22 类内距离显然比图 3.20 类内距离要小一些，这意味着聚类朝着正确的方向前行。

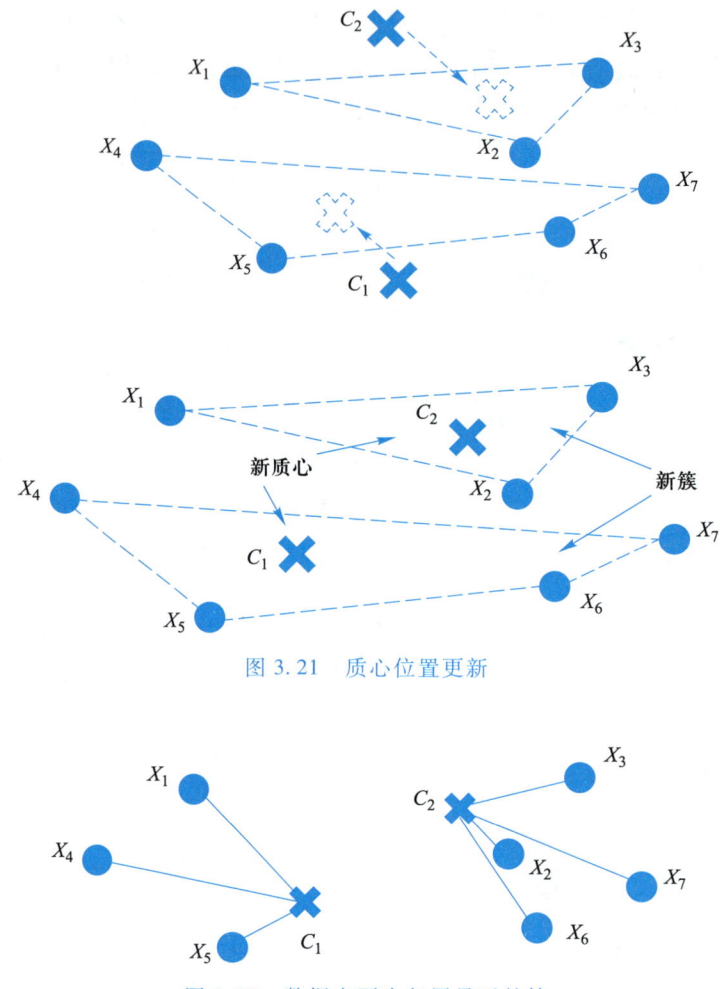

图 3.21 质心位置更新

图 3.22 数据点再次归属最近的簇

重复前述步骤，确定各数据点类别的几何中心，更新每个簇的质心位置。观察结果显示，聚类质心正沿正确方向渐进，类内距离亦随之递减。若持续执行此过程，直至各簇质心位置稳定不再变动，此时类内距离达到最小值，标志着聚类工作的圆满完成（如图 3.23 所示）。

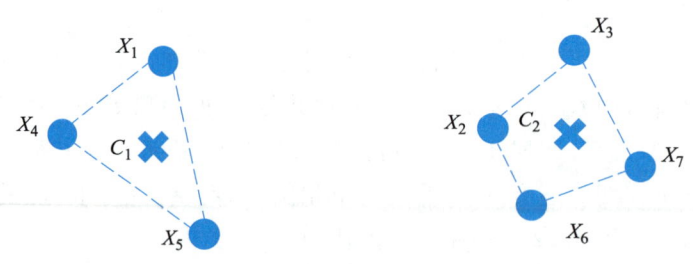

图 3.23 数据点最终聚类结果

综上所述，这 3 次迭代的类内距离的变化过程如图 3.24 所示。

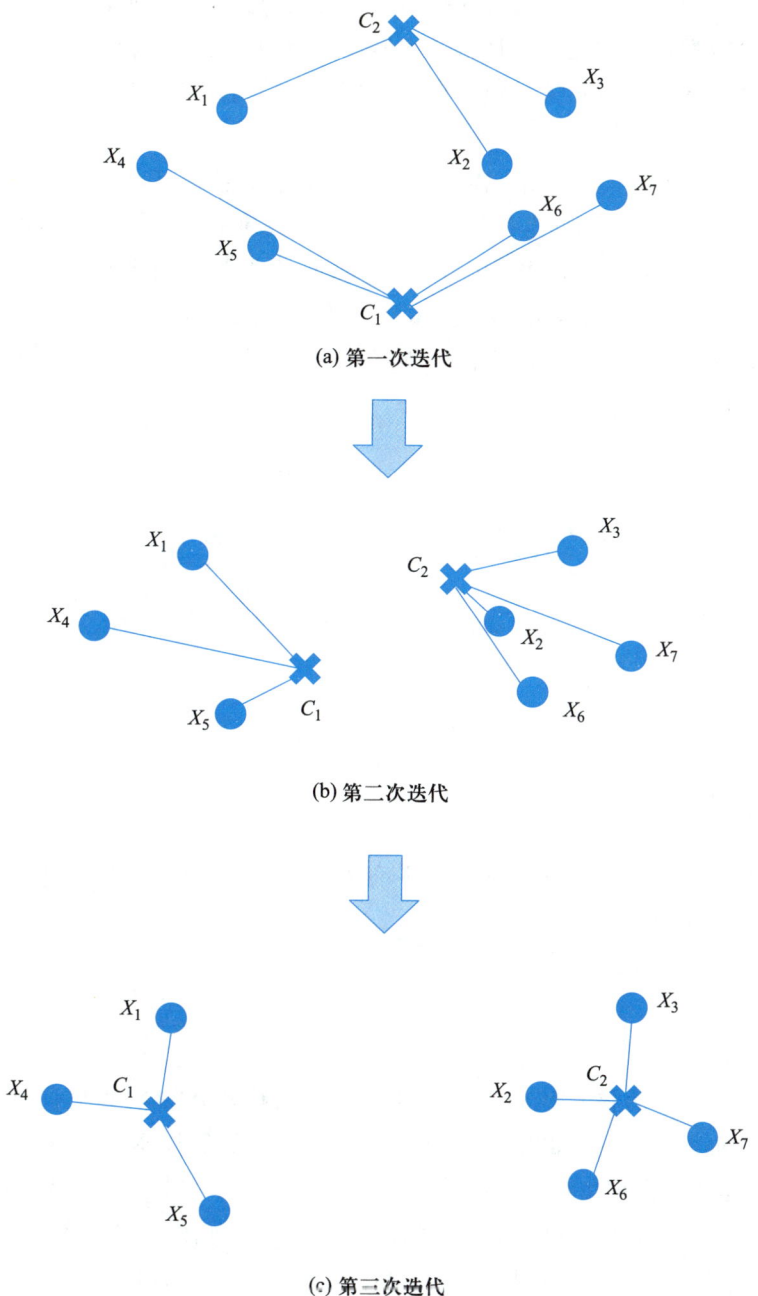

(a) 第一次迭代

(b) 第二次迭代

(c) 第三次迭代

图 3.24 聚类过程中类内距离变化情况

该过程中未涉及任何人工干预，完全依赖数学计算自动执行选择与判断。通过不断重复迭代，直至数据收敛至最优解，从而实现数据的自动聚集。这种方法被称为 $K\text{-means}$ 均值聚类，模型训练步骤归纳如下：

① 随机从数据集中选取 K 个点作为质心。

② 计算数据集中各样本点与质心的距离，并将其归为距离最近的簇。

③ 计算各簇数据点的均值，并将这个均值作为新的质心，更新质心位置。

④ 重复第②、③步，直到类内距离最小（即质心位置不再改变），或者达到预设的迭代次数。

K-means 属于无监督学习，它不需要利用样本标注信息就可以训练，这意味着这类算法不需要像监督学习一样追溯样本的标注质量，但不能利用样本的标注信息，意味着这类模型的准确度可能不如监督类算法。另外，K-means 作为基础的无监督学习算法，训练过程中没有 Y 值信息，因此模型的准确度受限条件较多，例如 K 的选择、样本的分布等非常敏感（如图 3.25 所示），不同的 K 值将导致完全不同的分类结果，因此常通过采用肘部法则（elbow method）确定最优 K 值。

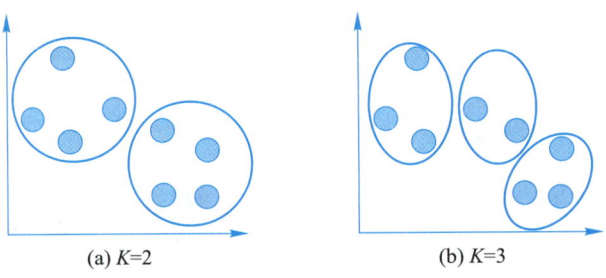

(a) $K=2$　　　　　　　　　　(b) $K=3$

图 3.25　K 值对聚类结果的影响

练一练：

利用 Orange 智能软件的绘制数据和交互式 K 均值（interactive K-means）功能，复现图 3.24 聚类过程。

拓展阅读：
肘部法则

3.3.4　无监督学习：降维

数据作为机器学习的核心基础资源，其质量与结构直接影响模型训练效率与性能表现。数据维数（data dimensionality）是指数据集中每个数据样本（实例）所包含的特征（属性）数量，是衡量数据集特征维度的关键指标，反映了数据的复杂性和信息量，是机器学习、统计学和数据分析中描述数据结构的核心指标。如图 3.26 所示，一维空间包含 5 个数据点，二维空间包含 25 个数据点，三维空间包含 125 个数据点，四维空间的数据量则更为庞大。由此可见，随着数据维数的增加，计算量不可避免地呈现指数级增长。因此，维数灾难（curse of dimensionality）通常指涉及向量的计算问题中，随着维数的增加计算量呈指数倍增长的一种现象。维数灾难揭示了高维数据分析中的根本性挑战，其本质是维度增长与样本量、计算资源及模型复杂度之间的矛盾，理解这一概念是优化高维数据处理算法的关键。

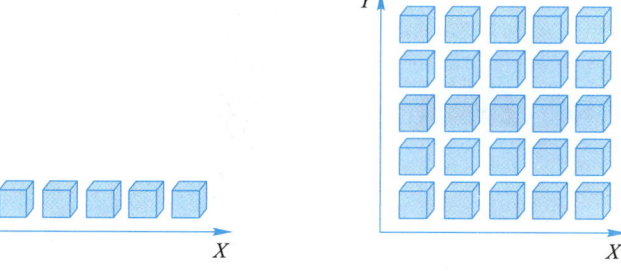
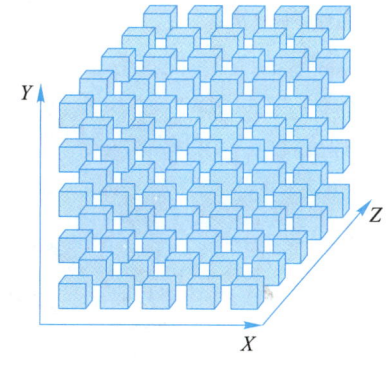

图 3.26　数据的维数

大学校园社团招新案例中，学生被视为二维平面数据点（如图 3.15 所示），依据其位置坐标（X，Y）进行 $K\text{-means}$ 聚类分析。若将每位学生的性格、性别、爱好、专业、经历等多元属性特征纳入计算处理，将不可避免地引发庞大的计算量，导致训练速度显著减缓，此即为维数灾难。维数灾难是一个涉及数学分析、数据挖掘、数据库技术等多个学科领域的复杂问题。在构建机器学习模型的过程中，随着数据特征维度的增加，模型的性能往往会呈现下降趋势。特别是在处理高达亿级别的特征维度时，可能会面临计算资源上的障碍，或者计算时间显著超出预期。因此，数据特征维度并非越大越好，模型的性能会随着特征维度的增加呈现先上升后下降的趋势（如图 3.27 所示）。高维数据不仅增加了运算的复杂性，同时也削弱了模型的泛化能力，维度越高算法的搜索难度和成本就越大。

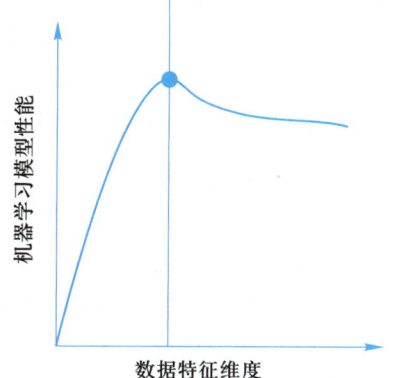

图 3.27　数据特征维度与模型性能

降维（dimensionality reduction）是将训练数据中的样本（实例）从高维空间转换到低维空间，减少训练样本特征维度，同时最大限度地保留数据关键特征，旨在简化数据集的复杂度，该过程与信息论中的有损压缩概念密切相关。降维技术在提升机器学习模型的效能、减少计算资源消耗以及增强数据的可视化表现等方面具有显著的积极影响，其优点主要体现在以下几个方面：

① 提升模型训练效率。通过减少特征维度，降低算法计算复杂度（如矩阵运算、距离度量），显著缩短模型训练时间，尤其适用于高维数据（如文本、图像）。

② 缓解维数灾难。降低数据稀疏性，增强样本在低维空间的分布密度，避免因维度爆炸导致的模型过拟合与泛化能力下降。

③ 增强数据可视化能力。降维技术如主成分分析、t-分布随机邻域嵌入、线性判别分析等可以将高维数据投影到二维或三维空间中，便于直接观察数据的分布情况和内在结构，进一步分析和决策。如图 3.28 所示，三维空间数据通过降维到二维后，各类别数据

都能清晰分离。

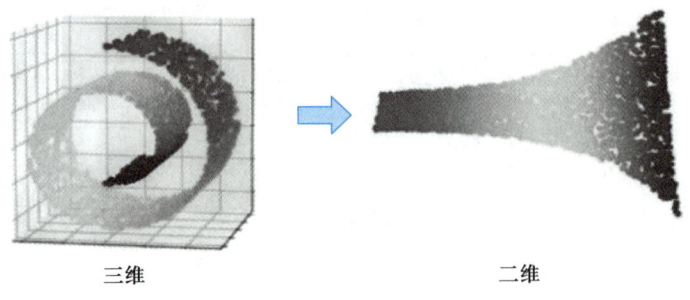

三维   二维

图 3.28   降维数据可视化

④ 去除冗余与噪声特征。通过保留关键特征（如主成分分析提取方差最大方向），剔除无关或重复信息，提升模型对核心规律的捕捉能力。

降维缺点也不容忽视，主要有以下几个：

① 潜在信息丢失风险。降维本质是"有损压缩"，可能舍弃部分对目标变量有微弱但无关键影响的特征，导致模型精度下降（如非线性关系中次要维度被忽略）。

② 降维方法选择困难。主成分分析、线性判别分析以及奇异值分解等技术是数据降维常用方法，适用于不同应用场景，甚至在相同应用场景的不同数据集训练阶段发挥作用。若选择不当，仍面临计算资源瓶颈，导致降维效果不佳，影响模型整体性能。

③ 依赖先验假设。某些降维方法对数据分布或参数敏感，选择不当可能会扭曲数据的原始结构，影响后续分析可靠性，例如非线性降维方法可能会改变数据点之间的相对距离，导致错误的结论。

④ 可解释性降低。降维后特征多为原始特征的线性组合或抽象表示，失去直观物理意义，增加模型解释难度。

综合前述分析，降维技术对于提升机器学习模型的效率与性能具有显著影响，但同时亦需警惕其可能造成的数据信息缺失及计算复杂度增加等问题。

拓展阅读：
降维思维

3.3.5   （无）监督学习对比：KNN 与 K-means 的区别

KNN 与 K-means 这两种算法均基于样本邻域进行分类，它们之间究竟存在何种差异？两者的本质区别在于以下几点：

首先，KNN 待测样本参考的是周围最近的已知样本的类别信息，K-means 参考的则是周围最近的簇的类别信息。这就意味着 KNN 训练只需对待测样本周围的局部分布进行评估即可，但 K-means 则需对整个数据集的分布都进行完整的估算。KNN 中的 K 指的是 K 个最近邻样本，而 K-means 中的 K 指的是整个数据应该被分为几个簇（如

图 3.29 所示）。

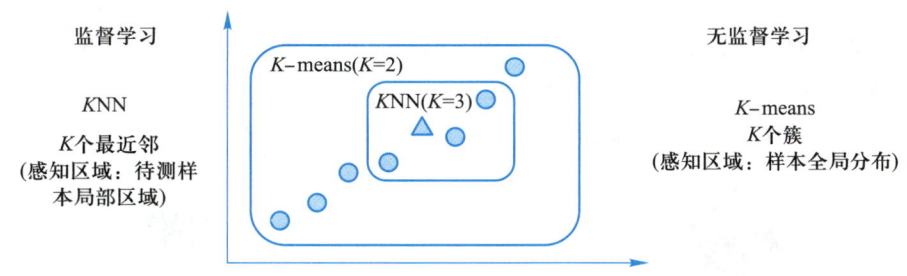

图 3.29 *KNN* 与 *K*-means 的区别

其次，*KNN* 是监督学习，模型最终可以明确地告诉研究者待测样本的类别，如猎人推测动物足迹案例中，最终可以明确获知脚印是熊猫的或者狐狸的。*K*-means 是无监督学习，只能告诉研究者待测样本属于哪个簇，但是这个簇的特征是什么并不知道。如本节 *K*-means 聚类示例中，7 个点分成了两类，但并不知晓这两类各有什么特征，或者说有什么不一样。回顾大学社团招新事例，归属感的确切含义似乎总难以界定，在缺乏归属感（即标签）的情况下，学生依然能够自然地汇聚于各类社团之中，这正是无监督学习中的聚类过程。

 想一想：

目前已经介绍了多个机器学习案例，总结这些案例的基本步骤（流程）是一个值得探讨的话题，与人工智能助手一起讨论吧！

3.4 流程与优化：机器学习实践之路

人类如何学习？从认知科学来看，归纳和演绎是人类理解世界的基本途径。通过累积的经验或知识，人们逐步提炼出潜在的规律性，当面对新问题时，依据这些规律进行推理，并通过结果反馈来不断修正和完善这些规律。例如，某位山东人能喝酒，另一位山东人同样能喝酒，当观察到多位山东人都能喝酒时，人们可能会得出一个初步的结论：山东人都能喝酒。随后，当遇到一位新的山东人时，可能会基于先前的规律推测其也擅长饮酒。然而，如果结果表明这位新的山东人并不能喝酒，人们可能会反思并调整认知，意识到并非所有山东人都能喝酒，而是大多数山东男性可能有此特点，山东女性则未必。这就是人类学习的动态过程。

机器如何学习？与人类学习过程类似，机器学习是从数据中自动分析获得模型，并利用模型对未知数据进行预测，其中蕴含 3 个关键词：数据、模型和预测。换言之，机器学习就是基于历史数据进行训练得到模型，训练就是归纳，模型就是找到的规律，新数据输入得到新的预测结果，不断迭代更新模型。从数学意义视角来看，模型就是函数 $F(X)$，X 是新数据（输入），Y 是预测新结果（输出），训练就是如何根据数据找到模型 F 的过程，也称之为学习。因此，机器学习的本质是持续从训练数据中拟合事物本质规律，最终使测试数据预测结果无限接近事物本真。

人类和机器的学习如图 3.30 所示。

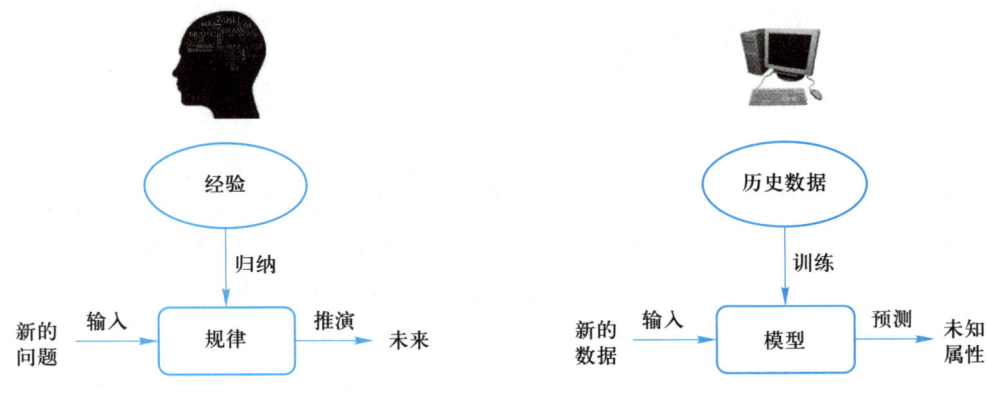

图 3.30   人类和机器的学习

那么，机器学习包含哪些基本流程呢？

3.4.1　机器学习实践基本流程

机器学习是通过对数据分析探寻数据的拟合模型，随后利用该模型对新输入数据进行预测，其实践基本流程如图 3.31 所示。

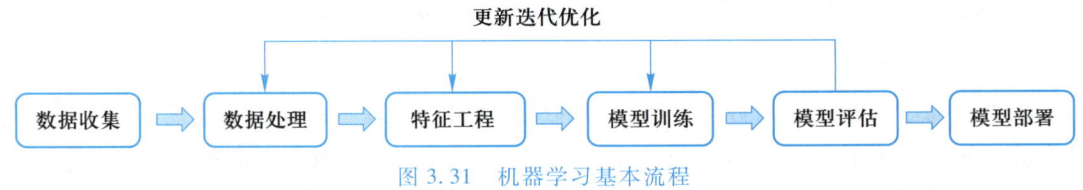

图 3.31   机器学习基本流程

如果把机器学习比作鸡蛋炒西红柿，那么摘西红柿、拿鸡蛋称为数据收集，洗菜就是数据处理，切菜可视为特征工程，烧菜自然就是模型训练，模型评估为品尝菜品，味道满意则可以正式推出该道菜，即开展模型部署。反之，不符合当地口味则不断调整"厨艺"。各部分时间并非平均分配，前三部分（数据收集、数据处理、特征工程）是耗时最多的工作，可能占 70%~80% 工作量。后两部分（模型训练、模型评估）虽然耗时不多（相对而言），但需要的知识（技术含量）最多，若将前者比作厨房的小工，后者则为主厨，但并不是说小工不重要，正如机器学习领域的名言：成功的机器学习应用不是拥有最好的算法，而是拥有最多最好的数据。

1. 数据收集

数据收集类似食材采买，核心任务是获取用于机器学习的数据集，其中每个数据单元被称为样本，而反映样本在特定维度上的表现或属性的变量则被称为特征。根据数据集应用目的，可将其划分为训练集和测试集两类。训练集是用于模型训练的数据集合，其中每个数据单元被称为训练样本，从训练样本中拟合模型的过程被称为学习（或训练）。训练得到模型后，使用测试集进行模型预测的过程被称为测试（或评估），其中的每个数据单元则被称为测试样本。若将前者看作学徒学习过程，后者自然则为出师考核环节（如图 3.32 所示）。

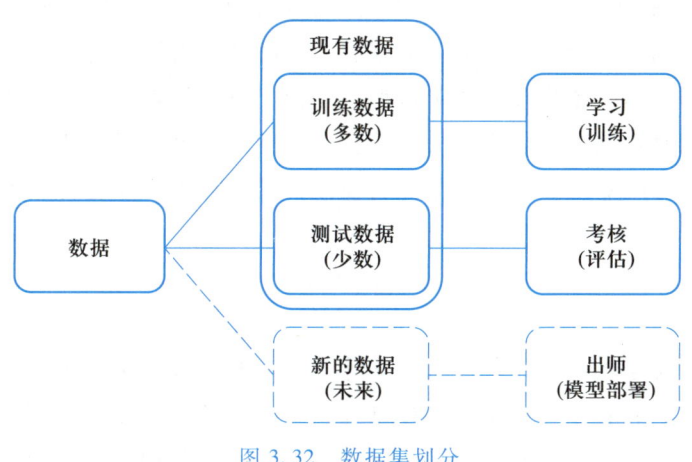

图 3.32 数据集划分

2. 数据处理

在机器学习流程中，数据处理扮演着"食材预处理"的角色，其主要目标是增强数据的品质，为后续的模型训练奠定一个纯净、规范且统一的数据基础。正如烹饪前必须去除变质食材、调整食材大小以确保菜品的品质，数据处理通过去除数据噪声、补充缺失值、调整数据格式等措施，确保模型能够从数据中提取出真实的规律，避免被数据中的噪声或偏差所迷惑。若未经过处理的数据直接用于模型训练，就如同用腐烂的西红柿烹饪，即便技艺再高超，也难以弥补食材本身的不足。因此，数据处理是构建模型不可或缺的基础，也是防止"输入垃圾，输出垃圾"现象的重要防线。数据处理遵循完整性、一致性和鲁棒性原则，主要包括以下工作：

① 数据清洗。识别并处理缺失值、重复值、异常值，具体操作包括采用均值填补数值型缺失值，或直接删除包含大量缺失的样本等。适用于数据采集过程中人为录入错误或设备故障的场景，如电商订单数据中的异常交易记录清洗。

② 数据标准化/归一化。通过对数据按比例缩放，将其映射至统一区间（例如

［0，1］），以消除不同量纲对模型性能的潜在影响，适用于需要整合多种数据源或应用对尺度变化敏感的算法（例如 KNN 算法、神经网络）的场景。

③ 数据整合。通过合并多个表格或异构数据源，构建一个全面的数据视图。例如，将用户基本信息表与行为日志表通过用户 ID 进行关联。适用于多维度数据分析任务（如用户画像构建），其目的在于整合分散于不同系统中的数据。

④ 数据分箱。通过对连续型特征进行区间划分，实现数据的离散化，减少噪声干扰并提升模型的鲁棒性。例如，将年龄特征细分为"儿童""青少年""成人"等不同类别，适用于处理具有非线性关系或呈现长尾分布的特征数据。

⑤ 数据编码。将文本型类别（例如"男性"与"女性"）转换为数值型（例如 0 和 1），以适应算法处理的需求，常见的方法包括独热编码（one-hot encoding）和标签编码（label encoding），适用于分类模型输入数据需为数值型数据的情境。

数据科学领域常言：数据质量决定模型天花板，数据处理的效果直接制约模型性能的上限。优秀的预处理策略不仅能提升模型精度，更能减少算法对复杂调参的依赖，使"主厨"（模型训练）得以专注于挖掘数据深层规律，最终端出一盘色香味俱佳的"机器学习佳肴"。

3. 特征工程

特征工程是机器学习流程中的"刀工艺术"，其核心功能在于将原始数据转化为能够揭示数据本质规律的特征组合，从而为模型提供"高营养"的输入。正如烹饪中切菜方式直接影响食材的入味与口感，特征工程通过提取、筛选和重构数据中的关键信息，使模型能够更高效地捕捉数据中的潜在模式。若特征设计粗糙或冗余，即便使用复杂算法，模型也可能如同用钝刀切菜，难以发挥数据价值。正如美籍华裔计算机科学家吴恩达所言，数据和特征决定了机器学习的上限，而模型和算法只是逼近这个上限而已，数据特征优劣会直接影响机器学习的效果。特征工程遵循相关性、独立性和可解释性原则，主要包括以下工作：

① 特征提取：从原始数据中提取出新特征，这些特征可以是原始特征的组合、转换或派生，目标是辨识出最能代表数据集预测目标变量的关键特征，恰当的特征提取能够显著增强模型的预测精度，提升模型的预测性能。

② 特征选择：从所有可能的关键特征中选择最相关的特征子集，减少特征数量，识别并保留对模型预测结果影响显著的特征，使得模型的预测机制更加透明化和易于理解，提高模型的训练效率和泛化能力。

③ 特征降维：高维数据集往往引发"维数灾难"，特征数量的增加将导致所需数据量呈指数级上升。在某些限定条件下，降低随机样本特征数量，同时尽可能保留原始数据结构信息，不仅能避免过拟合现象，而且能有效减少模型在训练和预测过程中对计算资源的需求，缩短训练周期，对于处理大规模数据集尤为关键。

4. 模型训练

模型训练是核心"烹饪环节"，其主要功能是利用算法从训练数据中提炼出内在规律，并构建出能够适用于新数据的预测模型。这一过程类似于主厨烹饪，需将准备优质的食材（数据）与精心调配的佐料（特征）相融合，并通过精准的火候控制（参数优化）烹制出具有独特风味的佳肴（模型）。其重要性不仅体现在将特征工程的成果转化为实际应用的能力，更在于通过不断的迭代过程，逼近数据内在规律的极致，为后续的评估和部署工作打下坚实的基础。模型训练遵循问题适配、泛化优先、效率与可扩展性原则。以鸢尾花分类任务为例，研究者事先收集了大量包含不同种类鸢尾花特征的数据集（如图 3.33 所示），包括花萼长度、花萼宽度、花瓣长度和花瓣宽度（此为数据特征），以及相应的类别（此为数据标签）。该数据集构成了模型学习的训练基础，模型经过训练阶段后，能够对测试集进行预测，即对未标记样本的鸢尾花种类进行分类。

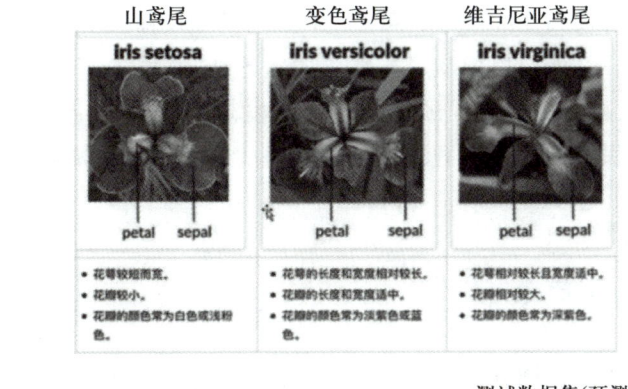

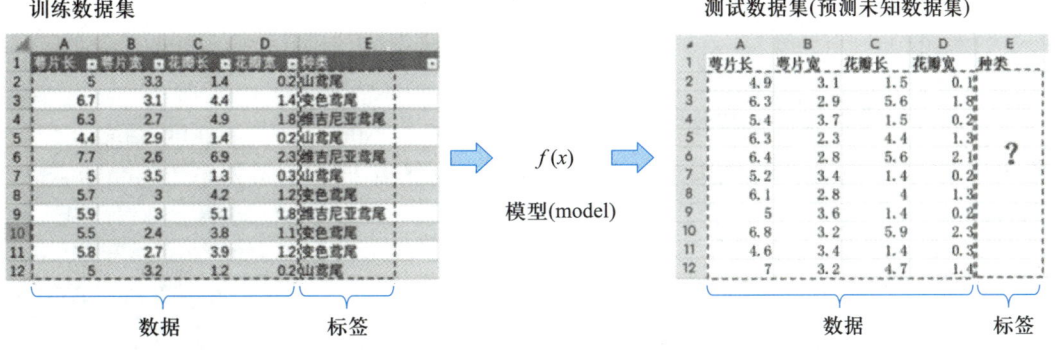

图 3.33 鸢尾花分类模型训练

5. 模型评估

在机器学习流程中，模型评估扮演着至关重要的"质量检验"角色，正如烹饪完成后需对菜品进行品尝以确保其风味符合预期。该环节通过运用科学的指标和方法，来验证模型是否真正掌握了数据中的有效规律，而非仅记忆了训练样本中的噪声或特定细节。若模型仅在训练集上表现良好，而在测试集上表现不佳，则可能陷入了"过拟合"的困境，类似于厨师仅能复制特定食材的菜品，却无法适应新的食材。反之，若模型在训练集和测试集上均表现不佳，则可能属于"欠拟合"，犹如菜品火候不足、调味失衡。因此，模型评估不仅是对模型性能的量化检验，更是模型优化的关键依据。模型评估的常用方法包括交叉验证、混淆矩阵与分类指标、回归评估指标、ROC 曲线等。正如机器学习领域著名的"无免费午餐定理"，模型评估方法的选择必须与具体任务目标和数据特性紧密结合。一个优秀的模型评估策略不仅能揭示模型的不足之处，更能为模型的迭代优化提供明确的方向，最终促成"数据驱动决策"的完整闭环。机器学习模型评估一般遵循以下原则：

① 客观性原则。评估应当建立在独立的测试数据集之上，若使用训练数据进行评估，就如同厨师自行评价其烹饪的菜肴，容易产生主观偏差，结果难免受模型训练干扰。

② 全面性原则。评估须综合多种评估指标，避免单一指标的局限性。例如，分类任务中若仅关注准确率，可能忽略类别不均衡问题；回归任务中若仅依赖均方误差，可能忽视模型对异常值的敏感性。

③ 可重复性原则。评估过程须标准化且可复现，例如固定数据划分方式或随机种子，确保不同实验间的结果可比性，如同菜品评审需在相同环境与流程下进行。

拓展阅读：无免费午餐定理

3.4.2   机器学习实践流程案例

现在通过红细胞和白细胞的识别检测案例，进一步理解机器学习实践流程。

1. 数据收集

从医院或实验室获取血液样本，使用显微镜和数字成像设备拍摄血液涂片，获取红细胞和白细胞的图像（如图 3.34 所示）。

2. 数据处理

在本研究案例中，通过实施旋转、缩放、翻转等图像增强技术，显著提升了数据集的多样性。利用生成对抗网络技术，成功地生成合成图像，从而拓展数据集的覆盖范围。同时，应用滤波技术降低图像噪声，并对图像中的缺失值、异

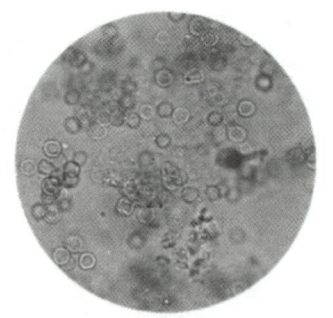

图 3.34   显微镜血液涂片

常值以及重复数据进行有效处理。此外，通过调整图像的亮度、对比度等参数，进一步提升图像的质量。在此基础上，实现了红细胞与白细胞从背景中的有效分离，并对每个细胞

进行了类别标注（包括红细胞、白细胞及其亚型）、位置定位以及边界划定，最终通过多位专业人员复核，确保标注的准确性，如图 3.35 所示。

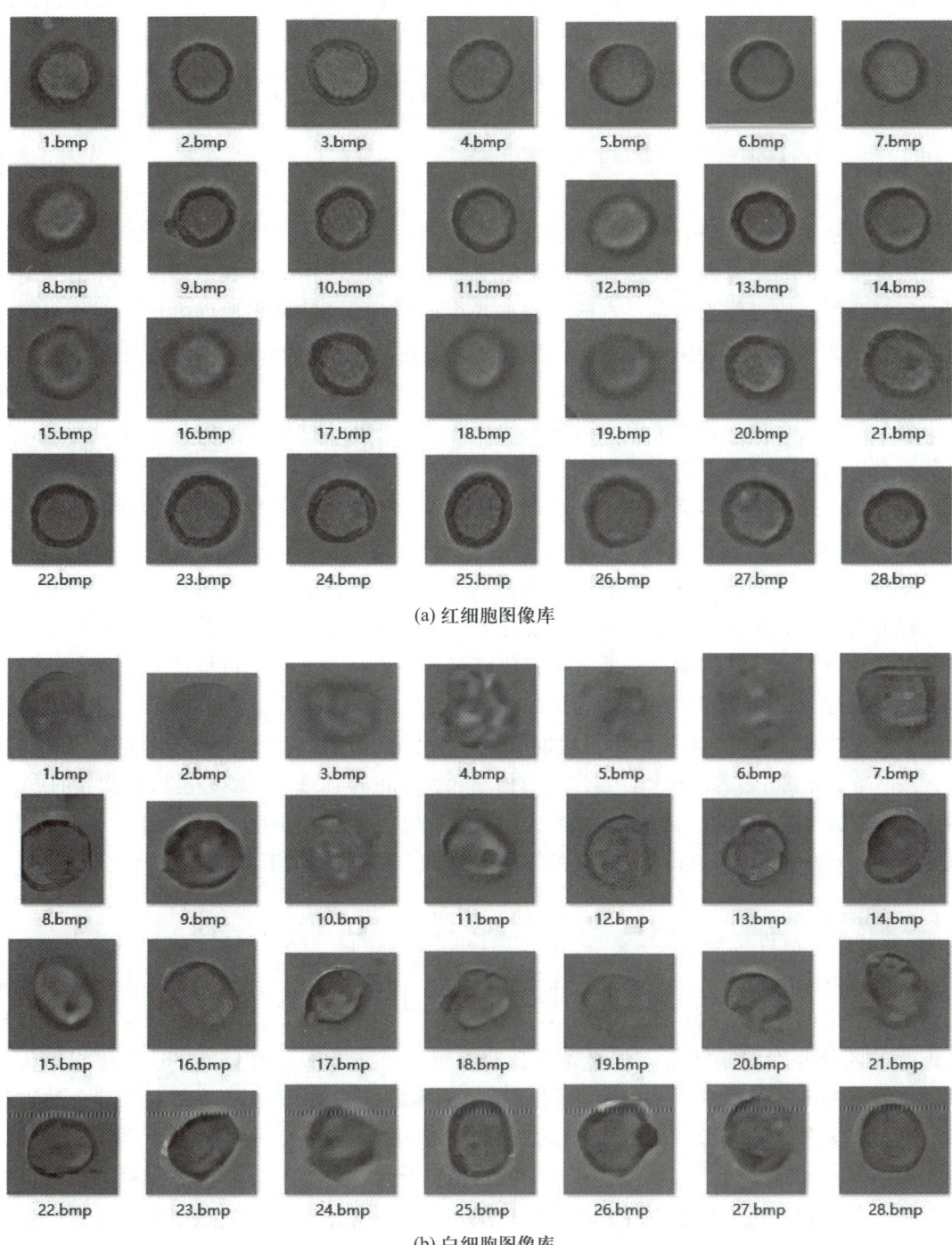

图 3.35 红细胞和白细胞训练图库

3. 特征提取

特征提取是从训练样本中获得对机器学习任务有帮助的多个维度的特征数据。请读者观察，图 3.35 中的白细胞和红细胞有什么区别？总体而言，两者主要有以下区别：

① 白细胞的面积比红细胞更大。

② 白细胞没有红细胞那么圆。

③ 白细胞内部的纹理比红细胞要粗糙一些。

基于前述观察，本研究决定提取 3 类细胞特征：细胞面积、圆形度及表面粗糙度。采用图像处理技术中的链码方法，对细胞边缘信息进行提取，进而推算细胞的周长与面积。基于边缘信息，利用霍夫变换法提取细胞的圆形度，同时应用灰度共生矩阵法评估细胞表面的粗糙程度。值得注意的是，本研究的重点并非在于探讨特征提取的方法，而是假定在已提取特征的基础上，如何构建算法以实现更优的性能指标。因此，本研究并未深入探讨特征提取的具体方法，但这并不意味着特征提取过程不具重要性。实践证明，特征提取对于机器学习至关重要，若能提取出高质量的特征，即便使用性能一般的机器学习算法，亦能获得令人满意的性能表现。反之，若特征提取的质量不佳，无法准确反映训练样本的内在规律，那么无论算法多么先进，也难以获得优异的性能。鉴于特征提取的重要性，本研究未将其作为重点研究对象的原因在于，不同任务的特征提取方法各异，例如图像、语音、三维点云等不同媒介的物理属性存在差异，机器学习任务目标也各有不同，因此针对不同媒介和任务，特征提取方法多样且变化无穷。这些方法不仅一门课程难以涵盖，即便多门课程也难以穷尽。因此，机器学习将研究范围缩小至在已提取特征的基础上，探讨合理的算法构建，以期学习系统达到较优的性能表现。

鉴于大数据和深度学习技术的迅猛发展，一种普遍的观点认为，只要积累了足够的数据量，从网络上下载开源算法模型，直接将数据输入模型进行训练，便能轻易取得优异的成效。然而，这种观点在大多数情况下并不准确，即便偶尔成功，也是偶然因素的结果。若缺乏对数据特征的深入理解，便难以构建出高效的算法，也难以精确评估模型可能达到的性能上限。

4. 特征选择

特征提取完成后，下一步是对特征进行取舍，即特征选择。首先绘制红细胞和白细胞每个样例对应的特征值。在面积（图 3.36）和周长（图 3.37）这两个特征中，白细胞和红细胞的区分准确度非常高，两条线重合地方很少。在圆形度（图 3.38）这个特征上，尽管红细胞的平均值要高一些，但是红细胞的圆形度和白细胞的圆形度两者重合地方较多。因此，如果采用圆形度作为区分白细胞和红细胞的特征，识别度不会特别高。当然读者也可以对另外一些特征，如灰度直方图的均值、灰度直方图的标准差、灰度共生矩阵的二阶距、灰度共生矩阵的相关性、灰度共生矩阵对比度等进行考察，这些特征虽有一定区分度，但总体而言都不如面积和周长这两个特征的区分度高。因此，本研究选取面积与周长作为区分白细胞与红细胞的特征，并构建相应的机器学习模型。

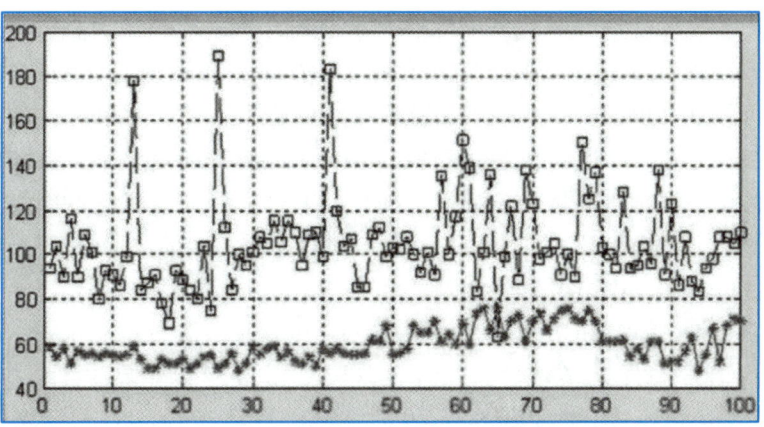

图 3.36　红细胞和白细胞面积特征对比

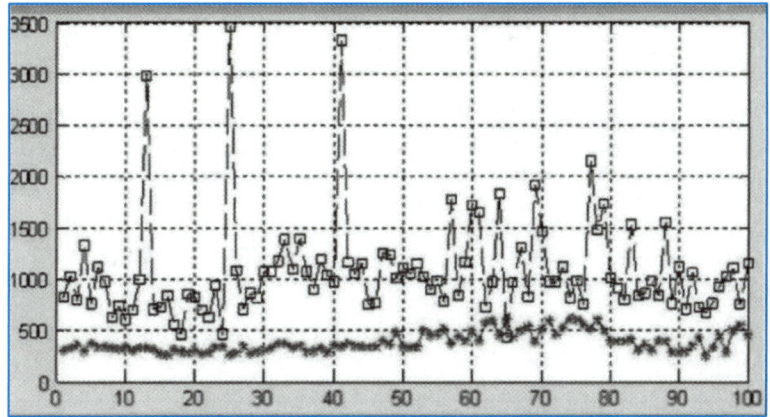

图 3.37　红细胞和白细胞周长特征对比

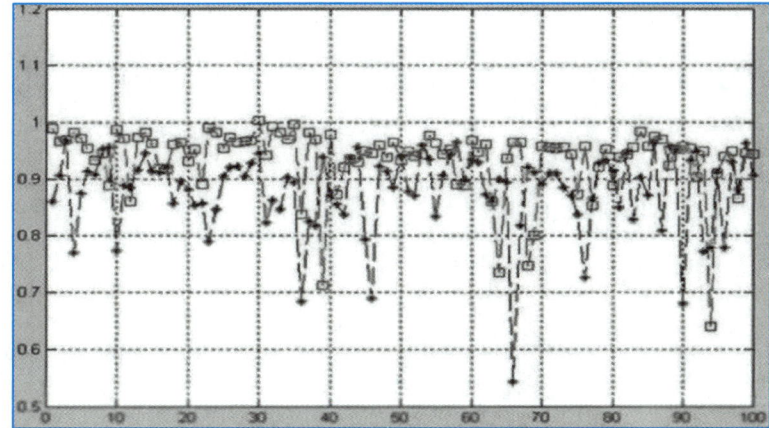

图 3.38　红细胞和白细胞圆形度特征对比

5. 模型训练

如何依据面积与周长这两个特征构建模型是机器学习的关键。本研究尝试运用支持向量机的 3 种核函数算法（线性核、多项式核和高斯核）开展机器学习训练。训练中将白细胞与红细胞的图像映射至二维坐标系中，横轴代表细胞面积特征，纵轴则代表周长特征。为确保数据的一致性和模型的准确性，对这两个特征进行了归一化处理，使其值域限定在 −1 至 +1，由此形成的二维平面被称为特征空间（feature space）。在该二维特征空间内，红细胞以圆形标记，白细胞则以十字标记。随后，通过支持向量机中的线性核、多项式核和高斯核（又名：径向基函数核，RBF）3 种不同算法，在特征空间的图上绘制出 3 条区分线（如图 3.39、图 3.40、图 3.41 所示）。

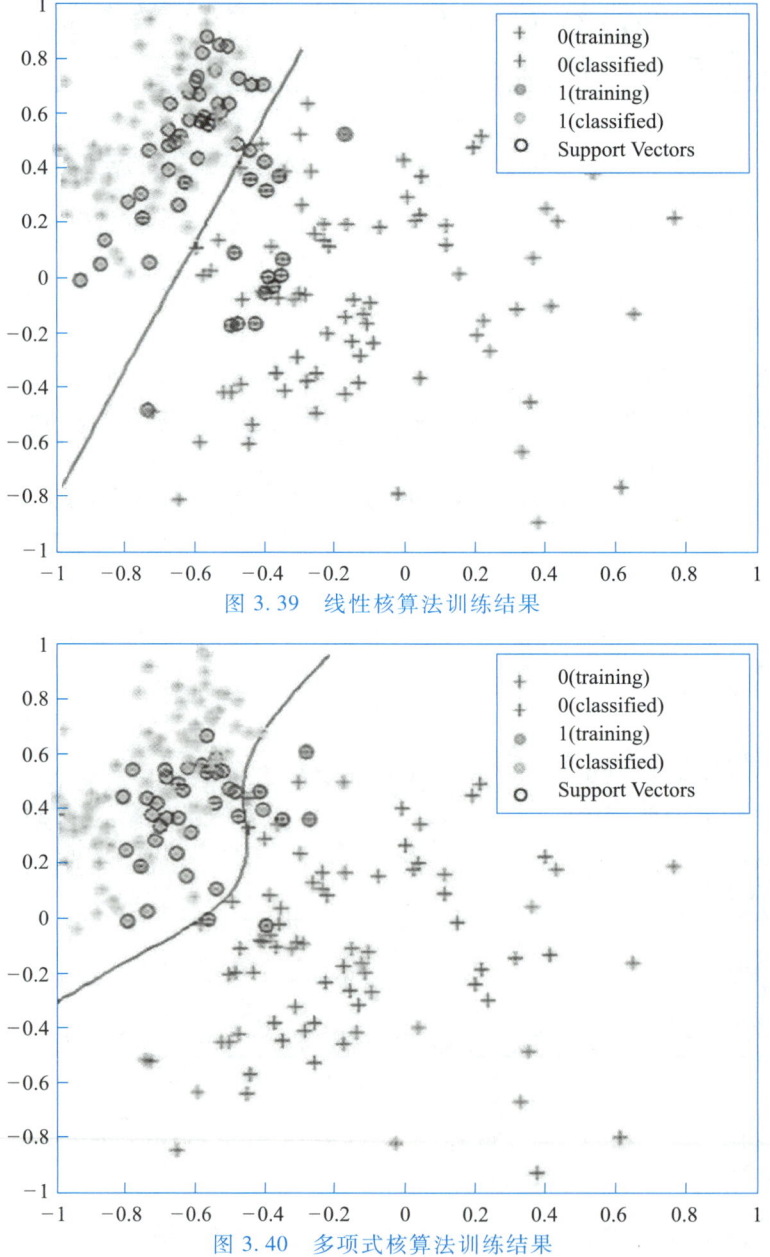

图 3.39　线性核算法训练结果

图 3.40　多项式核算法训练结果

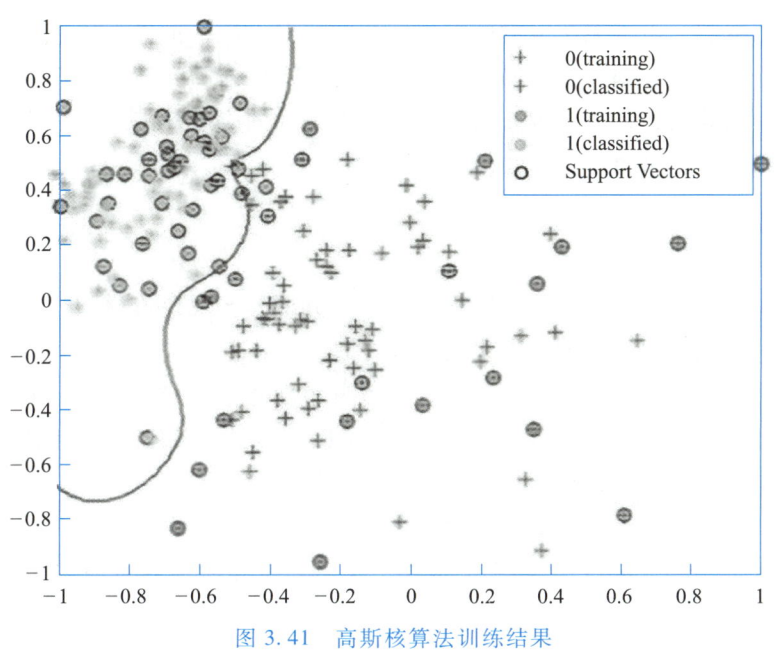

图 3.41 高斯核算法训练结果

由图可知，虽然不同机器学习算法所形成的分类边界存在差异，但分类边界被精确地描绘出来后，机器学习的训练阶段已经完成。对于新出现的样本，首先计算样本的面积和周长，然后依据这两个参数对新样本在图表上进行定位。如果新样本位于边界线的左侧，则判定为红细胞。如果位于右侧，则判定为白细胞。因此，本案例中机器学习的过程本质上就是训练一个模型，绘制出一条用于区分不同细胞类别的决策边界。

或许有读者会提出疑问，这个问题似乎过于基础，绘制此类曲线并不复杂，只需通过一条曲线将圆形与十字尽可能地分开，似乎并无须专门学习。请思考以下两个关键词：

第一个关键词：维度。读者能够轻易地绘制出一条区分线，归因于特征空间的二维性，其仅涉及面积与周长这两个维度，从而易于识别其内在规律。然而，当特征空间的维度显著升高，例如研究者提取了数百乃至数千个特征，形成数百维、数千维的特征空间时，能否继续辨识其规律则成为问题。当前流行的深度学习算法模型特征空间通常达到数万维甚至数十万维，而人类视觉对于超过三维的空间缺乏直观感知，无法直接观察。值得肯定的是，现行的机器学习算法在处理高维特征空间方面表现出色，其性能远超人类对高维空间的直观理解。即使面对数万维的特征空间，机器学习算法亦能提供预测结果，并且这些结果在众多情况下依然精确。

第二个关键词：标准。在应用 3 种不同机器学习算法训练时，生成的决策边界存在差异，导致对特定区域的分类结果不一致。例如，多项式核函数算法将左下方一小区域归类为白细胞，而高斯核算法则将其判定为红细胞。这一现象引发了对算法优劣的探讨，哪一种机器学习算法更为适宜？研究者需深入探讨不同算法绘制决策边界的机制，以适应多样化应用场景的需求。该问题颇具挑战性，因为决策边界是基于有限的训练样本构建的，旨在对新样本进行分类。由于无法穷举所有训练样本，即无法将世界上所有的红细胞和白细胞全部映射至分类图中，因此难以确立一个绝对的优劣标准。如何根据不同的应用场景选择恰当的机器学习算法，甚至开发新的算法以应对未知的应用挑战，是一个理论与实践相结合的重要科学议题，值得读者进一步深入探究。

6. 模型评估

模型评估的核心在于对数据集拟合程度的量化分析，客观评价模型性能，并为模型的进一步优化提供理论依据。本实验在采集、预处理的训练图库基础上，采用支持向量机 3 种不同的核函数算法训练了 3 个预测模型，究竟哪个性能更优异？本实验利用模型未曾训练过的测试集数据对其进行评估，从图 3.42 中可以清晰地观察到，线性核算法训练得到的模型展现出最高的识别率，显示出其在实际应用场景中的巨大潜力。当然，如果线性核算法构建模型的识别率、计算效率、成本效益等指标仍未满足专业需求，则可重新审视训练数据收集与处理、特征提取与选择等环节，探究是否存在更有利于模型参数调整的因素，以便持续进行模型优化。

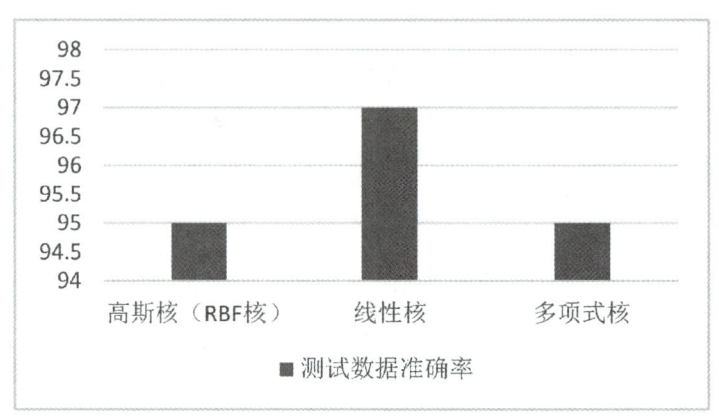

图 3.42   支持向量机不同算法训练结果对比

综上所述，机器学习作为一门专门研究计算机模拟实现人类学习行为的学科，其实践是一个复杂的系统工程，关键在于数据特征的提取与选择，核心在于通过选取甚至创造新的算法，不断获取新的技能，重新组织知识结构，构建并持续改善模型性能，以适应不同场景的应用需求。机器学习作为人工智能的核心，是实现计算机智能化的基础途径。

拓展阅读：机器学习流程与优化实例

 想一想：

机器学习智能进化是一条充满挑战和惊喜的知识之旅！近年来，机器学习与专业相结合衍生出哪些新技术呢？

3.5 应用案例：机器学习实战风采

3.5.1 自动驾驶赋能

自动驾驶技术是车辆在无需人类驾驶员直接操控情况下，能够独立安全地执行导航和行驶任务的能力，如图 3.43 所示。该技术的关键在于整合各类传感器、计算机视觉、机器学习等领域技术，实现对环境的感知与理解，做出相应的决策，控制车辆行驶。其主要目标是增强道路安全、提升交通效率、减轻交通拥堵，并为乘客提供更为舒适和便捷的出行服务。自动驾驶关键技术包括以下几个。

图 3.43　智能自动驾驶

① 环境感知：指的是自动驾驶汽车借助多种传感器（包括但不限于摄像头、激光雷达、毫米波雷达等）搜集道路环境信息，并对这些信息进行处理、分析，以识别道路布局、障碍物、交通标识等关键要素，为车辆行动规划与决策提供关键支持。在自动驾驶环境感知领域，监督学习方法利用预先标记的数据集训练模型，使模型能够从输入数据中学习特征提取，并进行预测或分类，从而完成对道路布局、障碍物、交通标识等的识别任务。

② 行为决策：指的是自动驾驶车辆依据环境感知获得的交通规则、道路状况以及车辆自身状态等信息，做出如加速、减速、转向、换道、停车等恰当的驾驶行为选择。此决策过程需综合考量多种因素，以确保车辆行驶的安全性和高效性。基于深度学习的监督学习方法在自动驾驶车辆决策中得到广泛应用，助力模型依据当前环境信息选择恰当的策略。例如，百度 Apollo 团队运用深度学习技术实现了车辆的横向控制，通过图像直接计算出方向盘的期望偏角，以实现路径跟踪。德国宝马公司与慕尼黑工业大学共同提出了一个基于部分可观测马尔科夫决策过程（partially observable Markov decision process，POMDP）的决策模型，主要解决动态和不确定驾驶环境下的决策问题，求

解出自动驾驶规划路径上的最优加速度。此外，尽管强化学习与监督学习之间存在差异，但其在行为微调方面的应用亦备受关注。强化学习通过闭环系统进行学习，能够在自动驾驶的模拟环境中直接进行训练，使模型得以根据真实的交通场景进行自我优化。

③ 动作规划：指的是在严格遵循交通法规的基础上，制定出一套能够将自动驾驶车辆从起始点安全引导至目的地的导航方案。在现实世界开放道路的环境中，自动驾驶系统必须应对多种多样的场景，这些场景包括但不限于空旷道路、行人与障碍物共存的复杂环境以及交叉路口等。尽管面临场景的多样性与复杂性，但这些场景均可分解为一系列基本行为的组合，以实现复杂的驾驶任务。监督学习常用于自动驾驶的动作规划，通过学习人类驾驶行为或模拟驾驶数据，来训练模型生成合适的驾驶动作，具体包括以下几点：

a. 数据采集与标注。在自动驾驶技术领域中，车辆通过传感器技术采集道路环境信息，包括道路布局、障碍物、交通标识等。数据标注工作则涉及对采集到的信息进行详尽的注释，包括对车道分界线、障碍物位置、交通信号灯等进行精确的标记，进而形成经过标注的训练数据集。

b. 模型训练与学习。使用标注好的数据集对监督学习模型进行训练，目标是让模型学会从输入数据中提取特征并预测驾驶行为。在监督学习模型中，常见的模型类型包括卷积神经网络（CNN）和循环神经网络（recurrent neural network，RNN）等。

c. 动作生成与优化。在实际驾驶情境中，自动驾驶车辆借助经过充分训练的模型，依据当前的道路环境信息，生成相应的驾驶动作。通过持续对模型参数和算法进行精细调整优化，自动驾驶车辆的动作规划精准度和安全性得以不断提升。

在自动驾驶领域，监督学习发挥着至关重要的作用。该技术通过收集、标注数据并进行训练，生成适当的驾驶行为策略。尽管如此，监督学习在自动驾驶行为规划方面仍面临诸多挑战，比如数据的质量、多样性、实时性和鲁棒性，以及对道路和交通规则的遵循等问题。未来自动驾驶技术的发展趋势将更加依赖先进的监督学习技术，例如算法优化、多模态数据融合、自适应学习等。这些技术将使自动驾驶系统能够更精确地感知和理解周围环境，为实现完全自动化驾驶奠定坚实的基础。

3.5.2　商品推荐赋智

在电子商务和零售行业数字化转型浪潮中，商品推荐系统已经成为增强用户体验和提升销售业绩的关键智能工具，如图 3.44 所示。该系统作为无监督学习的一个典型应用实例，依据用户过往的行为和偏好来预测其潜在喜爱的商品，并将这些商品呈现给用户，从而提供定制化的服务。商品推荐系统主要包括以下功能。

图 3.44 智能商品推荐

1. 用户精准分类

商品推荐系统通常采用多种机器学习技术实现用户精准分类，例如 K-means 算法是一种广泛应用于无监督学习领域的聚类算法，通过迭代方式将数据集中的样本点分配到若干个聚类中心，从而形成多个簇。这种算法的核心思想是使得每个簇内的样本点与该簇中心的距离之和最小化，以此来达到聚类的目的。由于其简单高效的特点，K-means 在分析用户行为模式方面表现出了显著优势。例如，电子商务平台通过对用户的购买历史、浏览记录以及点击行为等数据进行 K-means 聚类分析，将用户分为不同的类别，如"价格敏感型""品质追求型""冲动购物型"等，有助于商家更好地理解其客户群体，制定更加精准的营销策略。

尽管 K-means 算法在处理大数据集时表现出色，但也存在一些局限性。例如，对初始聚类中心的选择较为敏感，可能会陷入局部最优解。K-means 假设簇是凸形的，对于非球形簇的识别效果不佳。因此，在实际应用中需结合其他算法或预处理步骤来提高聚类的准确性和鲁棒性，如利用随机森林、决策树、梯度提升机等监督学习算法，构建多个弱预测模型来提高分类预测的准确性，特别是在带有明确标签的消费数据集上进行训练，效率提升尤为显著。这些技术有助于系统识别用户群体的特征，从而提供更为个性化的推荐。

2. 商品精确推荐

协同过滤（collaborative filtering，CF）作为推荐系统领域中应用最为广泛的技术之一，其核心理念是通过用户群体的行为数据（如评分、点击、购买记录）来预测用户可能感兴趣的商品。该技术基于以下假设：具有相似特征的用户可能拥有共同的兴趣爱好，或者用户倾向于与自己先前所偏好的物品具有相似特征的其他物品。协同过滤技术主要分为两大类：

① 基于用户的协同过滤（user-based CF）。通过分析用户之间的行为相似性，找到与

目标用户偏好相似的其他用户，然后推荐这些相似用户喜欢的商品给目标用户。例如，如果用户 A 和用户 B 都喜欢相同的电影，那么系统可能会推荐给用户 A 另一部用户 B 喜欢但用户 A 还未观看的电影。

② 基于物品的协同过滤（item-based CF）。关注物品之间的相似性，通过寻找与用户已喜欢物品相似的其他物品来为用户推荐。例如，如果一个用户喜欢某本书，系统可能会推荐与该书在风格或主题上相似的其他书籍。

协同过滤技术通常结合多种机器学习算法以增强推荐系统的准确性和效率。例如，余弦相似度和皮尔逊相关系数等方法被广泛应用于计算用户或物品间的相似性，这是协同过滤技术的核心所在。同时，为了提升推荐模型的泛化性能，矩阵分解技术被采纳，通过更密集的隐向量来表示用户和物品，揭示用户和物品的潜在兴趣和特征，从而解决协同过滤在处理稀疏矩阵方面的局限性。随着深度学习技术的不断进步，深度学习模型亦被整合进推荐系统，高效处理复杂的用户或商品数据，提取深层次的用户和物品特征，提升推荐质量。

总之，机器学习技术的运用使得协同过滤技术能够应对更大规模的数据集，并且更精准地识别用户的兴趣倾向，显著增强了推荐系统的效能和成效，实现更优质的定制化推荐服务。

3. 推荐效果追踪

商品推荐系统运用多种机器学习技术及指标追踪推荐效果，例如通常采用的指标包括点击率、转化率以及用户留存率等。这些指标通过机器学习模型进行深入分析，评估推荐的相关性与吸引力。此外，系统采用 A/B 测试比较不同推荐策略的效果，确保推荐系统的持续优化与改进。通过这些方法，系统能够实时调整推荐算法，进而提升用户满意度与业务成效。

机器学习在商品推荐系统中的运用贯穿了从用户细分、商品推荐至效果监测的整个过程。随着机器学习的持续优化和不断深入，此类系统能够实现更为精确和定制化的推荐，为企业在竞争激烈的市场中脱颖而出提供有力支撑。

3.5.3　扫地机器人赋活

扫地机器人（如图 3.45 所示）是一种智能家居设备，能够自动在房间内完成地板清洁工作，其发展经历了 3 个阶段：起步阶段（1990—2000 年），主要依靠随机碰撞的方式进行清洁；发展阶段（2000—2010 年），开始采用激光导航、摄像头视觉导航等技术，清洁效果和智能化程度显著提升；成熟阶段（2010 年至今），扫地机器人在导航、避障等基础功能上取得长足进步，并开始融入更多智能化元素，如语音控制、App 远程控制等。强化学习在扫地机器人技术领域中扮演着至关重要的角色，使扫地机器人能够通过与环境的

图 3.45 智能扫地机器人

互动，自主地学习并优化其行为，其典型应用包括以下几个方面：

① 运动控制。扫地机器人借助激光传感器、红外传感器、超声波传感器、摄像头等多种感知设备，为强化学习决策提供数据支持。通过与环境的互动，机器人不断尝试各种移动策略，学习在特定环境下的最优移动路径，自主规避障碍物，并调整不同材质地面的移动模式，覆盖尽可能多的清洁区域。例如，某品牌扫地机器人结合深度学习与强化学习技术，采用半固态激光雷达和人工智能导航助手（artificial intelligence navigational assistant，AINA）模型，提升在复杂室内环境中的避障效果及路径规划能力。

② 任务执行。采用强化学习技术，扫地机器人得以通过持续学习来实现特定清扫任务。这不仅包括对特定垃圾种类的识别与拾取，也包括在复杂环境下的清扫路径规划。经过特定的训练，机器人能够辨识出哪些区域需要更频繁地清扫，并据此适时调整其清扫策略。

未来智能扫地机器人的发展趋势主要聚焦于以下关键领域：

① 深度智能化。通过采用更为先进的传感器和机器学习技术，实现精准的环境感知与自适应能力，不仅能识别常见的障碍物和家具，还能感知环境的变化，如光照、温度、湿度等，当检测到潮湿地面时，能自动调整清洁模式，以防止滑倒和水渍残留。

② 功能集成化。扫地机器人将与智能家居系统实现深度融合，与其他智能设备实现联动以及数据共享。例如在清洁过程中，能自动与智能照明系统联动调整灯光亮度或方向，方便清洁操作；与智能窗帘系统配合，根据阳光照射情况自动调整窗帘的开合，以便阳光直射清扫区域。此外，除了现有的扫地、拖地、吸尘、除螨功能，还将集成更多清洁功能，如蒸汽清洁（利用高温蒸汽杀灭细菌、螨虫和病毒，同时去除顽固污渍）以及空气净化功能（在清洁地面的同时净化室内空气）。

③ 服务人性化。用户可通过手机 App 或语音指令，对清洁区域、清洁时间、清洁强度等进行个性化设置。扫地机器人也将根据用户的特殊需求，提供定制化的产品和服务。例如为养宠物家庭设计毛发收集和除味功能。同时，通过优化清洁路径和时间管理，减少无效清洁和能源消耗，实现更加节能环保的目标。

想一想：

作为人工智能的一种实现方式，机器学习已悄然渗透至人们的日常生活中。还有哪些应用案例，与人工智能学习助手一起深入探讨吧！

本章小结

本章以机器自主学习能力为核心，详尽介绍了机器学习的概念、分类、典型算法及其应用场景，深入探讨了计算机如何从数据中学习和训练的过程，并通过案例展示了机器学习"从数据中提炼智慧"的实战风采。然而，当面对图像、语音等高维非线性数据时，传统机器学习方法将在特征工程、模型表达能力等方面达到上限，因此下一章将聚焦更智能的深度神经网络，提升对复杂数据的建模能力，揭示数据驱动智能的深层实践路径。

本章内容思维导图如下：

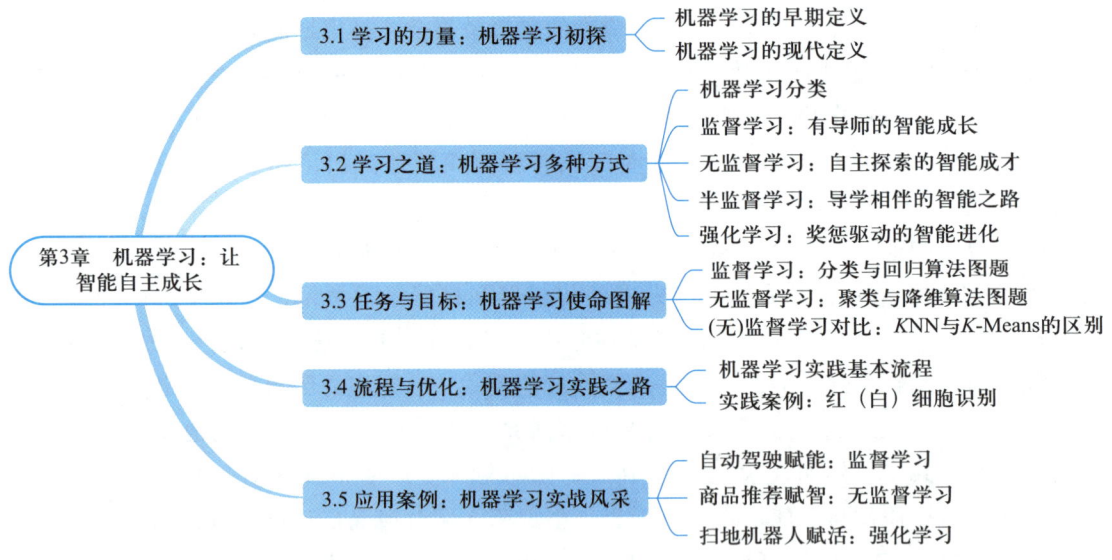

习题

一、判断题

1. 监督学习中用于预测连续值输出的任务称为回归。　　　　　　　　　　（　　）

2. 监督学习中的分类问题和回归问题的界限是清晰的。　　　　　　　　　（　　）

3. 无监督学习是通过分析数据的内在结构和模式，发现数据中的隐藏信息。（　　　）

4. 主成分分析（PCA）是一种无监督学习的降维方法，主要用于减少数据的维度并保留数据的主要特征。　　　　　　　　　　　　　　　　　　　（　　　）

5. 强化学习中的智能体在学习过程中不需要进行探索与利用的平衡。　（　　　）

二、单选题

1. 以下机器学习方法中需要标注数据的是（　　　）。

A. 监督学习　　　　　B. 无监督学习　　　　C. 半监督学习　　　　D. 强化学习

2. 以下算法中属于无监督学习的是（　　　）。

A. 线性回归　　　　　B. K-means 聚类　　　C. 支持向量机　　　　D. 决策树

3. KNN 算法中的 "K" 代表（　　　）。

A. 训练数据的样本数量　　　　　　　　B. 邻近点的数量

C. 特征的数量　　　　　　　　　　　　D. 分类的类别数量

4. 在分类任务中，KNN 算法确定新样本的类别所采用的方式是（　　　）。

A. 选择最近的 K 个样本中出现次数最多的类别

B. 选择最近的 K 个样本中距离最近的类别

C. 选择最近的 K 个样本中平均值最高的类别

D. 选择最近的 K 个样本中标准差最小的类别

5. K-means 算法的主要目标是（　　　）。

A. 最小化簇内距离，最大化簇间距离　　B. 最大化簇内距离，最小化簇间距离

C. 最小化所有数据点到质心的总距离　　D. 最大化所有数据点到质心的总距离

6. K-means 算法中，初始化质心的方法是（　　　）。

A. 随机选择 K 个数据点作为初始质心　B. 选择数据点的均值作为初始质心

C. 选择数据点的中位数作为初始质心　　D. 选择数据点的众数作为初始质心

7. 强化学习中的 "奖励" 指的是（　　　）。

A. 智能体的内部满足　　　　　　　　　B. 智能体的外部满足

C. 环境的内部反馈　　　　　　　　　　D. 环境的外部反馈

8. 在机器学习中，模型的泛化能力是指（　　　）。

A. 模型在训练数据上的表现　　　　　　B. 模型在测试数据上的表现

C. 模型在新数据上的表现　　　　　　　D. 模型在所有数据上的表现

9. 在机器学习中，过拟合是指（　　　）。

A. 模型在训练数据上表现很好，但在测试数据上表现不佳

B. 模型在训练数据上表现不佳，但在测试数据上表现很好

C. 模型在训练数据和测试数据上都表现很好

D. 模型在训练数据和测试数据上都表现不佳

10. 特征工程的主要目的是（　　　）。

A. 增加数据量　　　　　　　　　　　　B. 提高模型的训练速度

C. 提高模型的性能   D. 减少模型的复杂度

三、简答题

1. 在监督学习中，KNN 的性能主要受哪些因素影响？

2. 无监督学习中的 K-means 聚类算法是如何确定聚类中心的？

3. 举例讲解智能体如何通过与环境交互进行强化学习。

实验 3   机器学习基本流程

一、实验目的

1. 了解 Orange 智能可视化人工智能工具。

2. 掌握监督学习线性回归基本原理及特征。

3. 熟悉机器学习基本流程，对比分析人类学习与机器学习的异同。

二、实验内容

1. 根据个人历史医疗记录，使用简单线性回归算法训练医疗费用预测模型。

2. 分析不同模型的异同以及其优劣原因，并探讨模型优化方案。

三、实验环境

1. 中文版 Windows 7 及以上。

2. Orange 智能软件 Orange 3-3.33 及以上（获取随书资源：实验数据集 insurance.csv 和 Orange 3-3.33 软件安装包）。

四、实验步骤

1. 数据收集

本实验数据集 insurance.csv 收录了 1 338 个个体历史医疗数据。启动 Orange 智能软件，将"数据（Data）"栏中的"文件（File）"放入右边工作区，如图 3.46 所示。

双击打开"文件（File）"，"数据源"导入数据集 insurance.csv，观察数据集数据特征并记录：

① 字段名：_____，含义：_____，类型：_____，角色：_____。

图 3.46 数据集导入

② 字段名：_____，含义：_____，类型：_____，角色：_____。
③ 字段名：_____，含义：_____，类型：_____，角色：_____。
④ 字段名：_____，含义：_____，类型：_____，角色：_____。
⑤ 字段名：_____，含义：_____，类型：_____，角色：_____。
⑥ 字段名：_____，含义：_____，类型：_____，角色：_____。
⑦ 字段名：_____，含义：_____，类型：_____，角色：_____。

【小提示】单击界面左下角问号，可查阅帮助文档。

上述字段中，哪个字段的角色应设置为"目标（标签）"，为什么？

_____

_____

2. 数据处理

将"数据（Data）"栏中的"数据表（Data Table）"和"特征统计（Feature Statistics）"放入右边工作区，与"文件（File）"相连接（如图 3.47 所示）后双击打开，查看导入的数据详情，观察数据是否存在缺失值。

【思考题 1】机器学习流程中，检测数据集缺失值的目的是什么？

_____

_____

3. 特征工程

① 将"可视化（Visualize）"栏中的"散点图（Scatter Plot）"放入右边工作区，并与"文件（File）"相连接，如图 3.48 所示。

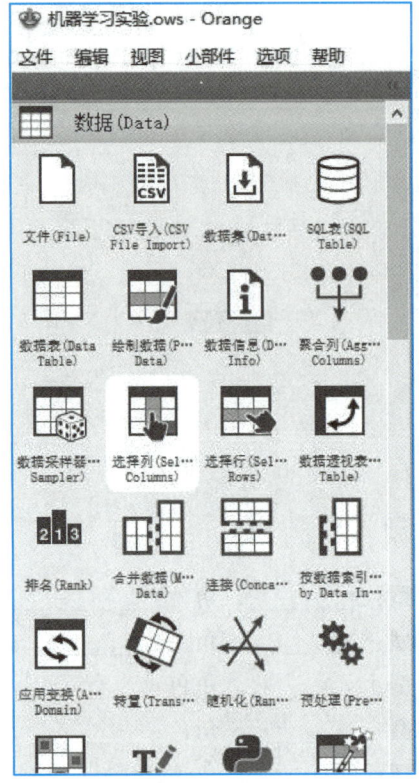

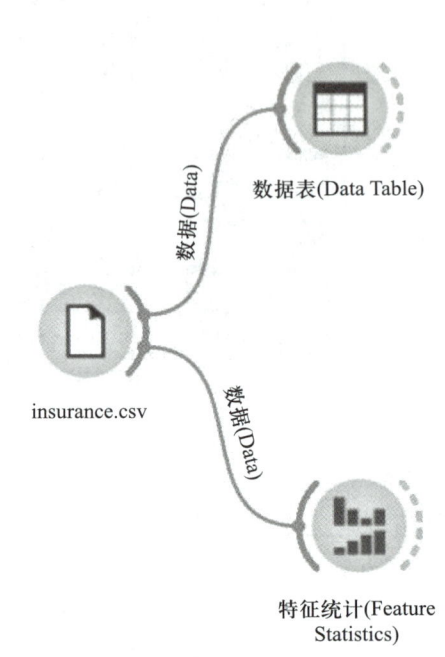

图 3.47　数据集缺失值检测

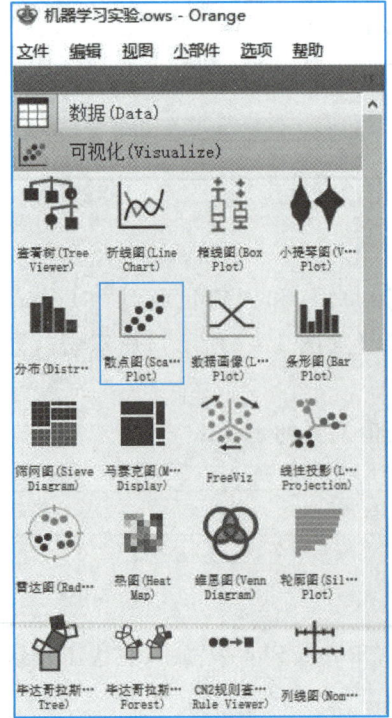

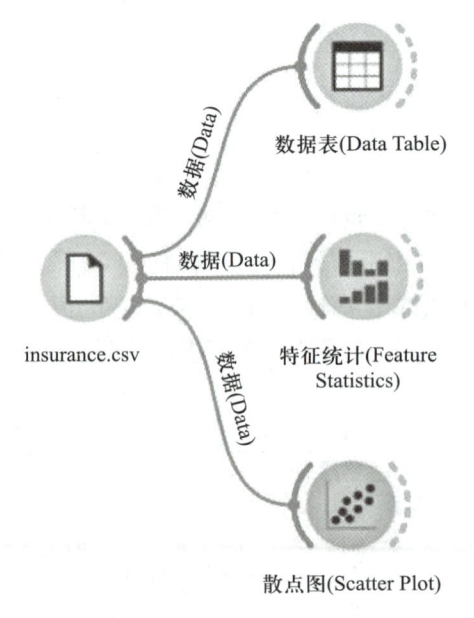

图 3.48　数据集散列图分布

双击打开"散点图（Scatter Plot）"，y 轴选择 charges 参数，x 轴分别尝试选择 age、sex、bmi、children、smoker、region 特征，观察记录：哪个特征与 charges 之间呈简单线性关系，该特征与 charges 线性相关程度一样吗（截图说明）？

_____

_____

② 将左边"数据（Data）"栏中的"选择列（Select Colums）"放入右边工作区，并与"文件（File）"相连接，双击打开，仅选择 age 和 charges 作为模型训练的数据特征值和标签（目标），如图 3.49 所示。

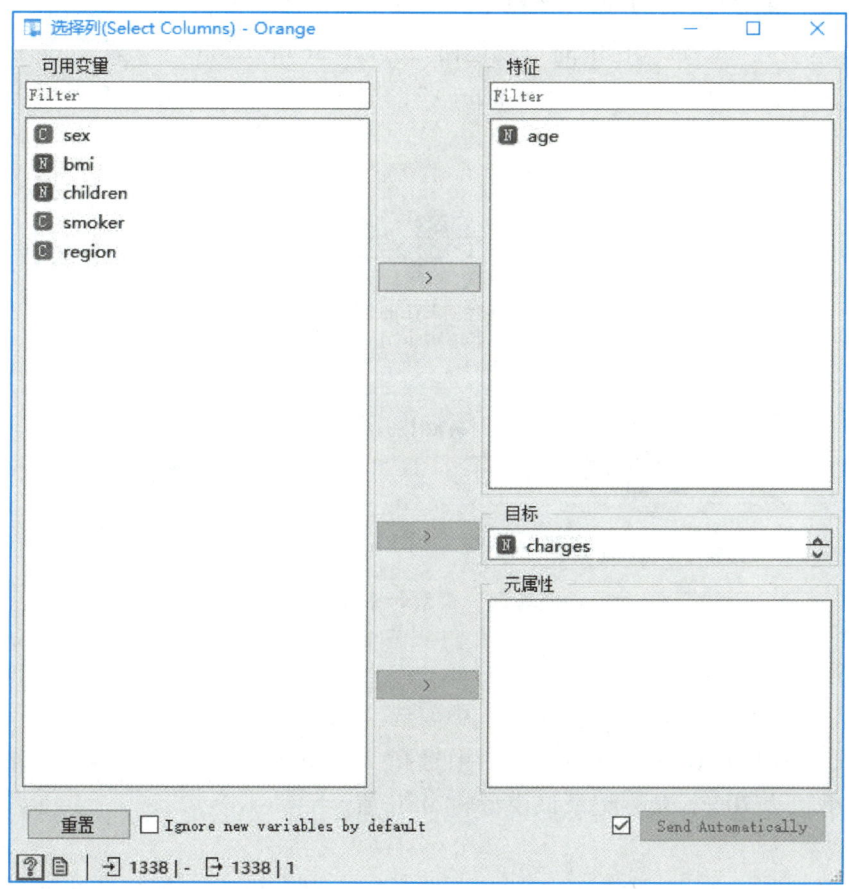

图 3.49　数据集 age 特征选择

在工作区中加入"数据表（Data Table）"，观察特征选择后数据集情况。

③ 在工作区使用"数据（Data）"栏中的"选择行（Select Rows）"和"连接（Concatenate）"按以下条件对数据进行筛选：

a. age：40 岁（含）以下且 charges 在 10 000 元（含）以下。

b. age：40 岁至 50（含）岁且 charges 在 12 500 元（含）以下。

c. age：50 岁以上且 charges 在 17 000 元（含）以下。

筛选后样本数据量为多少？

数据间结构有什么变化（截图说明）？

在工作区中加入"数据表（Data Table）"，观察数据筛选后数据集情况。

【思考题 2】本实验数据筛选过程属于特征工程环节中的＿＿＿＿＿，对比第 3 章中红细胞和白细胞识别案例，类似选择＿＿＿＿＿和＿＿＿＿＿作为区分白细胞和红细胞的特征，为构建机器学习模型做准备。

4. 模型训练与评估

现在数据已准备完毕，开始线性模型的训练及其评估。

使用"模型（Model）"栏中的"线性回归（Linear Regression）"以及"评估（Evaluate）"栏中的"测试和评分（Test and Score）"，按图 3.50 所示进行模型训练与评估。

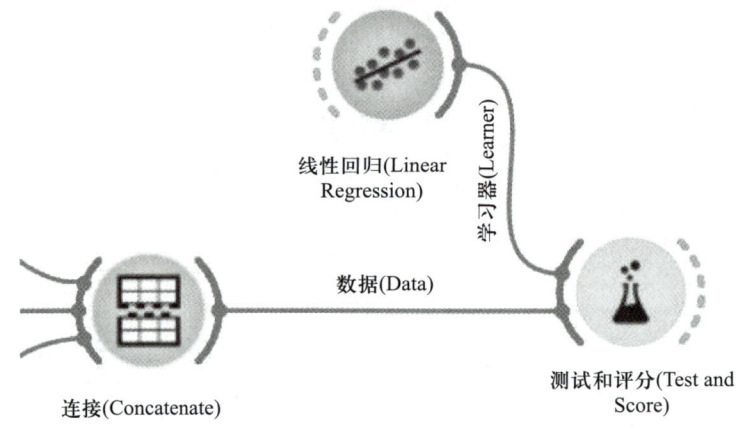

图 3.50　模型训练与评估

① 模型一。

在"线性回归（Linear Regression）"中勾选"拟合截距"参数。

在"测试和评分（Test and Score）"中选择"随机抽样"，"重复训练/测试"为 1，"训练集大小"为 70%，观察记录该模型的 MSE 值。

② 模型二。

在"线性回归（Linear Regression）"中不勾选"拟合截距"参数。

在"测试和评分（Test and Score）"中选择"随机抽样"，"重复训练/测试"为 1，训练集大小 70%，观察记录该模型的 MSE 值。

③ 请问模型一和模型二有什么不同，哪个性能更优异，为什么？

【思考题 3】数据拆分为训练集和测试集的目的是什么？

5. 模型优化

"测试和评分（Test and Score）"中的"重复训练/测试"次数，是按照 70%∶30% 随机划分训练集和测试集并进行训练的次数，调整模型二中该参数并记录：

1 次，MSE 值：_____。

2 次，MSE 值：_____。

3 次，MSE 值：_____。

5 次，MSE 值：_____。

10 次，MSE 值：_____。

20 次，MSE 值：_____。

50 次，MSE 值：_____。

100 次，MSE 值：_____。

观察上述记录的数值，模型训练的本质是什么？有哪些方法可以优化模型性能，有效降低 MSE 值？

_____

_____

6. 模型应用（新数据预测）

保险公司利用该模型对某年龄的医疗保费进行预测，例如：28 岁投保人应交多少医疗保费？

① 28 岁医疗保费 charges（实际）的近似计算方法为：

用 Excel 打开"insurance.csv"数据集，筛选出符合"age = 28，charges ≤ 10 000"条件的数据，charges 平均值即为 28 岁投保人应交的医疗保费 charges（实际）。

② 利用训练获得模型一、模型二，预测医疗保费 charges（模型一）、charges（模型二），具体步骤如下：

自行创建"New Date.xlsx"表格数据，其中仅需一条数据：age 值为 28，charges 值为空。

按图 3.51 连接实验模型，双击"预测（Predictions）"，观察不同模型预测的 charges 值并记录。（说明：学生选取不同 age 值完成。）

a. "insurance.csv"中选择的 age：_____，charge（实际）：_____。

b. 模型一预测的 charge：_____。

c. 模型二预测的 charge：_____。

d. charge（模型一）、charge（模型二）与 charge（实际）的差异反映了什么？

e. charge（模型一）与 charge（模型二）的差异反映了什么？

【思考题 4】如何分析该问题，结合实验对比分析人类学习与机器学习的异同？

_____

_____

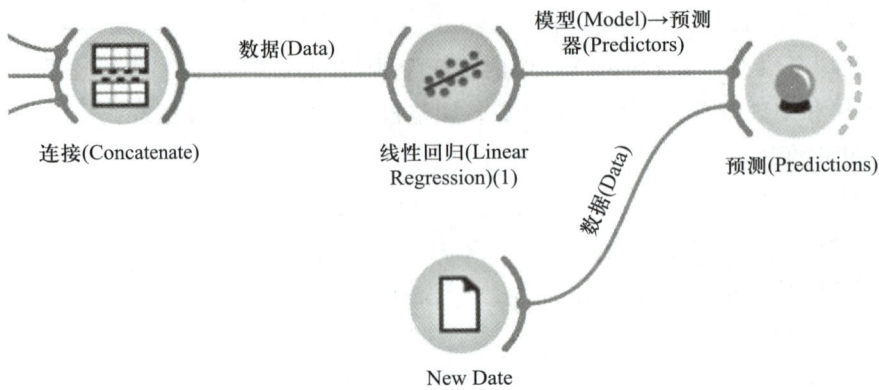

图 3.51   模型对新数据预测

第4章 深度神经网络：智能的深层探索

智能不是完全复刻人脑，而是创造新的认知维度。

——佚名

人类大脑由近千亿神经元交织成智慧网络，而人工神经网络正是受此启发诞生的数字奇迹。它并非简单复刻人脑，而是以数学和数据为基础，构建出超越传统认知维度的人工智能体系。从识别猫狗图片到预测气候变化，神经网络与深度学习正悄然重塑人类理解世界的方式。本章将带读者穿越这场"数字神经元"的进化之旅——无须编程基础，只需带着对智能本质的好奇，探索深度神经网络如何像乐高积木般搭建智能，又如何通过深度网络挖掘知识的宝藏。

本章学习目标：

◇ 理解人工神经网络的生物灵感。

◇ 了解人工神经网络的发展和进化脉络。

◇ 认识神经网络的主要结构及其多样性。

◇ 理解深度学习的特点和本质。

◇ 了解深度学习中常用的关键技术。

4.1 神经网络：智能的"神经元"网络

4.1.1 神经网络的起源

人脑由约 860 亿个神经元组成，每个神经元通过突触与其他神经元相连，如图 4.1 所示。当一个神经元接收到足够强的电信号时，它会"激活"并将信号传递给其他神经元。这一过程启发了科学家尝试用数学模型模拟大脑的学习能力。

拓展阅读：人工神经网络的起源

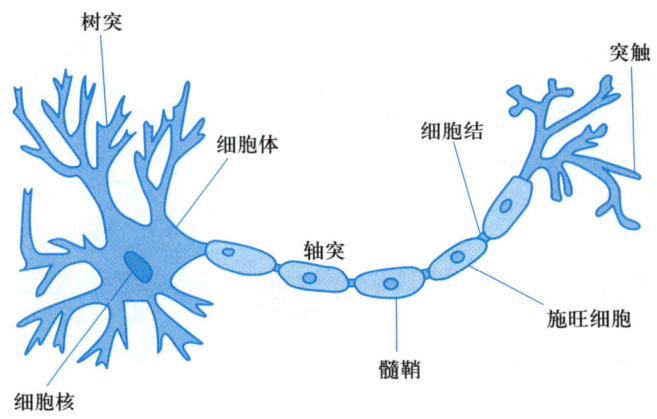

图 4.1　大脑中的神经元

在 20 世纪中叶，心理学家沃伦·麦卡洛克和数学家沃尔特·皮茨共同提出了麦卡洛克-皮茨神经元模型（McCulloch-Pitts neuron model）。他们将神经元抽象为一个简单的逻辑计算单元，这个单元能够对输入信号进行加权求和，并依据阈值来判断是否产生输出信号。这一开创性的模型为神经网络的后续发展奠定了坚实的理论根基。

1957 年，弗兰克·罗森布拉特提出了感知器模型，这是首个具有实际意义的神经网络。感知器能够处理线性可分的数据分类问题，它通过不断地训练，调整权重来提高分类的准确率。尽管感知器在处理线性问题时表现出色，但它存在局限性，无法有效解决复杂的非线性问题。

4.1.2　神经网络的基本原理

人工神经网络是模仿人脑的神经结构做出来的。人脑里有很多很多的神经细胞，这些细胞相互连接，一起工作，让人们能看、能听、能思考。人工神经网络也是一样，它由很多的"小单元"组成，这些小单元就像大脑里的神经细胞，被称为神经元，神经元之间也有"线"连着，这些"线"就是连接边。

1. 神经元

神经元的结构如图 4.2 所示。每个神经元就像一个小计算器，它会收到很多其他神经元传来的"小纸条"，这些"小纸条"上写着不同的数字，每个数字都有不同的重要程度，这个重要程度就是权重（w）。神经元对这些数字进行加权求和后，再加上一个数字 b，这个数字称为偏置（bias）。然后，它会根据一个特殊的规则函数，把算出来的结果变成另一个数字，这个特殊的规则函数就是一个被称为激活函数（f）的非线性函数。它的目的是给神经元的输出引入非线性。因为在现实世界中的数据大多都是非线性的，因此人们希望神经元可以学习到这些非线性的表示。

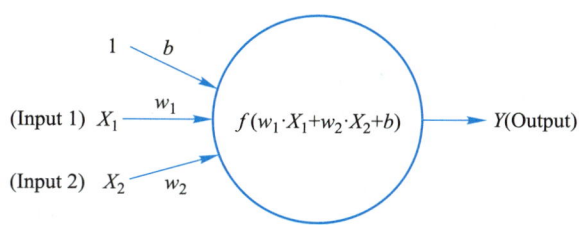

$$\text{Output of neuron} = Y = f(w_1 \cdot X_1 + w_2 \cdot X_2 + b)$$

图 4.2 简单神经元模型

以下是一些比较常见的激活函数，各自的函数图像如图 4.3 所示。

Sigmoid：输出范围是 [0，1]

$$\sigma(x) = \frac{1}{1+e^{-x}}$$

tanh：输出范围是 [-1，1]

$$\tanh(x) = \frac{e^x - e^{-x}}{e^x + e^{-x}} = 2\sigma(2x) - 1$$

ReLU：输出范围是 [0，x]

$$f(x) = \max(0, x)$$

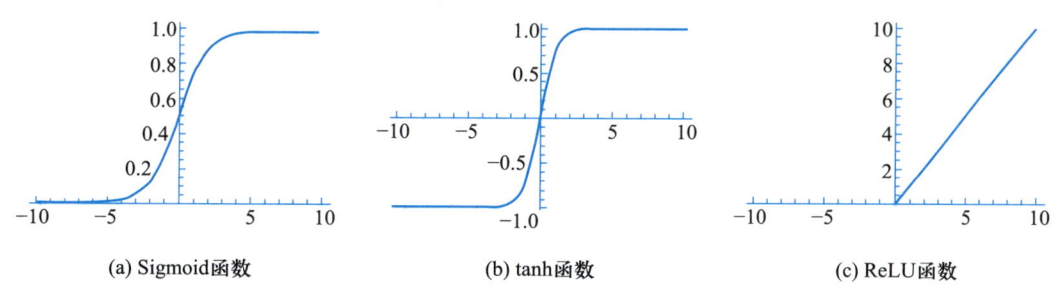

(a) Sigmoid函数   (b) tanh函数   (c) ReLU函数

图 4.3 常见的激活函数

 想一想：

不同的激活函数各自有什么特点？功能上有什么差异？（请在完成本章的学习后回答）

2. 前向神经网络

神经网络有 3 个部分，分别是输入层、隐藏层和输出层，结构如图 4.4 所示。输入层就像人们的眼睛和耳朵，负责接收外面的信息，比如看到的图片、听到的声音。输出层就像人们给出的回答，比如图片里是什么东西，声音在说什么。隐藏层在中间，它就像人们大脑里思考的过程，把输入的信息变得更有用，提取出关键的特征。隐藏层可以有一层，也可以有很多层，每一层都有多个神经元。

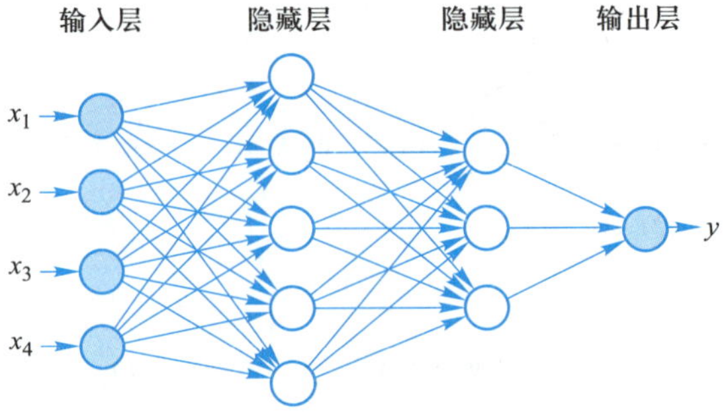

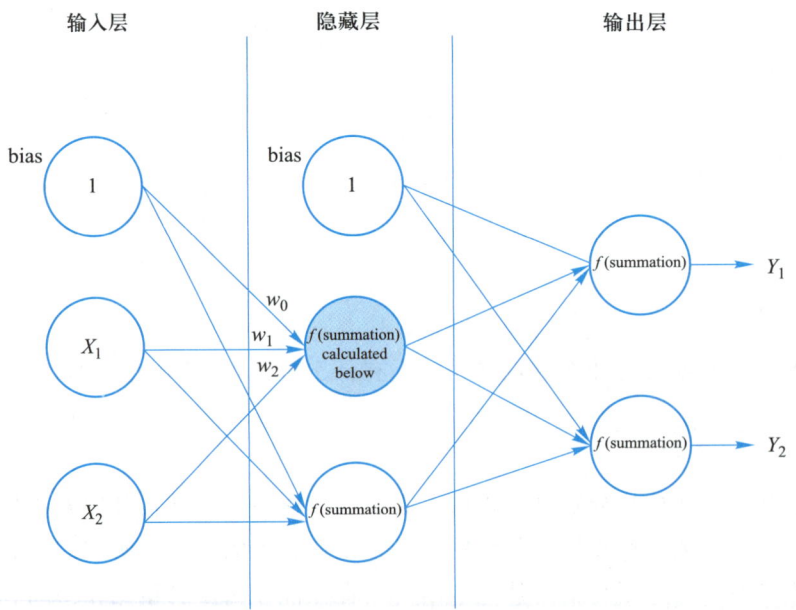

图 4.4   前向神经网络的结构图

需要注意的是，前向神经网络中，信息是从输入层传递到输出层，只有前向这一个方向，没有反向传递，也没有循环传递的路径。

下面是两个前向神经网络的例子：

① 单层感知器——最简单的前向神经网络，并且不含任何隐藏层。

② 多层感知器——拥有一个或多个隐藏层。

单层感知器由于没有隐藏层，所以比较简单，这里主要介绍多层感知器。

3. 多层感知器

单层感知器只有输入层和输出层，所以只能学习线性函数，而多层感知器拥有一个或多个隐藏层，因此可以学习非线性函数。图 4.5 是拥有一个隐藏层的多层感知器例子。

$$f(\text{summation})=f(w_0 \cdot 1 + w_1 \cdot X_1 + w_2 \cdot X_2)$$

图 4.5   含有 1 个隐藏层的多层感知器

图 4.5 显示该多层感知器有两个输入值 X_1 和 X_2，隐藏层有两个神经元，输出层有两个输出值 Y_1 和 Y_2。图中还展示了其中一个隐藏层神经元的计算公式：

$$f(\text{summation}) = f(w_0 \cdot 1 + w_1 \cdot X_1 + w_2 \cdot X_2)$$

 想一想：

图 4.2 所示的神经元，可以看作是一个单层网络（单层感知器）。为什么单层网络无法解决异或（XOR）逻辑问题？多层感知器中的隐藏层如何改变这一局面？

如果不了解什么是异或逻辑问题，可自行到网上查阅。

练一练：

参照实验 4-1 的内容和工具，验证单层网络能否解决异或逻辑问题，加入隐藏层后的多层网络能否解决异或逻辑问题。

4. 反向传播算法

多层感知器要发挥作用，仅靠前向传播计算是不够的，因为网络中的权重参数 w 还没有设定好。神经网络除了前向传播计算外，还有反向传播（back-propagation，BP）算法，通过反向传播算法来调整和更新权重的数值，从而逐步把权重参数拟定下来，这样神经网络才能发挥预期的效果。

反向传播算法基于梯度下降原理，其特别之处在于利用神经网络的层次结构，首先调整最后一层连接的权重，再调整倒数第二层的权重，依此类推，直到调整到网络第一层为止。这一参数调整过程是从后向前逐层调整参数，因此称为反向传播算法。简略的反向传播过程如图 4.6 所示，具体的反向传播计算方法可查阅相关资料。

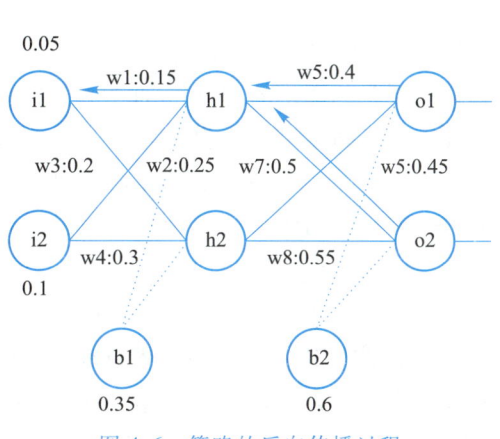

图 4.6 简略的反向传播过程

练一练：

① 参照实验 4-1 的内容和工具，观察神经网络的反向传播和前向传播计算。

② 参照实验 4-2 的内容，观察神经网络是如何拟合数据分布的，是如何实现一维函数回归的。

③ 参照实验 4-3 的内容，观察和分析不同数据分布（如环形、异或、高斯、螺旋）对网络结构的需求；了解激活函数对分类边界的影响。

神经网络的学习需要大量示例。比如，我们想让它认出猫，就给它看很多很多猫的图片，每张图片都告诉它这是猫。它一开始可能会识别错误，把狗也认成猫。这时，我们就计算它出错的程度，这个程度就是误差。然后，通过反向传播算法，把这个误差从输出层往回传递，告诉神经网络哪里错了，让它调整那些"小纸条"的重要程度，也就是权重。这样一次又一次地学习，它识别错误的次数就会越来越少，最后就能很准确地认出猫了。

4.2 神经网络的发展历程

1. 早期探索阶段

在神经网络发展的早期，虽然感知器的出现引发了广泛关注，但由于它在处理非线性问题上的局限性，使得神经网络的发展受到了阻碍。20 世纪 60 年代末，明斯基和佩珀特在《感知器》一书中，明确指出了感知器在处理非线性问题时的不足，这使得神经网络的研究陷入了低谷，进展缓慢。

2. 发展转折期

20 世纪 80 年代，为了克服单层感知器的局限，研究者提出了多层感知器，并通过引入隐藏层和非线性激活函数（如 Sigmoid 函数）实现了对非线性映射的学习能力。同时，反向传播算法的提出也成为神经网络发展的重要转折点。该算法能够有效地解决多层神经网络的训练问题，提高了学习能力，使得神经网络能够处理复杂的任务。这一时期，神经网络的研究重新活跃，研究者开始探索语音识别、图像识别等应用领域。

3. 蓬勃发展阶段

21 世纪初，ReLU（rectified linear unit）激活函数被广泛采用，显著缓解了神经网络的梯度消失问题，使更深层网络（如 AlexNet、VGG）的训练成为可能。此外，随着计算机硬件性能的不断提升，尤其是图形处理器（GPU）在深度学习计算中的应用，以及大数据时代的到来，为神经网络的发展提供了强大的计算能力和丰富的数据资源。神经网络在各个领域取得了显著的成果，在图像识别领域中，基于卷积神经网络的模型在图像分类、目标检测等任务上取得了突破性进展；在语音识别领域中，基于循环神经网络及其变体（如 LSTM、GRU）的模型大幅提高了语音识别的准确率；在自然语言处理领域中，Transformer 架构的出现革新了语言处理的方式，基于 Transformer 的模型在机器翻译、文本生成等任务中表现出色。如今，神经网络已经广泛应用于医疗、金融、交通、娱乐等众多领域，成为推动人工智能发展的核心技术之一，并且仍在不断创新和发展，新的算法和应用场景持续涌现。神经网络络的发展历程如图 4.7 所示。

拓展阅读：
变通与发展

图 4.7 神经网络的发展历程

4.3 神经网络家族：多样化的智能结构

4.3.1 卷积神经网络：图像的"解码器"

1. CNN 是什么

卷积神经网络（CNN）是一种专门处理空间结构化数据（如图像、音频、视频）的深度学习模型。它的设计灵感来自生物学中的视觉系统，旨在模拟人类视觉处理的方式。它的核心能力是自动从数据中提取特征，无须人工设计规则。在过去的几年中，CNN 已经在图像识别、目标检测、图像生成和许多其他领域取得了显著的进展，成为计算机视觉和深度学习研究的重要组成部分。CNN 整体结构和流程如图 4.8 所示。

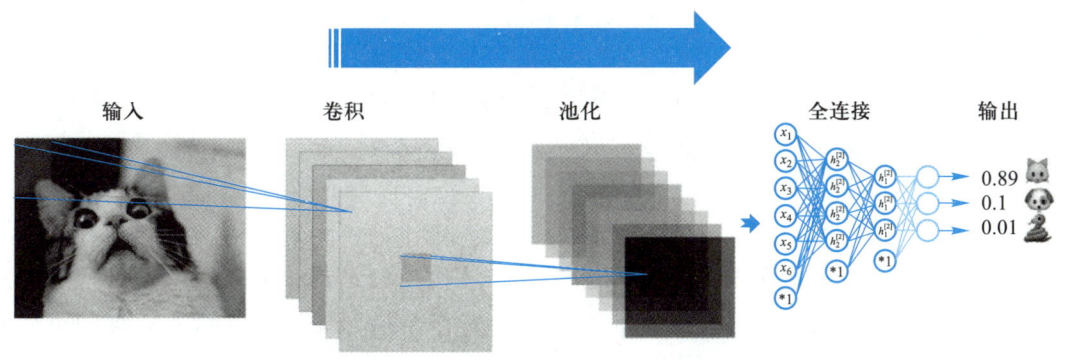

图 4.8 CNN 整体结构和流程示意图

2. 输入层

输入层比较简单，这一层的主要工作是输入图像等信息。对于输入图像，首先要将其转换为对应的二维矩阵，这个二维矩阵即是由图像每一个像素点的像素值组成的。

3. 卷积层

卷积层（convolution layer）是卷积神经网络中的核心组件之一，它主要负责在输入图像上执行卷积操作，以提取输入图像中的不同特征。卷积层通过卷积核与输入图像进行局部连接和卷积运算，以生成特征图。这些特征图包含了输入数据的不同特征信息。

卷积核也是一个二维矩阵，当然这个二维矩阵通常比输入图像的二维矩阵要小。卷积核通过在输入图像的二维矩阵上不停地移动，每一次移动都进行一次乘积的求和，和作为此位置的结果值。

如图 4.9 所示，是一次卷积运算过程。input 表示输入的特征图，数字为像素点的值，其中图 4.9（a）中阴影的部分表示卷积核的当前关注区域。kernel 表示一个尺寸为 3×3 的卷积核，图 4.9（b）表示卷积核的权重值。output 表示经过卷积运算后得到的输出结果，图 4.9（c）中阴影区域表示一次卷积运算的结果。通过卷积核的滑动计算，可以提取图像中的有用特征：

$$output = 2×(-1)+1×0+0×1+9×(-1)+5×0+4×1+2×(-1)+3×0+4×1 = -5$$

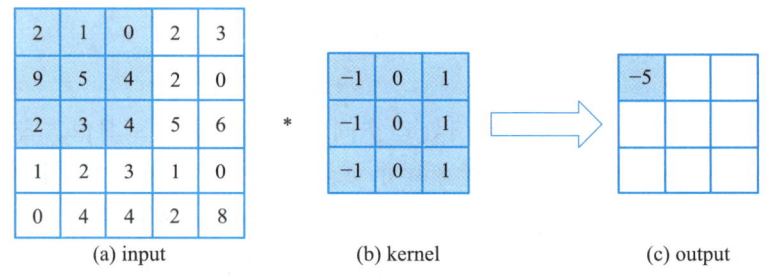

(a) input   (b) kernel   (c) output

图 4.9   一次卷积运算过程

? 想一想：

在图 4.9 所示的卷积运算过程中，哪些因素会影响结果图（特征图）的分辨率大小？图 4.9 的卷积结果是 3×3 的，哪些因素决定了分辨率大小。

4. 池化层

池化层（pooling layer）是神经网络中常用的一种层级结构，主要用于减小数据的空间尺寸，降低模型的计算复杂度，减少过拟合，并在一定程度上提取输入数据的重要特征。池化层主要对卷积层输出的特征图进行下采样操作，一般接在卷积层之后。

池化层所用的方法有 Max pooling 和 Average pooling，而实际较常用的是 Max pooling。Max pooling 的处理过程非常简单，如图 4.10 所示。

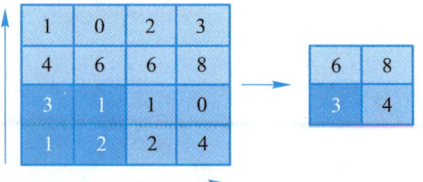

图 4.10   最大池化操作过程

在池化层的输入数据上，对于每个 2×2 的窗口，选出最大值作为输出矩阵对应位置的元素值。例如，输入矩阵第一个 2×2 窗口中最大值为 6，那么输出矩阵的第一个元素就是 6，依此类推。

池化层主要有以下功能：

① 特征降维（下采样）：通过减小特征图的尺寸来降低计算量，并且可以提取特征图的主要信息。

② 局部平移不变性（物体位置的局部变化不影响识别）：池化操作通过下采样保留了局部区域的主要特征信息，并通过对局部位置信息的模糊化，增强了网络对输入特征微小平移的局部鲁棒性。

③ 防止过拟合：通过减小数据量和参数数量，降低模型复杂度，提高泛化能力。

5. 全连接层

全连接层（fully connected layer）是深度学习中常用的一种神经网络层，常用于图像识别等任务，它的主要作用是学习到前面层（如卷积层、池化层等）输出的特征，进行全局整合，并映射到样本的标记空间（输出空间），如图 4.11 所示。

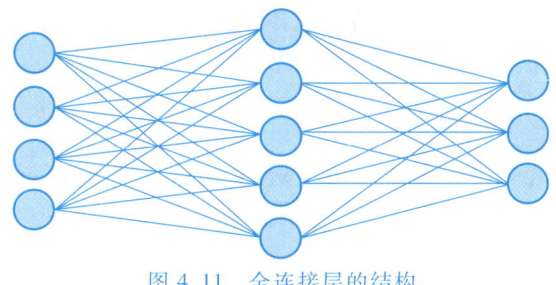

图 4.11　全连接层的结构

最后，全连接层将提取的特征映射为网络的最终输出，例如分类标签、回归值或其他任务类型的结果。

6. 输出层

输出层也比较简单，我们只需要将全连接层得到的一维向量经过计算后得到每个候选识别结果的概率。这个计算可能是线性的，也可能是非线性的。在深度学习中，我们需要识别的结果一般都是多分类的，因此每个输出位置都会有一个概率值，代表识别为当前结果的概率。通常取最大概率值对应的候选识别结果作为最终的识别结果。在训练过程中，可以通过不断地调整参数值来使识别结果更准确，从而达到最高的模型准确率。如图 4.8 所示，在这个例子中，最大概率值对应的是猫，所以最终识别结果是猫。

❓ 想一想：

（1）在卷积神经网络中，卷积层和全连接层在特征提取方面有哪些区别？

（2）卷积神经网络在图像处理相关的任务上取得了极大成功，比如本节所述的物体分类和识别。其成功的主要原因是什么？

7. CNN 的特点

当使用全连接神经网络处理大尺寸图像时，存在 3 个明显缺点：

① 将图像展开为向量会丢失空间信息；

② 参数过多导致效率低下、训练困难；

③ 大量的参数也容易导致网络过拟合。

卷积神经网络则可以很好地解决以上 3 个问题。

8. CNN 的应用场景

卷积神经网络在计算机视觉、自然语言处理、语音识别等领域有着广泛的应用。以下是一些具体的应用示例：

① 计算机视觉：图像分类（识别猫、狗、车等物体）、目标检测（检测车辆、行人、交通标志等）、图像分割（如医学影像中的器官分割）、人脸识别、图像搜索等。

② 自然语言处理：情感分析、文本分类、命名实体识别等。

③ 语音识别：识别语音指令、语音转文本等。

④ 视频分析：动作识别、视频内容理解等。

练一练：

参照实验 4-4 的内容，使用在线工具 CNN Explainer 观察卷积层如何提取边缘，池化层如何压缩数据，直观理解卷积、池化、展平等操作的具体过程，了解超参数（步长、填充、核大小）对特征提取的影响。

4.3.2　循环神经网络：序列的"记忆者"

先来看一个在自然语言处理中的典型任务——命名实体识别（NER）。例如：

第一句话：I like eating apple!（我喜欢吃苹果！）

第二句话：Apple is a company!（苹果是一家公司！）

我们的任务是为其中的"apple"这个词打上正确的标签。已知在第一句话中，"apple"指的是一种水果，而在第二句话中，"apple"指的是苹果公司。

在处理这种任务时，一些传统的神经网络模型，比如全连接神经网络和卷积神经网络，通常在处理每个单词时，不会充分考虑上下文信息。它们可能会单独考虑"apple"这个词的特征，而忽略它在整个句子中的语境。这就会导致模型在判断"apple"是水果还是公司时，无法正确理解其含义，从而打上错误的标签。例如，若在训练数据集中，"apple"更多地作为水果出现，模型就可能倾向于把它识别为水果，忽略了它作为公司出现的可能性，这样模型在预测时的准确性就大大降低了。

为此，循环神经网络（recurrent neural network，RNN）应运而生。RNN 能够处理上下文信息，因为它在处理每个单词时，会同时考虑前后词汇的关系，这样就能更准确地识别"apple"是指水果还是公司。

1. 循环神经网络的定义

循环神经网络是一种专门用于处理序列数据的模型，它能挖掘数据中的时序信息以及语义信息，并利用这种能力在解决语音识别、语言模型、机器翻译以及时序分析等自然语言处理领域的问题时有所突破。

与传统神经网络不同，RNN 能够"记住"前面输入的信息，并将其用于后续的计算。它的设计灵感来自人类的大脑，因为我们的记忆系统在处理新信息时，能够回顾和利用过往的经验。

两种神经网络的对比如下：

① 普通神经网络：这类网络通常处理独立数据，每次输入相互独立，例如图像、数字或是单个数据点。以卷积神经网络为例，每个输入图像独立通过网络进行处理，经过卷积、池化、激活等操作，最后得出一个输出结果。

② RNN：能够处理序列中的每一个数据点，并且将每一步的输出保留为对之前数据的记忆，如图 4.12 所示。这种记忆机制使得 RNN 能够有效地捕捉数据之间的时间依赖关系，从而在处理序列数据时表现更精准。

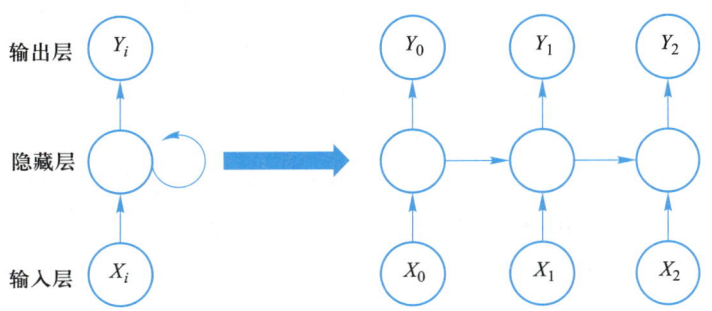

图 4.12　RNN 结构和按时间展开的示意图

2. 循环神经网络的工作原理

RNN 的结构包括输入层、隐藏层和输出层。在 RNN 中，每个神经元接收两个输入：一个是当前时刻的输入，另一个是之前时刻的输出。这种循环连接让 RNN 能够在每一步中携带前面步骤的"记忆"，当前的输出会与下一时刻的输入共同影响整个序列的学习过程，从而能够捕捉序列中的时间依赖关系。

举个例子：假设用 RNN 预测今天天气，今天的天气不仅取决于当前数据，还与过去天气相关。RNN 正是通过"记忆"过去的数据来帮助我们做出预测。

3. 循环神经网络的不足之处

RNN 的特点是按序列顺序逐字处理，每一步的输出取决于先前的隐藏状态和当前的输入，而且要等上一步完成后才能进行计算，因此无法并行计算。此外，RNN 不擅长处理长文本。在 RNN 中，词之间的距离越远，前面对后面的影响越弱，导致其难以有效捕获长距离的语义关系。例如：

"我在广东长大，这边有很多移民。即使我父母都是四川人，我更喜欢吃_____。"

正确预测下一个词的关键是距离很远的"广东"，而在 RNN 中，距离更近的"四川"会发挥更关键的作用，"广东"可能已被模型遗忘。为了解决这个缺陷，长短期记忆网络（LSTM）被提出，可缓解该问题和缺陷，但 LSTM 仍无法解决并行计算的问题，而且在处理非常长的文本时，效果依然受限。

4. 循环神经网络的应用场景

RNN 凭借其强大的序列数据处理能力，广泛应用于多个领域，尤其是在需要捕捉时间依赖和上下文关系的任务中。以下是 RNN 在实际应用中的一些典型场景。

（1）自然语言处理

自然语言处理是 RNN 应用最广泛的领域之一。由于语言本身具有强烈的时序性和上下文依赖性，RNN 能够通过记忆前文的单词信息，有效地理解语言的结构和语义。

① 命名实体识别：如前文所述，RNN 能够通过处理整个句子的上下文来判断"apple"是水果还是公司。RNN 的时序处理能力使其在识别具有不同语境的命名实体时，通过考虑上下文，有效区分同一单词在不同句子中的多重意义。

② 情感分析：在情感分析任务中，RNN 可以根据输入的文本判断其情感倾向（如积极、消极或中立）。比如，RNN 可以分析影评或产品评论，识别其中的情感积极性，通过分析句子中的上下文关系，RNN 能够捕捉到细微的情感变化。

③ 机器翻译：RNN 翻译语句会考虑整个句子的语境，而不仅是逐个单词直接翻译。

（2）语音处理

语音识别系统将音频信号转化为文本。由于语音信号是连续的、动态变化的，RNN 能够通过记忆先前的音频信息，捕捉语音中的时序特征，准确地将音频内容转化为文本。

（3）时间序列预测

① 股市预测：股市数据是一个典型的时间序列问题，股价波动通常具有周期性和一定的趋势。RNN 可以通过学习历史股价数据，捕捉市场的变化规律，预测未来的股价走势。通过将每一时刻的股市数据输入 RNN，模型能够做出更准确的短期预测。

② 气象预测：天气数据通常由气温、湿度、气压等多个因素组成，且这些因素之间有着复杂的时序依赖关系，RNN 通过分析过去的天气数据，能够有效预测未来的大气变化。

③ 交通流量预测：在智能交通系统中，RNN 可以根据历史的交通流量数据预测未来的交通状况。通过预测未来的交通流量，交通管理系统可以在高峰时段调整信号灯，减少

交通拥堵。

（4）生成模型

① 文本生成：RNN 可以根据给定的输入生成一段自然流畅的文本。文本生成被广泛应用于自动写作、新闻报道生成和内容创作等领域。

② 音乐创作：RNN 还可以用于生成音乐。通过学习大量的乐曲数据，RNN 能够掌握音乐的节奏和旋律，从而创作出新的乐曲。AI 作曲系统可以生成符合特定风格的音乐片段，甚至模仿某位作曲家的创作风格。

（5）机器人控制与导航

① 自主驾驶：在自动驾驶技术中，RNN 被用来分析来自传感器（如相机、雷达等）的连续数据流。通过捕捉前后环境变化，RNN 可以预测道路上物体的运动轨迹，从而辅助自动驾驶系统进行决策。

② 机器人路径规划：RNN 还被应用于机器人在动态环境中的路径规划任务。机器人需要根据环境中的变化实时调整行进路线，RNN 能够处理这些时序数据，帮助机器人做出实时决策。

想一想：

循环神经网络的记忆功能，为什么对序列数据（如文本串）特别重要？

4.3.3 生成对抗网络：创意的"源泉"

生成对抗网络（generative adversarial network，GAN）是近年来深度学习领域的一个重要突破，它通过对抗的方式来创造全新的数据，以此实现高质量的图像生成、艺术创作等任务。

1. 生成对抗网络的基本概念

生成对抗网络由生成器（generator）和判别器（discriminator）两部分组成，这两个部分在训练过程中彼此对抗，共同提高各自的能力。其中生成器的目标是生成尽可能真实的假数据，例如，在图像生成任务中，生成器会通过随机噪声生成一张图像。而判别器的任务是区分输入的图像是否来自真实数据集。它会判断一张图像是真的（来自真实数据集），还是假的（由生成器生成）。

在训练过程中，生成器和判别器形成对抗关系。生成器不断提高生成数据的质量，使得判别器难以分辨真假，而判别器则不断提升识别真假数据的能力，最终达成平衡。这个过程就像一个博弈，因此称为对抗训练。

举个例子，假设我们要生成一张人脸图像。生成器接收随机噪声向量（如高斯分布）作为输入来生成初步图像，判别器判断它是否逼真。如果判别器能轻松判断出这是假图像，生成器会调整自己的策略，生成更真实的图像，直到判别器无法分辨真假为止。

2. 生成对抗网络的工作原理

在训练过程中，生成器的任务是生成尽可能接近真实数据的假数据，而判别器则负责判断输入数据是否来自真实数据集。生成器和判别器不断相互博弈，生成器试图生成更加真实的数据以"骗过"判别器，而判别器则不断提高其识别虚假数据的能力。

这一过程可以看作是一个动态的博弈，生成器根据判别器的反馈调整生成策略，而判别器则通过不断学习来变得更加精准，直到生成器能够生成几乎无法与真实数据区分的假数据，而判别器无法做到完全准确的判断。整个过程可以类比为一个骗子（生成器）和一个侦探（判别器）的斗争。生成器不断想方设法骗过判别器，而判别器则不断提高自己的能力来识别真假。

在图 4.13 中，数据集包含真实的样本数据，图中提到的是一个手写数字数据集，假设每个样本是一张手写数字图像，例如图中的手写数字 6。这些真实样本（X_real）会被输入到判别器中，用于训练判别器如何分辨图像的真实性。

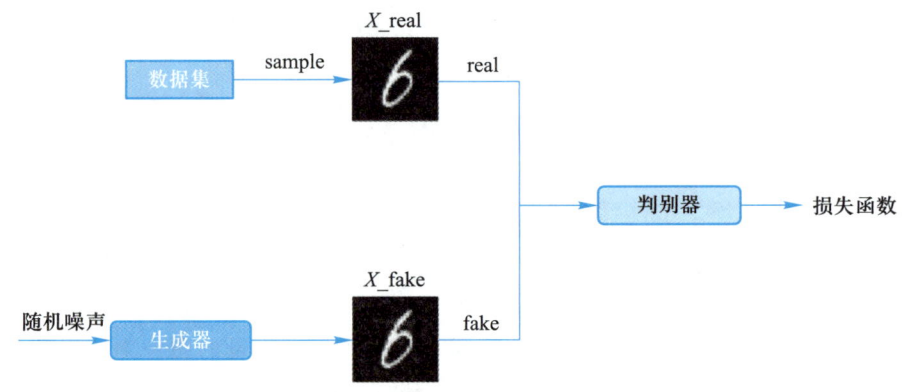

图 4.13　生成对抗网络工作原理

生成器接收到一个随机噪声向量，它通常是从一个随机分布（如正态分布）中抽取的。生成器将通过这个随机噪声生成一张新的图像，例如一张伪造的手写数字 6。生成器通过不断调整生成图像的方式来提高图像的质量，以便骗过判别器。判别器接收到来自数据集中的真实样本（X_real）和生成器产生的假图像（X_fake）。判别器的任务是根据输入的图像，判断它是真实的（来自数据集）还是伪造的（来自生成器）。在图中，判别器会评估图像的真实性，给出一个输出概率（0 到 1），表示图像是真实的概率大小。

损失函数的作用是指导生成器和判别器的训练。判别器的目标是尽可能正确地判断输入图像是否真实。在训练过程中，判别器的损失函数会根据判别器对生成图像判定真或假的分类结果来衡量它的错误程度，并优化判别器的能力。生成器的目标是生成尽可能真实的图像，使判别器无法区分真假。生成器的损失函数基于判别器的反馈来优化。如果判别器认为生成的图像是真实的，生成器的损失就会变小。通过这种方式，生成器不断调整自己生成的图像，使它们越来越接近真实数据。

❓ 想一想：

生成对抗网络的生成器和判别器在训练中如同"矛与盾"相互对抗。如果生成器过于强大导致判别器无法鉴别真假，会对训练产生什么影响？

3. 生成对抗网络的应用场景

生成对抗网络的强大创作能力在多个领域展现出了惊人的应用潜力，尤其是在需要创造新内容的任务中。

（1）图像生成与编辑

GAN 最广泛的应用之一是图像生成。通过训练，GAN 能够生成与真实世界极为相似的图像。例如，给定一个输入的随机噪声，生成器可以生成一张全新的、栩栩如生的人脸图片。这项技术不仅用于生成艺术作品，还被用于以下方面：

① 虚拟人物的生成。例如，DeepFake 技术利用 GAN 生成的虚拟人物图像，可以将一个人的脸部特征映射到另一个人的视频中，用于电影、广告等创意内容制作。

② 风格转换。通过训练 GAN，可以实现风格转换的任务，例如可以将一张普通照片转换为油画风格的图像，如图 4.14 所示。

图 4.14 风格转换

（2）艺术创作与图像增强

GAN 在艺术创作中也有重要应用。例如，艺术家可以通过 GAN 生成全新的艺术作品，或者使用 GAN 来增强现有作品的细节。以下是一些应用示例：

① AI 绘画。通过 GAN，计算机可以模仿著名艺术家的风格创作新的作品。例如，生成一幅看起来像梵高或毕加索风格的画作，或者让计算机自创一些新的艺术风格。

② 图像修复。GAN 可以用来实现图像修复，如图 4.15 所示，利用 GAN 模型可以实现将图片中缺失的部分补全。

图 4.15   图像修复

③ 图像超分辨率。GAN 可以用来增强低分辨率图像的质量，生成清晰度更高的图像，如图 4.16 所示。

图 4.16   图像超分辨率

（3）文本生成与创意写作

除图像生成外，GAN 还可以用于文本生成任务。通过 GAN，可以让计算机生成一段与人类创作风格相似的文章或故事。例如：

① 自动写作。GAN 可以被用于自动生成文章、诗歌或故事。训练一个生成器，让它学会模仿不同的写作风格，从而生成具有创意的内容。

② 对话生成。在聊天机器人和对话系统中，GAN 可生成更自然、更具创意的对话。通过不断优化生成器，系统能够生成有趣、富有逻辑的对话内容。

（4）视频生成与编辑

GAN 不仅能够生成静态图像，还能生成动态图像和视频。以下是一些具体应用：

① 视频预测。GAN 可以用来预测视频中的未来帧。例如，在视频监控中，通过训练 GAN，系统能够预测出下一个时间点的场景变化，辅助异常检测。

② 虚拟现实与增强现实。GAN 可以用来生成虚拟世界中的新场景、人物和物体，提升用户的沉浸感与互动体验。

4.4 深度学习：智能的"深度"挖掘

4.4.1 深度学习的核心思想

深度学习（deep learning）是一类通过模拟人脑神经网络结构来进行数据处理和学习的人工智能技术。它是一种基于大量数据和强大计算力的学习方法，通过多层次的神经网络模型，对数据进行逐层抽象和特征提取，最终实现高效的学习与预测。

核心思想：深度学习的核心在于通过多层神经网络（即深度网络）来自动学习数据中的复杂模式和抽象表示。这些网络能够逐层提取特征，从原始数据到高层次的抽象表示，逐步提高任务完成的准确性和效果。

例如，在图像分类任务中，深度学习网络可以从图像的像素数据中自动学习边缘、纹理、形状等特征，最终通过逐层处理，识别出图像中所表达的具体物体。

4.4.2 深度学习与机器学习的区别

深度学习是机器学习的一个重要分支，它通过模拟人类大脑的神经网络结构，利用多层神经网络来分析和处理数据。与传统的机器学习方法相比，深度学习在处理数据时有一些显著的特点和区别。

1. 特征工程

在传统机器学习中，需要通过专家的经验来人工设计和提取数据中的重要特征，这就意味着要花很多时间和精力去挑选或设计特征并准备数据。而深度学习能够自动从数据中学习特征，无须人工干预，这大大减少了数据处理上的工作量，让模型可以自行发现数据中的规律和特征。

练一练：

参照实验 4-3 的内容，使用在线工具 TensorFlow Playground，对螺旋分布数据进行分类。

① 如果输入只使用 x_1 和 x_2 两个特征，具有一个隐藏层（含 8 个神经元），其他参数保持默认配置，开启网络训练，观察是否能够分类成功（Test loss < 0.15）。

② 如果把包含 x_1 和 x_2 在内的 7 个特征都作为输入，其他设置不变（按①的配置），再次开启网络训练，观察是否能够分类成功。

③ 如果输入只使用 x_1 和 x_2，具有 6 个隐藏层，其中每层含 8 个神经元，其他参数保持默认配置，再次开启网络训练，观察是否能够分类成功。

通过对比实验，了解人工特征工程和深度学习的自动学习特征的区别。

2. 数据需求与计算能力

深度学习通常需要大量高质量的数据来训练模型。随着数据量的增长和计算能力的提升，深度学习的表现也越来越好，并在图像、语音等领域取得了突破性进展。

3. 层次学习

深度学习通过多层神经网络来处理数据，每一层网络都会逐步提取数据中更抽象、更复杂的特征，直到最后得出想要的结果。相比之下，传统机器学习通常依赖浅层模型，只能提取数据的低维特征，无法深入理解数据的复杂结构。

传统机器学习适用于一些常见任务，如分类、回归和聚类，这些任务在日常生活中有广泛应用，例如电子邮件分类、经济预测和医疗诊断。相比之下，深度学习在处理复杂、高维数据时表现尤为突出，特别是在图像识别、自然语言处理和游戏等领域。

举个例子，假设要建立一个机器来区分西红柿和樱桃。在传统机器学习中，我们需要手动提取能够区分这两者的特征，比如果实的大小、颜色、茎叶的形态等，这些特征需要由专家根据经验来设计。而在深度学习中，这些特征则由神经网络自动学习，网络通过逐层抽象提取图像中的重要特征。然而，深度学习的代价是需要大量的标注数据集来训练模型，以便网络能够自动识别出有助于区分西红柿和樱桃的关键特征，如图 4.17 所示。

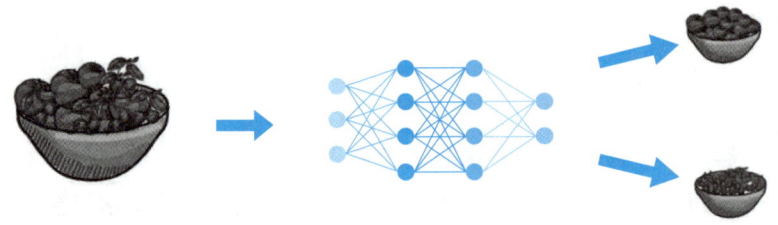

图 4.17   深度学习区分西红柿和樱桃

? 想一想：

传统机器学习中，工程师需要手动设计"纹理""颜色直方图"等特征识别猫狗图片，而深度学习可以自动学习特征。这两种方式各有什么优缺点？

拓展阅读：深度学习与传统机器学习的关系

4.4.3 深度学习的主要特点

1. 多层神经网络结构

深度学习最重要的特征是采用多层神经网络架构，网络的层数通常达到数十甚至上百层，每一层都负责从上一层的输出中提取更高层次的特征表示，神经网络基本结构如图 4.18 所示。

输入层：接收原始数据（如图像的像素、文本的词向量等）。

隐藏层：经过多层非线性变换，进行特征信息的逐步提取和加工。

输出层：根据提取到的特征，输出最终的预测结果（如分类标签、回归值等）。

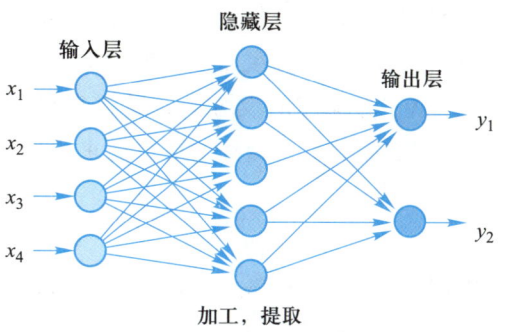

图 4.18 神经网络基本结构

2. 自动特征学习

深度学习能够从原始数据中自动学习特征，避免了人工设计特征的烦琐过程。例如，在图像处理任务中，卷积神经网络能够自动从原始图像中学习到不同层次的特征，如边缘、形状乃至复杂的物体结构。

3. 非线性激活函数

深度学习模型的核心之一是激活函数，它为每个神经元提供非线性变换能力。非线性的引入使得神经网络突破线性模型的局限，从而拟合更加复杂的数据分布。如果没有非线性激活函数，神经网络的多层结构最终等效于一个单一的线性模型，无法处理复杂的模式和关系。通过激活函数，网络能够学习到数据中的非线性特征，从而实现对复杂任务（如图像识别、语音处理等）的有效处理。

 想一想：

如果神经网络中所有层都使用线性激活函数，无论网络多深，都可等效于一个单层线性模型。这是为什么？

4. 反向传播与梯度下降优化

前向传播是将输入信号通过层层计算直至输出结果的过程，而反向传播则是计算出每一层神经网络的误差并将其从输出层往输入层方向一层层回传，从而调整和更新每层权重参数的过程。具体来说，网络首先通过前向传播计算预测结果，然后与真实标签比较得到误差。然后，反向传播通过计算误差对各层权重的梯度，并将这个梯度反向传递，逐层调整权重，使得误差逐渐减小。

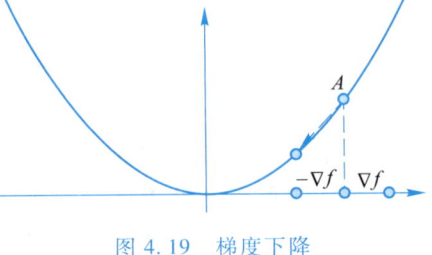

图 4.19　梯度下降

　　梯度下降优化方法则利用这些梯度信息，更新权重，逐步减少误差，最终让模型的预测更加准确。梯度下降优化方法简单而言就是通过沿梯度反方向迭代更新参数以减少误差的一个方法，即快速让误差降到最低的一个方法。如图 4.19 所示，假设目前误差值在 A 点，其中 ∇f 为梯度的正方向，$-\nabla f$ 为梯度的反方向，若需要将误差降到最低，那么需要沿着梯度的反方向来更新权重参数，从而减少误差。

5. 大数据与计算能力支持

　　深度学习的成功离不开大数据的支持。大量标注的数据可帮助网络从多样化样本中学习数据的内在规律。与此同时，深度学习对计算资源的需求非常高，通常需要使用 GPU 等硬件加速，才能在合理时间内完成训练。

6. 预训练模型与迁移学习

　　模型迁移学习是深度学习的一种技术：通过在一个任务上训练得到的模型权重，迁移到另一个相似的任务中。这种方法能够大大提高训练效率，并在数据有限的情况下取得较好的性能。预训练的模型（如 BERT、ResNet 等）在大规模数据集上进行训练后，可以作为很多实际任务的起点，极大地减少了训练时间。

4.4.4　深度学习的优势与挑战

　　深度学习有以下优势：

　　① 自动特征学习：深度学习通过层次化的神经网络，能够自动从原始数据中提取特征，减少了对人工特征工程的依赖。

　　② 高效的模式识别能力：在图像识别、语音识别、自然语言处理等领域，深度学习的表现往往优于传统机器学习算法。

　　③ 强大的泛化能力：深度学习模型通常能够在大规模数据集上训练，可具备较强的泛化能力。

　　深度学习面临以下挑战：

　　① 计算资源消耗大：深度学习模型训练通常需要消耗大量计算资源，如 GPU 等高效硬件，且训练周期较长。

　　② 数据需求大：深度学习模型通常依赖大量标注数据，这对于一些任务来说可能很

难获取。

③ 可解释性差：深度学习的黑箱特性使得其内部工作过程难以解释，尤其在一些敏感领域（如医疗、金融等），其可解释性是一个问题。

4.4.5　图片分类示例

假设任务是训练一个深度学习模型来识别图片中的物体（例如，判断图像中是否有猫，如图 4.20 所示）。

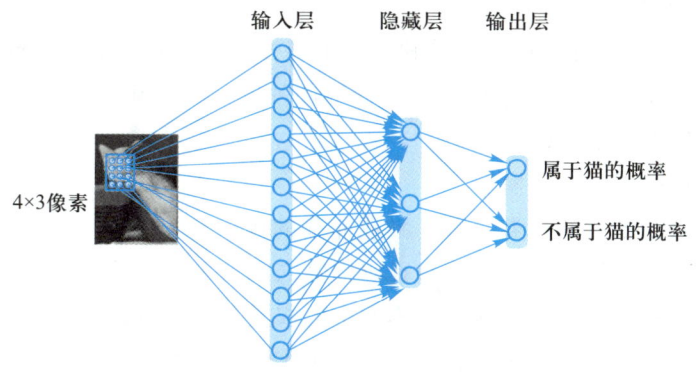

图 4.20　判断图片中是否有猫过程图

其具体步骤如下。

步骤 1：准备数据集。

首先，需要准备一个包含图片和标签的数据集。在这个例子中，可以使用一个包含猫和非猫图片的数据集，如图 4.21 所示，每张图片都有一个对应的标签，猫的图片标签为 1，非猫的图片标签为 0。

标签：1　　　　　　　　　　　　标签：0

图 4.21　数据集图片示例

数据集中的每张图片均需预处理为统一尺寸（如 256×256 像素），转化为由像素值构成的数字矩阵。数据集通常按照一定比例被划分为 3 个不重叠的子集：训练集、验证集和测试集。例如，常用划分比例为 6：2：2。

步骤 2：构建深度学习模型。

可以使用包含卷积神经网络的深度学习模型来处理这些图像，因为 CNN 特别适合图像数据，它能够自动从图像中提取特征，例如边缘、纹理、形状等。模型的第一层接收输入的图片，每个像素值会被转化为一个数值，形成输入数据。卷积层会从图像中提取特征，池化层则会对图像进行下采样，减少计算量并保留最重要的信息。全连接层整合全局信息进行决策，输出各类别的概率。

步骤 3：训练模型。

在训练过程中，模型通过反向传播和梯度下降方法来学习。通过不断调整网络中的权重参数（预设有初始值），模型能够逐渐提高对图片的分类准确性。

训练过程分为以下几个步骤：

① 将训练集中的图像输入模型。

② 模型输出每张图片的分类结果（猫或非猫的概率）。

③ 计算损失函数，即模型的预测与真实标签之间的差距。

④ 使用反向传播算法，调整和更新模型中的权重参数，以减少损失。

这个过程会反复进行，直到模型的性能和预测准确度足够高。

训练过程中，需要周期性地使用验证集来评估模型当前的性能和准确率，以此来检查模型是否过拟合、评估模型当前的训练效果。

如果模型在验证集上的表现很好，说明它能够很好地进行泛化，并可适时结束训练。如果模型的表现不好，可能需要调整模型的结构或设置，或者加入更多的训练数据，然后重新开始训练。

步骤 4：测试模型。

训练完成后，需要使用测试集来最终评估模型性能和效果，以此可以了解模型在真实世界中的表现。

步骤 5：做出预测。

在训练和测试过程结束后，可以使用训练好的模型来分类新的未知图像。比如，输入一张新的猫的图片，模型会输出 1，表示这是一只猫；如果输入的是一张狗的图片，模型则会输出 0，表示它不是猫。

练一练：

参照实验 4-5 的内容，使用在线工具 ConvNetJS MNIST Demo，可视化演示在 MNIST 手写数字数据集上训练卷积神经网络的过程，并对手写数字进行分类识别。以此来理解卷积层、池化层对图像特征的提取作用，理解卷积神经网络的基本结构和训练流程。

4.5　关键技术：深度学习的"秘籍"

4.5.1　词向量与对象嵌入：智能的"语言"与"理解"

在日常生活中，人们很容易理解"苹果"和"香蕉"是水果，而"猫"和"狗"是动物。但计算机如何理解这些关系呢？计算机只能处理数字，而不能直接理解文字。因此，我们需要一种方法，让计算机可以用"数字"来表示单词，并理解它们之间的关系——这就是词向量（word embedding）技术的核心思想。

1. 计算机如何表示语言

在计算机的世界里，所有信息都需要转化为数字。最简单的方法是给每个单词编号，如图 4.22 所示。

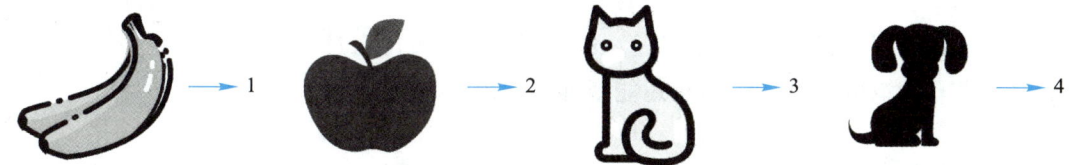

图 4.22　简单编号

但这样做的问题是：计算机无法知道"苹果"和"香蕉"有相似性，也不知道"猫"和"狗"是属于同一类。编号本身没有意义，它只是标签，而没有体现出单词之间的关系。所以，为了让计算机更好地理解语言，我们需要一种更聪明的表示方法——词向量。

2. 什么是词向量

词向量是一种将单词转换为一组有意义的数字的方法，使得相似的单词在计算机内部具有相似的表示，具体示例如表 4.1 所示。

表 4.1　单词与词向量示例

单词	词向量（示例）
苹果	（0.1, 0.8, 0.2）
香蕉	（0.09, 0.85, 0.22）
猫	（0.32, 0.9, 0.29）
狗	（0.4, 0.9, 0.3）

单词对应的空间坐标的位置如图 4.23 所示。

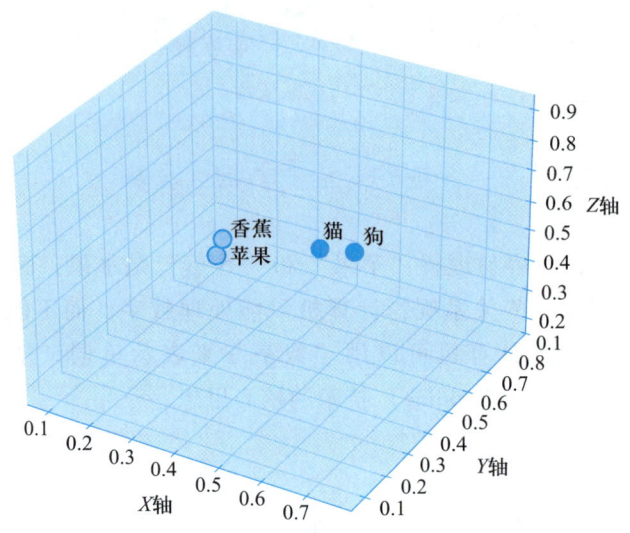

图 4.23　4 个单词对应的空间坐标分布

可以看到，"苹果"和"香蕉"的词向量很接近，即在空间坐标系中的位置很接近，而"猫"和"狗"的词向量也很接近。这说明计算机可以通过"词向量"这种转化方法，不仅能够将信息转化为数字，而且还能很好地体现原本信息之间的关系。

3. 词向量是如何学习的

词向量的核心思想是：一个单词的意义由它周围的单词决定。例如，在下面的句子中：

"我喜欢吃苹果。"

"香蕉也是一种很好吃的水果。"

计算机会发现"苹果"和"香蕉"经常出现在类似的上下文环境中，于是它们的词向量会变得相似。这种方法叫作 Word2Vec，通过分析大量文本来学习单词的关系。Word2Vec 主要有两种学习方式：

① CBOW（连续词袋模型）：根据上下文预测当前的单词。

② Skip-gram（跳字模型）：根据当前的单词预测上下文。

这两种方法的原理类似于人类学习单词的方式，例如，我们可以通过周围的单词猜测一个新单词的意思。

4. 词向量的实际应用

词向量作为自然语言处理的核心技术，广泛应用于机器翻译、搜索引擎和智能助手等领域。在翻译任务中，词向量帮助计算机识别单词间的关系，提高翻译的准确性；在搜索引擎中，它用于计算词语相似度，优化检索结果；在智能助手（如 DeepSeek、通义千问、

Siri、ChatGPT）中，词向量增强了对语言的理解，使交互更加自然。此外，词向量还能执行语义计算，例如"国王−男人+女人≈王后"，表明计算机能够学习并推理语言逻辑。

在计算机视觉中，词向量的思想也被用于人脸识别和图像分类，如图 4.24 所示。它通过将面部特征映射到高维空间，使相似的面孔距离更近，便于精准匹配。这种方法使计算机能够更高效地处理视觉数据，在身份验证、图像搜索等应用中发挥重要作用。

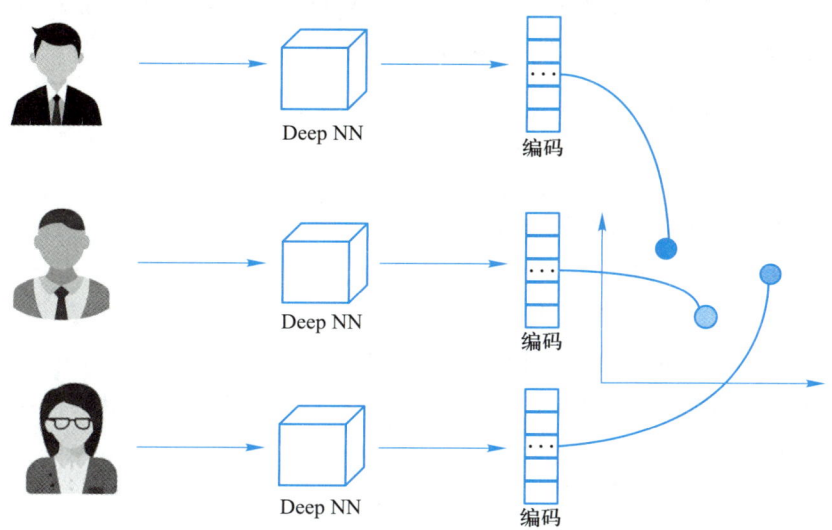

图 4.24　词向量思想应用于人脸识别

5. 小结

① 计算机不能直接理解单词，但可以用词向量来表示它们。

② 词向量可以通过分析大量文本，学习单词之间的关系，使得相似的单词具有相似的词向量。

③ Word2Vec 是一种常见的词向量学习方法，包括 CBOW 和 Skip-gram 两种模型。

④ 词向量在机器翻译、搜索引擎、智能助手等领域都有广泛应用。

⑤ 通过这些方法，计算机可以处理人类语言，为更高级的人工智能技术奠定基础。

4.5.2　序列到序列模型：智能的"翻译"与"生成"

在日常交流中，人们可能需要将英语翻译成中文，或者让计算机生成一篇文章。例如，英文输入"How are you?"，计算机翻译成中文"你好吗？"。

这种输入和输出都是序列的任务，需要计算机能够理解并转换语言。这正是"序列到序列模型（Seq2Seq）"的核心用途。

Seq2Seq 是一种专门处理序列数据（如句子、语音、视频片段）的深度学习模型，广泛应用于机器翻译、文本摘要、对话系统等领域。

1. 什么是 Seq2Seq 模型

计算机处理语言时，不是逐个单词地独立翻译，而是要考虑上下文。例如，"apple"是翻译为"苹果"还是"苹果公司"，取决于整个句子。"I am fine"不能简单逐字翻译成"我 是 好的"，而应该是"我很好"。这意味着计算机需要理解整个句子的语义，而不是单独翻译单词。Seq2Seq 通过编码器（encoder）和解码器（decoder）这两个部分来完成这个任务。

2. Seq2Seq 的核心结构

Seq2Seq 主要由编码器和解码器组成。

（1）编码器——理解输入

编码器的任务是读取整个输入句子，并将其转换为一个向量（数值表示），让计算机能够处理。输入"How are you?"，计算机内部可能转换为：[0.5, −0.2, 0.8, …]，编码器通常使用循环神经网络、长短期记忆网络、门控循环单元等技术，以便在处理句子时记住和参考前面的单词信息。

（2）解码器——生成输出

解码器的任务是根据编码器提供的信息，生成目标语言的翻译。它逐个生成单词，直到完整的翻译句子出现。具体实例如图 4.25 所示。

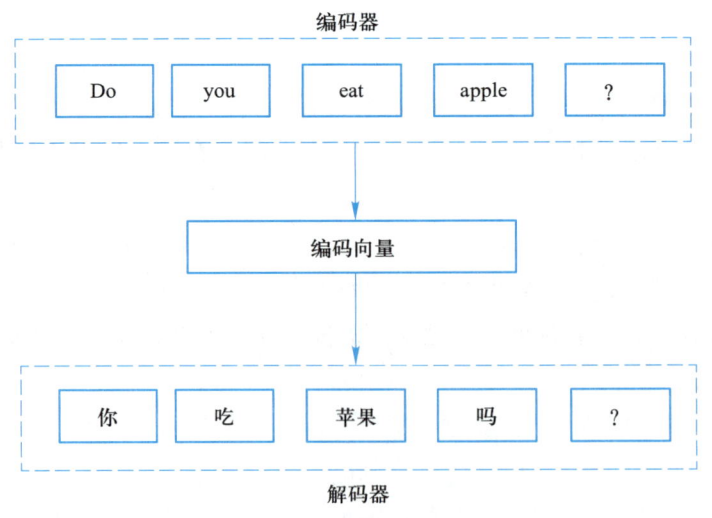

图 4.25　词向量翻译过程

3. 训练 Seq2Seq：如何让计算机学会翻译

机器翻译依赖序列到序列模型，通过编码器和解码器逐步学习语言转换规则。训练时，计算机首先接收一个英语句子，并将其转换为数值向量，压缩成编码向量，代表整个句子的语义。解码器再根据该向量，逐步生成目标语言的翻译。

模型通过比较预测的翻译与真实翻译来计算误差，并利用反向传播和梯度下降不断调整模型参数，使翻译更加准确。经过大量的训练迭代，模型能够自动学习语言结构，提高翻译质量。如今，Google 翻译、百度翻译等应用均基于此类深度学习技术，并结合注意力（attention）机制，实现更精准的跨语言转换。

4. 序列到序列模型的实际应用

Seq2Seq 模型在自然语言处理领域具有广泛的应用，涵盖机器翻译、自动写作、对话系统以及语音识别等多个场景。例如，在机器翻译（如 Google 翻译、百度翻译）中，Seq2Seq 通过编码源语言并解码为目标语言，实现高质量的自动翻译；在自动写作任务中，它可以用于 AI 生成文章、摘要，提高文本生成的自动化程度；在对话系统（如 Siri）中，Seq2Seq 通过学习上下文信息，生成连贯的回答；在语音识别中，它能够将语音转换为文本，提升人机交互的便利性。典型的应用案例是 DeepSeek、ChatGPT，它们基于更先进的 Transformer 结构（源自 Seq2Seq 设计），能够在理解上下文的基础上，生成自然且连贯的对话内容。

5. 小结

① Seq2Seq 适用于输入和输出都是序列的任务，如机器翻译、对话系统等。
② 模型由编码器（理解输入）和解码器（生成输出）组成。
③ 训练时，模型会学习句子的翻译规则，使其预测更准确。
④ Seq2Seq 广泛应用于翻译、语音识别、智能对话等领域。

4.5.3 注意力机制：智能的"聚焦"与"选择"

当人处于复杂的环境中时，往往会优先关注与自身相关的信息。例如，在嘈杂的环境中，当有人呼唤姓名时，即使周围充满噪声，也能迅速将注意力集中到该声音上。这种对关键信息的选择性关注，就是注意力。

在人工智能中，注意力机制（attention mechanism）让算法模型能够"关注"重要的信息，而不是平均对待所有输入。

● 如图 4.26 所示，在翻译"Do you eat apple？"这个句子时，计算机应该重点关注"apple"和"eat"，而不是对所有单词平均对待。

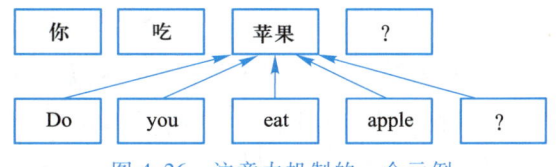

图 4.26 注意力机制的一个示例

- 在图像识别中，计算机应该重点关注图片中的主体，而不是背景信息。

注意力机制已经成为深度学习领域的关键技术，尤其在自然语言处理、计算机视觉和强化学习等领域取得了巨大成功。

1. 为什么需要注意力机制

在 Seq2Seq 模型中提到：编码器需要把整个输入句子压缩成一个固定大小的向量，再传递给解码器。但是，如果句子很长，编码器可能会遗忘前面的内容。对于 Seq2Seq，类似于翻译人员从头到尾阅读了一段英文文本，看完后拿走英文文本，他开始将其翻译成中文。如果句子过长，他可能会忘记文本中前面所读的部分内容。

注意力机制可以解决这个问题。它允许解码器在每个时刻只关注输入句子的相关部分，而不是盲目依赖整个压缩向量。对于 Seq2Seq+Attention，则类似于翻译人员从头到尾阅读了一段英文文本，同时写下关键字，然后他开始将其翻译成中文；在翻译过程中，他可以查阅自己写下的关键字。

2. 注意力机制的核心思想

注意力机制的关键思想是：不要把整个句子压缩成一个向量，而是在每个时间步动态地选择最相关的单词。这样，计算机可以“像人一样”，在不同的时间关注不同的信息。

英文：“The cat sat on the mat.”翻译为：“那只猫坐在垫子上。”。在翻译“猫”这个词时，计算机应该更关注原文中的“cat”；在翻译“垫子”时，应该关注“mat”。

3. 注意力机制的工作原理

注意力机制的实现主要包括以下 3 个核心概念：

① 查询（Query，Q）：解码器当前的状态想要找到的最相关信息，表示当前任务的需求或关注目标，用于在输入信息中主动筛选相关内容。例如在机器翻译中，解码器的当前状态通过 Query 定位需要关注的源语言信息。

② 键（Key，K）：作为输入数据的索引或特征标识，存储输入信息的当前状态。例如，文本中每个词的 Key 编码了其语义及上下文特征，用于与 Query 匹配以判断相关性。

③ 值（Value，V）：存储输入信息的实际内容，是注意力加权后的最终提取对象。例如，文本中每个词的 Value 包含其语义细节，注意力权重决定了这些细节在输出中的贡献比例。

通过比较查询（Q）和键（K）的相似度来生成注意力权重，以此决定哪些值（V）应该被重点关注。最终，注意力权重作用于 V，输出一个加权的结果，重点关注相关的信息，忽略无关的信息。

三者的驱动关系：Query 驱动信息筛选，Key 提供匹配依据，Value 承载实际内容。如同查字典时，Query 是查找词，Key 是目录索引，Value 是词条释义。三者构成了注意力机制的核心逻辑链：Query 定义目标 → Key 匹配相关性 → Value 提供内容 → 权重整合输出，以此实现从信息筛选到综合决策的动态建模。

4. 自注意力机制与上下文建模

在语言理解任务中，同一个单词在不同的上下文中可能具有不同的含义。例如，"苹果"在"吃苹果"中指的是水果，而在"苹果手机"中则表示电子产品的品牌。为了让模型能够精确理解这些不同的语境，研究者提出了自注意力（self-attention）机制，使模型能够根据上下文动态调整其关注的重点。

在处理语义任务时，模型需要能够理解并建模上下文信息。如图 4.27 所示，"你吃苹果吗？"中的"苹果"一词，如果没有上下文信息，模型可能无法分辨出它指的是水果还是其他含义。自注意力机制通过计算"吃"和"苹果"之间的相关性，使得模型能够有效地将"苹果"与"吃"联系在一起，从而推测"苹果"指的是水果。具体而言，模型会通过计算输入序列中各个词语之间的相关性得分，来决定每个单词的上下文表示。在句子"你吃苹果吗？"中，自注意力机制会加强"吃"与"苹果"之间的关联，因为它们在语义上有紧密联系。最终，模型会根据这些关联，通过加权求和来得到"苹果"在这个上下文中的准确意义（水果）。

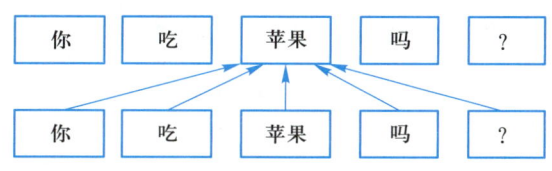

图 4.27　上下文建模的一个示例

"吃苹果"，模型会更加关注"吃"这一行为，从而推测"苹果"应为水果；而在"苹果手机"的语境中，则会关注到"手机"一词，从而推测"苹果"指的是电子产品。这种机制使得模型能够更准确地理解语句中的每个词语，并且根据上下文调整词语的含义，提高语义理解能力。

目前主流的大语言模型（如 DeepSeek、ChatGPT）都采用 Transformer 架构，而 Transformer 的核心就是自注意力机制。这也解决了传统 RNN 模型的难题：无法进行并行计算，而且在处理非常长的文本时，效果受限。

简略来讲，Transformer 由编码器和解码器两部分构成。编码器主要负责理解和表示输入序列，如完成词嵌入和向量化，计算词的相关性和上下文信息，分配注意力权重等；解码器主要负责生成输出序列。也即编码器的输出中不仅包含了词本身的信息，还融合了上下文的相关信息，这为解码器进行正确输出提供了基础。

 想一想：

注意力机制与自注意力机制在处理对象和作用方面有什么差别？

5. 注意力机制在自然语言处理中的应用

在机器翻译、文本摘要、对话系统等 NLP 任务中，注意力机制极大地提升了效果。例如：

① 传统 Seq2Seq：整个句子被压缩成一个固定大小的向量，信息可能丢失。

② 带注意力的 Seq2Seq：解码器在每个时间步都可以访问整个输入句子，并动态调整关注点。

例如：输入 "I love eating pizza."，目标输出 "我喜欢吃披萨。"，翻译时的注意力分布如图 4.28 所示。

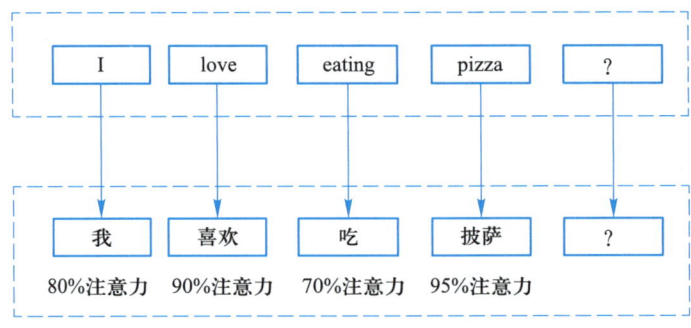

图 4.28   注意力分布图

6. 注意力机制在视觉领域中的应用

在计算机视觉任务中，注意力机制可以让模型更聚焦于图片的关键部分。例如：

① 图像分类：在图像分类任务中，注意力机制可以帮助模型更加关注图像中的关键区域和特征，从而提高分类的准确性。

② 目标检测：在目标检测任务中，注意力机制可以帮助模型更好地识别图像中的目标对象，并准确标注其位置。

③ 图像分割：在图像分割任务中，注意力机制可以帮助模型更加精细地划分图像中的不同区域，实现像素级别的分类。

以目标检测中的应用为例，如图 4.29 所示，在识别 "猫" 的图片时：

① 传统方法：处理整张图片，每个像素都平等对待。

图 4.29   注意力方法识别猫

② 注意力方法：重点关注 "猫" 的像素区域，而不是背景。

7. 自注意力机制的应用

自注意力机制是一种特殊的注意力机制，用于计算输入数据各个部分之间的关系，广泛应用于自然语言处理、计算机视觉等领域。

它的主要优点是能够捕捉长距离的依赖关系，使得模型能更好地理解上下文信息。在自然语言处理中，自注意力机制主要应用于机器翻译、文本生成和情感分析等任务。在机器翻译中，传统模型难以捕捉长句子的依赖关系，而自注意力机制通过计算输入句子中每个单词与其他单词的相关性，帮助模型更好地理解源语言与目标语言之间的转换，显著提高了翻译的质量。

Transformer 是一种基于自注意力机制的深度学习模型，最初被用于自然语言处理任务中，并迅速展现出卓越的性能，现已成为主流大语言模型的基础。自注意力机制是 Transformer 的核心，它能够捕捉数据中的长距离依赖关系（即学习输入序列里所有词的相关性和上下文），从而更好地理解数据的内在结构。

对于文本生成，自注意力机制可以在生成文本时关注重要的上下文信息，使生成的内容更加流畅；在情感分析中，自注意力机制通过捕捉句子中不同词语之间的关系来判断文本的情感倾向。

自注意力机制在计算机视觉中也取得了重要应用。在目标检测任务中，模型需要识别图像中的不同对象，自注意力机制帮助模型关注图像中的关键区域，从而提高检测准确性。自注意力机制还被用于图像生成，尤其是在生成对抗网络中，通过加强对重要像素的关注，生成更加清晰、细致的图像。

此外，自注意力机制也被应用于多模态学习任务中，该任务涉及将不同来源的信息（如图像、文本、声音）结合起来进行分析。在视觉问答任务中，模型通过自注意力机制将图像内容与问题文本关联，从而生成准确的答案。而在强化学习中，自注意力机制帮助智能体根据历史信息优化决策，尤其在处理复杂任务时，它能帮助智能体更好地理解环境，提升学习效率。

总之，自注意力机制通过捕捉数据中各部分的关联，广泛应用于多个领域。它的优势在于能够处理长距离依赖、提高模型效率，并在许多实际任务中展现出重要作用。

拓展阅读：
云岭翻译

8. 小结

① 注意力机制让计算机可以"选择性关注"重要信息，而不是平均对待所有输入。

② 在 NLP 任务中，注意力可使翻译、文本摘要、对话系统更准确。

③ 在计算机视觉任务中，注意力帮助计算机更关注图片的核心部分。

④ Transformer 模型基于自注意力机制，极大提升了 AI 处理语言的能力。

⑤ 现代 AI（如 DeepSeek、ChatGPT）都依赖注意力机制，使其更智能。

4.5.4 自监督学习：智能的"自学"之路

一个教师要教一位小学生学习"猫"和"狗"这两个单词。如果教师在每张猫的图片下都写上"猫"，在每张狗的图片下都写上"狗"，然后告诉学生："看到这个词，就知道这图是猫，看到另一个词，就知道那图是狗。"。这样，学生就能正确区分猫和狗。

这种学习方式依赖老师提供的"正确答案"，在人工智能领域中，这就称为监督学习（supervised learning），其中"正确答案"就是人工标注的标签数据。

但如果换一种方式，让小学生自己观察猫和狗的图片，自己发现它们的区别，而不告诉他正确答案，那么他就会自己探索和归纳，发现这是两类不同的动物，这就是无监督学习（unsupervised learning）的核心思想。

自监督学习（self-supervised learning）可以看作是无监督学习的一个分支，两者在训练时均不依赖人工标注的标签，而是探索未标记数据中的内在联系和模式。

1. 监督学习概念的回顾

在传统的监督学习中，我们需要提供大量的标注数据，让模型学习输入与输出之间的映射关系。例如，语音识别中，提供"你好"的语音和它对应的文本"你好"；图片分类中，提供猫的图片，以及图片的标签"猫"；机器翻译中，提供"Hello"→"你好"这样的成对数据。

监督学习的过程如图 4.30 所示。

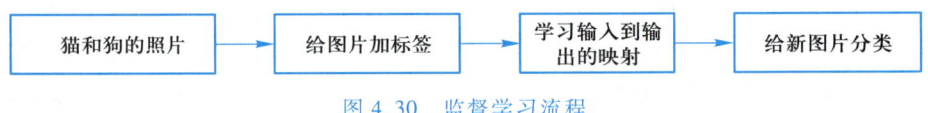

图 4.30　监督学习流程

监督学习在宏观上分为 4 步：收集数据、人工标注、模型训练、模型预测。尽管监督学习在很多任务中效果很好，然而，人工标注数据面临诸多挑战。首先，数据标注成本高昂，例如标注大规模图像数据需要大量人力投入。其次，某些领域（如医学、金融）对专业知识要求较高，数据标注需依赖专家完成，进一步增加了难度。此外，在扩展应用时，若要训练模型识别大量类别的对象，每种类别都需要足够的标注数据，这在实际操作中难以实现。为了解决这些问题，研究者提出了一种无须人工标注、依靠数据自身结构进行学习的方法，即自监督学习。

2. 什么是自监督学习

自监督学习在借鉴监督学习训练模式的基础上，通过数据内部结构自动生成伪标签，从而实现自主学习。与传统方法不同，自监督学习不需要人工提供监督信号，而是让模型从数据的内部结构中挖掘规律，自主构建学习目标。例如，在图像处理任务中，学习目标可以是恢复被打乱的图片顺序，由于这些乱序图片是由原始图片转换而来，因此无须额外的人工标注。通过自监督学习，模型能够在无人工干预的情况下获取稳定的初始表示，从而降低后续任务的学习难度，提高学习效率。

"遮盖部分文本预测缺失词"是自监督学习的另一个经典例子，就像给句子"打码"后让 AI 猜谜一样。比如把句子"我今天去看电影了"中的"电影"遮住，模型通过分析上下文中的"今天""看"等词，像填空一样预测出被遮盖的词。这种训练不需要人工标注答案，而是让数据自己"出题"——文本中被遮盖的词本身就是"题目"，上下文则是"解题线索"。通过反复练习这种填空游戏，模型就能掌握词语之间的关系和语言规律，最终学会理解人类语言的逻辑，为后续的翻译、问答等任务打好基础。

3. 自监督学习的优势

自监督学习通过自主构造学习任务，使模型能够从海量无标注数据中学习数据的结构和特征，而无须依赖人工标注。这种方法不仅降低了数据标注的成本，还能提升模型的泛化能力，使其适用于不同任务和数据集。此外，自监督学习能够充分利用互联网、医学影像等领域的大规模未标注数据，实现更大范围的知识学习。其学习方式类似于人类的观察与推理，能够在没有明确指导的情况下，通过数据本身发现模式和规律，从而提高模型的智能化水平。凭借这些优势，自监督学习已成为自然语言处理和计算机视觉等领域的重要技术，并推动 AI 向更高效、更通用的方向迈进。

4. 自监督学习的未来发展

拓展阅读：
自监督学习、
数据隐私和
算法偏见

目前，自监督学习已经成为 AI 领域的重要技术，许多最强大的 AI 模型都采用了这种技术。

未来，自监督学习可能会：推动 AI 进入更强的通用智能阶段，像人一样自主学习；同时减少 AI 训练对人工标注的依赖，降低 AI 训练成本；拓展到医学、金融、机器人等新领域，帮助解决更多现实问题。

本章小结

本章梳理了深度神经网络受生物神经元启发的进化之路：从数学建模的人工神经元及其通过误差修正学习的反向传播机制起步，历经感知器低谷，最终在算法、算力和数据的合力推动下迎来深度学习革命。重点展现了 CNN 解析视觉、RNN 处理时序以及 GAN 创造性生成的核心能力。深度学习的优势在于数据驱动的逐层特征学习，摆脱了手工设计依赖，并通过词向量、注意力机制（聚焦关键信息）和自监督学习（利用无标签数据）等关键技术提升认知。它标志着从预设规则到数据驱动范式的转变，其涌现的复杂智能体现了"量变引发质变"。

本章内容思维导图如下：

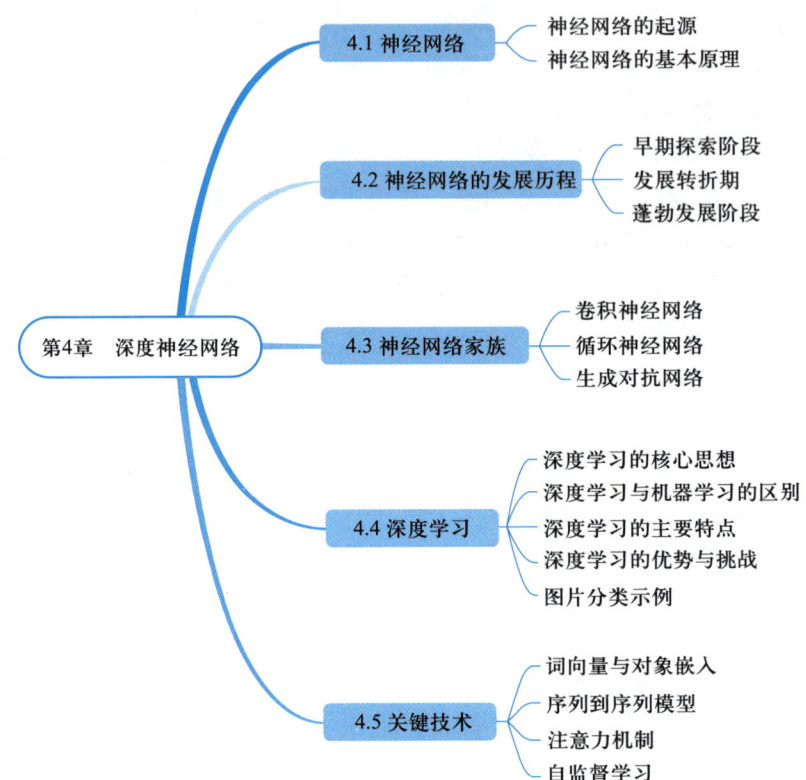

习题

一、单选题

1. 反向传播算法的主要作用是（　　）。

A. 计算神经网络的输出结果　　　　　　B. 调整神经元之间的连接权重

C. 增加网络隐藏层数量　　　　　　　　D. 可视化特征图

2. 卷积神经网络最擅长的任务是（　　）。

A. 时间序列预测　　　B. 图像分类　　　　C. 文本生成　　　　D. 语音识别

3. 卷积神经网络中主要负责降低特征图的空间维度的是（　　）。

A. 卷积层　　　　　　B. 池化层　　　　　C. 全连接层　　　　D. 激活层

4. 循环神经网络的核心特点是（　　）。

A. 使用卷积核提取特征　　　　　　　　B. 具有时序记忆能力

C. 通过对抗训练生成数据　　　　　　　D. 需要大量人工特征工程

5. 生成对抗网络包含的两个核心组件是（　　）。

A. 编码器与解码器　　　　　　　　　　B. 生成器与判别器

C. 输入层与输出层　　　　　　　　　D. 卷积层与池化层

6. 深度学习与传统机器学习的主要区别在于（　　　）。

A. 需要更多数学知识　　　　　　　　B. 自动学习特征表示

C. 只能处理结构化数据　　　　　　　D. 依赖更小的数据集

7. ReLU 激活函数的主要作用是（　　　）。

A. 限制输出范围在 0～1　　　　　　　B. 引入非线性计算能力

C. 降低计算复杂度　　　　　　　　　D. 防止过拟合现象

8. 注意力机制的核心思想是（　　　）。

A. 均匀分配计算资源　　　　　　　　B. 动态聚焦关键信息

C. 增加网络深度　　　　　　　　　　D. 降低数据维度

9. 下列属于自监督学习特点的是（　　　）。

A. 完全不需要数据标签　　　　　　　B. 依赖专家标注的标签

C. 仅适用于图像数据　　　　　　　　D. 比监督学习准确率更高

10. 多层感知器不适合直接处理图像数据的主要原因是（　　　）。

A. 计算速度太慢　　　　　　　　　　B. 忽略空间局部相关性

C. 缺乏非线性激活函数　　　　　　　D. 参数数量过少

二、简答题

1. 据研究报道，人类婴儿大脑中的神经元数量随着年龄的增长而增加，但到 4 周岁以后不再增加反而减少。讨论这是为什么？

2. 深度学习中的前向神经网络是如何工作的？可以用哪些生活场景来类比。

3. 神经网络可以模拟图灵机，以此可以设计有别于传统计算机的"神经网络计算机"，有人将其称为"类脑计算"。查找类脑计算的资料，讨论这种方法的优缺点。

4. 卷积神经网络在图像处理任务上取得了极大成功，比如对物体进行分类。思考并陈述其成功的原因是什么？

5. 深度学习或卷积神经网络中，有时会采用 1×1 的卷积核来参与计算。请简要分析其作用。

6. 数据增强：一种扩展 MNIST 数据集的训练数据的方法是将手写数字图片进行一些小的旋转，从而产生新的图片，以此增加 MNIST 数据集中的样本数量和多样性。如果将手写数字图片进行大角度的旋转，则会出现什么状况？

7. 讨论并分析：循环神经网络是如何实现记忆功能的？为什么说这种记忆功能对序列数据特别重要。

8. 分析卷积神经网络和循环神经网络的异同点。

9. 在词向量模型中，训练的目的是使相关的词离得更近，不相关的词离得更远，其中"相关性"是按语义上的远近来判断的。假设要对下列对象做嵌入，该如何定义对象的相关性。

① 公园里的植物；② B 站上的视频；③ 淘宝商城中的商品；④ 某大学的学生。

10. 序列到序列模型为什么难以处理过长的输入数据？注意力机制是如何解决这一问题的？

11. 注意力机制和自注意力机制有什么异同？

12. 若采用不可解释的深度学习模型，讨论下列哪些应用对其不可解释性是难以接受的。

① 股票预测；② 机器人语音交流；③ 人脸闸机；④ 法庭证据；⑤ 自动驾驶；⑥ 焊接机器人自动操作；⑦ 机器人下象棋。

13. 合作与共享是人类超越其他动物种群、形成伟大文明的重要原因之一，也是人类智能开始飞跃的起点。当前神经网络和深度学习的发展也离不开合作与共享，这对我们的学习和生活有什么启发？

实验 4-1　神经网络实现二值分类器

一、实验目的

1. 理解神经网络如何解决非线性分类问题（异或问题）。
2. 观察隐藏层神经元数量、学习率、激活函数对模型性能的影响。

二、实验内容

1. 通过调整网络结构（隐藏层神经元数）和超参数（学习率、激活函数），观察误差曲线和分类边界的变化。
2. 验证单层感知器的局限性，探索多层网络的有效性。

三、实验环境

在线工具：Neural Network demo：Binary Classifier for XOR。

四、实验步骤

1. 打开网页（如图 4.31 所示），观察初始网络结构（默认两个隐藏神经元）。
2. 单击"Train"按钮启动模型训练，记录误差曲线和分类结果。
3. 观察神经网络的反向传播和前向传播计算。
4. 调整隐藏层神经元数（如从 2 改为 4），重新训练，对比误差下降速度和分类边界形状。
5. 调整隐藏层的数量（如从 1 层增为 2 层），重新训练，对比误差下降速度和分类边界形状。

6. 更换激活函数 （如 Sigmoid→ReLU），观察训练速度和结果变化。

7. 降低学习率至 0.01，分析误差曲线是否振荡；提高至 0.5，观察是否发散。

8. 删除隐藏层（隐藏层的数量从 1 层减为 0 层），构建单层网络，测试其能否解决异或逻辑问题。

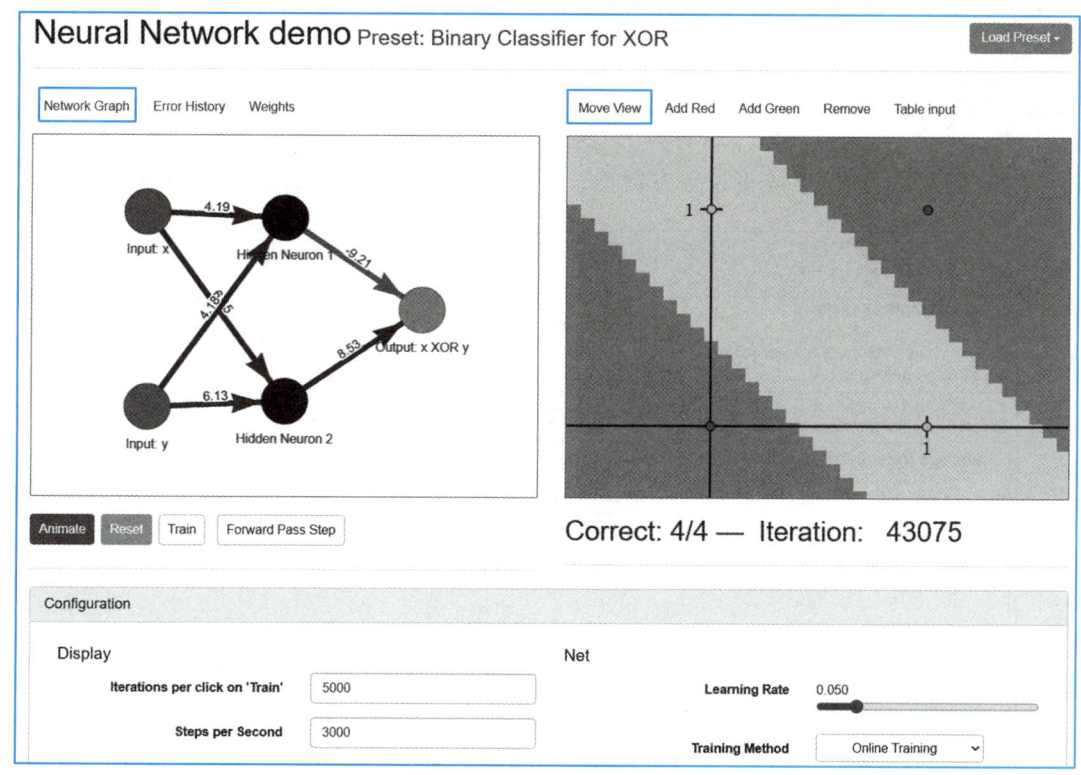

图 4.31　Neural Network demo：Binary Classifier for XOR 操作界面

实验 4-2　神经网络实现一维函数回归

一、实验目的

1. 理解回归任务中神经网络如何拟合数据分布。
2. 观察 L2 损失函数的作用及网络深度对拟合能力的影响。

二、实验内容

1. 添加数据点并训练网络，观察拟合曲线变化。

2. 调整网络结构（隐藏层数、神经元数）和激活函数，分析欠拟合与过拟合现象。

三、实验环境

在线工具：ConvnetJS Toy 1D Regression。

四、实验步骤

1. 打开网页，默认生成正弦分布数据，并已自动开始训练，如图 4.32 所示。

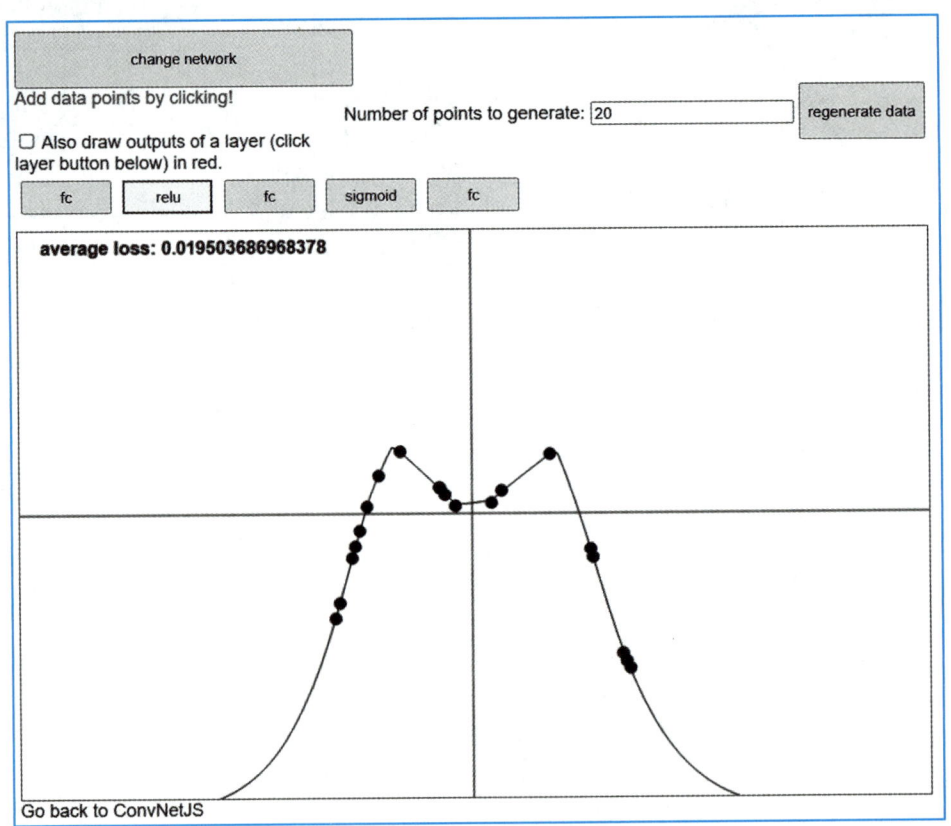

图 4.32　ConvnetJS Toy 1D Regression 界面

2. 在曲线附近的空白区域单击添加新数据点，观察模型如何重新拟合。

3. 减少隐藏层至 1 层，对比拟合能力是否下降（欠拟合）。可把第 3 行或第 4 行代码注释掉（行首加入 //），再单击"change network"按钮。

4. 增加神经元至 40 个，观察曲线是否过度振荡（过拟合）。

5. 勾选"Also draw outputs of a layer"复选框，观察隐藏层输出的非线性变换过程。

实验 4-3　TensorFlow Playground 简单分类任务实战

一、实验目的

1. 掌握不同数据分布（如环形、异或、高斯、螺旋）对网络结构的需求。
2. 了解激活函数、正则化对分类边界的影响。

二、实验内容

1. 针对 4 种数据分布（环形、异或、高斯、双螺旋），设计合适的网络结构完成分类。
2. 调整超参数（学习率、正则化系数、激活函数）优化模型性能。

三、实验环境

在线工具：TensorFlow Playground。

四、实验步骤

1. 观察和分析不同数据分布（环形、异或、高斯、螺旋）对网络结构的需求，以 Test loss<0.15 作为分类成功的判断标准；对环形数据分类成功的界面如图 4.33 所示。

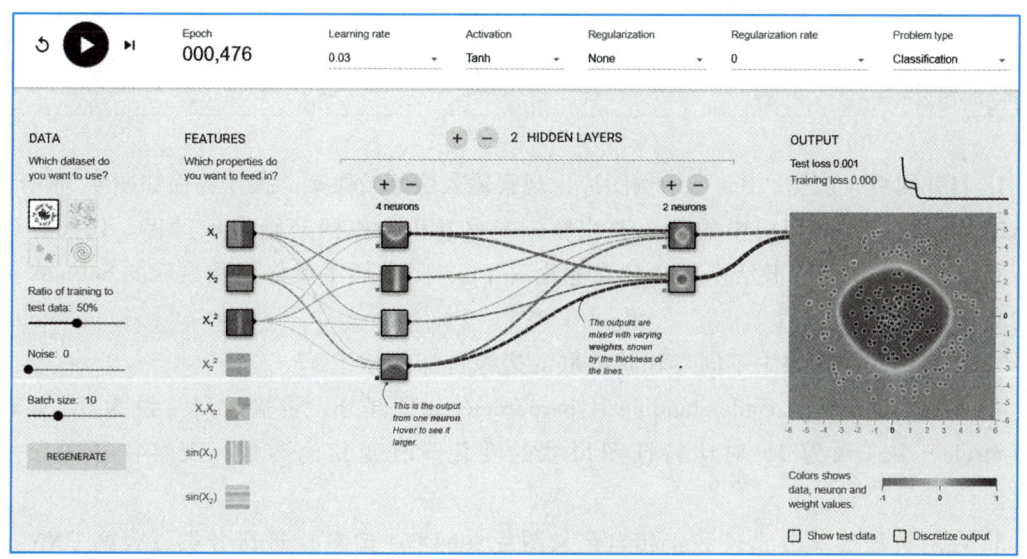

图 4.33　TensorFlow Playground 操作界面

2. 选择 Spiral（螺旋）数据，使用默认网络训练，观察分类失败现象。

3. 增加隐藏层至 3 层，每层 6 个神经元，更换激活函数为 ReLU，重新训练。

4. 添加 L2 正则化（系数 0.01，或尝试其他数值），对比过拟合缓解效果。

5. 切换至 Circle（环形）数据，尝试用单隐藏层（4 个神经元）+Sigmoid 激活函数分类。

6. 记录不同配置下测试集的 Test loss，分析网络复杂度与泛化能力的关系。

实验 4-4   CNN Explainer 可视化工具探索

一、实验目的

1. 直观理解卷积、池化、展平等操作的具体过程。

2. 了解超参数（步长、填充、核大小）对特征提取的影响。

二、实验内容

1. 使用 CNN Explainer 分析图像分类过程，逐层观察特征图变化。

2. 调整卷积核参数，对比输出结果的差异。

三、实验环境

在线工具：CNN Explainer。

四、实验步骤

1. 打开网页，选择"Bus"示例图片，观察输入层原始像素。操作界面如图 4.34 所示。

2. 单击第一层卷积层中的某个卷积核，观察卷积操作的动画演示过程。以同样的方式，观察其他卷积层、激活函数、最大池化（下采样）、展平操作以及最后的 Softmax 输出层的具体操作计算过程。

3. 查看不同卷积层中不同卷积核提取的边缘特征。

4. 下滑到网页的"Understanding Hyperparameters"部分，将输入尺寸设为 6，修改步长（Stride）从 1 改为 2，对比特征图尺寸的变化。改变其他参数，观察特征图尺寸的变化。

5. 在网页顶端单击"+"，上传自定义图片（64×64 像素）进行分类，观察 CNN 是如何将图片中的物体分类到设定的 10 个物体类别。查看分类结果和最终分类置信度分布。

观察卷积层提取边缘、池化层压缩数据等操作过程和其相应的结果。

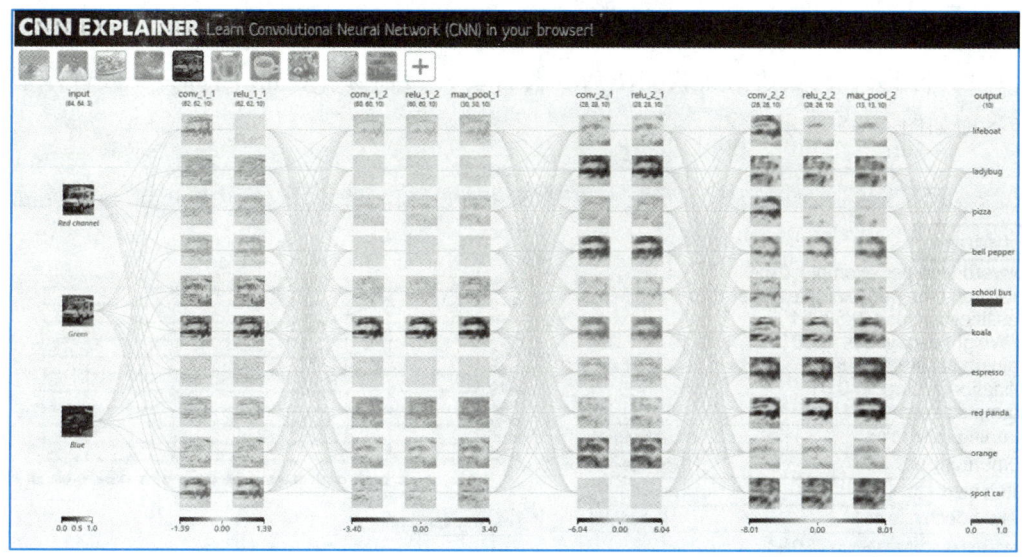

图 4.34　CNN Explainer 操作界面

实验 4-5　CNN 实现手写数字分类

一、实验目的

1. 理解卷积神经网络的基本结构和训练流程。
2. 观察卷积层、池化层对图像特征提取的作用。

二、实验内容

1. 使用预置 CNN 模型训练 MNIST 数据集，实时观察损失曲线的下降和准确率数值的变化。
2. 调整学习率和网络深度，分析对训练速度的影响。

三、实验环境

在线工具：ConvNetJS MNIST Demo。

四、实验步骤

1. 打开网页，网页数据加载完毕后，会自动开始训练。单击"pause"可暂停训练。操作界面如图 4.35 所示。

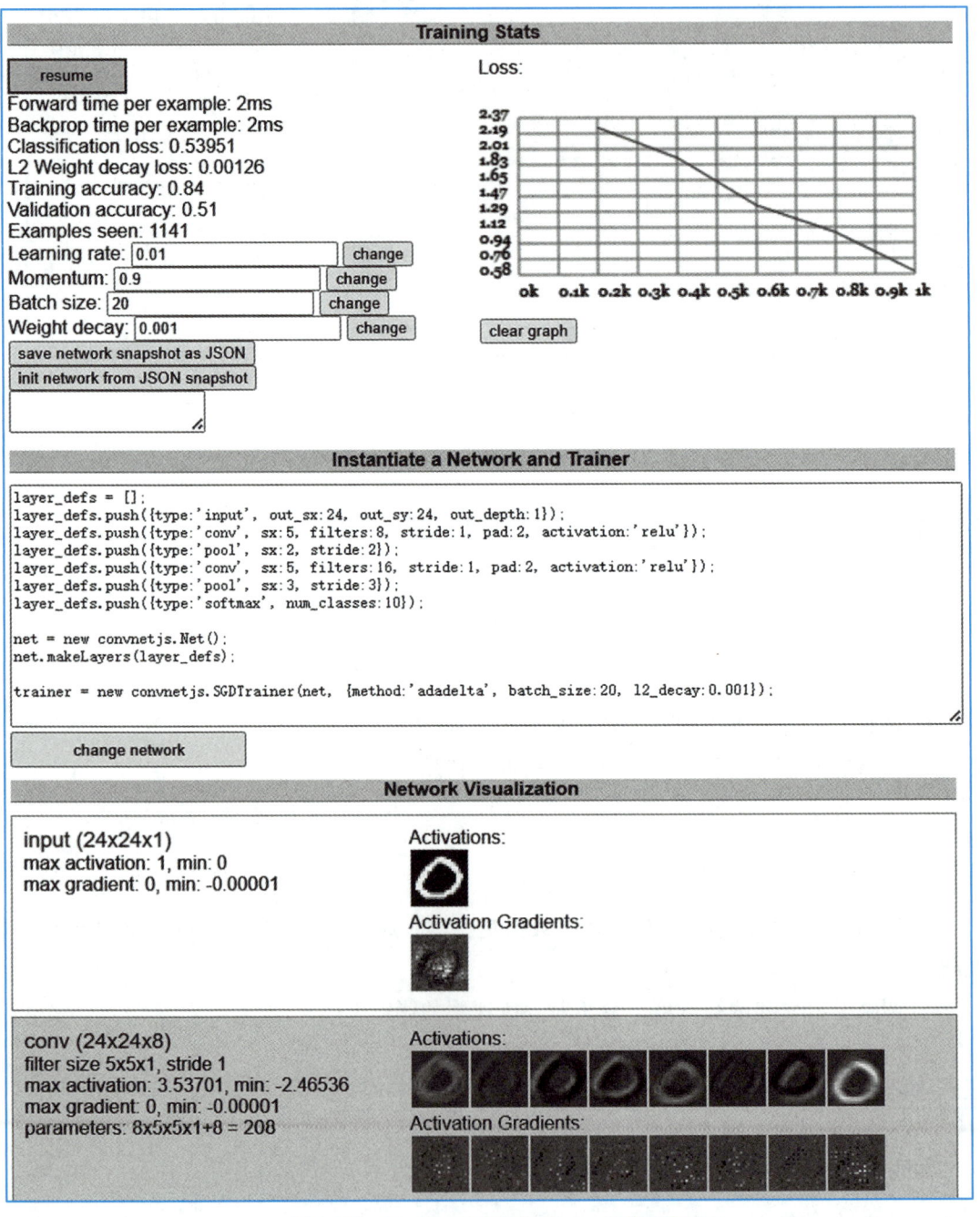

图 4.35   ConvNetJS MNIST Demo 操作界面

2. 观察实时分类损失曲线和准确率数值，记录准确率达到 95% 所需时间。

3. 暂停训练，在 "Instantiate a Network and Trainer" 面板查看网络结构（卷积层→池化层→卷积层→池化层→全连接层）。

4. 在 "Network Visualization" 面板上观察卷积层、池化层对图像特征提取的作用。

5. 将学习率从 0.01 改为 0.1，观察训练速度是否加快或振荡。

6. 在 "Example predictions on Test set" 面板上查看分类错误样本，分析错误分类的原因（如笔画模糊）。

第5章　人工智能应用技术：智能改变生活

　　人工智能的进步，就像计算机和微芯片的发明一样，将彻底改变人类的生活方式，但其影响力将远超前者。

——比尔·盖茨

　　近年来，人工智能技术正以前所未有的速度重构产业生态，其核心是通过算法、数据和算力构建智能系统，使其具备感知、推理、学习和决策能力，并服务于人类生产生活，现在正呈现多维度突破与交叉融合态势。自然语言处理在大模型驱动下实现跨越式发展，展现出类人的文本生成、逻辑推理与多语言处理能力，推动智能写作、代码生成等应用走向实用化。语音交互技术通过端到端深度学习框架实现声纹分离、方言识别等关键突破，结合情感计算与多轮对话管理，构建出具有情境感知能力的智能客服与虚拟助手系统。计算机视觉在三维重建与动态感知领域取得显著进展，推动工业质检、AR 导航等场景的精度突破。知识图谱技术向动态化、事理型演进，通过图神经网络与因果推理的结合，构建出覆盖金融风控、医疗诊断等行业的知识中台并形成应用。机器人技术则深度融合多模态感知与强化学习，在复杂地形运动、精细操作等任务中达到人类水平。人工智能应用技术正在重构人类社会的运行逻辑——从替代重复劳动到增强高阶认知，其本质是将人类的经验沉淀为算法，再通过算法扩展人类能力的边界。面对这场变革，我们既要善用技术红利（如 AI 缩短药物研发周期救死扶伤），也需警惕技术异化（如深度伪造威胁社会信任），最终实现"AI 向善"的技术价值观，从而重构人类生产生活方式。

　　本章学习目标：

　　◇ 理解人工智能应用技术中的自然语言处理、语音识别与合成、计算机视觉、知识图谱和机器人等关键技术的概念。

　　◇ 了解自然语言处理、语音识别与合成、计算机视觉、知识图谱和机器人的相关技术和方法。

　　◇ 熟悉自然语言处理、语音识别与合成、计算机视觉、知识图谱和机器人等人工智能技术的实际应用场景和典型应用案例。

5.1 自然语言处理：与机器无障碍沟通

　　如今我们生活在一个信息时代，随时随地都在以主动或被动的方式接收源源不断的信息流。这些信息呈现出多种形式，包括视频、图片、音频、文字及其综合体，其中自然语言无疑是最重要的信息载体。自然语言是人类用来交流思想和传递信息的工具。通过技术手段让计算机能够理解、分析并处理自然语言，实现不同语言之间的转换和翻译，甚至理解深层的语义指导计算机生成自然语言，这些技术过程统称为自然语言处理。

5.1.1 自然语言处理概述

　　不同语言之间是无法交流（如图 5.1 所示）的，比如说人类无法听懂狗叫，甚至不同语言的人们之间都无法直接交流，需要翻译才能交流。而计算机更是如此，为了让计算机之间互相交流，人们让所有计算机都遵守一些规则，计算机的这些规则就是计算机之间的语言。

图 5.1 不同语言无法交流

　　既然不同人类语言之间可以通过翻译实现交流，那么人类和机器之间是否也能通过"翻译"直接交流呢？

　　自然语言处理正是人类与机器之间沟通的桥梁，如图 5.2 所示。

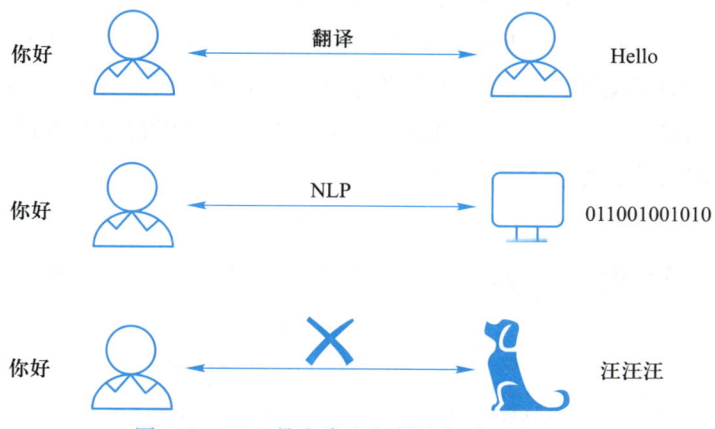

图 5.2 NLP 是人类和机器之间沟通的桥梁

我们可以将自然语言处理分解为"自然语言"和"处理"两个部分。语言是人类区别于其他动物的本质特性，人类的多种智能都与语言有着极为密切的关系，人类的思维逻辑也以语言为基础形式，语言文字在某种意义上构成了人类的知识体系和思维逻辑基础。目前世界上的所有语种和语言都属于自然语言，"处理"则强调的是利用计算机对语言进行理解、转换、生成等过程，而不是传统的语言学上的人工处理。依据处理的是输入还是输出，自然语言处理完成的功能也有所不同，可划分为自然语言理解（natural language understanding，NLU）和自然语言生成（natural language generation，NLG），如图 5.3 所示，NLU 负责理解内容，NLG 负责生成内容。

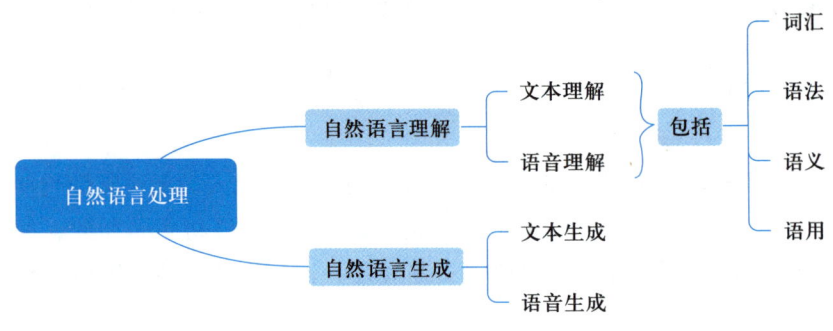

图 5.3   自然语言处理的构成

1. 自然语言理解

想象一下，如果你能和计算机进行一场流畅的对话，就像和朋友聊天一样自然，那是不是很酷，这就是自然语言理解的目标——让计算机能够像人一样理解和处理语言的含义。

当我们说"I went to the bank."，计算机需要弄明白这里的"bank"是指金融机构，还是指河堤，而不仅是看到一个个字母和符号。这就像当你和朋友聊天时，能够根据上下文判断对方在说什么一样，计算机也需要学会如何理解语言的真正含义。

自然语言理解包括几个重要的任务：分清句子中每个词的意思，弄懂句子是如何组织的，理解话语背后的情感或者意图，甚至搞清楚文本中哪些词是指代同一个事物。通过这些步骤，计算机能够处理日常语言中的复杂性和多义性，并做出更精准的反应。

自然语言理解的流程如图 5.4 所示。

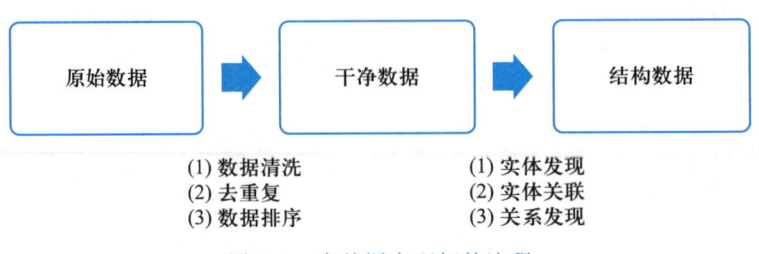

图 5.4   自然语言理解的流程

简单来说，自然语言理解就像给计算机装上一个"理解力大脑"，让它能够和我们用语言愉快地沟通。

NLU 研究的问题有如下 5 个方面：

① What：何谓理解，即自然语言理解的本质是什么，计算机对语言的"理解"是否等同于人类的理解。

② How：计算机如何能理解人类语言，即计算机通过什么技术手段实现对人类语言的理解。

③ When：计算机了解到何种程度才算理解，是仅能识别出关键词，还是能够理解上下文并做出合理推断。

④ Where：自然语言如何转换成计算机可理解的结构，如何存储，即自然语言如何被转换为计算机可处理的结构化数据，这些数据如何被存储和表示。

⑤ Why：计算机真的能理解吗？为何能、为何不能，即计算机是否真的能够像人类一样"理解"语言，能或不能的原因是什么。

如图 5.5 中句子所示，NLU 的核心能力之一是识别用户的意图。与过去依赖固定关键词的方法不同，NLU 能够从用户的自然语言表达中识别出真正的意图，如"订机票""查询航班"等，使得机器交互更加自然和智能。

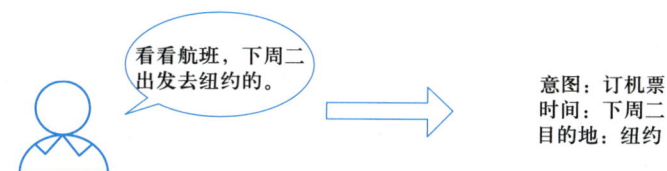

图 5.5　基于 NLU 的意图识别

除了识别意图，NLU 还能从用户的语句中提取出关键信息，如目的地、出发时间等。这使得机器能够更准确地理解用户的需求，并提供更精确的服务。

2. 自然语言生成

自然语言生成听起来可能有点抽象，但其实它就是让计算机"说话"的过程。我们知道，计算机可以通过自然语言理解来理解人们说的内容，那如果想让计算机不仅能理解，还能生成流畅的文字或语言，表达自己的意思，那就是自然语言生成的工作了。

自然语言生成分为文本到文本的生成和数据到文本的生成两种主要的方式：

① 文本到文本的生成（text-to-text generation）：这就像是把已存在的文本内容转换成另一种形式、风格或语言。例如，文本摘要、机器翻译、文本改写。这种方式能让计算机从已有的内容中提炼出核心信息，再用不同的方式表达出来。

② 数据到文本的生成（data-to-text generation）：这种方式将结构化或非结构化的数据转化为自然语言文本。例如，基于数据库的报告生成、根据统计数据编写新闻稿件、将

图表中的数字信息转化为易懂的描述性文字。这就像是让计算机用文字来"讲解"一堆数字和表格背后的故事。

自然语言生成任务不仅是从数据或文本中提取信息，还要将其按逻辑组织，并以清晰、连贯的语言表达出来。它不仅是翻译数据，而且要让机器的"话语"听起来像是人类自然说出的，富有感情和个性。

简而言之，自然语言生成让计算机变得更"有话说"——不仅能理解人类语言，还能用文字或语音精准表达，如同一个能与人类对话的聪明助手。

5.1.2　自然语言处理基本技术

自然语言处理涉及多个核心技术，其中分词和 N-gram 是最基础的技术之一。它们为后续的文本分析和处理奠定了基础。

1. 分词

分词（tokenization）是 NLP 任务中最底层的技术，其目标是将一段连续的文本切分成更小的单元（如单词或短语），以便计算机能够理解和处理。分词的过程类似于人类阅读时将句子拆解为有意义的词语或短语。例如，对于句子"猴子爱挠痒"，分词的结果是："猴子""爱""挠痒"。

N-gram 是一种基于统计的语言模型，它通过分析文本中连续的 N 个单元（如词或字符）的组合来捕捉语言的结构和上下文关系。N-gram 将文本切分为 N 个连续单元的组合，不同的 N 值决定了切分的粒度：

① 1-gram（Unigram）：每次切分一个单元，例如"猴子爱挠痒"→［"猴子"，"爱"，"挠痒"］。

② 2-gram（Bigram）：每次切分两个连续单元，例如"猴子爱挠痒"→［"猴子 爱"，"爱 挠痒"］。

③ 3-gram（Trigram）：每次切分 3 个连续单元，例如"猴子爱挠痒"→［"猴子 爱 挠痒"］。

N-gram 主要用于自然语言处理中，帮助计算机理解和分析文本的结构。它的作用可以通过以下几个方面来理解：

① 语言模型：N-gram 是一种常见的语言模型方法，用来预测某个词后面最有可能出现的词。例如，假设你已经知道句子是"猴子爱"，那么在 Bigram 模型中，计算机会通过统计大量文本数据来得出"猴子爱"后面最常见的词，比如"挠痒"。

② 简化分析：N-gram 可以让计算机通过分析一小段连续的词来理解整个句子。它不需要一次性处理整个句子的复杂结构，而是通过较小的单元逐步理解语言。

③ 提高准确性：通过使用 N-gram，计算机能够根据上下文关系捕捉更精确的信息。例如，如果只用 1-gram 进行分析，计算机可能会无法理解上下文的关系，而 2-gram 或 3-

gram 就能帮助它识别前后词之间的依赖关系，从而做出更准确的推断。

再举个简单的例子，假设有一个文本："猴子喜欢吃香蕉"。用不同的 N-gram 来切分它：

1-gram：["猴子","喜欢","吃","香蕉"]

2-gram：["猴子 喜欢","喜欢 吃","吃 香蕉"]

3-gram：["猴子 喜欢 吃","喜欢 吃 香蕉"]

从这些 N-gram 中，计算机可以学习到"喜欢"后面可能跟着"吃"，"吃"后面可能跟着"香蕉"，通过这种方式，它能够理解词与词之间的关系。

2. 词性标注

词性标注（part-of-speech tagging，POS tagging）用于为文本中的每个词分配其对应的词性（如名词、动词、形容词等）。词性标注不仅有助于理解句子的语法结构，还为许多高层 NLP 任务（如句法分析、机器翻译和信息抽取）提供了重要的特征支持。比如在句子"猴子喜欢吃香蕉"中，"猴子"是名词，"喜欢"是动词，"吃"也是动词，"香蕉"是名词。词性标注让计算机明白哪个词是做"动作"的，哪个词是"接受动作"的。

在 NLP 中，词性标注通常遵循某种通用的标注标准。Universal Dependencies（UD）是一种广泛使用的国际化标注标准，它定义了一组通用的词性标签，适用于多种语言。以下是一些常见的 UD 标注类别，例如：

猴子→NOUN（普通名词，指动物）

吃→VERB（动词）

了→AUX（助词，表完成体）

一个 →NUM（数词）

香蕉→NOUN（名词，指水果）

完整标注结果：

猴子/NOUN 吃/VERB 了/AUX 一个/NUM 香蕉/NOUN

LAC（语言应用语料库）词性归类如表 5.1 所示。

表 5.1 LAC 词性归类

标签	含义	标签	含义	标签	含义	标签	含义
n	普通名词	f	方位名词	s	处所名词	nw	作品名
nz	其他专名	v	普通动词	vd	动副词	vn	名动词
a	形容词	ad	副形词	an	名形词	d	副词
m	数量词	q	量词	r	代词	p	介词
c	连词	u	助词	xc	其他虚词	w	标点符号
PER	人名	LOC	地名	ORG	机构名	TIME	时间

3. 句法分析

句法分析（syntactic analysis）是语言学和自然语言处理中的一项核心技术，用于解析句子的语法结构，揭示句子中各成分之间的关系。简单来说，句法分析就是拆解句子，分析每个词在句子中的角色以及它们之间的关系。句法分析帮助我们回答以下问题：谁是句子的主语，谓语动词的作用对象是什么，修饰成分（如定语或状语）修饰了哪个部分……

句法分析可以类比为建筑设计图，每个词就像建筑中的一块砖。句法分析告诉我们每块砖应该放在哪里，以及如何支撑整个结构。通过句法分析，我们可以识别出句子的主语（墙壁）、谓语（屋顶）和宾语（地基）等成分。

句法分析分为句法结构分析和依存句法分析。

（1）句法结构分析

句法结构分析又称为短语结构分析，是句法分析的一种方法，它通过构建句子的树状图来展示句子的层次结构和成分之间的关系。这种方法将句子分解为不同的短语，如名词短语（NP）、动词短语（VP）等，并揭示这些短语如何组合成一个完整的句子。

在句法结构分析中，每个句子都被视为一个由不同层次的短语构成的层级结构。这些短语按照特定的语法规则组合起来，形成一个有序的整体。例如，在句子“那只敏捷的棕色猴子跃过了香蕉树”中，句法结构分析会识别出“那只敏捷的棕色猴子”是一个名词短语，而“跃过了香蕉树”是一个动词短语。名词短语作为主语，动词短语作为谓语，两者结合形成一个完整的句子。

句法结构分析的树状图不仅展示了句子的表层结构，还揭示了深层的语法关系，如图 5.6 所示。这种分析方法有助于我们理解句子的生成规则和变换过程，是研究语言结构和语法理论的重要工具。

（2）依存句法分析

依存句法分析是句法分析的另一种重要方法，它侧重于揭示句子中词语之间的依存关系。与句法结构分析不同，依存句法分析不强调短语的层次结构，而是关注词语之间的直接联系，即一个词如何依赖另一个词，以及这种依赖关系如何贯穿整个句子。

在依存句法分析中，每个句子都被视为一个由词语节点和依存关系边构成的网络。每个词语（除了根节点）都精确地依赖另一个词语，这种依赖关系通常由动词作为中心，其他成分如主语、宾语、定语、状语等都直接或间

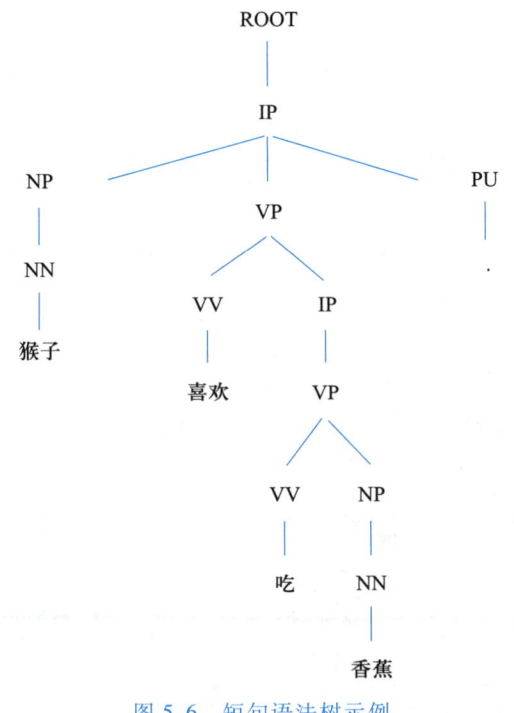

图 5.6　短句语法树示例

接地依赖动词。例如，在句子"猴子吃香蕉"中，"吃"是核心动词，"猴子"是动作的执行者，依赖"吃"，而"香蕉"是动作的承受者，同样依赖"吃"，如图 5.7 所示。

依存句法分析的图形表示通常是一个有向图，其中词语是节点，依存关系是边。这种分析方法强调了句子中词语之间的直接语法关系，使得句子的结构更加直观和简洁。依存句法分析的一个典型应用是依存文法，它使用一系列的依存规则来描述词语之间的直接关系。

依存句法分析在自然语言处理领域尤其有用，因为它能够有效地捕捉句子中的语义角色和句法功能，这对于机器翻译、信息提取、问答系统等应用至关重要。通过依存句法分析，我们可以更深入地理解句子的内在逻辑和语义结构，为计算机理解和生成自然语言提供了强有力的支持。

依存句法分析使用 Universal Dependencies（UD）体系解析为：

- nsubj（吃，猴子）

主谓关系：动词"吃"的主语是名词"猴子"。

- root（ROOT，吃）

核心谓语：动词"吃"是整个句子的根节点。

- aux：aspect（吃，了）

体态助词："了"表示动作的完成，依附于动词"吃"。

- nummod（香蕉，一个）

数量修饰：数词"一个"修饰名词"香蕉"。

- obj（吃，香蕉）

动宾关系：名词"香蕉"是动词"吃"的宾语。

可视化分析树如图 5.8 所示。

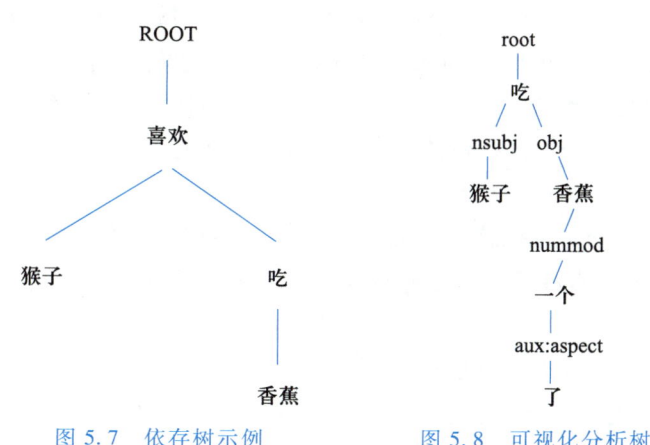

图 5.7 依存树示例　　　　图 5.8 可视化分析树

4. 词干提取

词干提取（stemming）是指从单词各种前缀、后缀、时态等变化中还原词干，常见于英文文本处理，它是自然语言处理中的一种文本规范化技术。词干提取通过去除词语的前缀或后缀，或者通过应用一系列启发式规则，来减少词语的曲折变化和派生形式，从而使不同形式的词语能够被识别为同一个词。

例如，英语中的词"connect""connected""connecting"和"connection"都可以被提取为词干"connect"。这个过程有助于简化文本分析，因为它减少了词汇的多样性，使得计算机程序能够更容易地识别和处理文本中的关键词。

词干提取通常用于信息检索系统，如搜索引擎，以提高检索的召回率。通过将查询和文档中的词语都提取为词干，系统能够匹配更多相关的文档，即使它们使用了不同的词语形式。此外，词干提取也用于文本挖掘、情感分析和其他自然语言处理任务中。

然而，词干提取并不完美，它有时会产生不存在的词干或者将不同意义的词语归约为同一个词干。因此，词干提取通常与词形还原（lemmatization）结合使用，后者是一种更复杂的文本规范化技术，它考虑了词语的语法和语义，能够将词语还原为它们的词典形式（即词元）。尽管如此，词干提取因其简单和高效，在许多应用中仍然是一个受欢迎的选择。

5. 命名实体识别

命名实体识别（named entity recognition，NER）识别并抽取文本中的实体，一般采用BIO 形式。它帮助计算机从句子中找出具有特定意义的"关键人物"或"地点"。例如，句子"乔治在巴黎旅行"中，计算机能识别出"乔治"是一个人的名字，而"巴黎"是一个地名。NER 帮助计算机识别出文本中有特殊含义的实体，像人名、地名、日期等。这就像你在故事里找出主角、地点和重要事件一样，NER 让计算机能精准地找出这些关键信息。

6. 指代消歧

指代消歧（coreference resolution）是自然语言处理领域中的一项关键技术，它旨在识别文本中所有指向同一实体的代词或名词短语，并将它们正确地关联起来。在语言交流中，人们经常使用代词（如"他""她""它"）或名词短语来指代之前提到的实体，以避免重复并保持文本的流畅性。指代消歧的任务就是确定这些指代成分的具体指向，从而理解文本的连贯意义。

例如，在句子"李华说他将会参加会议"中，指代消歧的任务就是确定"他"指代的是"李华"。这个过程对于理解文本的整体意义至关重要，因为错误的指代关联可能导致对文本的误解。

指代消歧通常涉及以下几个步骤：
① 识别文本中的所有指代表达式，包括代词、名词短语等。
② 确定每个指代表达式可能的先行词（antecedent），即它可能指向的实体。
③ 根据上下文信息、语义知识、句法结构等线索，选择最合适的先行词。

7. 关键词抽取

关键词抽取（keyword extraction）也就是提取文本中的关键词，用以表征文本或下游应用。这些关键词能够概括文档的主题或核心内容，为用户提供快速的内容洞察，同时也为文档的索引、分类、摘要和检索提供支持。

关键词抽取的方法多种多样，可以从简单的统计方法到复杂的机器学习算法。以下是一些常用的关键词抽取方法：

① 基于频率的方法：这种方法认为出现频率高的词语更可能是关键词。例如，TF-IDF（term frequency-inverse document frequency）是一种常用的统计方法，它通过衡量词语在文档中的频率与其在整个语料库中的逆文档频率的乘积来评估词语的重要性。

② 基于词图的方法：如 TextRank 算法，它将文本中的词语作为图中的节点，词语之间的共现关系作为边，通过图的排序算法（如 PageRank）来评估词语的重要性。

③ 基于语言学的方法：这种方法利用语言学知识，如词性标注、句法分析等来识别名词短语等可能的关键词。

④ 基于机器学习的方法：这种方法使用标注好的训练数据来训练模型，模型学习如何根据上下文、语义等特征来预测关键词。常用的模型包括决策树、支持向量机、随机森林等。

⑤ 基于深度学习的方法：随着深度学习技术的发展，一些基于神经网络的方法，如卷积神经网络、循环神经网络和最近的 Transformer 模型，也被用于关键词抽取任务，它们能够捕捉更复杂的语义信息。

关键词抽取的应用非常广泛，包括但不限于：文档摘要、搜索引擎优化、文本分类、信息检索等。

8. 词向量与词嵌入

词向量与词嵌入是现代自然语言处理中用于表示词语的核心技术。它们将词汇表中的单词映射到实数向量空间，使得每个单词都被表示为一个高维空间中的点。这种表示方法能够捕捉词语之间的语义和语法关系，为各种 NLP 任务提供了强大的基础。

词向量是把词语转化成计算机可以理解的"数字"形式的技术。你可以把它想象成，每个词都被映射成一个"坐标"，这些"坐标"位于一个高维空间中，代表了词语之间的相似性和关系。几种常见的词向量生成方法如下：

① Word2Vec：它是一种生成词向量的经典模型（如图 5.9 所示），由 Google 提出，通过大量的文本数据学习单词的上下文关系，从而生成包含语义信息的向量。它可以通过 CBOW（continuous bag of words）和 Skip-gram 两种方法来训练：CBOW 试图通过上下文词来预测一个目标词。例如，给定上下文词"猴子""喜欢"和"吃"，目标词是"香蕉"。CBOW 会根据这些上下文词，预测出目标词是"香蕉"。Skip-gram 正好相反，它通过一个目标词来预测它的上下文。例如，给定目标词"香蕉"，它会预测出它的上下文词，比如"猴子""喜欢"和"吃"。

② GloVe（global vectors for word representation）是由斯坦福大学提出的一种基于全局统计信息的词向量生成方法，通过构建词语共现矩阵，并对其进行矩阵分解，生成词向量。它结合了全局统计信息和局部上下文信息，适合处理大规模预料。

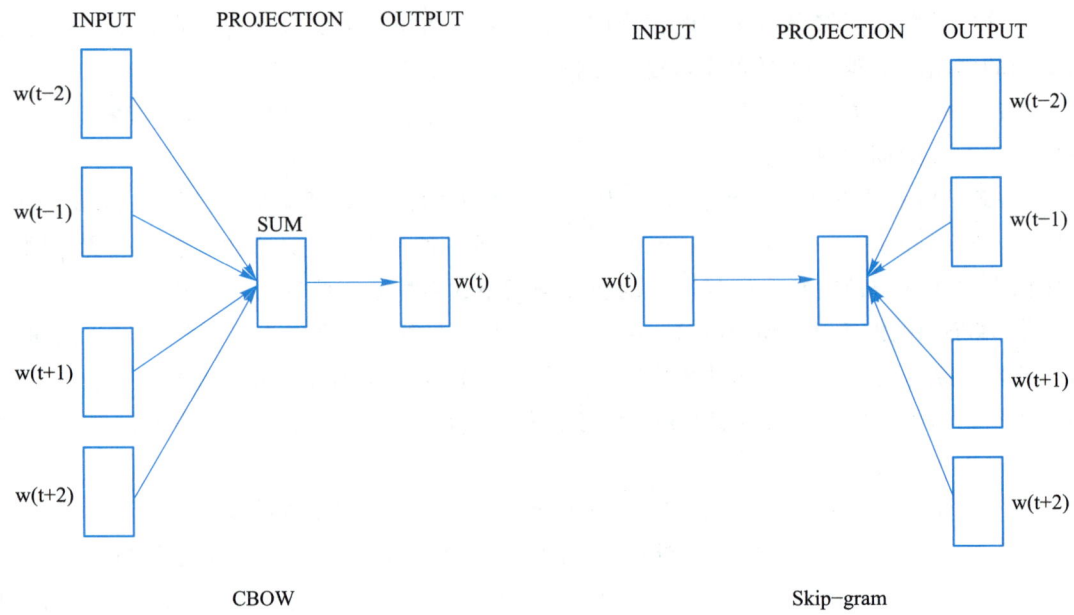

图 5.9　Word2Vec 模型

③ FastText 是由 Facebook 提出的改进方法，它通过将单词分解为子词（如 N-grams），生成词向量。它能够处理未见过的词（例如通过子词组合生成词向量），对形态丰富的语言（如德语、法语）表现尤为出色。

词向量的关键在于，它能够将每个词的"语义"转化为一个由数字组成的向量，且词与词之间的关系通过这些向量的距离来表示。例如，计算机通常无法直接理解"苹果"这个词的含义，但通过词向量技术，我们可以把"苹果"表示为一个向量（比如［0.2，0.1，0.4，…］），这个向量会包含"苹果"所蕴含的信息。通过这样的方式，计算机就能通过数学运算，发现"苹果"和"橙子"在意义上非常相近，而"苹果"和"汽车"则差距较大。

词嵌入是一种更为先进的词向量表示方法，它通过训练模型将词语映射到低维稠密向量空间中。词嵌入不仅能够表示词语，还能够捕捉词语之间的语义和语法关系。例如图 5.10 所示，通过词嵌入，我们可以发现"国王（king）"-"男人（man）"+"女人（female）"≈"女王（queen）"这样的关系。

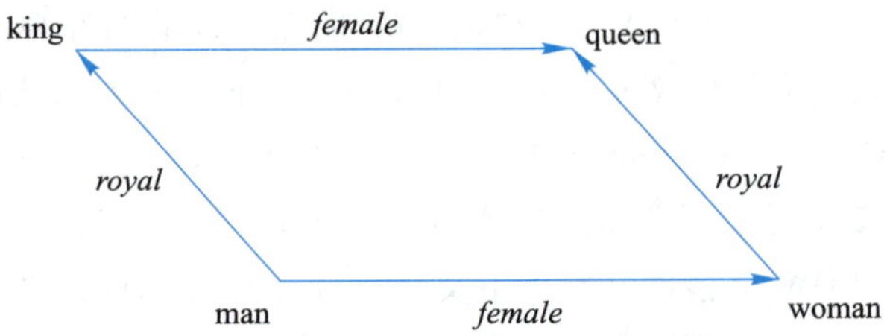

图 5.10　词类比结构

如果说 Word2Vec 是用来表示单个词的，那么 Doc2Vec 就是用来表示整个"文档"或"句子"的。Doc2Vec 是对 Word2Vec 的扩展，它不仅学习词语之间的关系，还学习如何把一个完整的句子、段落或文档转换成一个向量。

在 Doc2Vec 中，每个文档（或句子）都会有一个专门的向量表示。比如，"我喜欢苹果"和"我喜欢香蕉"这两句话，它们的词向量虽然会有所不同，但它们的文档向量可以学习到这两句话的相似性。例如，Doc2Vec 可以帮助计算机理解，这两句话表达了类似的意思，即它们都在谈论喜欢的水果。

词向量的技术应用场景非常广泛：在语义相似度计算中，词向量能够捕捉单词之间的语义关系，通过计算词向量之间的"距离"或"相似度"，判断两个词的语义相似性；在机器翻译中，词向量能够帮助计算机将一种语言中的单词映射到另一种语言中的对应单词，从而实现更准确的翻译；在文本分类和情感分析中，词向量通过将整篇文章或评论转化为向量表示，使计算机能够理解文本的语义内容，从而完成分类或情感分析任务；在推荐系统中，词向量能够帮助计算机理解用户的兴趣偏好和物品特征，从而实现精准推荐。

词向量和词嵌入是 NLP 中的核心技术，它们通过将单词映射到高维向量空间，捕捉了单词之间的语义和语法关系。传统方法（如 Word2Vec、GloVe）简单高效，适用于大多数任务，而上下文词嵌入（如 BERT）进一步提升了语义表示的精度。随着技术的发展，词向量在文本分类、机器翻译、推荐系统等领域的应用越来越广泛，但仍面临静态表示、多义词处理等挑战。未来，动态上下文表示、多模态融合等方向将进一步推动词向量技术的发展与应用。

5.1.3 自然语言处理的应用

以下是对自然语言处理常见应用场景的整理与详细描述，涵盖实际应用案例、技术原理及实现方式，便于读者理解和应用。

1. 机器翻译

机器翻译（machine translation）是指使用计算机自动将一种语言的文本转换成另一种语言。通过使用自然语言处理算法，机器翻译可以帮助我们跨越语言障碍。

实际应用案例：

你正在阅读一篇英文文章，但你不懂英文。你可以使用"Google 翻译"或"百度翻译"将整篇文章从英文翻译成中文，快速理解文章的内容，如图 5.11 所示。

翻译示例：

-原文（英文）：The weather is nice today.

-翻译（中文）：今天天气很好。

实现方式：

① 在线工具：使用 Google 翻译或百度翻译，输入

图 5.11 百度翻译

文本直接获得翻译结果。

② 开源工具：使用 Hugging Face Transformers 加载预训练翻译模型（如 MarianMT）。

③ 通用语言模型：使用 OpenAI GPT，通过提示词实现翻译功能。

2. 信息检索

信息检索（information retrieval）是用来查找信息的一种方式，类似使用搜索引擎时，输入一个关键词，搜索引擎会从互联网上找到与这个关键词相关的网页、文章、图片等内容。它是搜索引擎（如百度、Google）的核心技术之一。

实际应用案例：

假设想查找"如何学习 Python 编程"的信息，在搜索引擎中输入这个查询（如图 5.12 所示），搜索引擎就会根据以下过程提供相关网页。

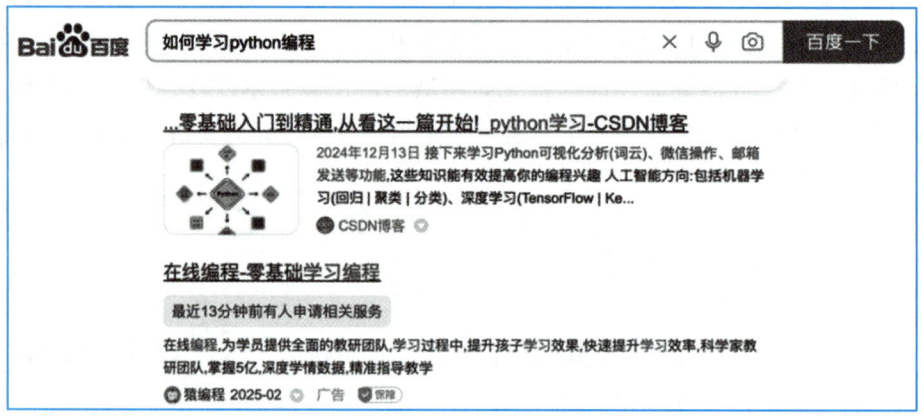

图 5.12　百度搜索

实现流程：

① 查询输入：用户输入关键词（如"如何学习 Python 编程"）。

② 查询分析：识别关键词并理解查询意图。

③ 索引匹配：在索引库中查找包含关键词的文档。

④ 相关性评分：根据关键词匹配度、内容质量等为文档打分。

⑤ 排序与展示：按相关性排序展示最匹配的结果。

实现方式：

① 开源工具：使用 Elasticsearch 或 Apache Solr 构建自定义检索系统。

② 搜索引擎 API：调用 Google Custom Search API 或 Bing Search API 实现信息检索。

③ 模型优化：使用 BERT 等模型优化查询理解和相关性评分。

3. 文本分类

文本分类（text classification）是将文本自动归类到预定义的类别中，简单来说，文本分类就是"给文档贴标签"。这个技术广泛应用于垃圾邮件识别、新闻分类、情感分析等领域。

实际应用案例：

① 垃圾邮件过滤：将邮件分为"正常邮件"和"垃圾邮件"两类。例如，标题为"赢取大奖，点击这里！"且正文包含大量营销语言和促销信息，这样的邮件会被识别为垃圾邮件，如图 5.13 所示。

□ 垃圾箱 ☰	🗑 彻底删除 ➦ 转发 ⓘ 举报 🚫 这不是垃圾邮件 ✉ 全部已读 ☆ 标记为▼ 🗀 移动到▼
系统将自动清理超过 30 天的垃圾邮件 清空"垃圾箱"	
周日(1 封)	
□ ✉ zneoekrsndjzom	bqejbpdii------------------Apple 提供的收据 LB2kb ───────
更早(1 封)	
□ ✉ 唐薇佳	600_64 我要把别人看到的当成我的太阳，别人听到的当成我的乐曲，别人嘴角的微笑看作我的快乐，v 1970 2 7 90727

图 5.13　垃圾邮件

② 将与法律相关的文档自动分为不同类别：如合同、诉状、判决书等。合同类文档通常包含双方协议的条款与条件，如"劳动合同条款及条件"；诉状类文档则多以法律请求或主张为核心内容，例如"原告起诉被告非法侵占财产"；而判决书类文档则是法院裁定或判决的正式文件，例如"法院判决被告支付赔偿金"。

实现方式：

① 机器学习：使用 Scikit-learn 等机器学习库，结合 TF-IDF 或词袋模型进行文本分类。

② 深度学习：使用 Hugging Face Transformers 加载预训练模型（如 BERT）进行文本分类。

③ 快速训练工具：使用 FastText 等工具快速训练文本分类模型。

4. 对话系统

对话系统（dialog system）也称为聊天机器人或语音助手，是指能够模拟与人类进行自然语言对话的计算机程序。简单来说，对话系统就像是一个虚拟的"对话伙伴"，它能通过语言与用户进行互动，理解用户的问题，并做出相应的回答或操作。

实际应用案例：

智能语音助手 Siri（如图 5.14 所示）或小米的"米家"应用，它们可以回答用户的问题、执行语音指令（如设置闹钟、播放音乐等）。你对着手机说："帮我设置明天早上 7 点的闹钟。"虚拟助手就会回应并设置好闹钟，完成这项任务。

图 5.14　Siri 语音助手

实现方式：

① 开发框架：使用 Rasa 或 Dialogflow 等对话系统开发框架，构建自定义聊天机器人。

② 深度学习：使用 OpenAI GPT 或 Hugging Face Transformers 加载预训练语言模型，实现更自然的对话交互。

③ 云服务：使用 Amazon Lex 或 Microsoft Bot Framework 等云服务，快速部署对话系统。

5. 文本生成

文本生成（text generation）是指通过计算机程序生成符合逻辑和语法的文本内容。这项技术在新闻写作、内容创作、代码生成等领域有广泛应用。

实际应用案例：

自媒体从业者每天在社交媒体上更新作品，以此来获取曝光度。因此常常会通过各种大语言模型（ChatGPT、DeepSeek 等）来生成自己需要的文案，如图 5.15 所示。

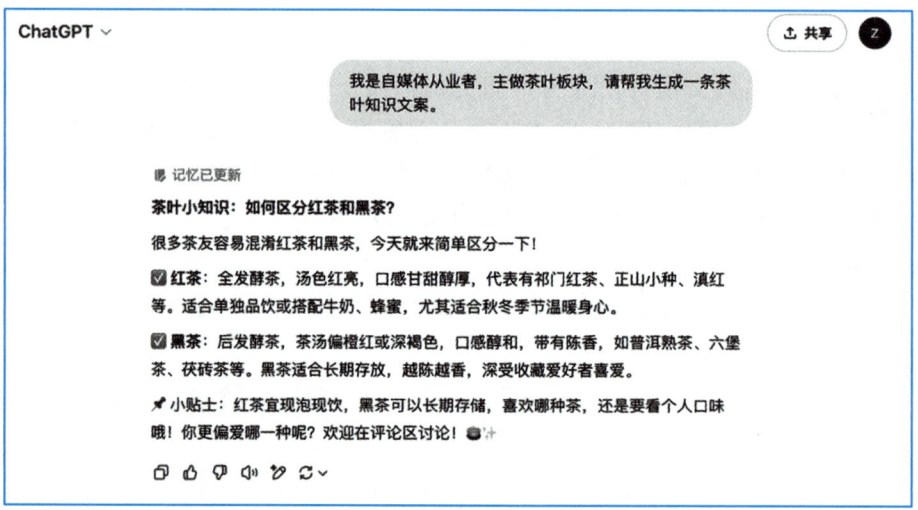

图 5.15　ChatGPT 生成文案

实现方式：

① 语言模型：使用 DeepSeek、GPT-3 或 GPT-4 等通用语言模型，通过提示词生成文本。

② 深度学习：使用 Hugging Face Transformers 加载预训练模型（如 GPT-2）进行文本生成。

③ 专用模型：使用 T5 等模型实现特定任务的文本生成（如摘要生成、翻译等）。

6. 情感分析

情感分析（sentiment analysis）是指通过对文本进行分析，判断其中所表达的情感倾向（如积极、消极或中立）。这项技术常用于社交媒体监控、产品评论分析等。

实际应用案例：

电商平台利用情感分析技术对用户评论进行分析，判断用户对某个商品的评价是正面还是负面，从而帮助商家改进产品和服务，如图 5.16 所示。例如，你在某购物网站上购买了一个产品，并留下了评论。系统会自动分析你的评论，判断它是积极的（如"很喜欢这个产品！"）还是消极的（如"质量不好，失望"）。

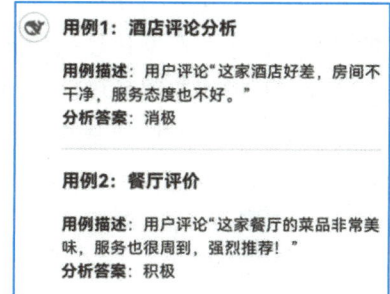

实现方式：

① 基础工具：使用 VADER 或 TextBlob 等简单工具进行基础情感分析。

② 深度学习：使用 Hugging Face Transformers 加载预训练模型（如 BERT）进行更精确的情感分析。

图 5.16　情感倾向判断

③ 云服务：使用 Google Cloud Natural Language API 或 AWS Comprehend 等，快速实现情感分析功能。

 想一想：

（1）自然语言处理的基本技术有哪些？

（2）自然语言处理的主要应用场景有哪些？

5.2　语音交互技术：让声音传递智能

过去，人们与设备或程序交互时，本质上是将用户的操作通过规范转化为机器码的形式与系统沟通。

然而，随着人工智能技术的飞速发展，智能语音交互已成为科技领域的一大亮点，正逐步改变着人们的生活方式和工作模式。从智能手机中的语音助手到智能家居的声控系统，再到客服领域的智能语音机器人，智能语音交互技术正以其独特的魅力，构建起一座通往未来的人机沟通新桥梁，打破了传统程序交互的僵化感，甚至体验到了与真人交流的感觉，如图 5.17 所示。

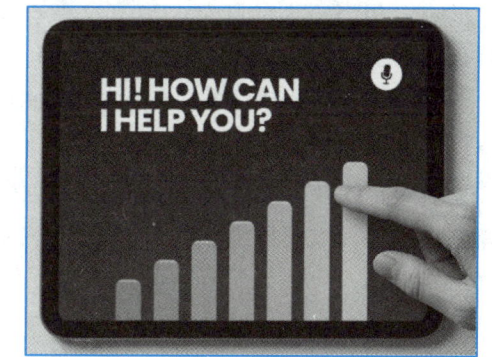

图 5.17　语音交互

5.2.1　语音交互技术定义

语音交互技术是一种使人们能够通过自然语言与计算机系统进行交流的技术。它利用语音识别将人的语音转换为文字，再通过自然语言处理理解用户的意图，然后根据这些意图执行相应的操作或提供信息，最后通过语音合成将系统的回应转换为语音播放给用户。这项技术让我们的设备（如智能手机、智能音箱等）能听会说，使得操作更加便捷，特别适用于无法手动输入的场景，极大地提升了人机交互的体验。无论是查询信息、控制家电还是导航，语音交互都让这些任务变得简单快捷。

语音交互的完整闭环由 3 个核心步骤组成：听懂，理解，以及回答。这 3 个步骤紧密合作，模拟了人类对话的基本流程，如图 5.18 所示。

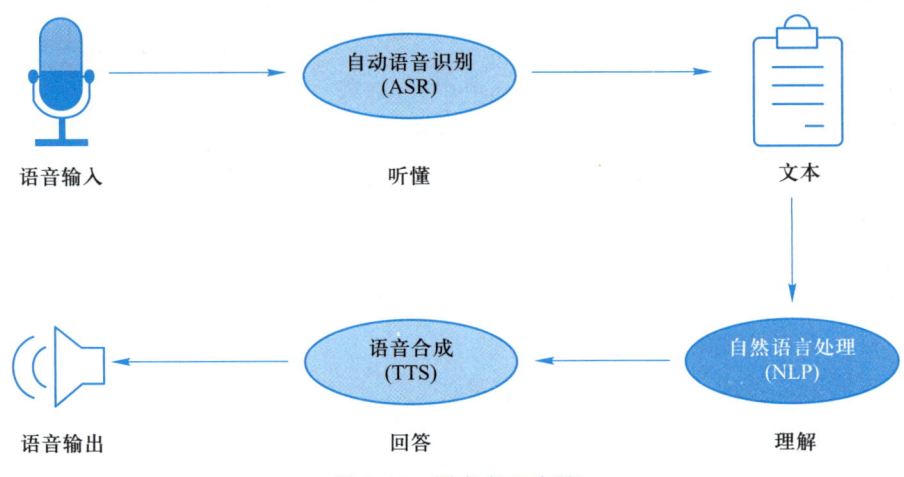

图 5.18　语音交互步骤

自动语音识别技术能够将用户的语音信号转换为文本。它通过分析声波、识别音素并匹配词汇，实现语音到文字的转换。ASR 的准确性受到发音、口音和环境噪声等因素的影响，相当于人的耳朵。也有文章会描述这一过程为语音到文本转换（speech to text，STT）。

自然语言处理使计算机能够理解和处理人类语言，这使得语音交互不仅限于简单的命令，还可以进行更复杂的对话。

语音合成技术能够将文本信息转换为听起来自然流畅的语音。通过调整语调、语速和音色，语音合成使得机器可以与用户进行流畅的语音交流，增强用户体验。

1. 自动语音识别

自动语音识别是一门涉及面很广的交叉学科，与声学、语言学、信息理论、模式识别理论以及神经生物学等学科都有非常密切的关系。

自动语音识别是一个声学信号转换成文本信息的过程，主要包括特征提取（信号处理）技术、模式匹配准则及模型训练技术 3 个方面。整个识别的过程如图 5.19 所示。

信号采集是将现实世界中的模拟信号（如声音、图像等）转换为计算机可以处理的数字信号的过程，如图 5.20 所示。对于语音信号来说，信号采集主要包括以下几个步骤：

① 通过麦克风捕获声音：麦克风将声波（模拟信号）转换为电信号。

② 采样：以一定的时间间隔对模拟信号进行采样，将其转换为离散信号。采样率决定了信号的时间分辨率。

③ 量化：将采样后的信号幅度值转换为有限个离散值。量化精度决定了信号的幅度分辨率。

④ 编码：将量化后的信号转换为二进制数据，以便存储和处理。

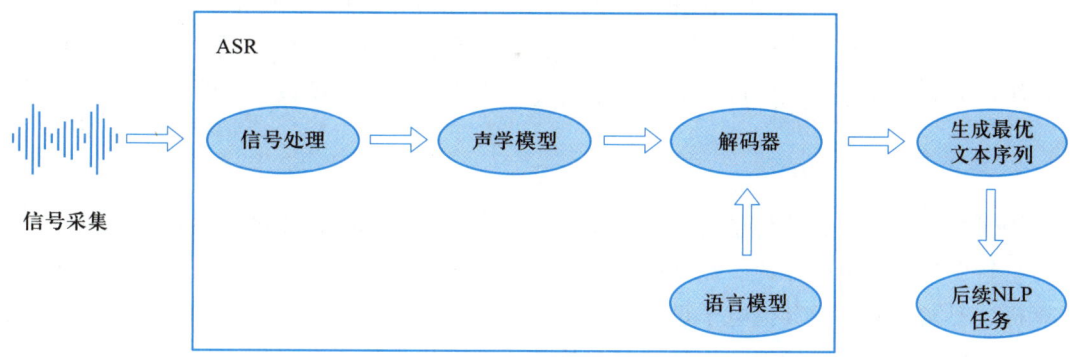

图 5.19　自动语音识别的过程

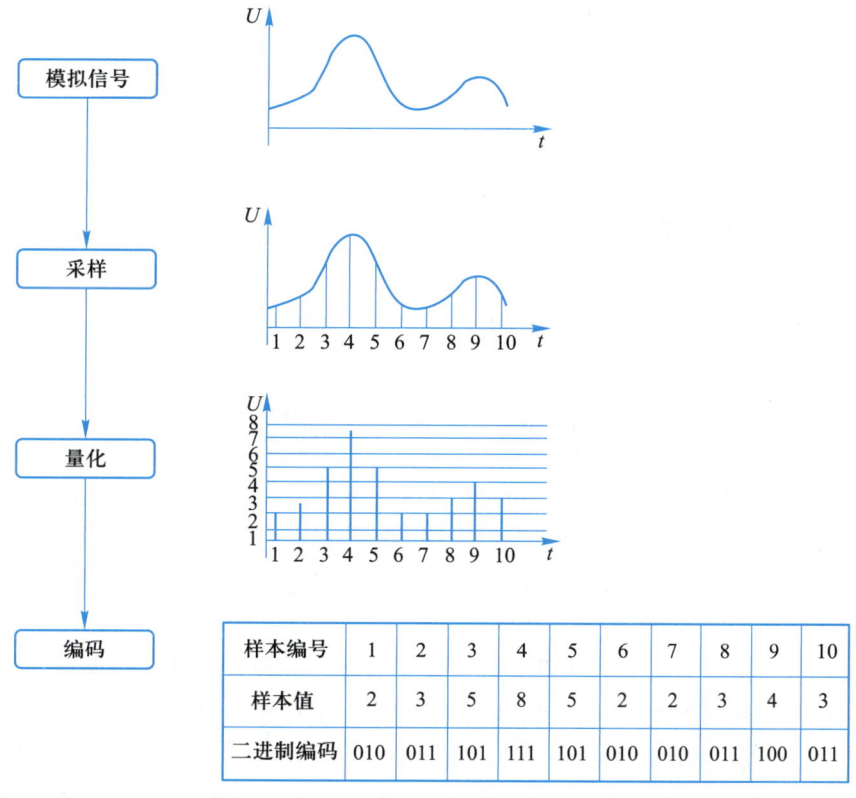

图 5.20　信号采集

信号采集是语音识别、语音合成等技术的第一步，为后续的信号处理和分析提供了基础。

信号处理（特征提取）：这一步是从输入音频中提取有用的音频特征，并且忽略噪声以及其他不相关信息。梅尔频率倒谱系数（Mel-frequency cepstral coefficients，MFCC）技术能够在频谱图或梅尔频谱图中捕捉音频频谱特征。

声学模型：将频谱图传递给基于深度学习的声学模型，声学模型通常基于深度神经网络或 Transformer 架构，用于预测每个时间步对应音素或字符的概率。

解码：解码器和语言模型根据上下文将音素或字符转换为单词序列。这些单词可以进一步缓冲为短语和句子，并进行适当分段，然后再发送至下一阶段。

2. 语音合成

语音合成是指将文字信息转换为语音的技术，它将计算机产生的、或由外部输入的文字信息转变为可以听得懂的、流利的汉语语音（或者其他语言语音）输出。这一技术使得计算机、智能手机以及其他电子设备能够以人类的声音朗读文本。随着深度学习技术的发展，现代语音合成系统能够产生越来越自然的语音，极大地提升了用户体验。

语音合成流水线包含文本前端（text frontend）、声学模型（acoustic model）和声码器（vocoder）3 个主要模块，如图 5.21 所示。

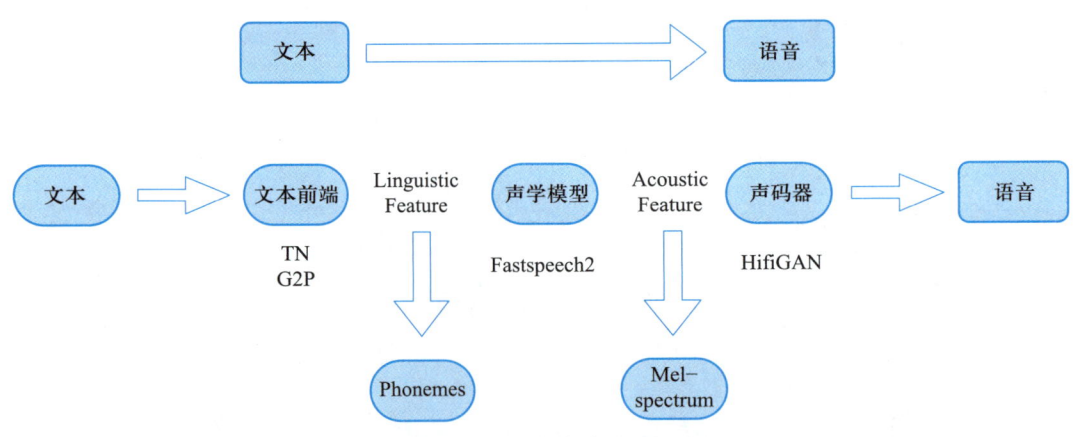

图 5.21   语音合成的过程

通过文本前端模块将原始文本转换为字符/音素；通过声学模型将字符/音素转换为声学特征，如线性频谱图、梅尔频谱图、LPC 特征等；通过声码器将声学特征转换为语音波形。语音合成样例如图 5.22 所示。

近年来，基于深度学习的方法进一步推动了语音合成技术的进步。例如，Tacotron2 模型采用了一种序列到序列的架构，可以直接从文本生成梅尔频谱图，这是一种中间表示形式，非常适合捕捉语音的韵律和语调细节。随后，结合高效的 WaveGlow 声码器，Tacotron2 能够输出高保真度的语音。这种端到端的系统简化了传统语音合成流水线，并且在语音的自然度和流畅性方面取得了显著进步。

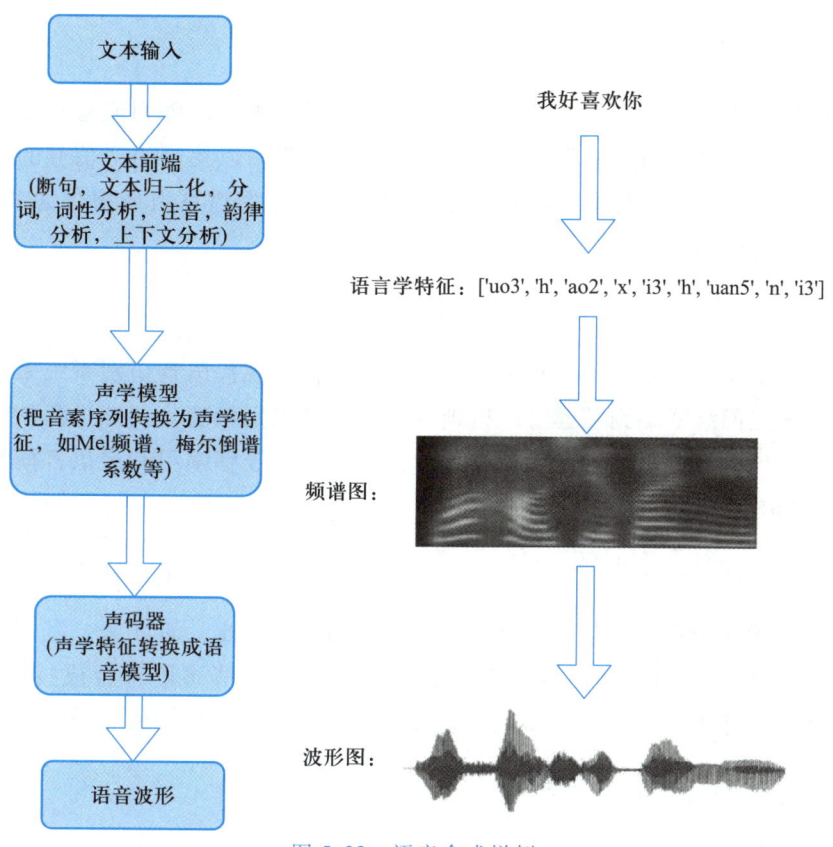

图 5.22 语音合成样例

5.2.2 语音交互的核心技术模块

随着人工智能和语音技术的快速发展，智能语音交互已成为多个行业的重要技术支撑。从智能家居到自动驾驶，从客服机器人到语言翻译工具，语音交互正在改变人们的生活和工作方式。本部分将深入探讨语音交互系统的核心技术模块，帮助读者了解其关键环节和实际应用，如图 5.23 所示。

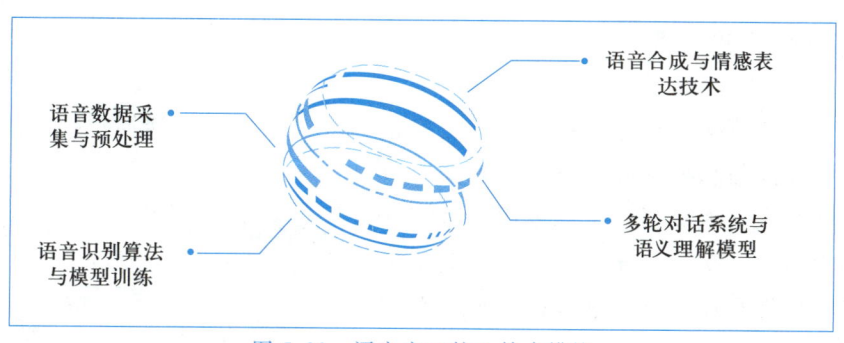

图 5.23 语音交互核心技术模块

1. 语音数据采集与预处理

语音数据采集是智能语音交互系统的基础环节，通过麦克风阵列或移动设备收集高质量音频数据。预处理过程包括降噪、回声消除和信号增强，以提高语音信号的清晰度和可用性。此外，预处理还需进行语音特征提取，如梅尔频率倒谱系数或梅尔滤波器组特征，为后续分析提供高效输入。

2. 语音识别算法与模型训练

语音识别技术是将语音信号转化为文本的核心过程。现代语音识别系统采用深度神经网络、长短期记忆网络或端到端模型进行训练，以提高识别精度。训练过程依赖大规模语音数据集和语料库，通过监督学习优化模型参数。此外，迁移学习和多语言模型进一步提升了系统适应复杂语境的能力。

3. 语音合成与情感表达技术

语音合成技术用于将文本信息转化为自然流畅的语音输出。近年来，基于深度学习的 WaveGlow 和 Tacotron 模型实现了高保真语音合成。同时，情感语音合成技术也在发展，使合成语音能够传达不同情感，如愉悦、悲伤和愤怒，增强用户体验。

4. 多轮对话系统与语义理解模型

多轮对话系统通过语义理解和上下文管理支持复杂交互。基于 BERT 和 GPT 的自然语言处理模型可高效解析用户意图，并生成连续、逻辑清晰的回复。语义理解模块利用命名实体识别和依存句法分析，进一步优化信息提取与推理能力。此外，对话状态跟踪技术确保系统能够记忆并响应用户多轮提问，提升交互流畅性与智能化水平。

语音交互技术正在快速演进，其在各行业的应用场景日益丰富，涵盖智能家居、医疗、教育等领域。从基础的语音采集到复杂的多轮对话系统，每个核心模块都在推动技术的智能化与实用化发展。未来，随着人工智能和大数据技术的进一步突破，语音交互将更加精准、自然，为人机交互带来全新的体验。

5.2.3　语音交互的应用

随着人工智能技术的快速发展，语音交互正在改变各行各业的信息处理和服务模式。本小节将分析语音交互在智能家居、智能客服、医疗保健、教育与学习以及交通与导航等领域的应用场景，展示其如何提升效率与用户体验，如图 5.24 所示。

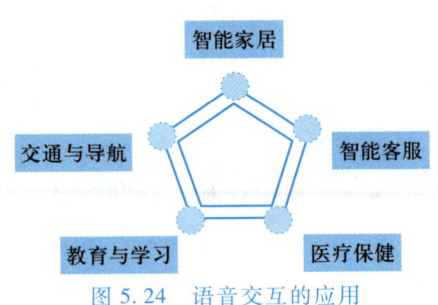

图 5.24　语音交互的应用

1. 智能家居

语音交互技术在智能家居中已经成为重要的交互方式，通过语音指令控制家电设备和自动化场景，为用户带来便捷体验，如图 5.25 所示。例如，用户可以通过语音助手控制灯光、温度和音乐播放，实现个性化的生活场景设置。

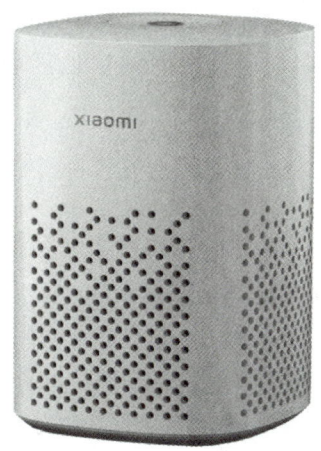

家电控制与自动化场景：智能音箱和语音控制设备能够连接各种智能设备，如空调、电视、窗帘等，用户只需一句话便可远程控制。这种自动化场景不仅提高了操作效率，还提升了家庭生活的舒适度和便捷性。

智能音箱与语音助手的市场趋势：随着市场需求的增长，智能音箱和语音助手的市场份额不断扩大。报告显示，语音助手的普及率正在快速提升，消费者对语音交互设备的接受度越来越高，推动了智能家居行业的进一步发展。

图 5.25　小米智能音箱

2. 智能客服

智能客服系统通过语音交互技术提高了服务效率和客户满意度，为企业节省了大量的人力成本，如图 5.26 所示。

客服机器人与自动语音应答系统：客服机器人可以进行多轮对话和复杂问题解答，而自动语音应答系统可以实现 24 小时在线服务，解决客户常见问题。

提升客户体验与服务效率的案例：某大型电商平台部署智能客服系统后，订单查询、物流跟踪等服务实现了自动化，大大缩短了客户等待时间，同时提升了问题解决率和客户满意度。

3. 医疗保健

语音交互技术在医疗领域为诊断、健康管理和远程医疗带来了新的突破，如图 5.27 所示。

图 5.26　智能客服机器人

图 5.27　远程医疗

语音诊断与健康管理平台：AI语音诊断系统通过分析患者语音的基频抖动和共振峰偏移，辅助早期帕金森病筛查，准确率可达85%。此外，语音助手还能提供个性化健康建议和日常监测提醒。

远程医疗中的语音交互创新应用：远程医疗平台利用语音技术实现患者与医生之间的实时沟通，帮助偏远地区患者获取专业医疗建议，降低就诊成本，提高医疗资源分配效率。

4. 教育与学习

AI语音技术正在推动教育行业数字化转型，为在线学习和教育工具提供强大支持，如图5.28所示。

在线教育中的语音评测与辅助教学工具：语音评测系统可用于口语考试自动评分，提高评测效率和公平性。此外，语音辅助工具可以帮助学生纠正发音，提高学习效果。

AI语音学习助手的交互体验分析：智能语音助手能够根据用户的学习进度和兴趣点进行个性化推荐，提供互动式学习体验，从而提升学习效率和参与感。

5. 交通与导航

语音交互技术在智能驾驶和导航系统中发挥了重要作用，为驾驶安全和便捷出行提供保障，如图5.29所示。

图 5.28   AI 教育

图 5.29   车载语音助手

车载语音助手与智能驾驶系统：车载语音助手可帮助驾驶员通过语音控制音乐、电话和导航功能，减少操作分心，提升驾驶安全性。

导航语音控制优化案例：某品牌导航系统通过优化语音识别算法，提高了指令识别率和响应速度，用户体验显著改善，同时减少了操作失误。

语音技术与人工智能的结合为多个行业带来了革命性的变化。从智能家居到智能客服，从医疗保健到教育学习，再到交通导航，语音交互正在重塑用户体验和服务模式。随着技术的进一步成熟和应用场景的持续拓展，语音交互将在未来发挥更大的潜力，推动数字化转型和智能化发展。

 想一想：

（1）语音信号数字化之前为什么要进行预处理？

（2）语音识别和语音合成技术有什么不同？

（3）请分享自己在生活中所见到的语音识别的应用。

（4）在语音识别过程中，哪个步骤对识别准确性影响最大？为什么？

（5）尽管语音交互技术已经取得了显著进展，但在实际应用中仍然面临一些挑战，如口音识别、背景噪声处理、多轮对话的上下文理解等。请选择一个挑战，分析其技术难点，并提出可能的解决方案。

（6）随着人工智能技术的进一步发展，你认为语音交互技术在未来5~10年内会有哪些突破性进展。

5.3 计算机视觉：让机器"看"见未来

人类用双眼感知世界的光影、形状与运动，通过视觉构建对现实的认知框架。据统计，人类约有83%的信息是通过视觉获取的，视觉是人类思维最基本的一种工具。成语"眼见为实"表达了视觉对人类的重要性。

视觉分为视感觉和视知觉两个层次。相对而言，感觉是较低层次的，感觉负责无差别地接收外部刺激；知觉则处于较高层次，解析这些信息，识别出有意义的内容，并确定关注的目标。

而今，计算机视觉（computer vision，CV）正将这一能力赋予机器，使冰冷的传感器与算法成为探索世界的"数字之眼"。作为人工智能领域的核心分支，计算机视觉不仅是图像捕捉与处理技术，更是一场颠覆性的认知革命——它赋予机器类似人类的视觉能力，使它们能够从数字图像或视频中提取高层次的信息。这包括识别物体、场景、动作，甚至理解复杂的视觉内容。让机器理解图像背后的逻辑，甚至预判尚未发生的场景。最终目标是让机器能够像人类一样通过视觉感知来与环境互动，并做出相应的决策。这门学科的使命是教会机器如何"看"懂世界，并以此为基础重塑人类社会的未来图景。

5.3.1 计算机视觉的基础

1. 计算机视觉的基本概念

从字面理解就是让计算机具备"视觉"能力，也就是让机器能够像人类一样通过摄像头或其他传感器获取图像或视频，然后理解和分析这些视觉数据。它利用计算机和数学算法来模拟人类视觉系统对图像和视频进行识别、理解、分析和处理。

计算机视觉是人工智能领域的一个重要分支，简单来说，它要解决的问题就是：让计算机看懂图像或者视频里的内容。比如：图片里的宠物是猫还是狗，图片里的人是老张还是老王，视频里的人在做什么事情……更进一步地说，计算机视觉就是指用摄影机和计算机代替人眼对目标进行识别、跟踪和测量等，并进一步做图形处理，得到更适合人眼观察或传送给仪器检测的图像。计算机视觉的最终目标是使计算机能像人那样通过视觉观察和理解世界，具有自主适应环境的能力。以图 5.30 为例，人类能做到的不仅是检测到图像前景中有 4 个人、一条街道和几辆车。除了这些基本信息，人类还能够看出图像前景中的人正在走路，其中一人赤脚，我们甚至知道他们是谁。我们还可以理性地推断出图中人物没有被车撞击的危险，白色的大众汽车没有停好。人类还可以描述图中人物的穿着，不只是衣服颜色，还有材质与纹理。这也是计算机视觉系统需要的技能。简单来说，计算机视觉解决的主要问题是：给出一张二维图像，计算机视觉系统必须识别出图像中的对象及其特征，如形状、纹理、颜色、大小、空间排列等，从而尽可能完整地描述该图像。

图 5.30　披头士专辑《艾比路》的封面

2. 计算机视觉的基本原理

计算机视觉技术利用图像传感器获得目标对象的图像信号，然后传输给专用的图像处理系统。系统将像素分布、颜色、亮度等图像信息转换成数字信号，并对这些信号进行多种运算与处理，提取出目标的特征信息进行分析和理解，最终实现对目标的识别、检测和控制等，如图 5.31 所示。

从原始信号摄入开始（瞳孔摄入像素），接着做初步处理（大脑皮层某些细胞发现边缘和方向），然后抽象（大脑判定，眼前的物体的形状，是圆形的），然后进一步抽象（大脑进一步判定该物体是个气球）。

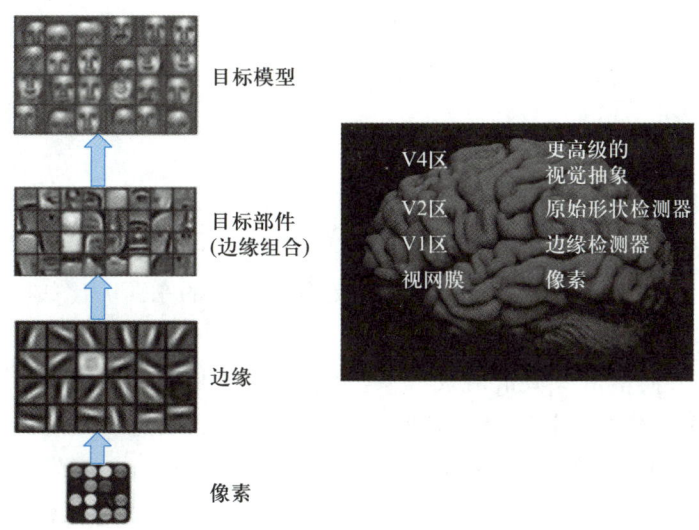

图 5.31 计算机视觉基本原理

所以，机器的方法也是类似的，就像搭积木一样，我们用机器来学习识别图片，就是一层层地搭建神经网络，如图 5.32 所示。首先，最左面的几层负责找出图片里最基本的东西，比如边边角角或者颜色块。然后，这些基本特征再被组合起来，形成更复杂一些的特征，就像是用小积木拼成大积木。这样一层一层地往上，每一层都用下一层的特征来构建更高级的特征。最后，到了最顶层，机器就能根据这些层层叠加的特征来决定图片里是什么东西了。

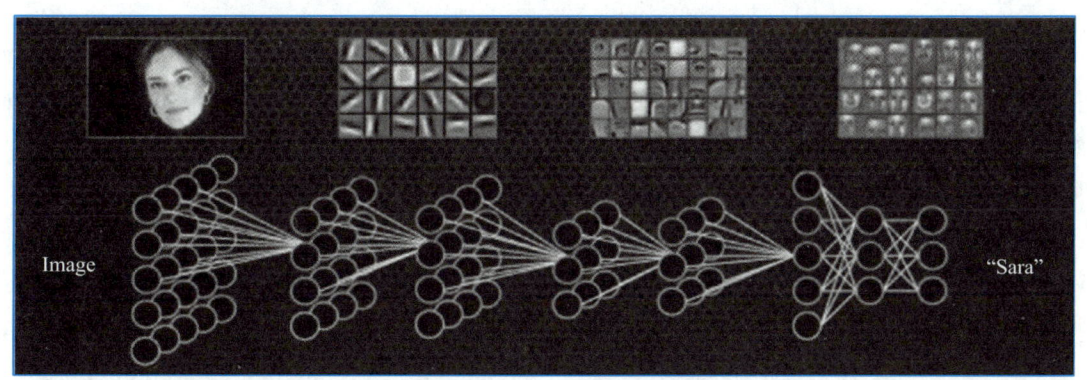

图 5.32 机器识别图片的原理

5.3.2 计算机视觉的技术

自 20 世纪 60 年代边缘检测的雏形初现，到深度学习催生的视觉大模型席卷全球，计算机视觉的核心技术始终在"感知—理解—创造"的链条上持续进化。本小节将系统剖析七大核心方向：图像分类奠定机器理解视觉概念的根基；目标检测让机器在纷繁场景中定位与识别物体；语义分割以像素级精度解构场景的语义类别；实例分割进一步区分同类物体的独立个体；人体关键点检测让机器估计人体 2D Pose 姿态；场景文字识别是识别特定自然场景中的文字；目标追踪跨越时序捕捉动态目标的轨迹与行为。每一类技术都如同一块拼图，共同构建起从安防监控到自动驾驶、从医学影像分析到工业机器人操控的完整认知框架。

1. 图像分类

简单来说，图像分类（image classification）就是看图说名字，识别整张图像的类别。即计算机视觉中的一个任务，目的是让计算机能够识别出一张图片里主要是什么。这就像是给图片贴标签，告诉计算机这张图片代表的是什么类别的东西。比如，你给计算机一张图片，它能够识别出这是一张"狗"的图片，而不是"猫"。或者，它能判断出这是一张"日落"的风景照，而不是"城市街景"。这个过程就像是人们看图说话一样，计算机通过学习大量的图片样本，逐渐学会如何根据图片里的特征来判断图片属于哪个类别。这样，计算机就能像人类一样，对图片进行分类和识别了。

图像分类是根据图像的语义信息对不同类别图像进行区分，是计算机视觉的核心，是物体检测、图像分割、物体跟踪、行为分析、人脸识别等其他高层次视觉任务的基础。如图 5.33 所示，通过图像分类，计算机识别到图像中有人、树、草地、天空。

图像分类在许多领域都有着广泛的应用，例如安防领域的人脸识别和智能视频分析等，交通领域的交通场景识别，互联网领域基于内容的图像检索和相册自动归类，医学领域的图像识别等。

2. 目标检测

目标检测（object detection）就是找东西+画框框，定位图像中的物体并识别类别。即计算机视觉中的一项技术，它能让计算机在图片或者视频里找出人们指定的东西，并且准确地指出这些东西在画面上的哪个位置。这不仅是认出图片里有什么，还要能指出这些东西具体在哪儿，用特定的标记（如矩形框、圆形框等）来标注目标的位置。

目标检测任务的目标是给定一张图片或是一个视频帧，让计算机找出其中所有目标的位置，并给出每个目标的具体类别。如图 5.34 所示，以识别和检测人为例，用边框标记图像中所有人的位置。

图 5.33　图像分类图片　　　　　图 5.34　单类别目标检测的图片

而在多类别目标检测中，不同类别的物体会被不同颜色的边框标记出来，以便于区分，如图5.35所示。

3. 语义分割

语义分割（semantic segmentation）即像素级抠图，精确划分图像中每个像素的归属。即让计算机能够理解图片中的每一个像素是属于哪个类别的。这就如同为图片中的每一个像素区域精心贴上专属标签，明确地告知计算机，这片区域是天空，那片区域是建筑物，而这里则是一个人。语义分割的过程通常包括3个步骤：首先是分类，确定图片中的对象是什么；然后是定位，找到这些对象在图片中的位置；最后是分割，将这些对象从图片中分离出来。这项技术的核心在于它能够处理像素级别的细节，为每个像素分配一个语义标签，从而实现非常精确的图像理解。

语义分割要求计算机根据图像的内容对图像进行分割。它将整个图像分成像素组，然后对像素组进行标记，将图像中的每个像素分配给特定的类别标签，从而实现对图像中不同对象和区域的精细划分。例如，我们可能需要区分图像中属于不同目标的所有像素，并把这些像素涂成不同颜色。如图5.36所示，通过语义分割技术，可以将图像中的各个部分准确地分类，把图像分为人、树木、草地、天空标签。

图5.35 多类别目标检测的图片

图5.36 语义分割的图片

4. 实例分割

实例分割（instance segmentation）要求模型不仅要识别出图像中的对象，还要区分对象的不同实例，并对每个实例的每个像素进行标记。这就像是在图像中进行"精细的切割"，不仅要认出图像里都有什么，还要给每个东西都标上名字，哪怕是长得差不多的东西也得区分开。实例分割可以看作是目标检测和语义分割的结合体。目标检测负责找出图像中的对象并确定它们的位置，而语义分割则负责识别图像中每个像素的类别。实例分割则更进一步，它不仅要识别出每个像素的类别，还要区分出同一类别中不同的实例。

实例分割是计算机视觉中的一个高级任务，它结合了目标检测和语义分割的功能。在实例分割中，首先需要识别图像中的不同对象（即目标检测），然后对每个对象的每一个像素进行分类（即语义分割）。这意味着不仅要确定图像中有哪些物体，还要精确地描绘出这些物体的形状和边界。例如，在处理包含多个人物的图像时，实例分割能够为每个人物生成独立的轮廓或"掩码"，而不仅是将所有人物统一标记为同一类别。

图 5.37   实例分割的图片

如图 5.37 所示，以人为目标，语义分割不区分属于相同类别的不同实例，实例分割区分同类的不同实例。

5. 人体关键点检测

人体关键点检测（human keypoint detection）又称为人体姿态估计 2D Pose，是计算机视觉中一个相对基础的任务，是人体动作识别、行为分析、人机交互等的前置任务。一般情况下可以将人体关键点检测细分为单人/多人关键点检测、2D/3D 关键点检测，同时有些算法在完成关键点检测之后还会进行关键点的跟踪，也被称为人体姿态跟踪。

人体关键点检测就是用计算机来识别图片或视频里人的身体上特定的点，比如肩膀、肘部、手腕、髋关节、膝盖和脚踝这些部位。如图 5.38 所示，这些点就像是人体的"关节"，它们在人体动作中扮演着重要的角色。

图 5.38   人体关键点检测的图片

6. 场景文字识别

许多场景图像中包含着丰富的文本信息，对理解图像信息有着重要作用，能够帮助人们认知和理解场景图像的内容。场景文字识别（scene text recognition）是在图像背景复杂、分辨率较低、字体多样、分布随意等情况下，将图像信息转化为文字序列的过程，可认为是一种特别的翻译过程：将图像输入翻译为自然语言输出。

场景文字识别就像是给计算机装上了一双能看懂文字的眼睛，让计算机能够在照片或者视频里识别出文字，不管是路标上的指示牌、书籍的封面，还是菜单上的文字，计算机都能把它们"看"懂，并且转换成电子文本，如图 5.39 所示。

图 5.39 场景文字识别的图片

7. 目标追踪

目标追踪（object tracking）就是让计算机能够锁定追踪对象，不管追踪对象怎么动，计算机都能在每一帧画面里找到，始终与目标保持紧密的锁定关联。在体育比赛中，目标追踪可以用来追踪运动员的动作；在交通监控中，目标追踪可以跟踪车辆的流动；在电影制作中，目标追踪可以用来制作特效，让计算机生成的图像能够跟着真实的演员或物体移动。

目标跟踪是指对图像序列中的运动目标进行检测、提取、识别和跟踪，获得运动目标的运动参数，进行处理与分析，实现对运动目标的行为理解，以完成更高一级的检测任务。

它涉及在连续的图像序列中识别并跟踪特定的对象。这一过程不仅包括检测和定位目标的位置，还包括理解目标的行为模式。通过目标追踪技术，我们可以获得目标物体的运动参数，如位置、速度和加速度等，并对这些数据进行处理与分析，以实现对目标行为的理解。目标追踪广泛应用于多个领域，如视频监控、自动驾驶、医学成像和机器人导航等。如图 5.40 所示的监控视频中追踪不同目标的行动轨迹。

图 5.40 目标追踪的图片

5.3.3 计算机视觉的应用

1. 安全监控

安全监控可自动检测和识别异常行为，能够显著提升公共安全，例如工业安全生产智能监管平台，如图 5.41 所示。

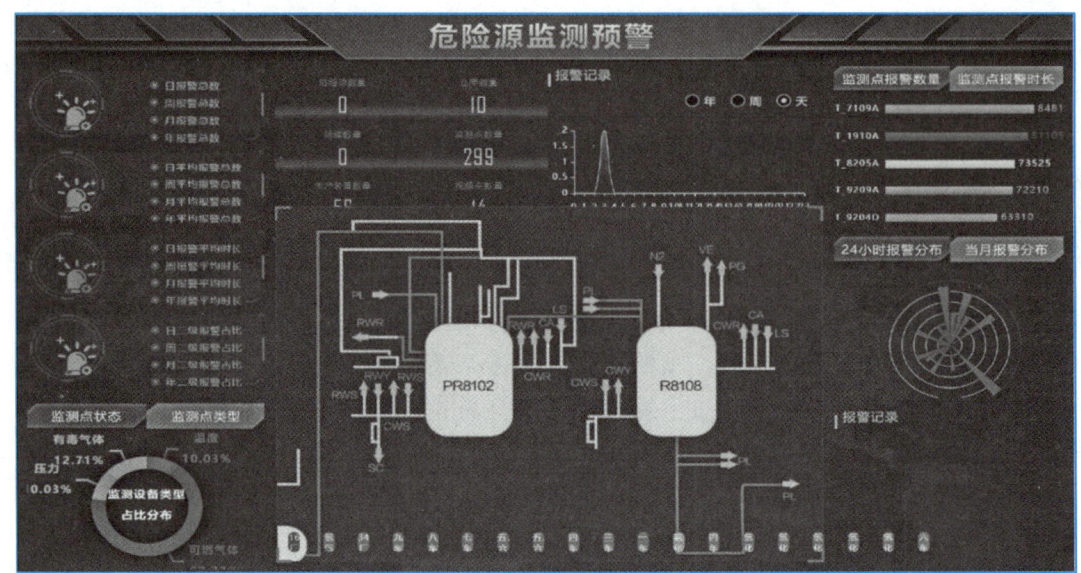

图 5.41　工业安全生产智能监管平台

2. 人脸识别

人脸识别被广泛应用于安防、支付及身份认证（如图 5.42 和图 5.43 所示）等，用于提高安全性和用户体验。例如，门禁系统常见于办公楼、学校、地铁站等场所。

图 5.42　门禁系统

3. 无人驾驶

计算机视觉是无人驾驶技术的核心，用于车辆和行人的检测、车道线识别、交通标志识别等。如图 5.44 所示，左边的图像是原始的街道场景，右边的图像则是经过处理后的结果，能帮助无人驾驶系统感知周围环境，识别不同物体和区域，为车辆的决策和行驶路径规划提供依据。

图 5.43　实名认证系统

图 5.44　无人驾驶图片

4. 医学图像分析

计算机视觉用于医学图像分析可以辅助医生进行疾病诊断，提高诊断的准确性和效率。如图 5.45 所示是 CT 图像的疾病识别。

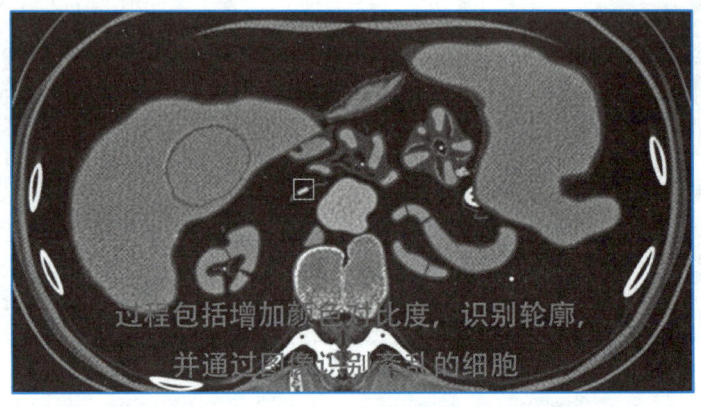

图 5.45   CT 图像的疾病识别

5. 工业检测

在工业检测领域，计算机视觉技术可用于质量检测，如产品缺陷检测、尺寸测量等，提升生产效率和产品质量。如图 5.46 所示用于食品检测。

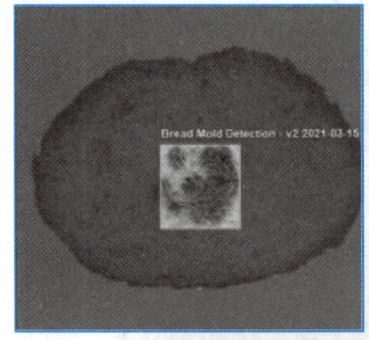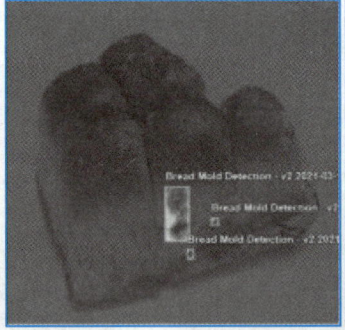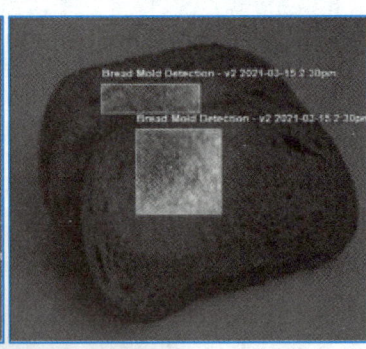

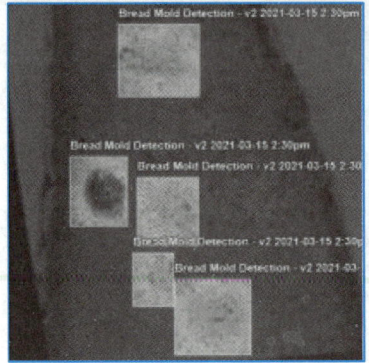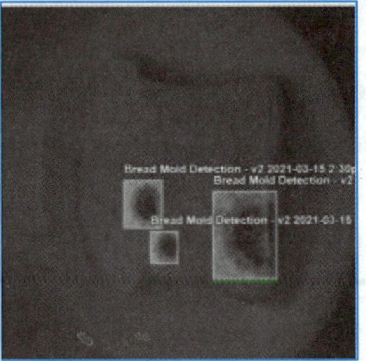

图 5.46   食品检测

想一想：

（1）请简要描述计算机视觉的应用领域。

（2）什么是目标检测任务？它与图像分类任务有什么区别？

（3）简述深度学习如何改变了计算机视觉领域。

5.4 知识图谱引言：让机器能够像人一样理解世界

人工智能大致可分为 3 个不同发展方面，分别是计算智能、感知智能、认知智能。计算智能指计算机可以在短时间内处理大量的数据，拥有巨大的存储和计算能力；感知智能主要体现在智能驾驶和雷达等方面，人类总是被动感知外界事物，而机器可以主动介入感知；认知智能通俗点说就是让机器变得像人一样可以思考，通过海量的数据让机器不断从中学习获取人类的思想，当前认知智能是 AI 领域的热点，以 DeepSeek 和 ChatGPT 为代表的自然语言处理技术和知识图谱技术体现了认知智能的最新进展情况。

5.4.1 知识图谱的定义

1. 知识图谱的由来

知识图谱用来描述现实世界中的抽象概念、实体以及它们之间丰富的属性和关系。知识图谱的概念首先来自搜索引擎。第一代搜索引擎运用文本目录的方式，第二代搜索引擎运用文本检索方式，即通过用户输入的关键词和文本内容进行检索，第三代搜索引擎通过分析和挖掘网页链接中的相关性来提高搜索能力。

为进一步提高搜索引擎的能力，改善搜索质量、搜索体验，扩大搜索引擎的规模，许多学者将目光转向数据链接上，将每个相关数据进行链接，形成一张庞大的数据关系网，犹如一张蜘蛛网。在受语义网络的启发后，Google 在 2012 年正式提出知识图谱（knowledge graph）的概念。有知识图谱作为辅助，搜索引擎能够洞察用户查询背后的语义信息，返回更为精准、结构化的信息，更好地满足用户的查询需求。

随着知识图谱应用的深入，作为一种知识表示的新方法和知识管理的新思路，知识图谱不再局限于搜索引擎以及智能回答等通用领域，而在越来越多的垂直应用领域开始崭露头角，扮演越来越重要的角色。

2. 知识图谱的定义

知识图谱是 Google 用于增强其搜索引擎功能的知识库。官方定义知识图谱本质上是一种结构化的语义知识库，一种大规模语义网络（semantic network），旨在描述真实世界中存在的各种实体或概念及其关系，其构成一张巨大的语义网络图，以图形方式表达实体

（事物）之间的关系。节点表示实体或概念，边则由属性或关系构成。通俗地讲，知识图谱就是把所有不同种类的信息连接在一起而得到的一个关系网络。其基本组成单位是"实体—关系—实体"三元组，以及实体及其相关属性—值对，实体间通过关系相互连接，构成网状的知识结构。

　　实体指的是具有可区别性且独立存在的某种事物，如某一个人、某一个城市、某一种植物、某一种商品等。世界由具体的事物组成，这就是实体（entity）。实体是知识图谱中最基本的元素，不同实体之间存在不同的关系（relationship）。知识图谱通常由节点（实体）和边（关系）组成。节点可以是实体，如一个人、一本书、一个地点等，或是抽象的概念，如人工智能、知识图谱等。边可以是实体的属性，如姓名、书名、经纬度等，或是实体之间的关系，如朋友、配偶、邻居等。如果两个节点之间存在关系，它们就会被一条无向边连接在一起。

　　我们一起来分析图 5.47，实体指的是具有可区别性且独立存在的某种事物，如"中国""北京""16 410.54 平方千米"等。关系是连接不同的实体，如"人口""首都""面积"等。

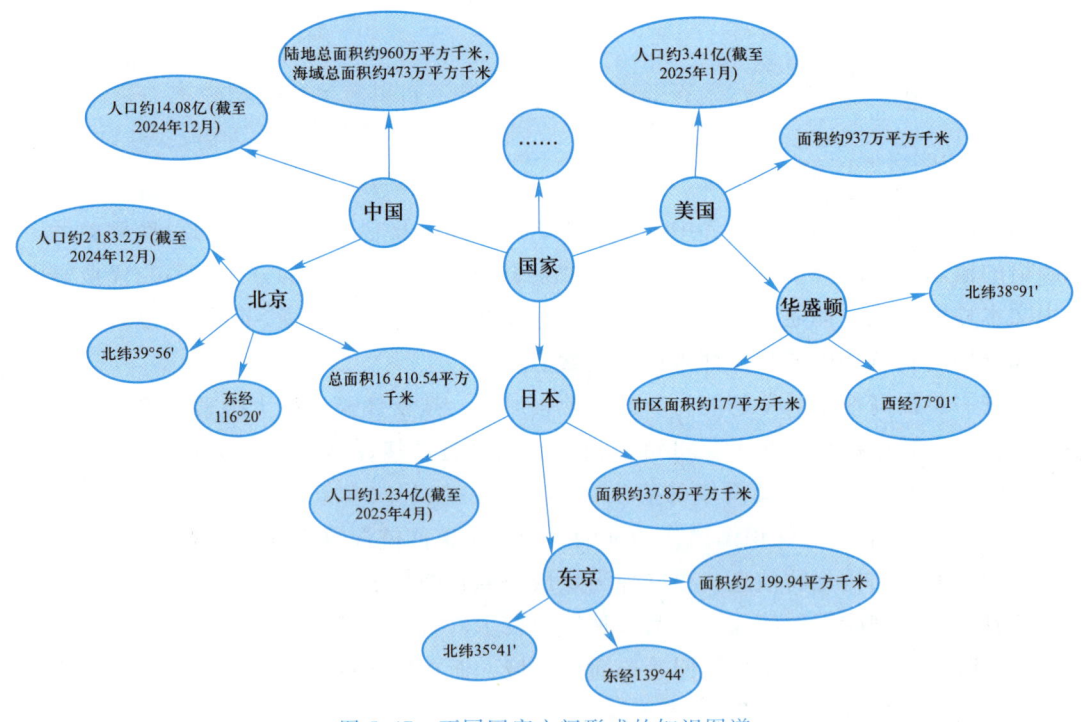

图 5.47　不同国家之间形成的知识图谱

5.4.2　知识图谱的主要技术

　　知识图谱在架构上可以分为逻辑架构和技术架构。

1. 逻辑架构

知识图谱在逻辑上可分为模式层与数据层两个层次。

（1）模式层

模式层构建在数据层之上，是知识图谱的核心，通常采用本体库来管理知识图谱的模式层。本体是结构化知识库的概念模板，通过本体库而形成的知识库不仅层次结构较强，并且冗余程度较小。

模式层：实体—关系—实体，实体—属性—属性值。

（2）数据层

数据层主要是由一系列的事实组成，而知识将以事实为单位进行存储。如果用（实体1，关系，实体2）、（实体，属性，属性值）这样的三元组来表达事实。对于知识存储介质的选择，可以分为原生和基于现有数据库两类。原生存储有 Neo4j、sones 的 GraphDB 等，现有数据库有 MySQL、Mongo 等。

数据层：比尔·盖茨—妻子—梅琳达·盖茨，比尔·盖茨—总裁—微软。

2. 技术架构

知识图谱的主要技术和整体架构如图 5.48 所示，知识图谱的构建和更新过程包括知识获取、知识表示、知识融合、知识存储、知识推理、知识维护 6 个方面，通过面向结构化、半结构化和非结构化数据构建知识图谱为不同领域的应用提供支持。

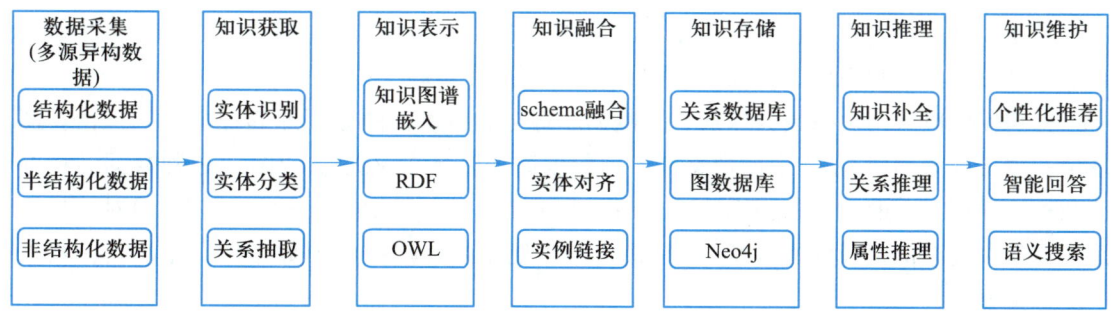

图 5.48　知识图谱的架构过程

（1）数据采集

数据采集包括多源异构数据的 3 种输入数据结构：结构化数据、半结构化数据、非结构化数据。这些数据是原始数据，只要它对要构建的这个知识图谱有帮助，可以来自任何地方。

（2）知识获取

从各种类型的文本数据、半结构化数据、结构化数据源中提取出实体、属性以及实体间的相互关系，这个过程通常需要利用自然语言处理技术，例如实体识别、关系抽取等，在此基础上形成初步知识表示。

（3）知识表示

知识表示是知识图谱构建中的核心环节，它涉及将现实世界的复杂信息和关系转化为计算机可理解和处理的格式。有效的知识表示不仅有助于提高知识图谱的查询效率，还能加强知识的推理能力，是实现知识图谱功能的关键。知识表示的首要任务是选择合适的模型。当前主流的知识表示模型包括资源描述框架（RDF）、Web 本体语言（OWL）和知识图谱嵌入（KG embedding）。

KG embedding 主要是把实体和关系嵌入到一个连续向量空间里。

RDF（resource description framework，资源描述框架）使用三元组来表示实体与实体之间的关系。它使得知识的表示形式既灵活又标准化。在 RDF 中，每个实体和关系都被赋予一个唯一的 URI（统一资源标识符），以确保其全球唯一性和可互操作性。RDF 的优势在于简单性和扩展性，但它在表达复杂关系和属性方面存在局限。

OWL 是基于 RDF 的一种更为复杂和强大的知识表示语言。它支持更丰富的数据类型和关系，包括类、属性、个体等，并能表达复杂的逻辑关系，如等价类、属性限制等。OWL 的优势在于其表达能力和逻辑推理能力，适用于构建复杂的领域知识图谱。

（4）知识融合

在获得新知识之后，需要将不同来源的知识进行融合，消除矛盾歧义和重复的信息，生成统一的实体、属性和关系。比如某些实体可能有多种表达，某个特定称谓也许对应于多个不同的实体等，这个过程通常需要利用数据融合和数据清洗技术。

（5）知识存储

对于经过融合的新知识，需要经过质量评估之后（部分需要人工参与甄别），才能将合格的部分存储到知识库中，以确保知识库的质量。

知识库可以采用关系数据库或者图数据库等存储技术。图数据库起源于欧拉理论和图理论，也可称为面向/基于图的数据库，图数据库的基本含义是以"图"这种数据结构存储和查询数据。它的数据模型主要是以节点和关系（边）来体现，也可处理键值对，优点是快速解决复杂的关系问题。Neo4j 是最主流、使用最为广泛的图数据库，相比其他数据库更加成熟。

（6）知识推理

利用知识库中的实体、属性和关系进行推理，生成新的实体、属性和关系。这个过程通常需要利用知识表示和推理技术。

（7）知识维护

知识图谱不是一次性生成，是慢慢积累的过程。同样，技术架构是循环往复，迭代更新的过程，需要不断更新和维护知识库中的实体、属性和关系。这个过程通常需要利用自动化的知识更新和知识维护技术。

5.4.3　知识图谱的构建

知识图谱建模通常采用两种方式：自顶向下（top-down）和自底向上（bottom-up）。

1. 自顶向下

所谓自顶向下构建是借助百科类网站等结构化数据源，首先为知识图片定义数据模式，从高质量数据中提取本体和模式信息，数据模式从最顶层的概念构建，逐步向下细化，形成结构良好的分类层次，然后再将实体加入知识库概念中。

自顶向下知识图谱构建过程如图 5.49 所示。

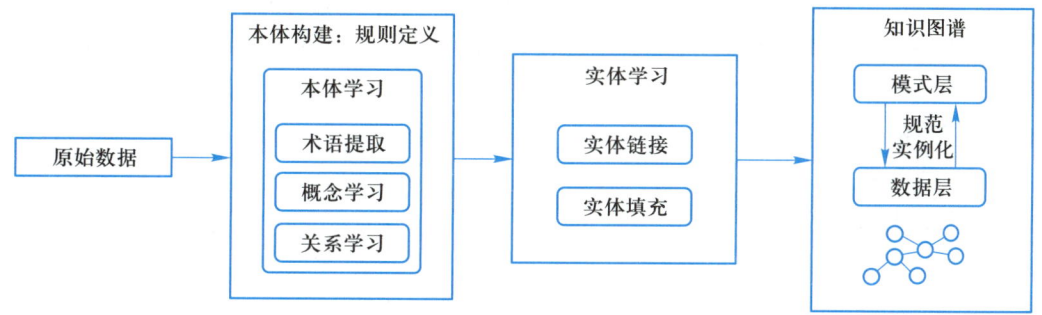

图 5.49　自顶向下构建知识图谱

① 先进行规则定义，然后将数据填充到所构建的模式层。

② 本体构建：构建知识图谱的模式层。首先从最顶层的概念开始构建顶层本体，然后细化概念和关系，形成结构良好的概念层次树。需要利用一些数据源提取本体，即本体学习。

③ 实体学习：将知识抽取得到的实体匹配填充到所构建的模式层本体中。

2. 自底向上

所谓自底向上构建，则是借助一定的技术手段，从公开采集的数据中提取出资源模式，选择其中置信度较高的新模式，经人工审核之后，加入知识库中。

自底向上知识图谱构建过程如图 5.50 所示。

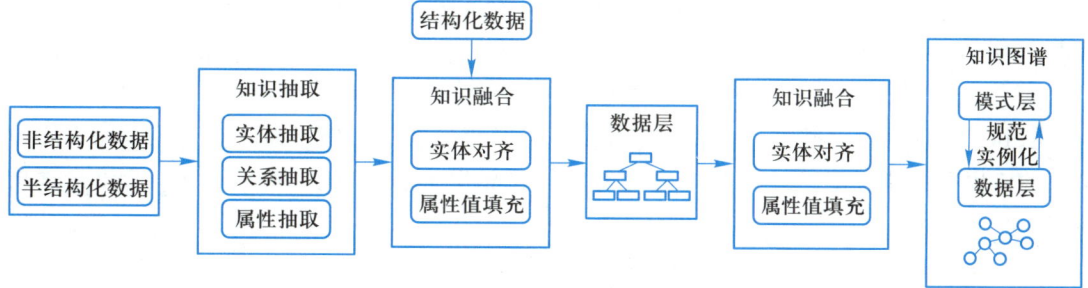

图 5.50　自底向上构建知识图谱

① 先从开放的多源数据中提取知识图谱的实体、关系、属性等要素，可以利用人工智能、深度学习等技术进行实体抽取、关系抽取和属性抽取。

② 然后进行知识融合，消除实体、关系、属性等指称项与事实对象之间的歧义，使不同来源的知识能够得到规范化整合。

知识融合分为以下两类：

a. 实体对齐：可用于判断相同或不同数据集中的多个实体是否指向客观世界同一实体，解决一个实体对应多个名称的问题。

b. 属性值填充：针对同一属性出现不同值的情况，根据数据源的数量和可靠度进行决策，给出较为准确的属性值。

③ 最后进行知识加工，对已构建好的数据层进行概念抽象，即构建知识图谱的模式层。知识加工包括本体构建和质量评估。基于本体形成的知识库不仅层次结构较强，并且冗余程度较小。由于技术的限制，得到的知识元素可能存在错误，因此在将知识加入知识库以前，需要有一个评估过程。通过对已有知识的可信度进行量化，保留置信度高的知识来确保知识库的准确性。

5.4.4　知识图谱应用

1. 智能问答

（1）搜索引擎和智能问答的发展

传统搜索引擎基于关键词搜索，缺乏语义理解，返回结果需要用户耗费大量时间筛选。随着人工智能和自然语言理解技术的发展，问答系统有望成为互联网知识获取的新入口。知识图谱作为下一代搜索引擎、问答系统等智能应用的基础设施，为实现真正的语义检索提供了支持。目前已出现百度"贴心"、搜狗"知立方"等相关产品。

（2）智能问答的类型

① 精准问答：基于结构化数据，直接满足用户知识检索需求，常见于娱乐、人物、教育等领域。例如，用户询问"周杰伦的出生日期"，可直接从知识图谱中获取准确答案。

② 推理运算：通过对知识图谱中实体属性和关系的计算、推理来获得检索答案，如计算日期历法、年龄差等。例如，已知两人的出生日期，可通过知识图谱计算出他们的年龄差。

③ 通用问答：基于深度学习的全领域通用事实性问答，通过 Query 解析、自由文本知识抽取和文本深度理解技术，满足用户复杂问答需求。例如，用户提问"人工智能在医疗领域的应用有哪些挑战？"，系统可通过对知识图谱和相关文本的理解分析，给出全面的回答。

（3）知识图谱在智能问答上的数据优势

① 数据关联度高：知识图谱中知识通过语义边关联，在问句与知识点匹配时可利用

大量相关节点信息，提升语义理解的智能化程度。而纯文本数据的语义理解多基于句子相似度计算，忽视了数据关联。

② 数据精度高：知识图谱的知识多来自专业标注或格式化抓取，准确率高。相比之下，纯文本中同类知识多次提及易导致数据不一致，降低准确率。

③ 数据结构化：知识图谱的结构化组织形式便于计算机用结构化语言（如 SQL、SPARQL 等）进行快速知识检索。而纯文本知识定位需借助倒排表等数据结构，多个关键词倒排表综合排名效率较低。

2. 行业应用

（1）金融领域的应用——反欺诈、智能投顾

在金融领域中，通过融合多数据源信息构建知识图谱，并结合领域专家规则，可识别潜在欺诈风险。例如，若发现借款人信息存在不一致，如同时填写的公司名称不同或同一电话号码属于多个借款人，可能存在欺诈行为。同时，利用知识图谱从招股书、年报等数据中抽取公司相关信息，为投资研究人员提供更全面的分析依据，辅助其进行投资决策。

（2）商业搜索引擎的应用

商业搜索引擎借助知识图谱识别查询中的实体及其属性，根据实体重要性展现实体的相关知识卡片。并且，搜索引擎会自动选择最相关的属性及属性值显示，仅在知识正确性很高时展现实体。此外，还能利用相关实体挖掘推荐其他用户可能感兴趣的实体。

（3）问答系统、社交网络、电商平台的应用

① 苹果的 Siri：自动问答是热门研究方向，Siri 利用知识图谱理解用户问题，提供智能回答服务。

② 社交网络应用 Facebook：Facebook 的 GraphSearch 产品通过知识图谱将人、地点、事件等联系起来，支持精确的自然语言查询，方便用户获取信息。

③ 电商平台应用淘宝：知识图谱可提升电商平台的服务质量，为用户输入关键词查看商品时，提供整合后的商品结果、使用建议、搭配等信息，优化购物体验。

（4）其他应用领域

知识图谱在教育科研、生物医疗等需要大数据分析的行业也有重要应用。它能为这些行业提供精确规范的数据和丰富的知识表达，帮助用户便捷获取行业知识。例如，在生物医疗领域中，知识图谱可整合疾病、药物、基因等信息，辅助医生诊断和药物研发。

？ 想一想：

（1）知识图谱在逻辑上分为哪两个层次？请简要说明每个层次的作用。

（2）知识图谱的构建有哪两种主要方式？请简要描述每种方式的构建过程。

（3）知识图谱在智能问答系统中有哪些优势？请列举 3 种智能问答的类型，并简要说明每种类型的特点。

（4）知识图谱在金融领域有哪些应用？请举例说明。

练一练：

请选择某个场景，画出该场景的知识图谱。

5.5　机器人：让机器能像人一样执行任务

随着工业化浪潮的推进，越来越多的企业意识到机器在进行大量重复工作时有传统人工不具备的优势，比如不知疲倦、加工精度高、误差小等。近年来，随着人工智能技术逐渐成熟，与之关联的新型机器人开始频繁地出现在人们的视野当中，如 2024 年 5 月出现在央视新闻视频号的机器狗，2025 年央视春晚亮相的机器人等。

机器人产生的目的从狭义上来说是解放个人的劳动，从而使个人能够实现自己的理想与追求；从广义上来说，机器人是为了实现物质充裕而产生的一种重要的工具，是人类走向美好未来的前置条件。

机器人领域有如下几个值得关注的发展趋势：

① 高速度、高精度、高可靠性、低成本。

② 机械结构模块化，有利于快速维修、快速设计、快速生产。

③ 传感器迭代，提高机器人感知能力。

④ 虚拟现实技术，有助于远程控制、远程监控等。

⑤ 人机协作，有益于提高工作效率。

5.5.1　机器人定义

1967 年在日本召开的第一届机器人学术会议上，人们提出了两个有代表性的定义。一个是森政弘与合田周平提出的："机器人是一种具有移动性、个体性、智能性、通用性、半机械半人性、自动性、奴隶性等 7 个特征的柔性机器"。从这一定义出发，森政弘又提出了用自动性、智能性、个体性、半机械半人性、作业性、通用性、信息性、柔性、有限性、移动性等 10 个特性来表示机器人的形象；另一个是加藤一郎提出的，具有如下 3 个条件的机器可以称为机器人：

① 具有脑、手、脚三要素的个体。

② 具有非接触传感器（用眼、耳接收远方信息）和接触传感器。

③ 具有平衡觉和固有觉的传感器。

该定义强调了机器人应当具有仿人的特点，即它靠手进行作业，靠脚实现移动，由脑来完成统一指挥的任务。非接触传感器和接触传感器相当于人的五官，使机器人能够识别外界环境，而平衡觉和固有觉则是机器人感知本身状态所不可缺少的传感器。

5.5.2　机器人分类

从机器人应用角度看，国际机器人联盟将机器人分为工业机器人和服务机器人。工业机器人指应用于生产过程与环境的机器人，主要包括人机协作机器人和工业移动机器人；服务机器人则是除工业机器人之外的，用于非制造业并服务于人类的各种先进机器人，主要包括个人或家用服务机器人和公共服务机器人。当前，我国为满足面对自然灾害、公共安全和特种极限场景的需求，特别提出了特种机器人的品类，将机器人划分为工业机器人、服务机器人、特种机器人三类，如图 5.51 所示。

图 5.51　机器人分类

5.5.3　机器人技术

1. 机器人的感官：传感器技术

简单来说，传感器就是让机器能够感知周围环境的"感官"。比如说温度传感器能让机器知道周围有多热，距离传感器能让机器识别到离附近的物体还有多远。传感器的作用是把周围的环境数据转化为机器能够识别的数据，比如电流值或电压值。举个简单的例子，新建的居民楼中一般会安装感应灯，它的感应元件就是一个光敏电阻加一个红外传感器的组合，我们可将其简化为如图 5.52 所示的电路。

在图 5.52 中，光敏电阻的作用为光越暗电阻越小，在天黑后接通电路。红外传感器的作用为感知到热源（一般为人体）时输出一个电子信号，从而闭合对应开关连通电路。由这个例子可知，红外传感器充当了灯泡的"感官"，告诉灯泡它的附近有没有人。

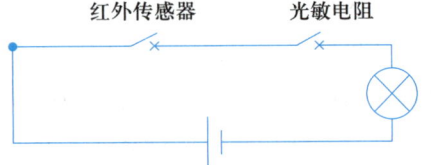

图 5.52　简化感应灯原理图

2. 机器人的眼：计算机视觉

在 5.3 节中，我们简单介绍了计算机视觉，并简单介绍了如何让计算机理解图片。对于机器人来说，看见并理解拍摄到的图片可作为下一步行为的判断依据。比如，机器狗就是根据它的摄像头拍摄的图片来判断眼前的物品是否为可跨过的障碍，以此选择下一步的前进方案是跨越还是绕行，如图 5.53 所示。

3. 机器人的思维：算法与控制

在得知周边环境后，机器人就可以对自身下一步行为进行规划。收到外部传来的指令后，通过算法的计算与判断，选择合适的方案完成指令。其中算法的作用为：解析该指令，判断当前状态，选择达成该指令的方案，选择合适的控制步骤来完成该指令。控制部分的主要作用为：调节各关节运动，控制某些关节的断开与重连（使用磁力控制），最后达成指令需要的效果。

春晚现身的机器人有一个抛红绸的动作，这个动作的指令是预先存储好的，按时间顺序执行的。当执行到该指令时，算法通过该指令了解下一步要做什么（解析指令），然后判断机器人当前的状态，即站立、手部平举、红绸旋转（判断当前状态），最后选择合适的控制步骤来将红绸抛起，即手臂以一定的速度与角度抬起，随后断开与红绸的连接（选择方案执行指令），如图 5.54 所示。

图 5.53　机器狗

图 5.54　机器人抛红绸

5.5.4 机器人技术的应用

1. 工业制造

用于取代人工进行部分单调重复的工作或人力难以完成的任务，如工厂流水线上的机械臂（如图 5.55 所示），物流仓库中穿梭的运载车，港区奔行的无人运载卡车等。

图 5.55 工业机械臂

2. 医疗健康

手术机器人达尔文用于辅助医生进行高精度手术，降低出错率，如图 5.56 所示；护理机器人辅助病人进行术后康复；部分医院的机器志愿者通过了解患者的情况帮助患者挂号或指路。

3. 服务行业

用于打扫卫生等家政工作，比如扫地机器人可以执行清扫工作，如图 5.57 所示；炒菜机器人可以帮助不擅料理的人完成一些家常小炒；机器服务员可以更高效地确认客人想要的菜品并更快更准地完成点单。

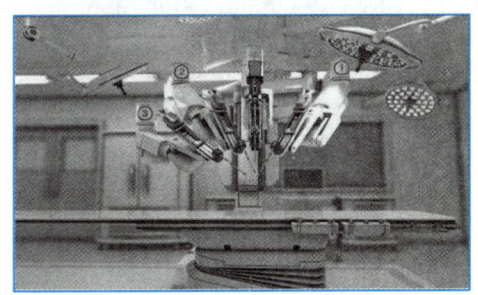

图 5.56 手术机器人

图 5.57 扫地机器人

4. 探索与救援

前往人类难以抵达的地方执行任务，如祝融号火星车可以前往目前人类无法抵达的火星进行初步的科学考察（如图 5.58 所示），无人潜航器可以潜入更深的海底进行探索。

5. 教育与娱乐

满足人类精神需求，如机器人教师可以完成一些简单的教学任务（如图 5.59 所示），机器人宠物可以提供更好的陪伴。

图 5.58　祝融号火星车

图 5.59　机器人教师

6. 军事与安防

降低战场上的人员损耗，且由于其不知疲惫的特性能更好地完成某些任务。如机器狗可以极大减少战士的伤亡，且配合轮班制度可向敌军发起不间断的强力攻势，如图 5.60 所示；机器人警卫可以减少巡逻战士的精力消耗，让他们能以更好的精神状态面对可能的突发情况，如图 5.61 所示。

图 5.60　机器狗

图 5.61　机器人警卫

想一想：

（1）任选一种生活中见到的机器人，简述它的优缺点。

（2）假设火星探索机器人出舱后需要采集地面样本，简述采集样本的流程。

本章小结

本章通过对自然语言处理、语音交互技术、计算机视觉、知识图谱、机器人五大人工智能应用技术的详细分析，展示了人工智能如何通过语言、语音、视觉、知识和行动改变人们的生活。这些技术不仅是人工智能发展的重要研究领域，也是推动智能社会建设的核心动力。

本章内容思维导图如下：

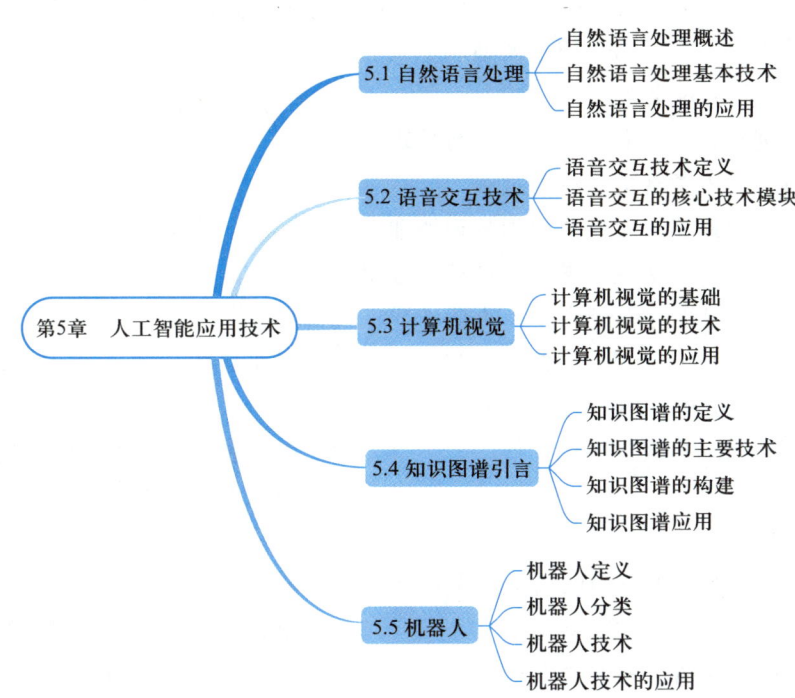

习题

一、单选题

1. 以下属于自然语言处理技术的应用是（　　　）。

A. 人脸识别解锁手机　　　　　　　　B. 微信的语音转文字功能

C. 用导航软件规划最短路线　　　　　D. 用 Photoshop 修图

2. 以下模型最适合处理长文本依赖问题的是（　　　）。

A. RNN　　　　　　　　　　　　　　B. LSTM

C. Transformer　　　　　　　　　　 D. 传统 N-gram 模型

3. 词嵌入技术的核心目标是（　　　）。

A. 将词语映射为高维稀疏向量　　　　B. 捕捉词语间的语义相似性

C. 直接生成完整句子　　　　　　　　D. 仅适用于英文文本

4. 关于语音识别技术，以下描述正确的是（　　　）。

A. 语音识别只需要声学模型即可完成文本转换

B. 特征提取是语音识别的第一步，用于从音频中提取有用信息

C. 语音识别不需要语言模型，解码器可以直接生成文本

D. 语音识别的准确性主要取决于麦克风的质量

5. 语音合成技术中，以下模块负责将声学特征转换为波形的是（　　　　）。

A. 文本前端　　　　　　B. 声学模型　　　　　　C. 声码器　　　　　　D. 解码器

6. 计算机视觉的定义是（　　　　）。

A. 计算机通过摄像头获取图像并进行处理

B. 计算机模拟人类视觉系统的过程

C. 通过人工智能算法实现对图像的理解和分析

D. 计算机通过摄像头获取图像并进行特征提取

7. 下面是计算机视觉中经典任务的是（　　　　）。

A. 图像风格迁移　　　B. 图像超分辨率　　　C. 图像分类　　　D. 图像降噪

8. 在计算机视觉中，图像特征是指（　　　　）。

A. 由计算机自动生成的图像　　　　　　　　B. 用于表示图像内容的一组数值

C. 图像的像素值　　　　　　　　　　　　　D. 图像的分辨率

二、多选题

1. 知识图谱在逻辑上分为的两个层次是（　　　　）。

A. 数量层　　　　　　B. 数据层　　　　　　C. 模式层　　　　　　D. 模型层

2. 知识图谱构建的两种主要方式是（　　　　）。

A. 自顶向下　　　　　B. 自底向上　　　　　C. 从左往右　　　　　D. 从右往左

3. 知识图谱在智能问答系统中的优势有（　　　　）。

A. 数据关联度高　　　B. 数据精度高　　　　C. 数据结构化　　　　D. 数据可视化

4. 知识图谱在金融领域的应用有（　　　　）。

A. 从招股书、年报等数据中抽取公司相关信息

B. 预测股票走势

C. 智能投顾

D. 反欺诈

三、简答题

1. 请描述语音识别的基本流程，并解释每个步骤的作用。

2. 语音合成技术通常包含文本前端、声学模型和声码器 3 个主要模块。请简要说明每个模块的功能，并解释它们如何协同工作以生成自然流畅的语音。

3. 简述知识图谱的定义，并说明知识图谱的由来及其在搜索引擎中的应用。

4. 简述机器人的定义。

实验 5-1　基于 jieba 的文本分词实现

一、实验目的

1. 理解中文分词的基本概念及其在自然语言处理中的重要性。

2. 掌握 jieba 分词工具的基本使用方法，包括全模式、精确模式和搜索引擎模式的区别，体会不同分词模式对分词结果的影响，理解中文分词的复杂性。

3. 培养工具使用与问题分析能力：熟悉 Python 环境下 jieba 库的操作流程，并对比大语言模型的分词结果，思考传统规则/统计方法与深度学习方法的差异。

二、实验内容

输入一个想要分词的句子，分别调用 jieba 分词的全模式、精确模式和搜索引擎模式，对句子进行分词，并输出分词结果。

三、实验环境

推荐工具：jieba 分词+预置 Python 脚本，Python 运行［分词脚本］代码。

对比方案：借助大语言模型来对文本进行分词。

四、实验步骤

1. 环境准备

① 安装 Python（勾选"Add Python 3.8 to PATH"复选框），如图 5.62 所示。
② 打开命令行（CMD 或终端），运行 pip install jieba 安装库，如图 5.63 所示。

2. 操作流程

① 下载教师提供的［分词脚本］文件 Chinese_word_segmentation. py（代码如下）：

```
#coding:utf-8
import jieba
text = input("请输入中文句子:")
```

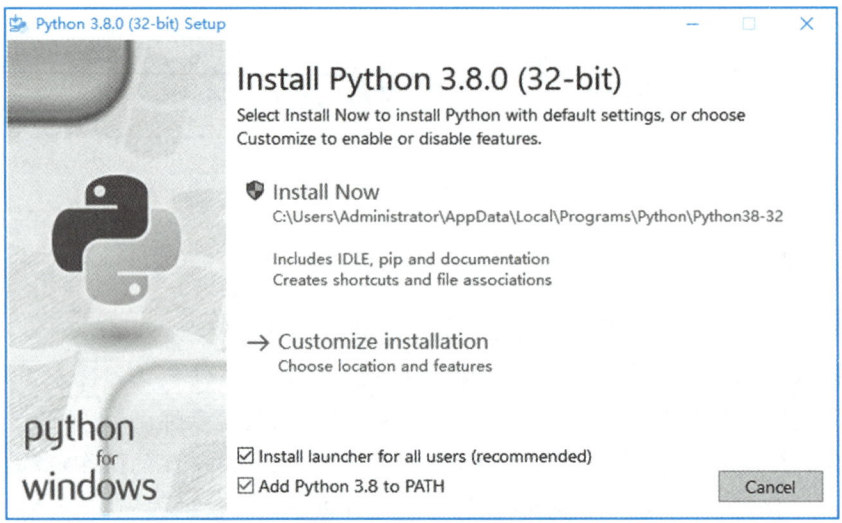

图 5.62　Python 环境安装

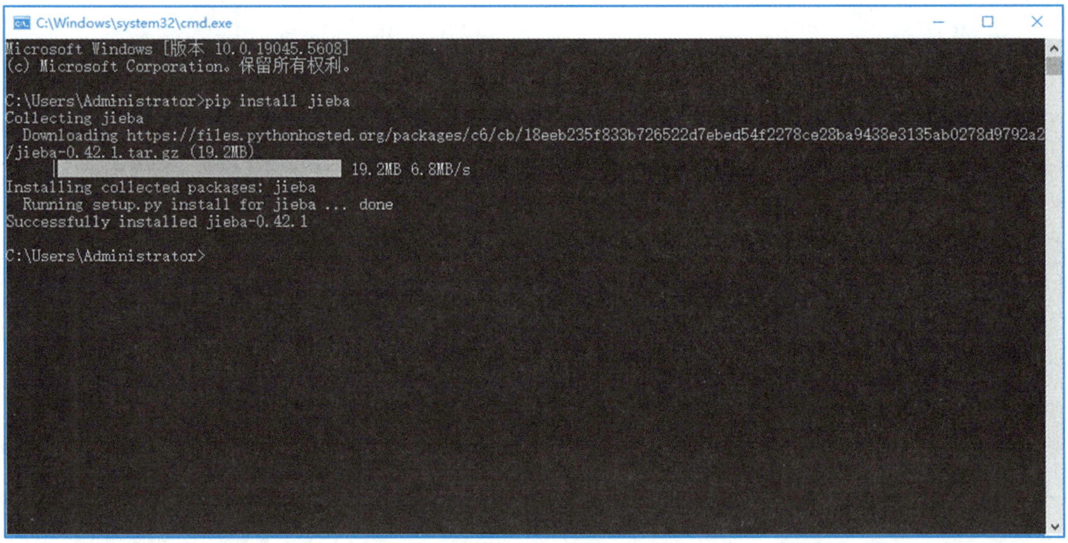

图 5.63　安装 jieba 库

```
# 全模式
seg_list_full = jieba.lcut(text, cut_all=True)
print("全模式分词结果：" + "/".join(seg_list_full))


# 精确模式
seg_list_exact = jieba.lcut(text, cut_all=False)
print("精确模式分词结果：" + "/".join(seg_list_exact))


# 搜索引擎模式
seg_list_search = jieba.lcut_for_search(text)
```

print("搜索引擎模式分词结果："+"/".join(seg_list_search))

② 在 CMD 窗口运行脚本 python.\Chinese_word_segmentation.py，输入句子（如"我爱自然语言处理"），直接显示分词结果（如 我/爱/自然语言处理），如图 5.64 所示。

图 5.64　分词结果

借助大语言模型来对文本进行分词。在线访问任一个大语言模型（比如 DeepSeek），结合提示词（如"请给以下文本进行分词处理：{文本}"），以此来模拟文本分词功能。具体步骤如下：

① 进入 DeepSeek 大模型在线平台，选择"开始对话"进行使用，如图 5.65 所示。

图 5.65　DeepSeek 主页

② 输入提示词，查看大语言模型的分词结果，如图 5.66 和图 5.67 所示。

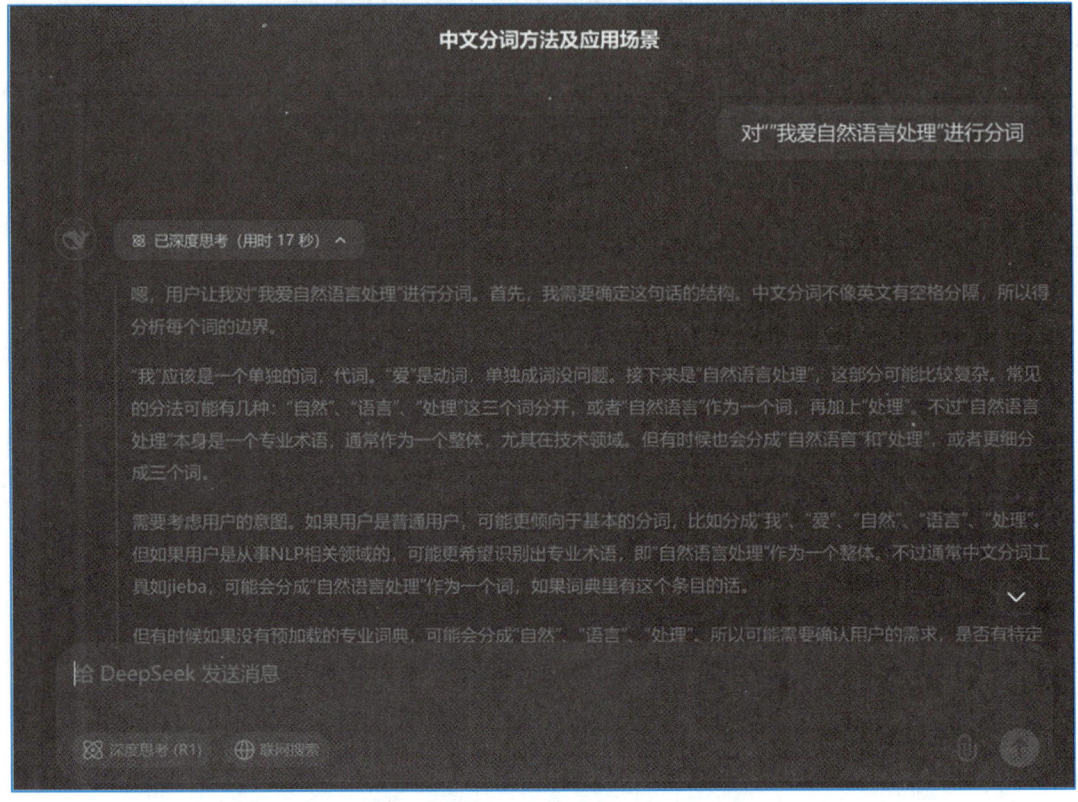

图 5.66 输入提示词

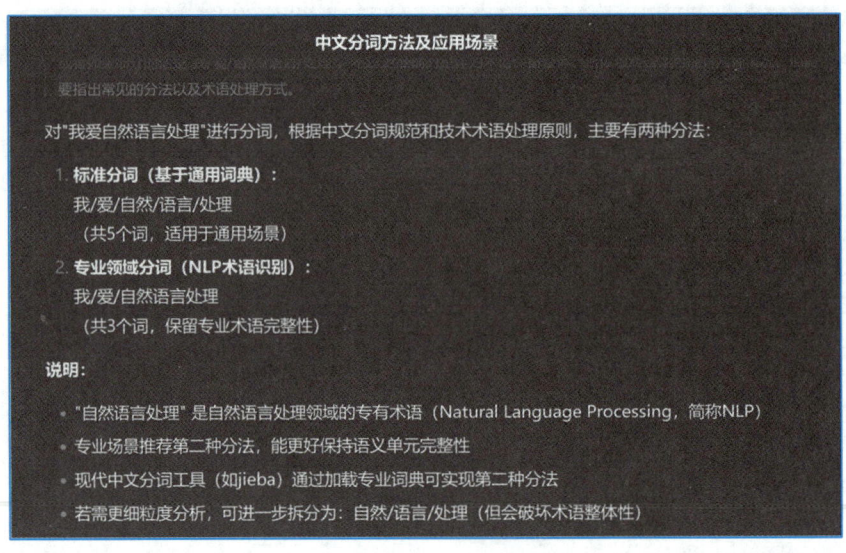

图 5.67 DeepSeek 分词结果

实验 5-2　NLP 工具在情感倾向分析中的应用

一、实验目的

1. 了解情感分析的核心目标及其在舆情监控、产品评价等领域的应用价值。

2. 学习使用 SnowNLP 工具对中文文本进行情感倾向分类，理解情感得分的计算逻辑。

3. 探索情感分析的局限性（如阈值设定对分类结果的影响），培养对 NLP 工具适用场景的判断能力。

二、实验内容

通过 NLP 工具对文本（如电影评论、股评）进行情感倾向分类（积极/消极），揭示语言中隐含的情绪色彩。

三、实验环境

推荐工具：SnowNLP+预置 Python 脚本，Python 运行［情感分析脚本］代码。

对比方案：借助大语言模型来对文本进行情感倾向分析。

四、实验步骤

1. 环境准备

① 安装 Python（勾选"Add Python 3.8 to PATH"复选框）；或者确保已安装 Python。安装界面如图 5.68 所示。或者打开命令行（CMD 或终端），输入：python--version，查看是否安装 Python，成功安装会显示 Python 的版本，如图 5.69 所示。

② 打开命令行（CMD 或终端），运行 pip install snownlp 安装库，如图 5.70 所示。

2. 操作流程

① 下载教师提供的［情感分析脚本］文件 sentiment_analysis.py（代码如下）：

```
#coding:utf-8
from snownlp import SnowNLP
text = input("请输入中文评论:")
```

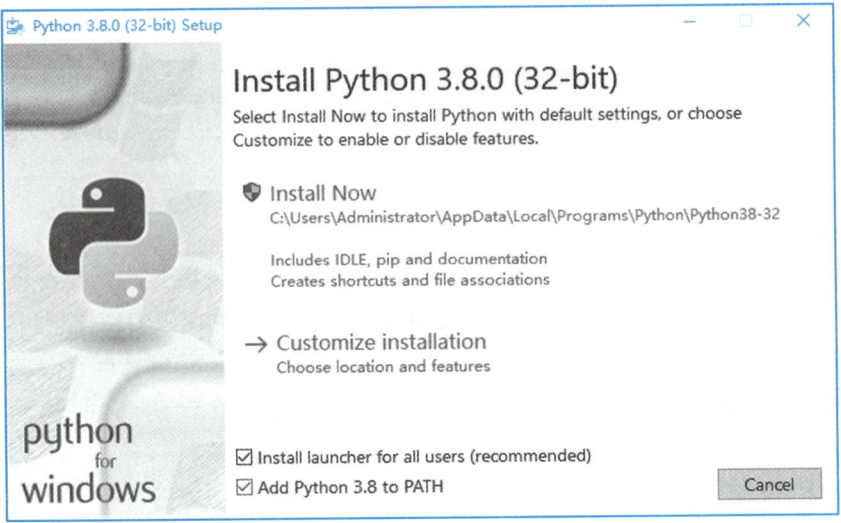

图 5.68 Python 环境安装界面

图 5.69 查看当前 Python 版本

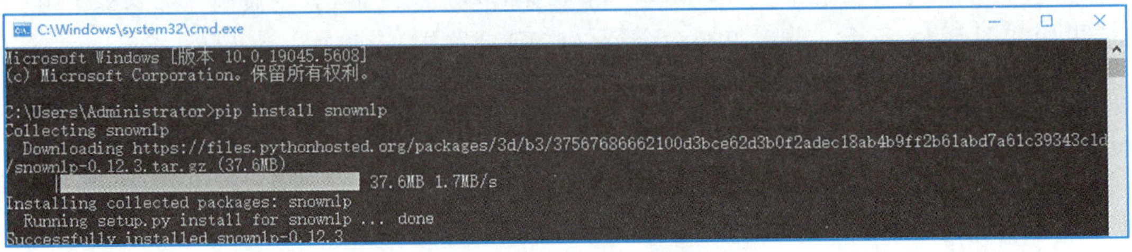

图 5.70 snownlp 安装界面

```
score = SnowNLP(text).sentiments
label = "积极" if score > 0.6 else "消极"
print(f"情感得分：{score:.2f}，分类结果：{label}")
```

② 在 CMD 窗口运行脚本 python.\sentiment_analysis.py，输入评论文字（如"这部电影太糟糕了"），输出情感得分及分类结果，如图 5.71 所示。

图 5.71　输出情感得分及分类结果

借助大语言模型来对文本进行分词。在线访问某个大语言模型（比如 DeepSeek），结合提示词（如"请给以下文本进行情感分类处理：{文本}"），以此来模拟文本情感分析功能。相关操作过程如图 5.72 和图 5.73 所示。

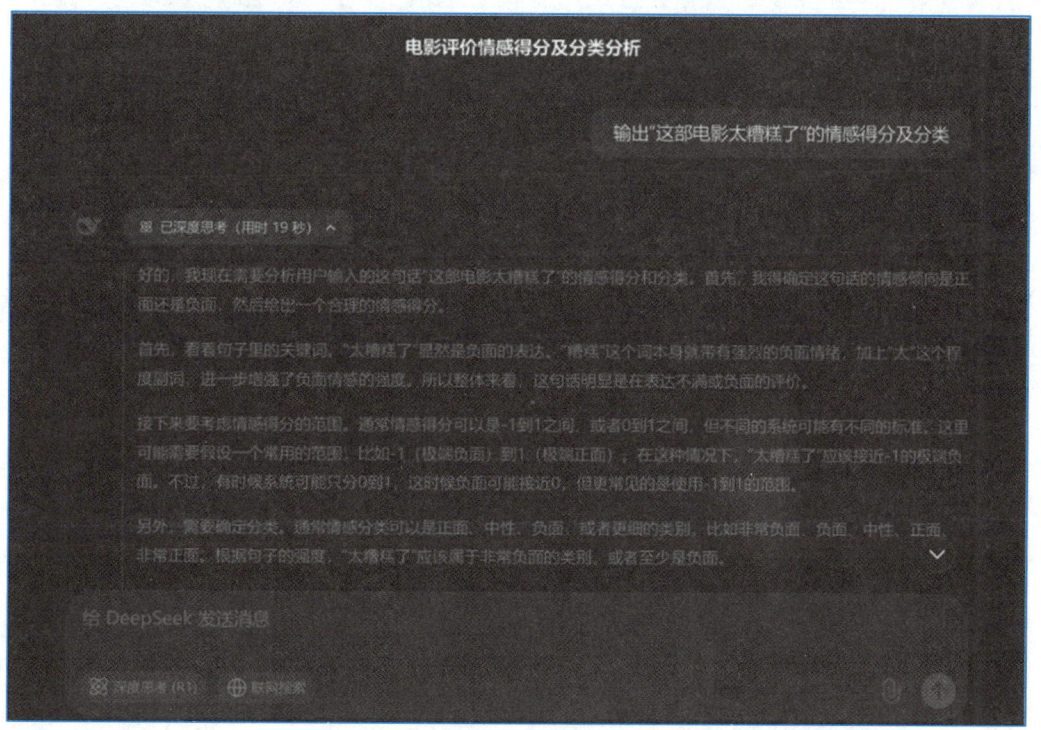

图 5.72　在大语言模型中输入提示词

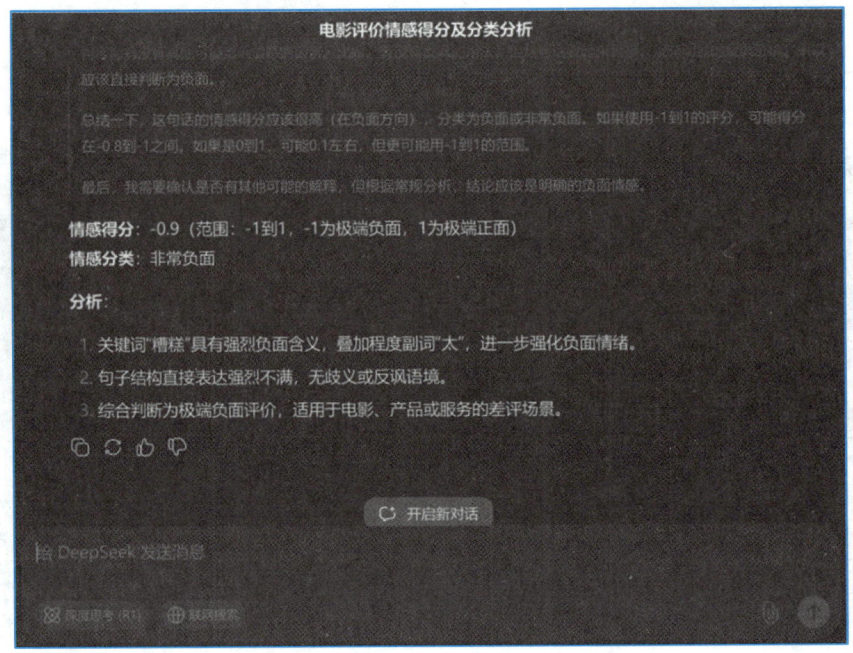

图 5.73　大语言模型输出情感得分和情感分类

实验 5-3　基于人脸识别的公司人脸打卡实验

一、实验目的

1. 认识人脸识别技术的基本原理及其在身份验证领域的实际应用。

2. 掌握 CompreFace 系统的操作流程，包括人脸录入、特征提取与匹配验证。

3. 探索人脸识别的多场景应用：考勤打卡功能，延伸至安防监控、支付认证等实际场景，理解其在提升效率与安全性中的价值，同时辩证讨论技术伦理问题（如隐私保护、误识风险）。

二、实验内容

本实验使用 CompreFace 开源的人脸识别系统实现人脸打卡程序，并具有如下功能：

① 录入人脸图片。

② 显示当前人脸库。

③ 显示打卡成功或失败。

三、实验环境

推荐工具：CompreFace（开源人脸识别系统，支持网页操作）

CompreFace 是一个开源的人脸识别系统，基于深度学习算法，融合了 FaceNet 与 In-sightFace 技术；能够精确捕捉人脸信息，支持 Docker 部署，非专业人士也能轻松搭建，支持不同场景的业务需求，还提供了口罩、人脸、性别、头部姿势等插件；可用于安全认证、身份验证、支付系统等多种场景。

四、实验步骤

1. CompreFace 部署方法

CompreFace 的部署过程简单快捷，无须复杂的配置和调试（Windows 系统）。

① 安装 Docker Desktop。使用浏览器访问 Docker 主页（如图 5.74 所示），下载安装 Docker Desktop（Docker 和 Docker Compose）。

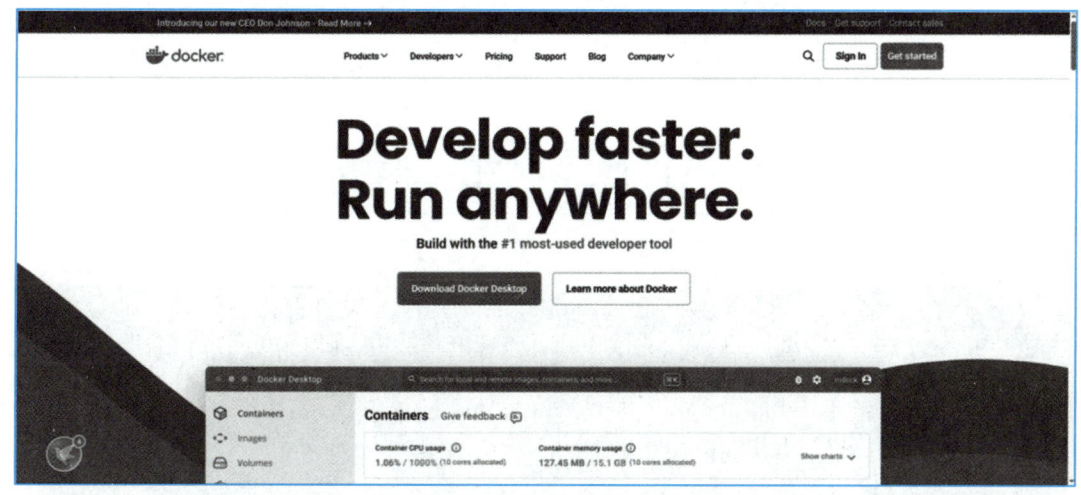

图 5.74   Docker 主页

② 下载 CompreFace 的 release 压缩包：从 GitHub（项目地址）下载 CompreFace 的最新版本 release 压缩包，如图 5.75 所示。

③ 启动服务：解压压缩包后，在 CMD 终端（打开方式如图 5.76 所示）中，使用 cd 命令进入到解压文件夹中，然后运行 docker-compose up -d 命令，即可启动 CompreFace 服务（如图 5.77 所示）。

④ 访问管理界面：在浏览器中打开 http://localhost:8000/login，即可访问 CompreFace 的管理界面。登录界面如图 5.78 所示。

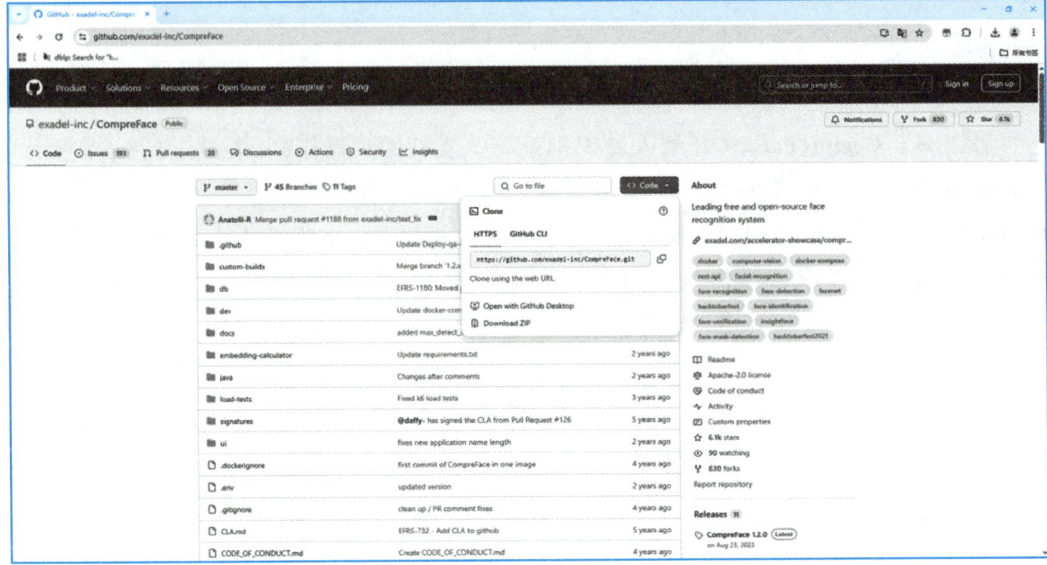

图 5.75　下载 CompreFace

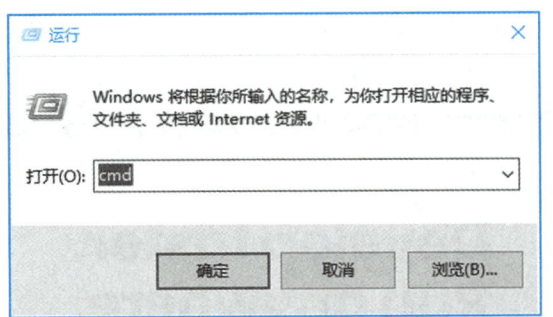

图 5.76　通过运行窗口打开 Windows 控制台（CMD 终端）

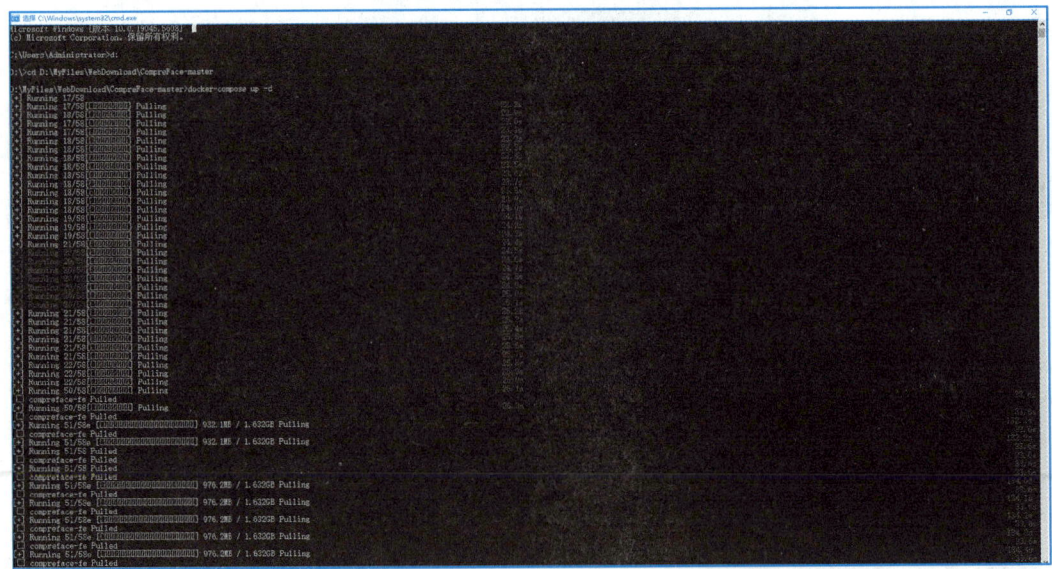

图 5.77　CompreFace 服务启动界面

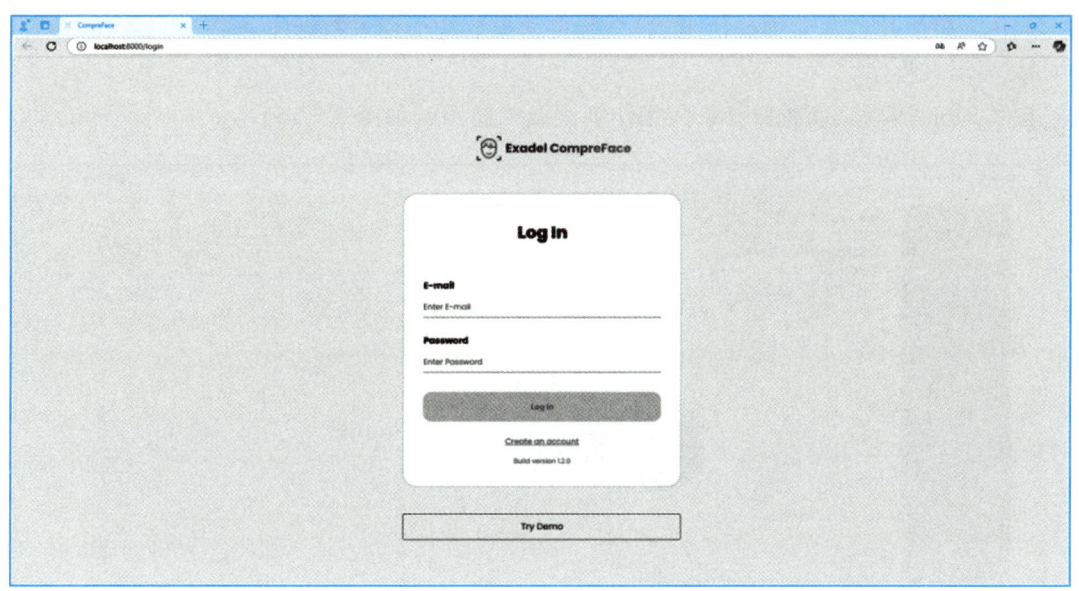

图 5.78 CompreFace 登录界面

2. 操作流程

（1）教师提前部署

使用 Docker 一键部署 CompreFace 服务（官方文档）。

启动后通过浏览器访问本地地址（http://localhost:8000/login）。

（2）学生操作

① 录入人脸。

进入"Subjects"页面，单击"Add Subject"创建用户，如图 5.79 所示。

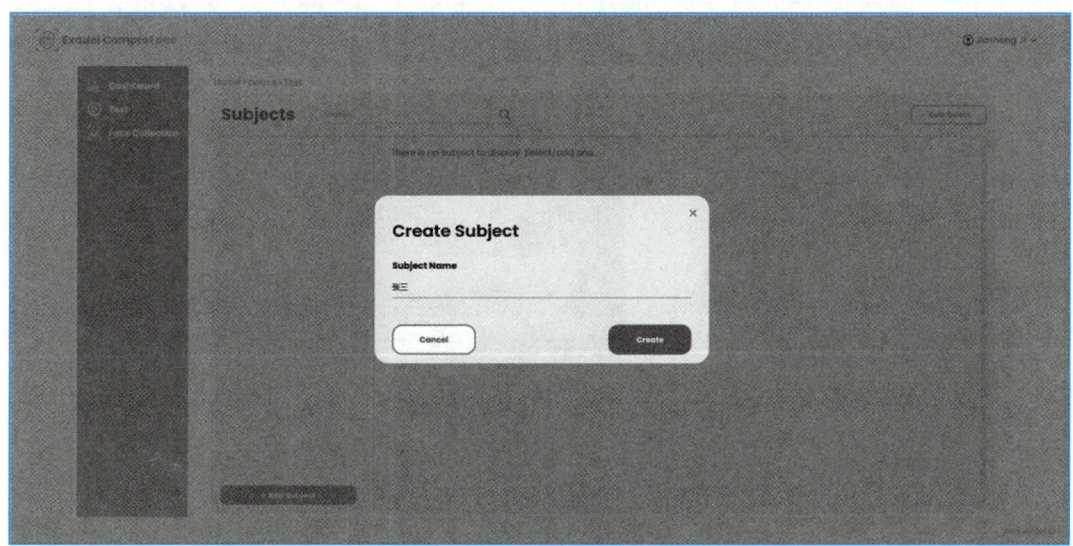

图 5.79 上传人脸照片并保存

上传人脸照片（需正面、清晰），系统自动提取特征存入数据库。

② 显示人脸库。

在"Subjects"页面查看已录入用户列表及缩略图，如图 5.80 所示。

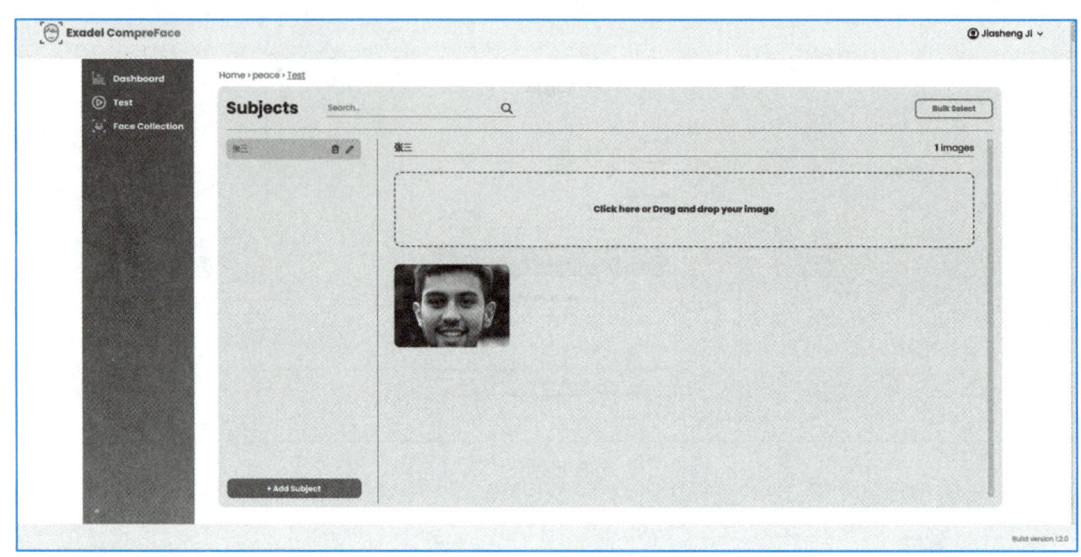

图 5.80　查看人脸数据

③ 打卡验证。

进入"Recognition"页面，上传待识别照片或通过摄像头实时拍摄。

系统返回匹配结果（成功显示用户姓名，失败提示"Unknown"）。

图 5.81 展示了打卡验证成功时的系统界面，图 5.82 和 5.83 展示了相似性对比测试的两种不同输出结果（低相似性和高相似性）。

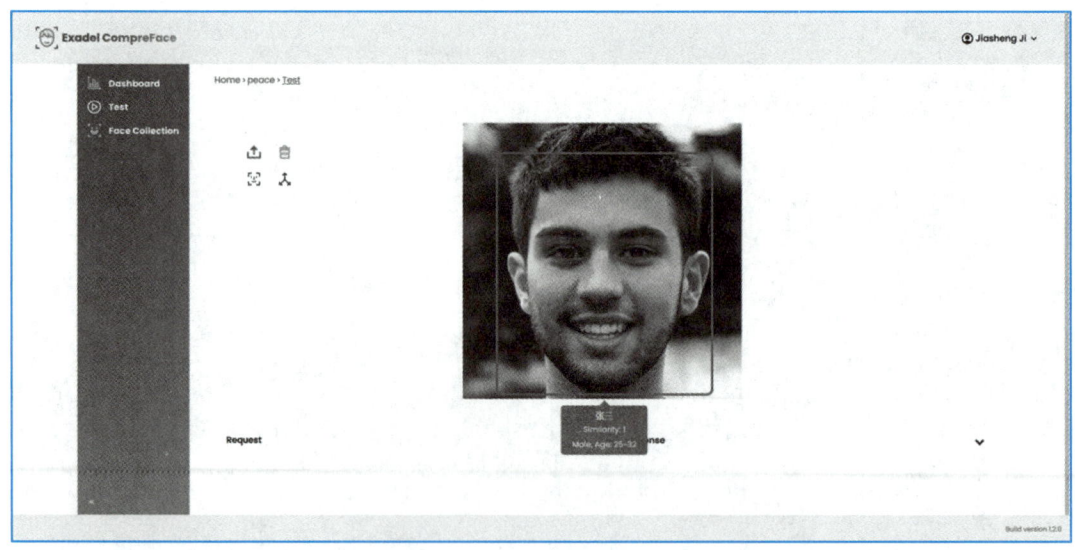

图 5.81　人脸识别验证

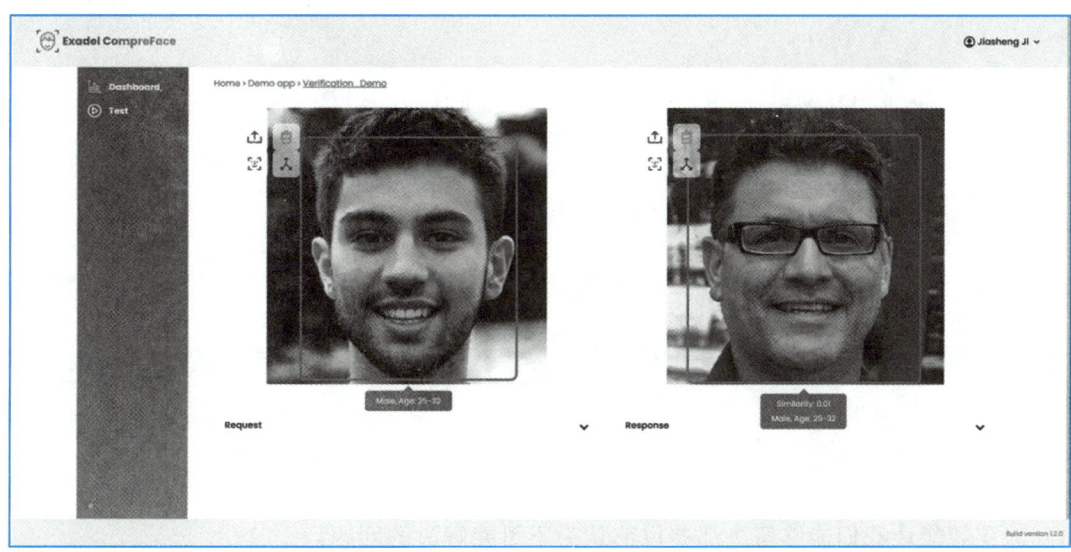

图 5.82　相似性对比测试（低相似性）

图 5.83　相似性对比测试（高相似性）

第6章　行业应用：人工智能赋能各行各业

人工智能让我们能够解决那些以前认为不可能解决的问题。

——雷·库兹韦尔

本章按照教育、农业、工业、交通、文旅、医疗的顺序设计行业应用案例，体现了从基础到应用、从生存到发展、从物质到精神的递进逻辑，蕴含着人类社会发展的核心需求与价值理念。以"人工智能+行业应用"为切入点，围绕人工智能与物联网、大数据等技术的深度融合，系统探讨了人工智能在教育、农业、工业、交通、文旅和医疗等领域的重要作用。从教育领域的个性化学习与心智启发，到农业领域的精准种植与粮食安全保障；从工业领域的智能制造与效率提升，到交通领域的智能出行解决方案；从文旅领域的智慧体验与产业升级，再到医疗领域的精准诊断与生命健康守护，人工智能正在全方位推动各行业的智能化转型，为社会发展注入新动能。

本章学习目标：

◇ 理解人工智能技术在不同行业中的应用现状与发展趋势，掌握人工智能技术在教育、农业、工业、文旅、交通、医疗等多个行业中的具体应用。

◇ 理解这些技术如何与行业特点相结合，形成独特的解决方案，提升行业效率和服务质量。

◇ 了解人工智能技术在不同行业中的发展历程和未来趋势，分析人工智能技术对行业带来的变革与机遇。探讨人工智能技术在推动行业创新、促进产业升级、拓展新兴市场等方面的潜在机遇。分析评估人工智能技术在行业应用中的挑战与应对策略。

◇ 培养跨学科思维与创新能力，探索人工智能技术在更多行业中的应用可能性，为未来的行业创新和发展提供新思路。

6.1　人工智能+教育：智能教育的未来之路

6.1.1　人工智能技术引领教育新潮流

随着信息技术的不断迭代，教育行业经历了深刻的变革。人工智能的兴起更是为教育带来了前所未有的机遇。越来越多的企业，都开始积极探索人工智能在教育中的应用场景。在人工智能与教育融合的浪潮推动下，我国教育行业从早期的教育信息化，逐步过渡到在线教育，如今已迈向人工智能与教育深度融合的新阶段。

1. 人工智能+教育：走进智慧教育

智慧教育以数字化信息和网络为基础，借助计算机和互联网技术，对教学、科研、管理、技术服务以及生活服务等校园信息进行全面收集、处理、整合、存储、传输和应用。它旨在充分利用数字资源，优化教育流程。智能教育借助人工智能技术，为传统校园注入新的活力，构建一个高效、智能的数字教育空间。这一转型不仅涵盖校园的物理设施（如教学设备、教室等）和教育资源（如图书、讲义、课件等），还延伸至教学、学习、管理、服务和办公等应用服务的全方位数字化升级。通过这种深度整合，智能教育有望打破传统教育在时间和空间上的限制，拓展校园的业务功能，提升管理的精细化水平和教学质量。

2. 人工智能+教育：智能教育的发展历程

随着信息技术的快速迭代，教育领域经历了深刻的变革与创新。人工智能技术的崛起更为教育带来了前所未有的机遇，推动了人工智能与教育融合模式的蓬勃发展。在此趋势下，众多人工智能企业和教育机构积极投身于探索人工智能在教育中的应用场景，力求实现技术与教育的深度融合。在我国教育发展历程中，人工智能与教育融合的浪潮发挥了显著的推动作用。从早期的教育信息化探索，到中期的在线教育兴起，再到如今的智能教育阶段，教育行业呈现出清晰的阶段性演进特征，如图6.1所示。这一发展历程不仅反映了技术对教育的持续驱动，也展现了教育在技术赋能下的不断升级与创新。

3. 人工智能+教育：智慧教育技术架构

智慧教育技术架构以人工智能为核心驱动力，深度融合物联网、大数据、5G、区块链等技术，构建覆盖基础层到管理保障体系的数字化生态系统。例如图6.2，通过数据驱动实现"教""学""管""评"全流程智能化。

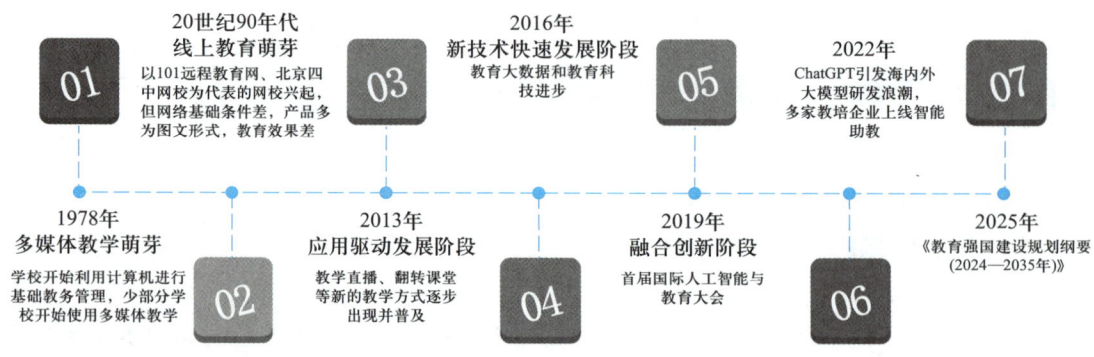

图 6.1　我国教育行业发展历程

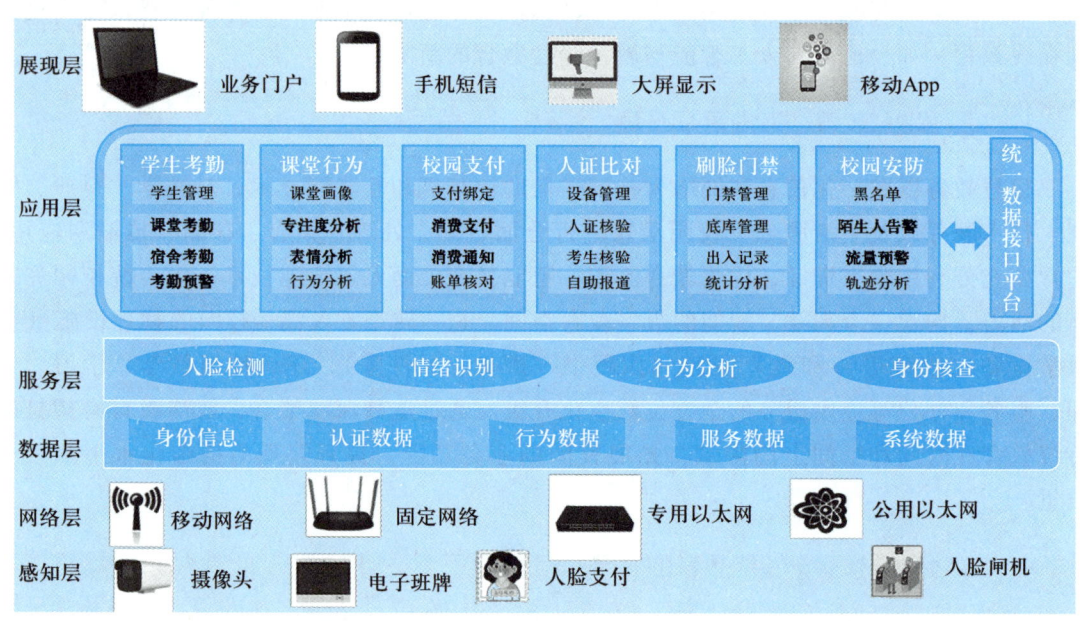

图 6.2　智慧教育技术架构

图 6.2 中展示了一个集成人工智能技术的教育管理系统的组成。这个系统通过 6 个不同的层次协同工作，以实现智能化的教育环境。

① 感知层：是系统的最底层，负责收集校园内的各种数据。它包括摄像头、电子班牌、人脸支付和人脸闸机等设备，这些设备可以捕捉图像、识别人脸和记录行为，为系统提供原始数据。

② 网络层：这一层负责数据的传输。它包括移动网络、固定网络、专用以太网和公用以太网，确保数据能够安全、快速地在系统中流动。

③ 数据层：这一层收集到的数据被存储和整合。它包括身份信息、认证数据、行为数据、服务数据和系统数据，这些数据是系统进行分析和决策的基础。

④ 服务层：这一层提供核心的智能服务，如人脸检测、情绪识别、行为分析和身份核查。这些服务利用人工智能算法对数据进行处理，为上层的应用提供支持。

⑤ 应用层：这一层将服务层的功能转化为具体的应用，如学生考勤、课堂行为分析、校园支付、人证比对、刷脸门禁和校园安防等。这些应用直接服务于学生、教师和校园管理者，提高教育和管理的效率。

⑥ 展现层：这是用户与系统交互的界面。它包括业务门户、手机短信、大屏显示和移动 App，使用户能够方便地访问和操作系统，获取所需信息和服务。

整个系统通过这 6 个层次的紧密协作，实现了从数据采集到信息展示的全流程智能化管理，为现代教育提供了强大的技术支持。

6.1.2　人工智能赋能教育：多场景融合应用

从教育教学活动的角度来看，当前人工智能与教育融合所形成的智慧教育场景可以划分为"教""管""学""考" 4 个核心场景，如图 6.3 所示。在这些场景中，"教"与"管"的主体是教育者，他们借助人工智能技术优化教学过程和管理效率；而"学"与"考"的主体则是受教育者，他们通过智能技术提升学习效果和考试体验。这种划分清晰地体现了人工智能在教育领域中多元化的应用价值，推动了教育全过程的智能化升级。

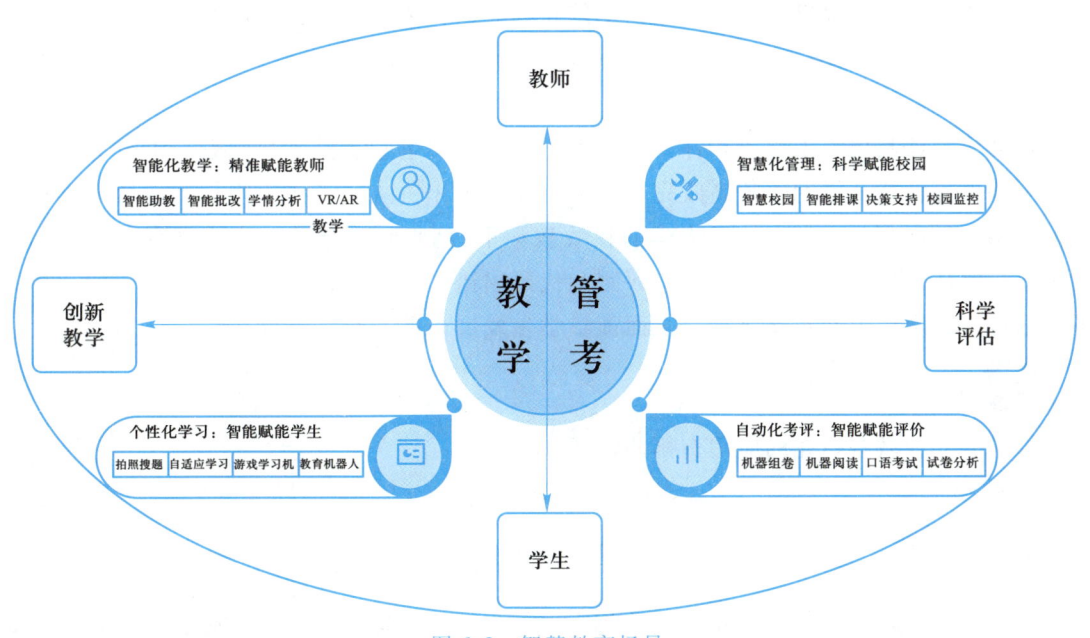

图 6.3　智慧教育场景

1. 智能化教学：精准赋能教师

智能化教学通过人工智能技术辅助教师完成备课、授课、作业批改等教学流程，显著减轻教师负担，提升教学效率。例如，高校智慧校园解决方案通过 AI 技术实现教学资源的智能推送和课堂互动数据留存，优化教学管理。优必选教育则通过接入 DeepSeek 等大模型，构建覆盖"教学—实践—评估"的 AI 教育闭环，为教师提供精准化教学支持，如 10 s 内生成匹配学情的教学方案，大幅提升备课效率。

2. 智慧化管理：科学赋能校园

智慧化管理通过人工智能、物联网、云计算和大数据等技术，推动校园管理的科学化与高效化。例如，腾讯智慧校园为中小学提供一站式智慧管理解决方案，覆盖校园安全、智能教务和家校互动等场景，助力学校实现精细化管理。科大讯飞的智慧教育应用平台则通过大数据和智能系统，构建一体化教育管理与决策分析体系，提升校园管理的智能化水平。

3. 个性化学习：智能赋能学生

个性化学习借助人工智能与大数据技术，通过全面评估学生的学习情况，为其量身定制学习计划和策略，显著提升学习效率。例如，小猿搜题融合 DeepSeek 大模型，利用光学字符阅读器（OCR）和多模态技术精准解析题目，提供个性化错题归因和变式练习，并生成动态知识图谱，助力学生高效学习；而 Khan Academy 的 Khanmigo 则作为虚拟导师，根据学生的学习进度提供个性化指导，支持互动对话，帮助学生加深知识理解。

4. 自动化考评：智能赋能评价

自动化考评利用人工智能和计算机技术，实现自动组卷、监考、阅卷、考试分析和综合素质评价等功能，辅助教师高效完成考试与评价工作，减轻工作负担，为后续教学提供数据支持。例如，北京航空航天大学的在线教学平台利用 AI 技术，实现课前、课中、课后全流程闭环管理，提供自动化实验评测和代码纠错，提升考评效率。科大讯飞的评价体系，通过多维度评价和数据驱动，全面衡量学生发展，助力教学改进。

 想一想：

人工智能在教育行业的应用有哪些创新。

6.1.3　应用案例：小猿搜题

步骤 1：安装小猿搜题 App。打开手机，在"应用市场"App 的搜索框中输入"小猿搜题"，然后进行安装。

步骤 2：打开小猿搜题 App。在手机桌面上单击"小猿搜题"图标，在打开的界面中查看《小猿搜题用户协议》《隐私政策》和《儿童隐私政策》中的所有条款，并单击"同意并开始使用"按钮；接着在打开的"登录查看个人主页"界面中输入手机号并勾选下方的单选按钮，然后单击"获取验证码"按钮；最后根据提示输入验证码即可完成登录，如图 6.4 所示。

图 6.4　登录小猿搜题 App

　　步骤 3：使用小猿搜题 App 的"拍照搜题"。首次登录小猿搜题 App 需要先填写信息，即先勾选表示身份的单选按钮，如"我是学生"单选按钮，再根据需要选择自己所在的年级，如"七年级"，接着单击"确认，进入小猿搜题"按钮便可进入小猿搜题 App 的首页。单击该 App 首页中的"拍照搜题"图标，便可利用手机摄像头拍摄待搜索题目的图像（可以拍单题，也可以拍整页），拍照之后手动调整取图框，框选出一道题，然后单击"确定"按钮，便可得到搜题结果，而且左滑可以查看更多搜索结果，如图 6.5 所示。

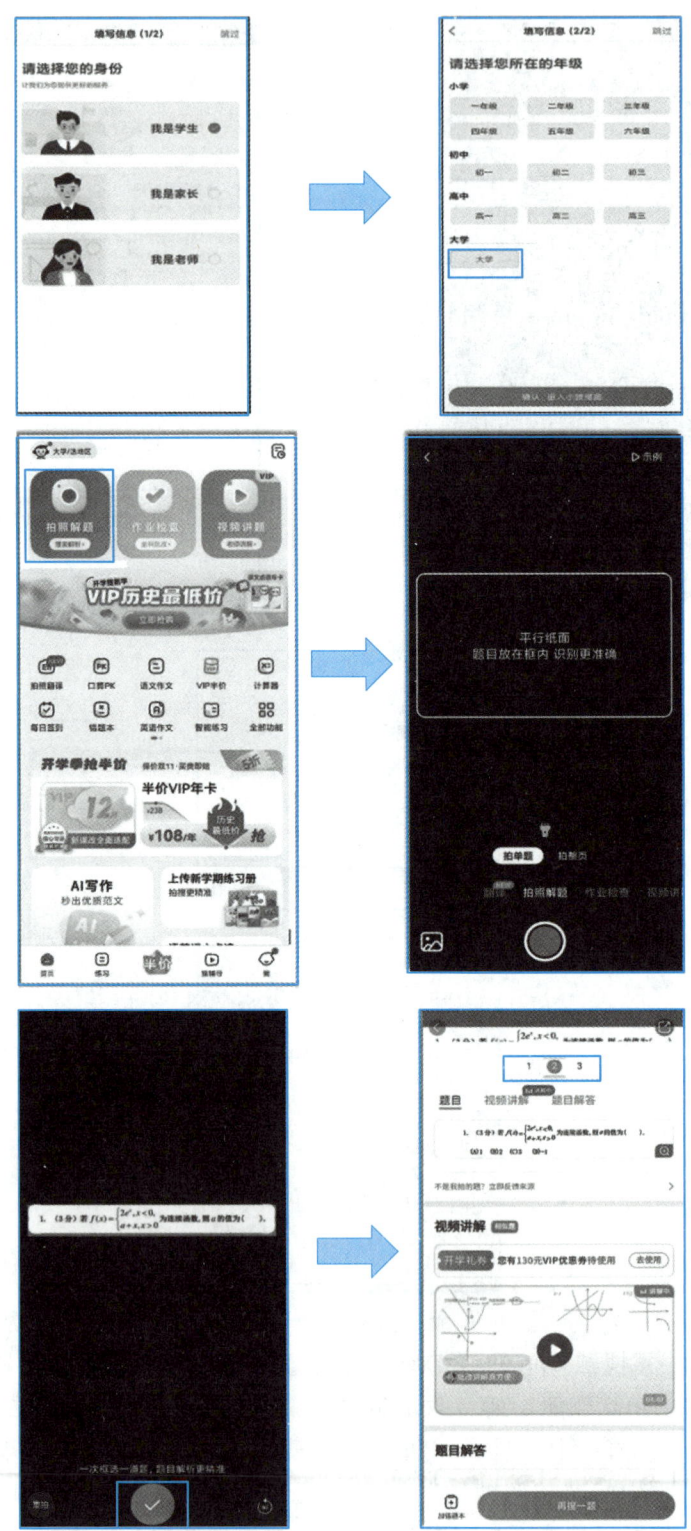

图 6.5　App 的"拍照搜题"

　　步骤4：将错题加入小猿搜题App的"错题本"中。将搜索到的第2个搜索结果加入错题本中，需要上滑该界面，然后单击"加入错题本"按钮，便可成功将题目加入错题本，然后在"做笔记"界面选择学科（如"数学"）、标签（如"方程"），并做笔记，最后单击"保存"按钮即可完成对错题的归类，如图6.6所示。

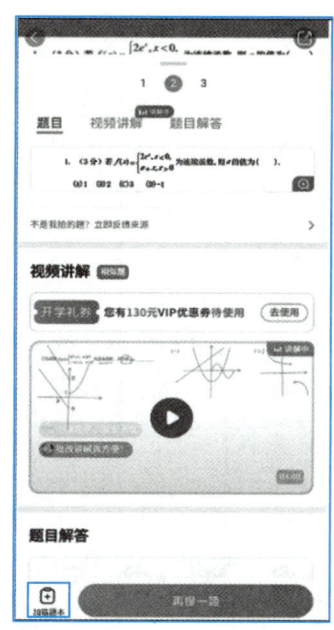

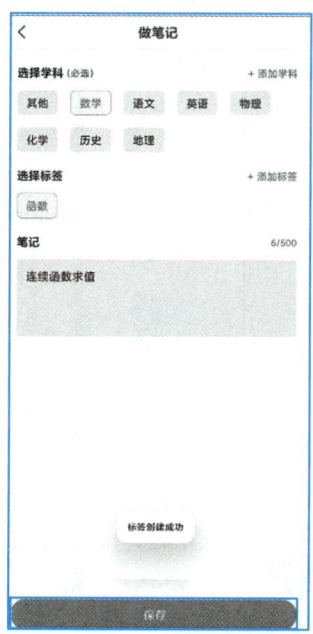

图 6.6　将错题加入"错题本"

　　步骤 5：查看小猿搜题 App 的"错题本"。用户想要查看错题时，先选择小猿搜题 App 首页中的"我"选项卡，然后单击该界面中的"错题本"图标，可以看到不同学科的错题，接着单击"数学"图标，可以看到"数学错题本"，单击题目的文本便可查看"题目详情"，如图 6.7 所示。

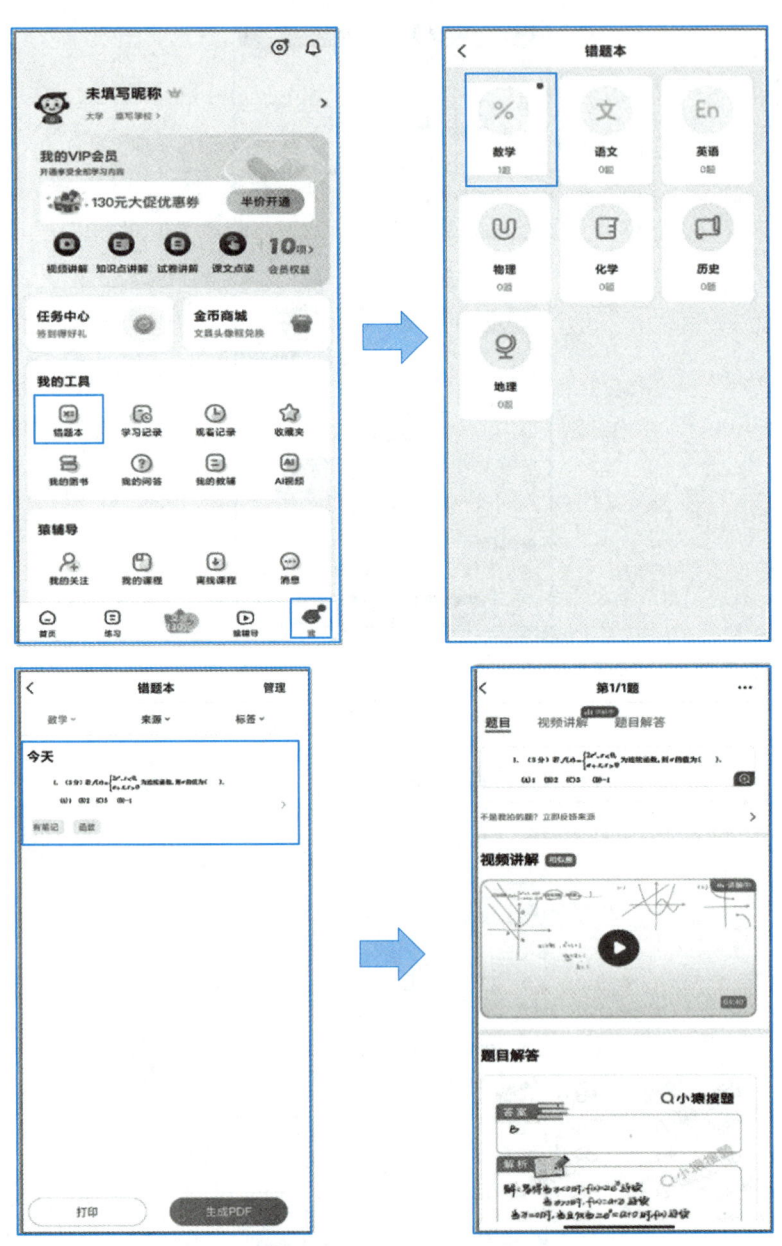

图 6.7　查看"错题本"

6.2 人工智能+农业：智能农业的绿色发展

6.2.1 人工智能+农业概述

1. 人工智能+农业：认识智慧农业

智慧农业是以数据要素为核心驱动力的现代农业形态，通过智能技术与农业系统的深度融合，构建覆盖生产环境、作物生长、经营管理的全要素数字化体系。其基础架构包含 3 个协同维度：在物理维度上，智能设施装备升级传统农田为可感知、可调控的"数字农田"；在数据维度上，物联网技术持续汇聚气象、土壤、市场等多源异构信息；在应用维度上，智能决策系统通过数据建模动态优化农事活动的时空配置。这种技术融合不仅推动传统农具向智能化装备演进，更重塑了土地、劳动力与技术等生产要素的协同方式。本质上，智慧农业是通过数据流贯通农业价值链，实现资源精准匹配、生产效能提升与生态可持续的协同发展。

2. 人工智能+农业：智慧农业发展历程

农业发展史是人类文明进步的重要缩影，而人工智能技术的融入正推动农业迈向数字化、智能化的新纪元。智慧农业的发展历程体现了技术革新与农业生产模式的深度协同。原始农业阶段，人类以采集、狩猎向耕作过渡，依赖人力与木石农具，生产效率受限于自然条件与经验积累，奠定了农业文明基础。传统农业阶段，通过土地制度优化（如均田制）与水利工程（如都江堰），农业管理初具系统性，但农具仍以手工为主，生产方式延续自然依赖。近代农业阶段，机械化与化学品普及（如拖拉机、化肥），推动规模化生产与产量跃升，但过度依赖资源消耗与环境代价逐渐显现，如图 6.8 所示。

传统农业阶段
开始实行均田制，对土地进行了重新分配，使得土地资源得到更加合理的利用

现代农业阶段
智慧农业的推进，2025年农业生产信息化率达27%，我国农业生产进入现代化阶段

原始农业阶段
人类从采集、狩猎逐步过渡到近似自然状态的农业

近代农业阶段
半机械化以及机械化农机具逐渐推广使用

图 6.8 智慧农业发展历程

智慧农业的演进不仅是技术迭代，更是生产关系的革新。《智慧农业发展规划（2025—2030 年）》标志着我国农业数字化进入全面深化阶段，到 2030 年基本实现农业全产业链智能化，形成覆盖粮食、果蔬、畜牧等多领域的智慧农业标准体系。文件首次将"农业芯片国产化"列为关键技术攻关方向，强调构建自主可控的农业 AI 算力基础设施。

3. 人工智能+农业：智慧农业技术架构

智慧农业技术架构的蓝图以数字化、智能化、生态化为核心，构建覆盖农业生产全链条的可持续农业生态系统。通过物联网、5G、人工智能、区块链等新一代信息技术的深度融合，实现农田环境实时感知（如土壤温湿度、光照、气象数据）、智能决策（基于大数据的精准施肥、灌溉、病虫害预警）与自动化执行（无人农机、无人机植保、智能收割机器人），形成"感知—分析—执行"闭环管理，如图 6.9 所示。

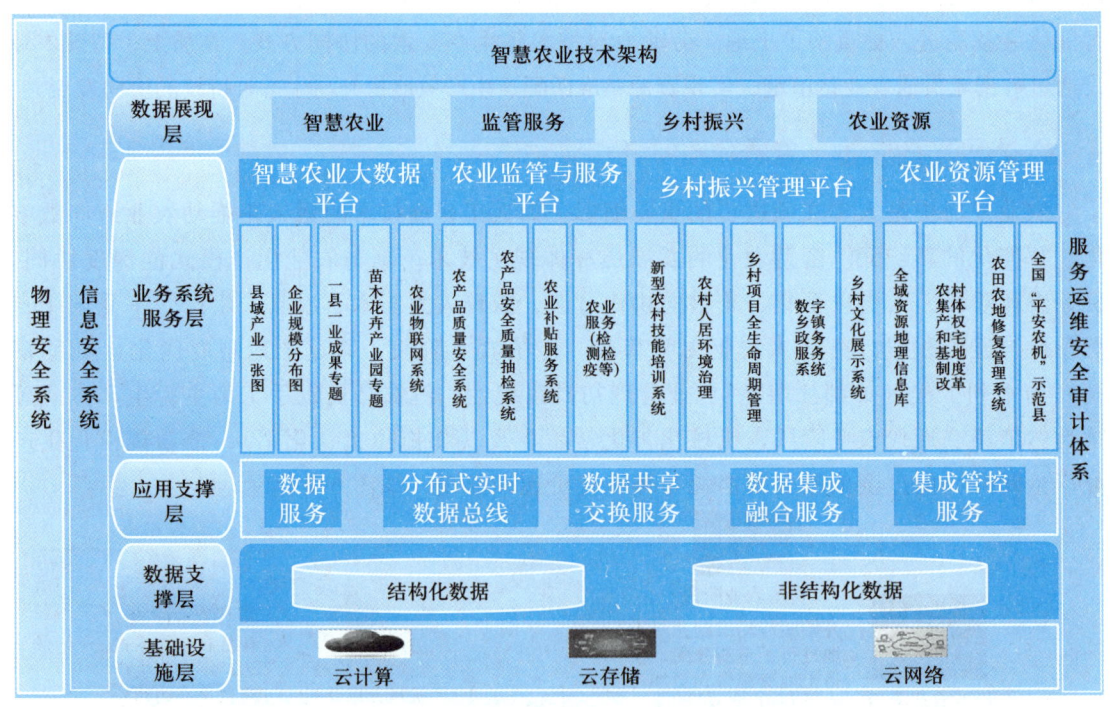

图 6.9   智慧农业技术架构

该架构以分层设计为核心，整合人工智能、物联网、大数据等技术，构建覆盖数据采集到业务应用的完整智慧农业技术体系，具体层次功能如下。

① 数据展现层：通过可视化大屏、移动端 App 及业务门户，实现农业资源、产业数据、乡村振兴成果的实时展示。例如，县域产业分布图、农产品质量监测数据可通过图表

形式动态呈现，便于管理者快速掌握全局。

②应用支撑层：集成智慧农业核心业务模块，包括农业监管与服务平台、乡村振兴模式平台及农业资源管理平台。例如，农业监管平台通过 AI 图像识别技术自动分析病虫害分布，乡村振兴平台整合土地流转、特色产业数据，为政策制定提供依据。

③数据支撑层：包括基于分布式数据共享与集成管控系统，构建农业大数据平台，涵盖农田、气候、农产品、农村经济等多源异构数据。通过数据清洗、转换与存储，实现跨区域、跨业务的数据互通，例如全国苗木资源数据库与地方特色农产品档案的联动更新。

④基础设施层：部署了物联网终端（如土壤传感器、无人机、智能农机）及通信网络（5G/4G、卫星遥感），负责数据采集与低延迟传输。例如，农田传感器实时监测墒情，无人机多光谱成像技术精准识别作物长势，支撑精准灌溉决策。

⑤业务系统服务层：安全保障体系指通过物理安全（如设备防护）、信息安全（数据加密、访问控制）及认证服务审计（权限分级、操作留痕），确保农业数据安全与合规使用。例如，农户身份信息采用国密算法加密存储，农业监管平台的操作记录可追溯至具体责任人。

6.2.2　人工智能赋能农业：多场景融合应用

1. 智能农机装备

人工智能技术正在重塑现代农业的生产方式，通过环境感知、数据分析和自主执行的闭环系统，推动农业生产向精准化、高效化和可持续化发展。目前，农业机器人已广泛应用于耕作、除草、采摘及土壤监测等核心环节，显著提升了资源利用率和作业质量，如图 6.10~图 6.13 所示。以下结合典型实例与技术原理进行说明。

图 6.10　农耕机器人

图 6.11　采摘机器人

图 6.12　土壤探测机器人

图 6.13　除草机器人

农耕机器人能够执行自动化耕作任务，机身搭载多模态传感器（如光谱仪、激光雷达），可实时分析土壤墒情与紧实度。通过卫星定位与 AI 视觉融合导航技术，生成厘米级精度的耕作路径（地面虚线示意），动态调整松土频率与深度，土地利用率提升 18%。

采摘机器人利用 RGB-D 摄像头识别果实成熟度，通过多关节机械臂与柔性夹爪（末端执行器）实现无损采收。内置压力传感器实时反馈抓取力度，确保果实完整率达 99% 以上，适用于苹果、草莓等经济作物的高效采摘。

土壤探测机器人配备高精度探针与温湿度传感器，可在行进中连续采集土壤参数（如 pH 值、养分含量）。数据通过物联网传输至云端分析平台，为农田数字孪生系统提供实时输入，支持精准施肥与灌溉决策。

除草机器人基于计算机视觉识别作物与杂草，采用激光束或高温火焰物理灭草。亚毫米级定位技术确保精准作业，农药使用量减少 90% 以上，适用于规模化蔬菜基地与水稻田的可持续管理。

2. 智能病虫害防护系统

在智能病虫害防护系统中，基于图像识别与深度学习技术，系统可自动诊断小麦、玉米、苹果等作物的常见病害，如图 6.14 所示。通过田间摄像头或无人机拍摄作物图像，AI 模型对病斑特征进行分析，输出病害类型及发生概率。例如，小麦叶部病害、玉米斑块性病害等均可被快速识别，并生成病害分布热力图，指导植保无人机精准施药，显著减少农药滥用。

3. 农田数字孪生系统

农田数字孪生系统是通过物联网传感器、遥感技术和人工智能算法，将物理农田映射为高精度虚拟模型的技术体系，如图 6.15 所示。该系统实时采集土壤温湿度、作物长势、气象条件等数据，结合大数据分析与机器学习，动态模拟农田环境变化（如病虫害传播、水肥需求），并生成精准决策建议（如变量灌溉、施肥优化）。例如，系统可基于土壤墒情模型指导节水灌溉，减少资源浪费20%~30%，或通过病害传播仿真提前预警风险，助力农业生产向科学化、可持续化转型。

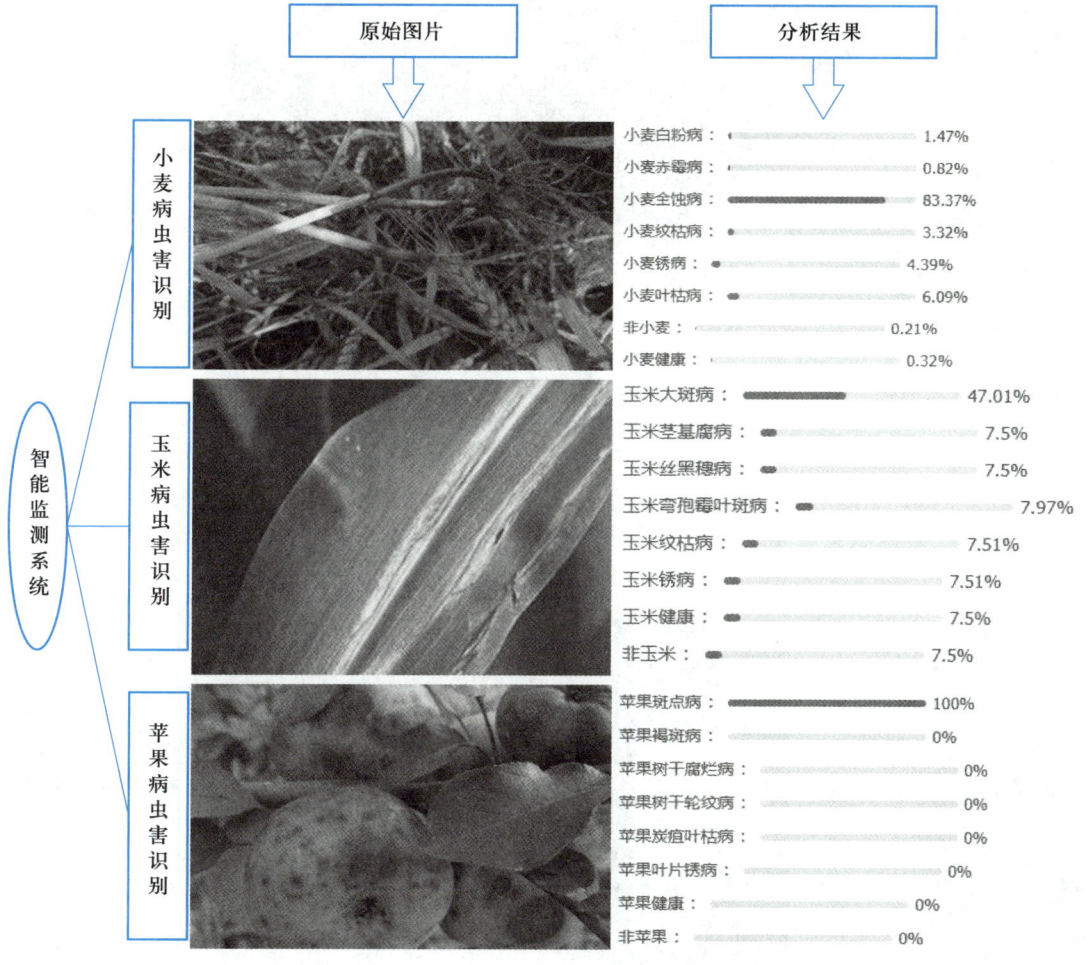

图 6.14　智能病虫害防护系统

？想一想：

在农业和能源领域，人工智能如何推动可持续发展？

6.2.3　应用案例：植小宝

步骤1：安装植小宝App。打开手机，在"应用市场"App的搜索框中输入"植小宝"，然后进行安装。

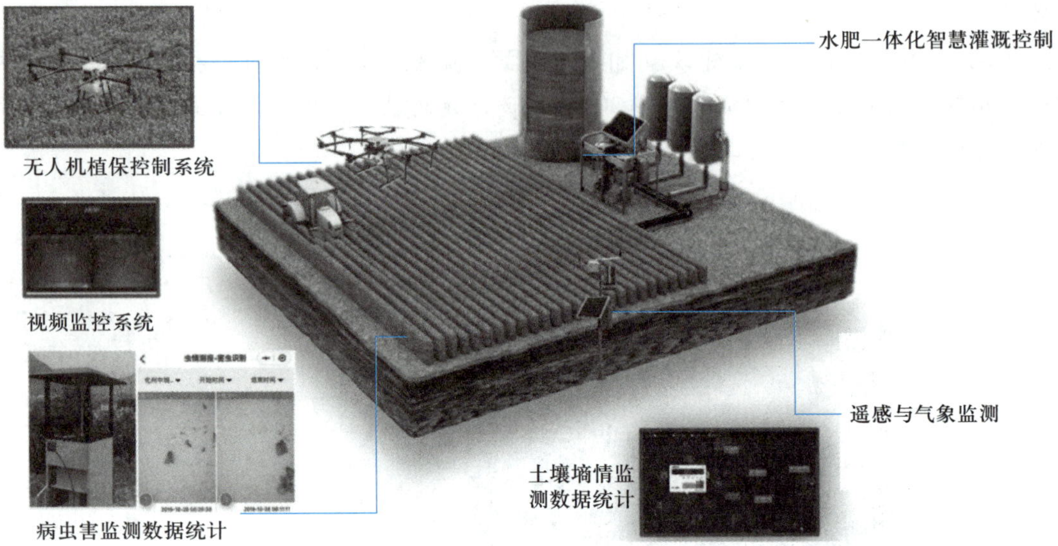

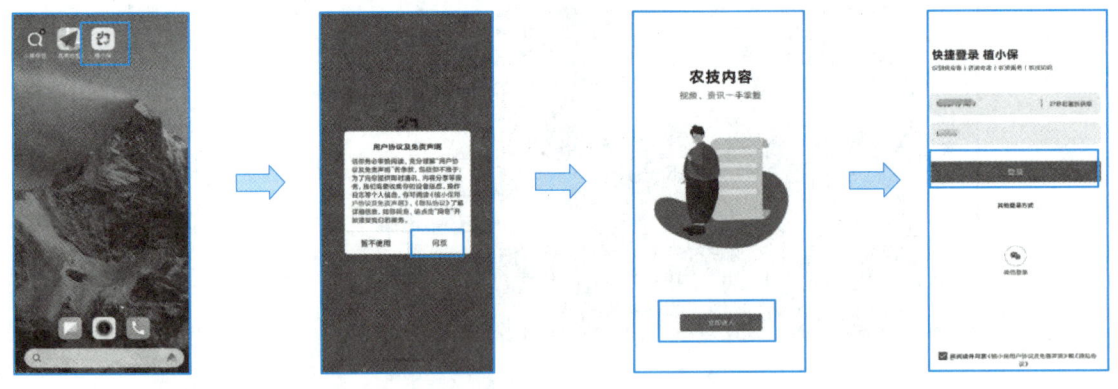

水肥一体化智慧灌溉控制
无人机植保控制系统
视频监控系统
遥感与气象监测
土壤墒情监测数据统计
病虫害监测数据统计

图 6.15 农田数字孪生系统

步骤 2：打开植小宝 App。在手机桌面上单击“植小宝”图标，打开后同意用户协议，单击“同意”，单击后再单击“立即进入”按钮，进入后注册植小宝账户，填写手机号与验证码，勾选协议，单击“登录”按钮进入植小宝 App，如图 6.16 所示。

用户协议及免责声明
暂不使用
同意
农技内容
快捷登录 植小保

图 6.16 打开植小宝 App

步骤 3：在探索过程中，需挑选一种感兴趣的作物，例如杨梅。随后，可通过访问病虫害数据库深入了解该作物相关的病虫害问题。具体操作为单击界面中的“病虫害库”选项，进入专门页面浏览与杨梅相关的病虫害资料。为进一步获取详尽信息，可单击感兴趣的病虫害条目，查看其详细信息，包括防治建议。此外，若对农业技术信息感兴趣，可单击“农技”选项，获取一系列农业技术信息。相关操作过程可参考图 6.17。

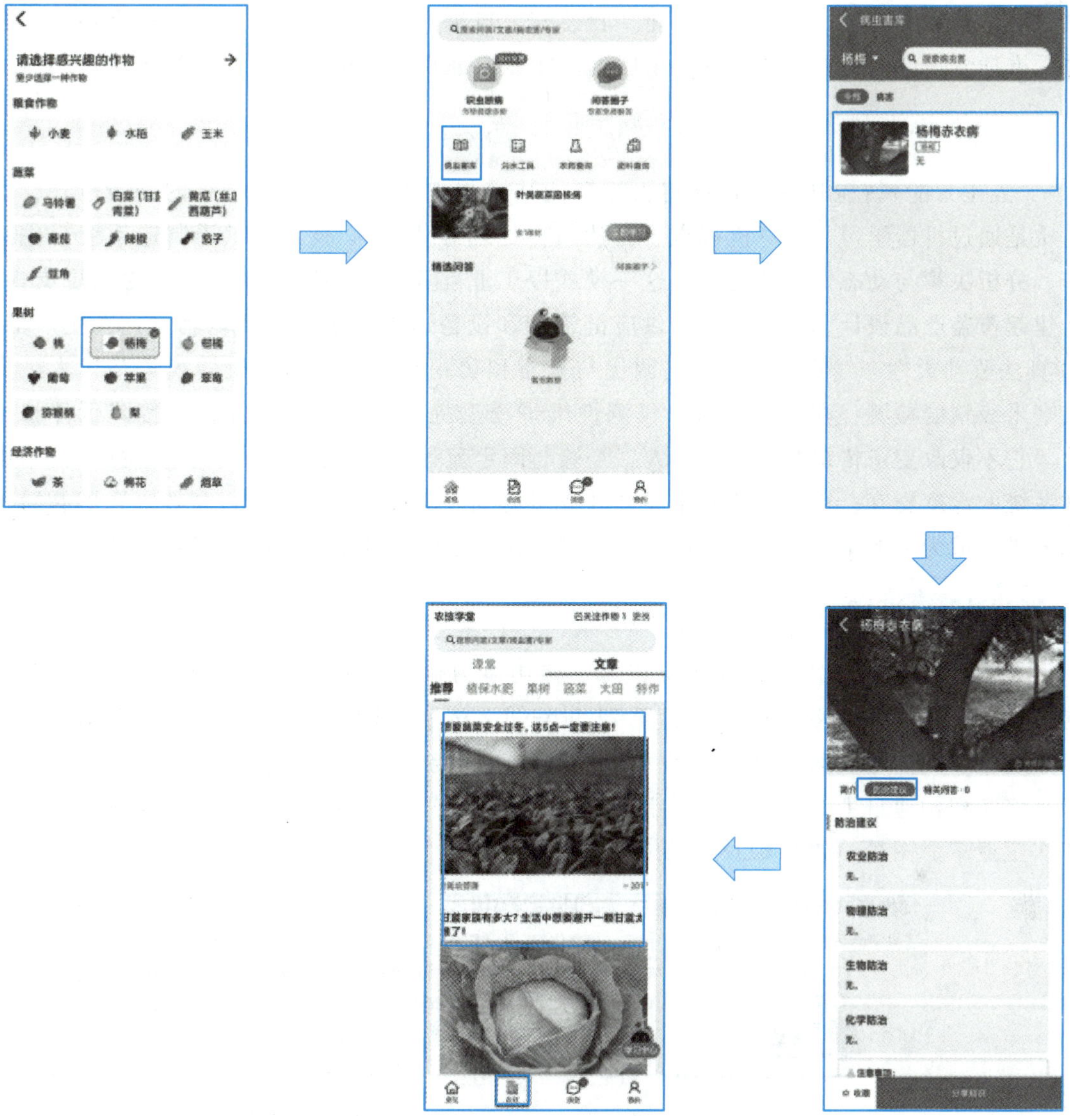

图 6.17　植小宝 App 相关操作

6.3　人工智能+工业：智能制造的崛起

6.3.1　人工智能+智能制造概述

　　随着工业互联网与数字技术的持续演进，智能制造领域正经历革命性重塑。人工智能技术的突破性发展为制造业转型升级注入了强劲动能，从科技巨头到传统制造企业，都在深度探索人工智能与产线优化、质量检测、预测性维护等核心环节的融合路径。在智能算法与先进制造技术双轮驱动下，我国制造业已从机械化、自动化生产模式，跨越至数字化、网络化发展阶段，当前正加速向"自感知、自决策、自执行"的智能化制造新形态迈进，推动着全产业链在运营效率、柔性生产能力与创新生态构建上的全方位跃升。

1. 人工智能+智能制造：把握智慧工业

"人工智能+智能制造"是指将人工智能技术与现代制造业深度融合的创新范式，其本质是通过机器学习、计算机视觉、自然语言处理等 AI 核心技术，赋予制造系统自主感知、分析决策与动态优化的能力。这一模式以工业互联网、物联网和大数据为底层支撑，构建起覆盖产品设计、生产流程、供应链管理和设备运维的全链条智能网络：在生产端，AI 算法驱动柔性产线实现实时工艺调优与异常预警；在质检环节，机器视觉替代人工完成毫米级精度检测；在运维领域，预测性维护模型提前预判设备故障，大幅降低停机风险。它不仅改变了传统制造业依赖人工经验与固定流程的运作方式，更通过数据智能与物理系统的深度交互，推动制造体系向"状态可感知、决策自优化、执行高效率"的智慧形态演进，成为引领全球制造业向数字化、网络化、智能化升级的颠覆性变革力量。

2. 人工智能+智能制造：智能制造发展历程

自 18 世纪蒸汽机开启工业革命以来，经历电力化大规模生产（20 世纪初）、信息化与自动化转型（20 世纪 70 年代），至 21 世纪进入人工智能驱动的新阶段——2012—2015 年通过物联网深化数据应用，2015—2025 年加速智能化升级（如数字孪生、边缘计算），未来将实现构建自主决策的工业元宇宙与零碳智慧工厂，实现人机共生、全链绿色化的第四次工业革命图景，如图 6.18 所示。

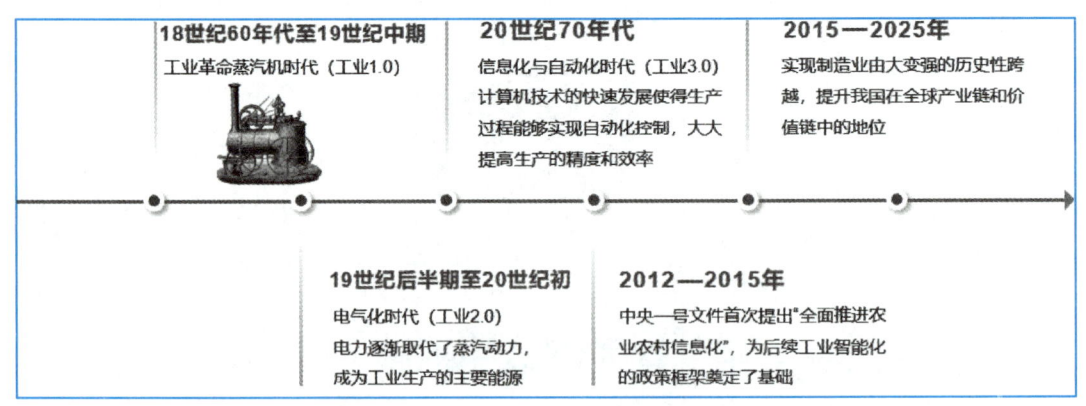

图 6.18 智能制造发展历程

我国智能制造的发展历程紧密跟随政策体系的演进，经历了探索期、深化期和全面推广期三大阶段。从 2012 年起，政策初步探索信息化与顶层设计，通过技术试点、资金支持和标准化建设，奠定了智能制造的基础。2016 年，政策深化与产业升级深度融合，战略升级、专项规划落地以及技术协同与人才培育推动了智能制造的全面发展。2021 年以来，政策进入全面推广期，规模化与生态化布局成为重点，国家级智能制造示范工厂的建设和地方实践的示范效应显著。未来，政策将向绿色化与全球化协同方向发展，强调低碳化转型、数据安全与标准统一以及国际合作深化。通过政策持续迭代与生态化布局，智能制造已成为我国制造业高质量发展的核心引擎，带来了显著的经济效应和社会效应，尽管仍面临核心技术依赖进口和中小企业改造成本高等挑战。

3. 人工智能+智能制造：智能制造技术架构

智能制造利用大数据分析、人工智能、工业自动化系统（SCADA/DCS）等前沿技术，构建了智能开发（设计）、智能生产与智能决策（运营）的三位一体的协同体系，如图 6.19 所示。其技术架构以数据驱动为核心，通过分层设计打造贯穿全价值链的数字化生态系统。

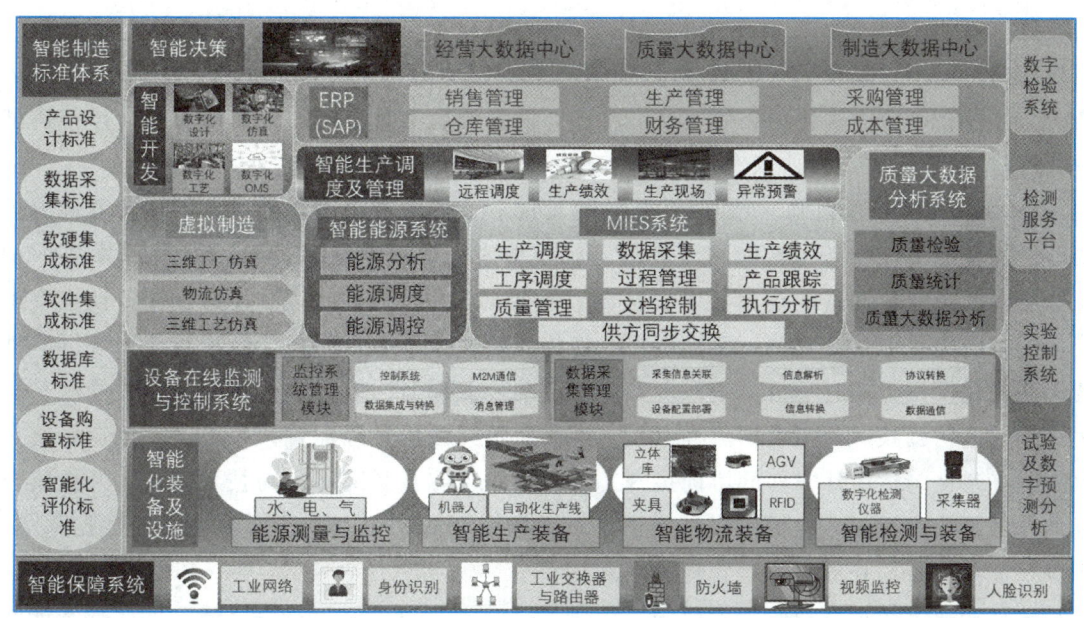

图 6.19　智能制造技术架构

具体层次功能如下。

① 智能决策（展示层）：作为智能制造体系的战略指挥中枢，智能决策层依托经营大数据中心、质量大数据中心与制造大数据中心的协同运作，将底层数据转化为具有战略价值的可视化决策方案。该层通过构建多维度数据融合分析平台与智能算法引擎，实现从战略规划到生产执行的闭环决策优化，显著提升企业运营效率与市场响应速度。

② 智能开发（应用层）：智能开发层基于数字设计平台与 ERP 系统（涵盖生产、销售、资金成本、采购等模块）的大数据支撑，通过深度整合企业经营、质量管控与制造执行三大核心数据域，打造跨系统协同的统一数据架构。具体实现路径包括：经营数据域整合 ERP（如 SAP）、财务核算与成本控制模块，构建企业资源动态优化模型；质量数据域融合 SPC 统计过程控制与数字检验系统，形成从质量追溯分析到实时缺陷拦截的全流程闭环管理；制造数据域汇聚 MIES 生产指令流、设备状态时序数据及现场传感器信息，为智

能排程算法与异常诊断模型提供精准数据输入。

③ 虚拟制造（数字孪生层）：以生产、工艺质量、物流、调度等应用场景为依托，通过数字孪生技术实现研发创新、生产运营与服务延伸三大核心场景的数字化映射。在研发端，运用数字孪生技术构建高保真虚拟样机，大幅缩短产品迭代验证周期；在生产端，通过 MIES 系统集成远程监控、工序节拍优化与能耗分析模型，显著提升设备综合效率（OEE）；在服务端，基于质量大数据聚类分析与客户行为建模，构建智能化预测性维护知识库与个性化服务推荐体系，推动制造业向"产品+服务"的生态化转型。

④ 设备在线监测与控制系统（物联感知层）：作为连接物理空间与数字空间的桥梁，感知层通过数据采集、监控等模块构建端到端的工业物联网体系。该层采用分布式工业传感器集群、SCADA 过程控制系统及柔性化机器人终端，形成高效的数据感知与指令执行网络。典型应用场景包括：RFID 射频识别技术实现物料全生命周期追踪，AGV 无人搬运系统与立体仓库协同优化物流效率，三维工厂仿真模型实时映射物理车间布局，设备构型参数通过 M2M 机器通信协议实现双向动态校准。

⑤ 智能化装备及设施（物理层）：作为智能制造体系的物理基础，该层整合能源测量与监控、智能生产装备、智能物流装备等核心要素。通过融合机器学习、深度学习等 AI 算法与多维工业数据（生产参数、设备传感器数据、供应链信息等），构建具备自主决策能力的智能优化引擎。其创新性体现在：将传统依赖人工经验的决策流程转变为数据驱动的动态优化模型，实时解析生产调度、质量波动、能源消耗等关键指标的复杂关联性；运用三维工艺仿真技术模拟生产流程，预判潜在瓶颈并优化资源配置，最终实现制造系统在效率、稳定性与适应性方面的协同提升。物理层以工业互联网平台为技术支撑，系统集成标准化数据治理框架、异构协议转换引擎及多级安全防护机制，形成纵向贯通数据采集、服务赋能与执行监控的全流程管理体系。

该架构通过数据贯通与技术协同，构建了"感知—决策—执行—反馈"的闭环智能制造体系。典型应用案例包括：某知名车企的数字化车间（集成 AGV 智能物流、AI 质量检测与 MIES 智能排产系统），以及某家电巨头的能源管理系统（通过 SCADA 实现能耗实时优化）。未来发展方向包括：推进工业 AI 模型的轻量化部署、实现跨平台数据无缝互通、优化人机协作界面设计，持续推动智能制造向柔性化、绿色化方向演进。

6.3.2　人工智能赋能智能制造：多场景融合应用

1. 执行机器人

在智能制造场景中，执行机器人扮演着至关重要的角色。执行机器人作为智能制造系统的重要组成部分，能够自动执行各种生产任务，提高生产效率，保证产品质量，并适应灵活多变的生产需求，如图 6.20～图 6.23 所示。

图 6.20　机械手

图 6.21　机械臂

图 6.22　四足机器人

图 6.23　人形机器人

2. 无人搬运车

在智能制造领域，无人搬运车（AGVs）通过集成人工智能技术，实现了从自主导航、智能路径规划到动态障碍物避让、智能任务调度与协同作业、预测性维护与故障预警以及库存管理优化的全方位升级，如图 6.24 所示。在智能工厂内部，这些无人搬运车能够高效、准确地完成从原材料入库、生产线配送到成品出库的全链条物料搬运任务，不仅显著提升了生产效率，还增强了物流管理的精准度和灵活性，展现了人工智能在推动制造业向智能化、高效化转型中的关键作用，预示着未来智能制造将更加依赖自主决策、协同作业和持续优化能力。

3. 未来工厂

未来的无人工厂将以技术融合重构制造业逻辑，在机器视觉、自主决策系统和柔性生产网络的支撑下，完成从物理操作到流程优化的全维度变革，如图 6.25 所示。以特斯拉超级工厂为代表，其自动生产线通过机器集群的精准协作，在焊接、涂装等核心环节形成无缝衔接的智能生产流。电子制造业中，微型元器件的精密装配由自适应机械手完成，结合实时质量监测系统，突破传统人工操作的精度极限；食品工业则借力环境感知机器人，在原料处理到封装的全链条中维持无菌化作业标准。这种变革不仅体现为无人化作业的持续性优势，更在于算法中枢对生产节奏、资源调配的全局优化能力，使制造系统具备自进化特质，在减少资源浪费的同时，加速产品创新周期，最终推动制造业向更敏捷、更清洁、更自主的方向跃迁。

图 6.24   无人搬运车

图 6.25   未来工厂

 想一想：

AI 技术如何帮助企业实现智能决策和自动化管理？

6.3.3　应用案例：基于 Arduino 的智能 LED 灯光系统设计

本节将介绍运用 Tinkercad 电路界面构建基础电池供电 LED 电路的方法，学习 Arduino 与电路的连接及编程技巧，以实现 LED 灯的闪烁效果。操作步骤如下。

步骤 1：连接外部 LED 至 Arduino 引脚 13，如图 6.26 所示。在 Tinkercad 中打开一个新窗口，使用面包板将外部 LED 连接到 Arduino 的引脚 13。将电阻器的阻值设置为 220 Ω，并完成电路连接。单击"代码"按钮，通过"块"下拉菜单选择"文本"模式。启动模拟后，LED 应实现闪烁效果。

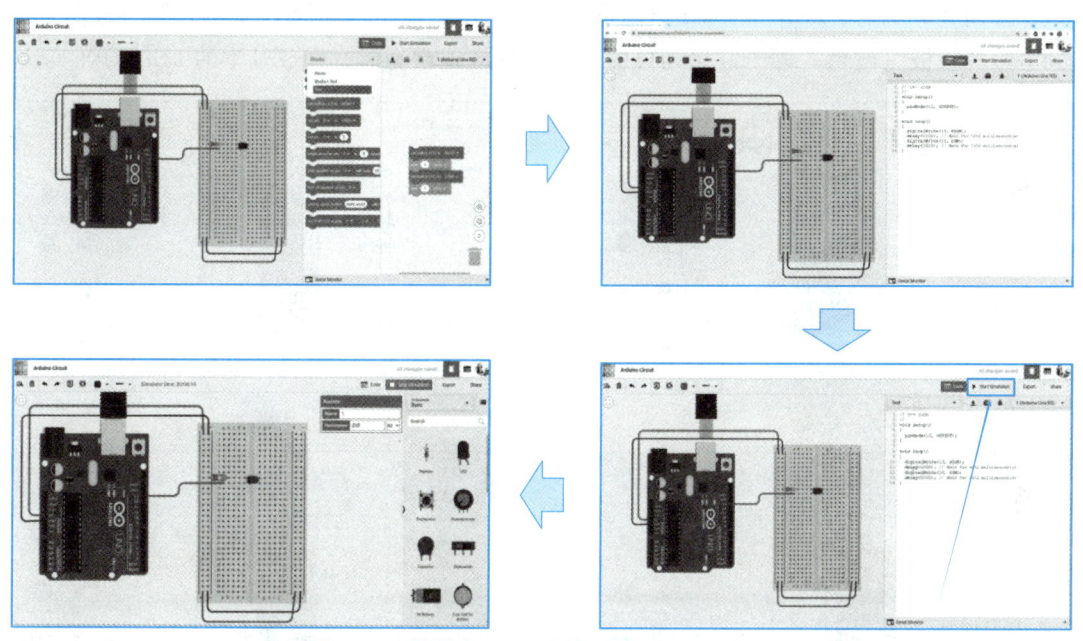

图 6.26　将外部 LED 连接到 Arduino 引脚 13

步骤 2：搭建基础电路，如图 6.27 所示。在 Tinkercad 中新建一个电路窗口，添加 Arduino 和面包板，并将两者旋转 90°使其直立放置。将 Arduino 的 5 V 和 GND 引脚分别连接到面包板的电源（+）和接地（-）总线，使用整齐且带编码的导线进行连接。

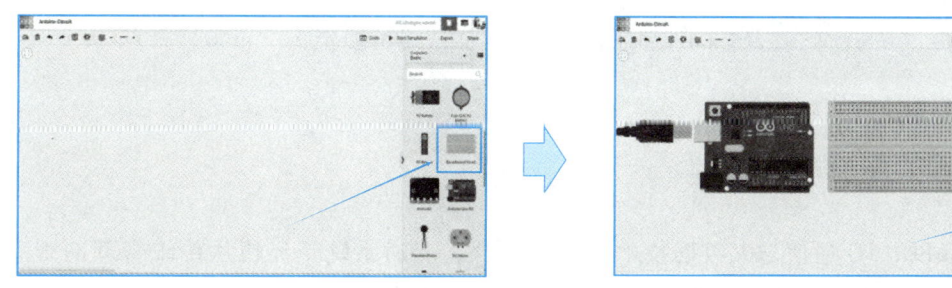

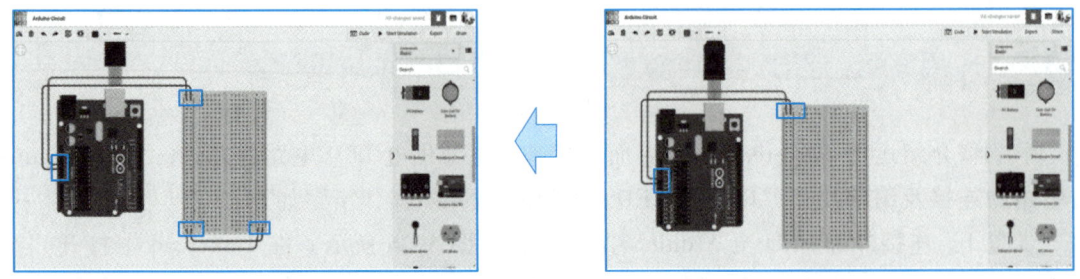

图 6.27   在 Tinkercad 中启动一个新电路

步骤 3：构建 9 V 电池供电的 LED 电路，如图 6.28 所示。在 Tinkercad 中打开一个新的窗口，使用 9 V 电池、LED 和 1 kΩ 电阻器构建一个串联电路。确保 LED 的长腿（正极）连接到电池的正极（红色）端子。启动模拟后，LED 应正常亮起，完成基本的 LED 闪烁实验。

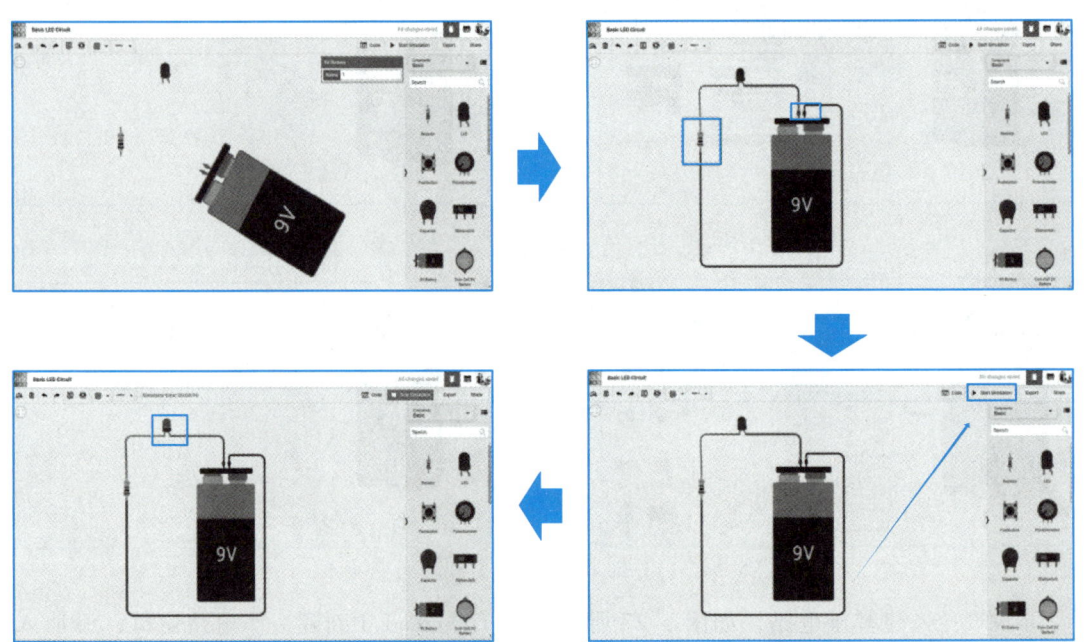

图 6.28   使用 9 V 电池、LED 和 1 kΩ 电阻器在 Tinkercad 中构建一个串联电路

6.4   人工智能+交通：智能交通的未来愿景

6.4.1   人工智能+智能交通概述

随着车联网、5G 通信与大数据技术的深度融合，交通系统正经历从传统管理向智慧化治理的范式升级。人工智能技术的突破性发展为交通体系赋予实时感知与协同决策能力，国内外科技企业与交通管理部门加速布局自动驾驶、智能信号灯等创新应用。在人工

智能与交通基础设施交织演进的过程中，我国交通行业从早期的电子信息化，逐步发展为智能导航服务阶段，如今正迈向"车—路—云"全域协同的新纪元：自动驾驶车辆通过多模态感知实现复杂路况预判，智能交通大脑动态优化城市路网通行效率，车路协同系统将事故预警响应时间缩短至毫秒级。这场由人工智能驱动的交通变革，正在重构从道路基建、出行服务到交通治理的全链路生态，推动交通运输从经验驱动向数据驱动的系统性跃迁。

1. 人工智能+智能交通：接触智慧交通

智慧交通是人工智能与交通系统深度融合的创新实践，推动城市交通管理从经验驱动向数据智能驱动的范式转型。通过实时感知路网状态、智能解析出行需求、动态协调交通要素，系统重构了人、车、路、环境的交互模式：智能信号灯自主调节配时节奏，自动驾驶车辆与道路设施实现无缝信息交互，公交调度系统基于动态需求优化运力配置。这种转型显著提升了路网通行效能，有效降低了交通安全风险，并通过路径优化减少能源消耗与排放。当前，部分先行城市已实现重点区域交通流的有序化调控与应急事件的快速响应。随着感知技术、协同算法的持续突破，智慧交通正朝着全域实时协同、需求精准响应的方向演进，为构建安全、高效、绿色的未来出行生态奠定数字化基石。

2. 人工智能+智能交通：智慧交通发展历程

智慧交通的发展历程如图6.29所示。

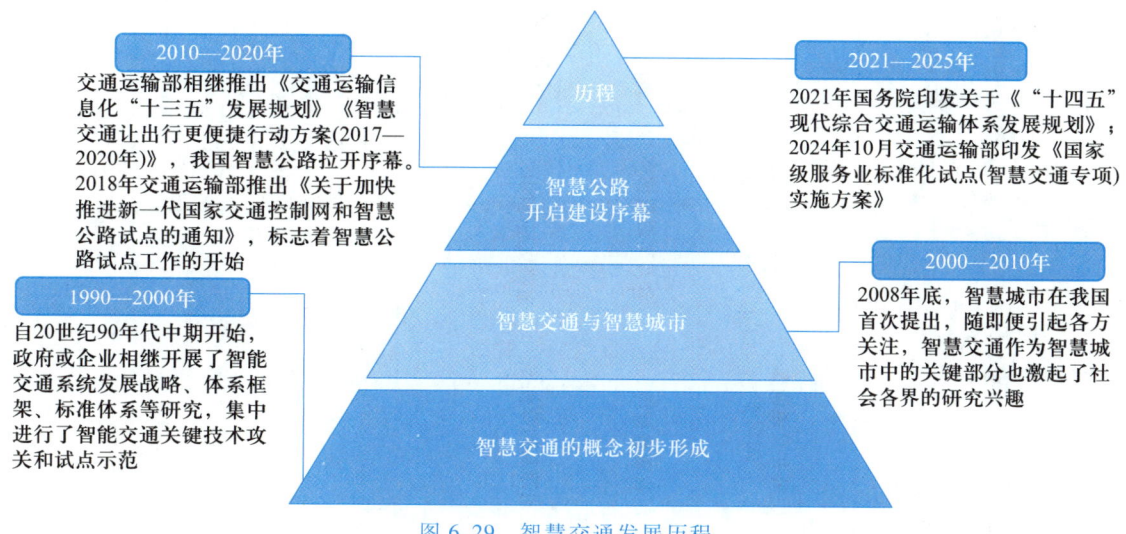

图6.29 智慧交通发展历程

3. 人工智能+智能交通：智能交通技术架构

智慧交通系统借助物联网感知、大数据分析及人工智能算法等关键技术，实现交通管控、出行服务与城市治理的深度融合。其架构以"数据驱动、分层协同"为核心，构建覆盖全要素的数字化交通生态体系，具体层次功能如图6.30所示。

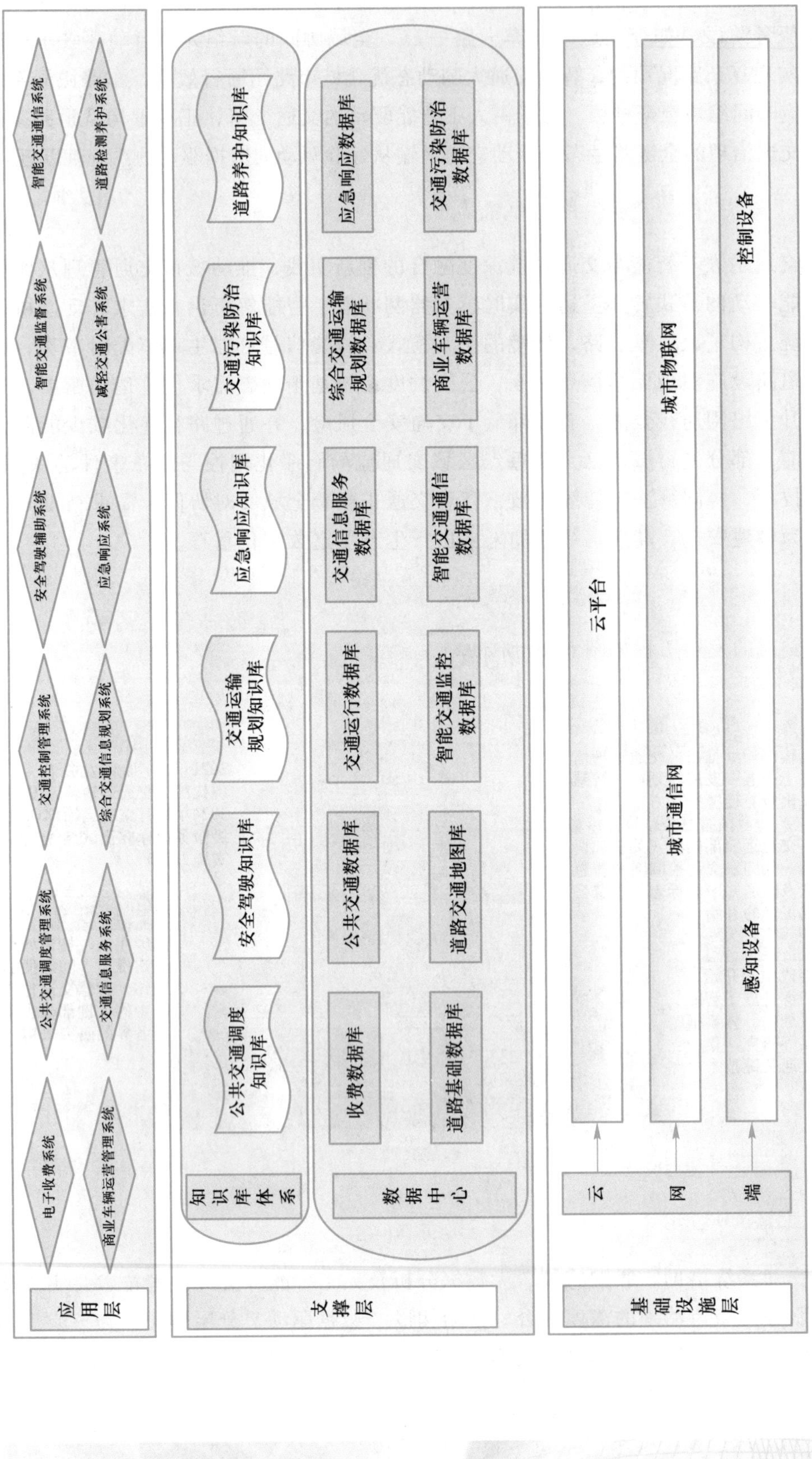

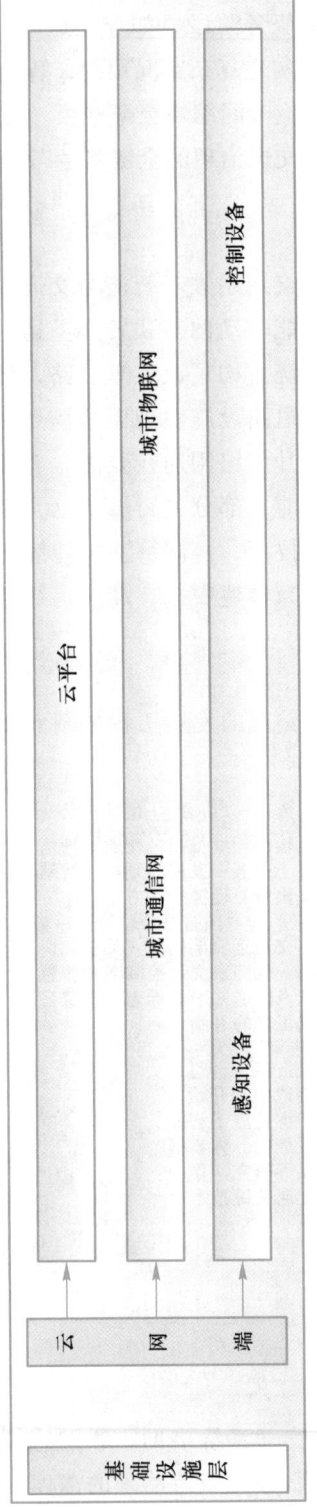

图 6.30 智能交通技术架构

①应用层主要指人工智能在智能交通中的实际应用场景，涵盖以下系统：电子收费系统、公共交通调度管理系统、交通控制管理系统、安全驾驶辅助系统、智能交通监控系统、智能交通通信系统、交通信息服务系统、综合交通信息规划系统、应急响应系统以及道路检测养护系统等。这些系统协同工作，提升交通效率、保障出行安全，并推动城市交通向智能化发展。

②支撑层是智能交通系统的知识与数据基础，主要由知识库体系和数据中心组成。其中，知识库体系包括公共交通调度、安全驾驶、交通运输规划、应急响应、交通污染防治和道路养护等方面的知识库，为系统提供决策依据与经验支持；数据中心则涵盖收费、公共交通、交通运行、交通信息服务、综合交通运输规划、应急响应、道路基础、智能交通监控、商业车辆运营以及交通污染防治等多个数据库，为智能交通系统的运行提供全面、精准的数据支撑，共同构建起高效、智能、可持续的交通运行支撑体系。

③基础设施层由云、网、端三大部分构成：端侧设备包括各类感知设备（如传感器）和控制设备（如执行器），用于实时采集交通数据并执行调度指令；网络部分涵盖城市通信网络和物联网系统，构建起数据传输与设备互联的通道；云平台则负责海量数据的集中处理、存储与智能分析，为各类智能交通应用提供强大的计算与服务支持。该层是实现智能交通系统互联互通和高效运行的技术基础。

6.4.2　人工智能在交通行业的应用

随着全球经济的快速发展，交通行业经历了显著的变革，但也面临着诸多挑战，如交通拥堵加剧、交通事故频发以及交通管理难度增大等问题。人工智能技术的引入为解决这些交通难题提供了创新思路和有效手段。在交通行业中，人工智能的应用覆盖了多个场景，展现出强大的创新实践能力，为构建高效、安全、智能的交通体系提供了有力支持。

1. 智能交通违章监控系统

智能交通违章监控系统，是一种利用人工智能技术实现交通违章自动检测与管理的系统。它通过图像识别、深度学习和大数据分析等技术，对机动车行驶图像进行智能分析，能够自主判断闯红灯、逆行、越线行驶、未系安全带等违章行为。电子警察系统广泛应用于城市交通管理，通过高清摄像头和智能算法，实现全天候监控和违章行为的精准识别。例如，上海的电子警察系统已支持多种复杂场景下的违法行为检测，包括不礼让行人、违法变道等。此外，电子警察系统还通过大数据分析优化执法效率，为交通管理和城市安全提供有力支持，如图 6.31 所示。

(a) 闯红灯

(b) 逆行

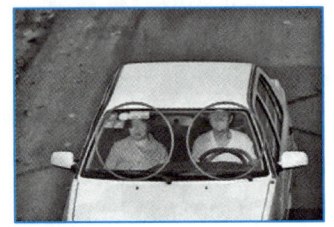

(c) 越线行驶

(d) 未系安全带

图 6.31   智能交通违章监控系统

2. 无人驾驶汽车

无人驾驶汽车融合了人工智能、物联网、云计算和自动控制等前沿技术，通过车载传感器感知周围环境，自动规划行驶路线并精准控制车辆到达目的地。这种智能汽车是人工智能、计算机科学和智能控制技术高度发展的结晶，已成为衡量一个国家科研实力和工业水平的重要标志。它不仅在国防领域具有战略意义，还在国民经济中展现出了广阔的应用前景，如图 6.32 所示。

(a) 红旗HQ3无人车 　　(b) 无人驾驶公交 　　(c) 百度Apollo无人车 　　(d) 红旗EV无人车

图 6.32   无人驾驶汽车

3. 车载 AR/VR 沉浸式服务系统

车载 AR（增强现实）与 VR（虚拟现实）技术正在加速重塑汽车智能化生态，通过虚实融合的交互方式，为驾驶者及乘客打造了一个安全、娱乐与效率并重的沉浸式场景。在 AR 智能导航方面，系统通过车窗投影或仪表盘显示屏，将导航路线、车道标识、行人/障碍物等虚拟信息叠加至真实路况中，减少驾驶员视线转移。在 VR 沉浸式娱乐方面，乘客佩戴轻量化 VR 头显，不仅能享受私人影院体验，观看电影、玩游戏或进行虚拟旅行，部分车型还支持座椅震动、气味模拟等多感官联动，进一步增强沉浸感。此外，通过 VR 设备实现车内多人虚拟会议、游戏联机，甚至与目的地景点进行 AR 合影打卡，也为乘客提供了全新的社交互动空间。在安全辅助与培训方面，AR/VR 技术同样发挥着重要作用。新驾驶员可通过 VR 系统模拟极端天气、突发事故等场景，提升应急处理能力；而 AR 系统结合摄像头与生物传感器，能够实时监测驾驶员的专注度，若检测到分心或疲劳，系统会通过虚拟警示弹窗或座椅震动进行提醒，从而有效保障行车安全，如图 6.33 所示。

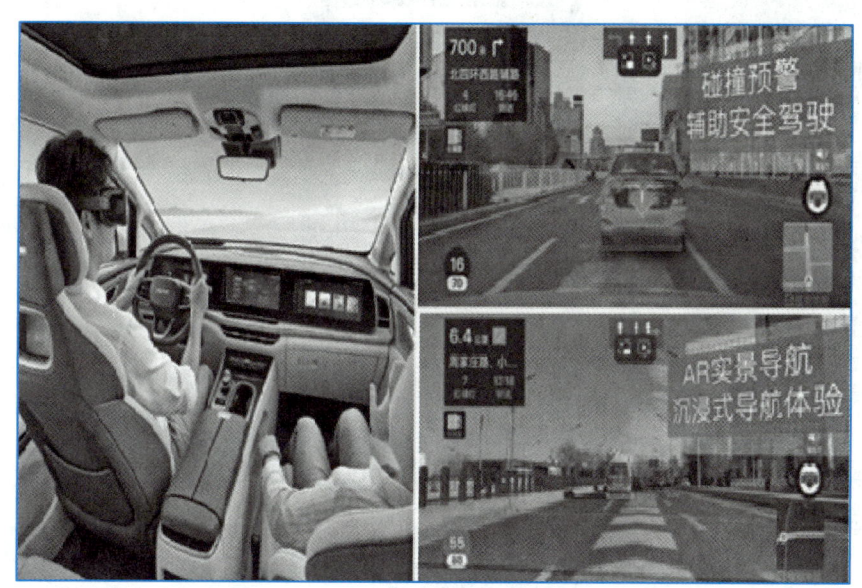

图 6.33　无人驾驶汽车

6.4.3　应用案例：高德地图

　　步骤 1：在手机上打开"应用市场"App，在搜索框中输入"高德地图"，并进行安装。

　　步骤 2：打开高德地图 App，如图 6.34 所示。在手机桌面单击"高德地图"图标启动应用。应用界面提示需要打开系统定位开关时，单击"去设置"，进入系统设置页面，将"开启位置服务"选项打开，然后返回高德地图 App 继续使用。

　　步骤 3：使用高德地图进行导航。单击高德地图 App 首页搜索框右侧的"话筒"图标，通过语音输入目的地（例如"昆明理工大学"）。在搜索结果中选择"昆明理工大学"，进入详情页面后单击"路线"按钮。根据实际情况选择出行方式（例如"驾车"），并单击"开始导航"按钮。首次使用时，应用会弹出"导航使用提示"，请仔细阅读后单击"同意"按钮。根据 App 提供的图示信息和语音提醒，驾驶至目的地并结束导航。若需提前结束导航，可单击"退出"按钮，再单击"退出导航"按钮，如图 6.35 所示。

　　步骤 4：在导航过程中，单击界面中的"切换路线"按钮，体验不同的路径规划选项。查看所选路线的关键节点，并分析当前时段的出行需求。通过 App 提供的路况信息，分析可能出现拥堵的路段，如图 6.36 所示。

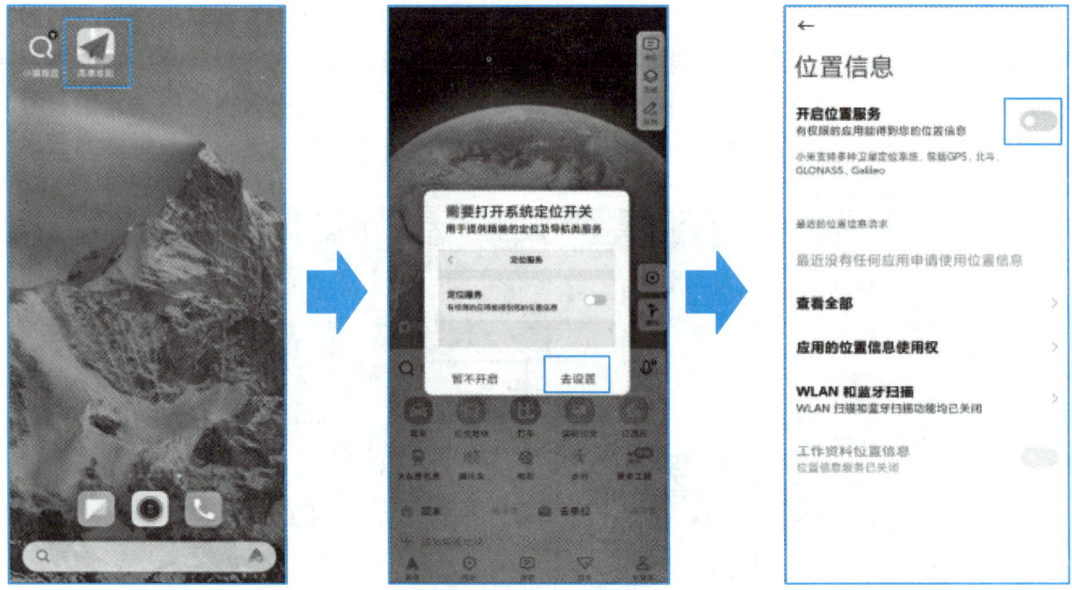

图 6.34 打开高德地图 App

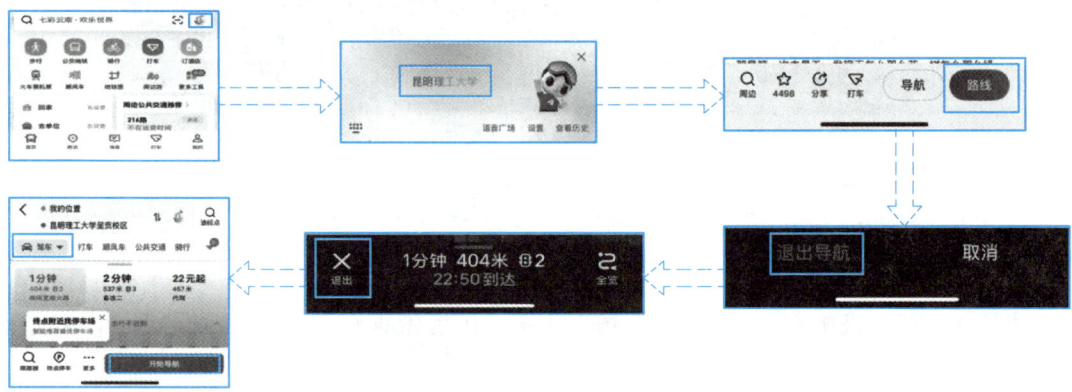

图 6.35 使用高德地图 App

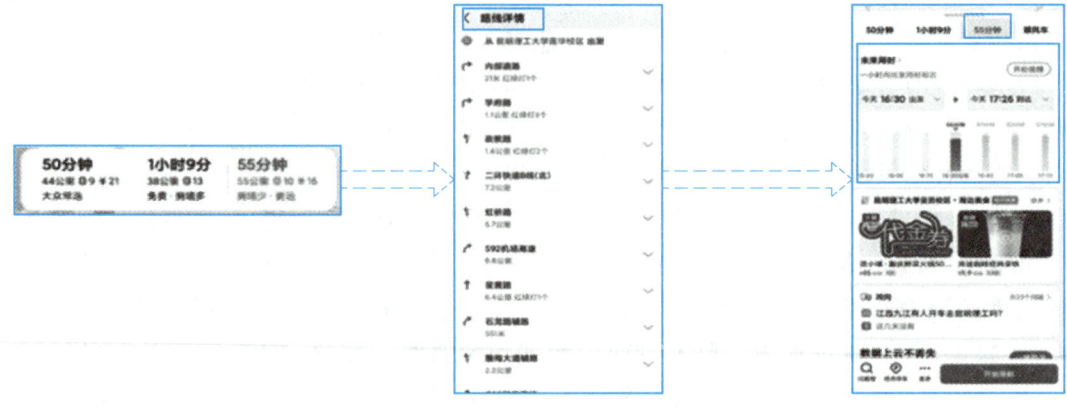

图 6.36 路径分析

6.4.4　应用案例：萝卜快跑

步骤 1：安装萝卜快跑 App。在手机上打开"应用市场"App，在搜索框中输入"萝卜快跑"，并进行安装。

步骤 2：打开萝卜快跑 App 并完成登录。在手机桌面单击"萝卜快跑"图标，打开应用。查看《萝卜快跑用户协议》和《隐私政策》中的所有条款，确认无误后单击"同意并继续"按钮。在"登录查看个人主页"界面中，选择微信登录，如图 6.37 所示。

图 6.37　打开萝卜快跑 App

步骤 3：使用萝卜快跑 App 发起呼叫请求。打开萝卜快跑应用程序，这是一款便捷的智能出行服务平台。在应用中，选择上下车的具体站点位置，并发起呼叫请求。为确保出行顺畅，建议提前查看地图，确认站点位置的准确性。派单成功后，等待车辆抵达指定起点。在等待期间，可通过应用内的信息了解车辆的实时位置。车辆到达后，进行身份认证，确认无误后行程正式开始。具体操作步骤可参考图 6.38 所示，图中详细展示了从选择站点到行程开始的每一个环节，帮助用户更好地理解整个流程。

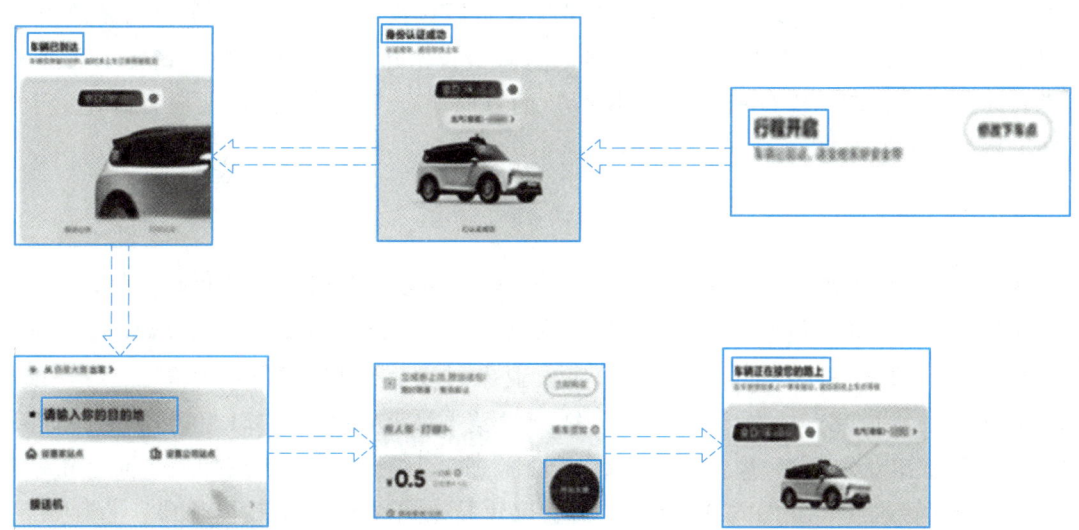

图 6.38　萝卜快跑打车

练一练：

设计一个简单的交通流量预测模型，利用历史交通数据（如车流量、车速、事故发生率等）来预测未来一段时间内的交通状况。

6.5　人工智能+文旅：智能文旅的新体验

6.5.1　人工智能+文旅概述

随着科技的飞速发展，人工智能正逐渐渗透到旅游与文化产业中，催生出一种全新的发展模式——智能文旅。智能文旅通过集成大数据、云计算、物联网等先进技术，为游客提供更为个性化、便捷和丰富的旅游体验。它不仅能够根据游客的偏好和历史行为，智能推荐旅游线路和景点，还能通过虚拟现实、增强现实等技术，让游客身临其境地感受各地的自然风光和文化遗产，极大地丰富了旅游的内涵与外延。同时，智能文旅也促进了文化产业的创新发展，通过数字化手段保护和传承传统文化，让古老的文化遗产焕发新生。

1. 人工智能+文旅概述：体验智慧文旅

人工智能+文旅是以深度学习、大数据分析和计算机视觉等新一代信息技术为驱动，通过构建智能化服务与管理系统，实现旅游产业全链条的数字化重塑与体验升级。在游客服务端，基于自然语言处理的智能客服与个性化推荐系统可精准匹配游客偏好，AR/VR技术复现文化遗产场景并提供沉浸式导览；在运营管理端，依托 AI 视觉分析景区实时人流密度、识别安全隐患，结合时空预测模型优化资源调度与应急预案；在文化保护领域，利用生成式 AI 修复破损文物数字档案，通过区块链技术建立不可篡改的非遗传承数据库。该模式通过"数据驱动决策+智能赋能体验"的双向融合，推动文旅产业向智慧化、个性化和可持续化方向演进。

2. 人工智能+文旅概述：智能文旅发展历程

我国智能文旅发展紧密跟随国家政策，分三阶段递进：2012—2015 年政策萌芽，中央一号文件启动农业农村信息化，文旅领域试水物联网；2016—2020 年深化融合，乡村振兴战略将其纳入数字乡村核心，出台《数字农业农村发展规划（2019—2025 年）》，推动5G、区块链技术应用，文旅部推广景区智能导览与人脸识别；2021 年至今全面铺开，《"十四五"旅游业发展规划》明确"5G+智慧旅游"目标，地方实践加速，元宇宙政策推动虚拟景区标准化，如图 6.39 所示。当前聚焦技术自主化（突破传感器、芯片瓶颈）与全域生态，同时面临数据安全、中小景区转型成本等挑战。未来将通过税收激励、低碳政策（零碳景区）及人才培育，推动智能文旅从技术赋能转向"文化—经济—生态"协同，成为乡村振兴与产业升级的核心引擎。

图 6.39　智能文旅发展历程

3. 人工智能+文旅概述：智能文旅技术架构

智能文旅技术架构如图 6.40 所示。

① 数据沉淀层为文旅大数据平台提供基础数据支持，包括数据采集、客流统计、数据营销等功能。通过数据的积累和分析，帮助文旅企业优化运营决策，提升服务质量。

② 支撑平台层为业态平台和应用市场管理提供技术支持，涵盖 VR、AR、3D、GIS、LBS、XR、AIGC 和 BI 等技术。这些技术为文旅产业的数字化转型和创新提供了底层支撑，确保系统的稳定运行和高效管理。

③ 应用层为智慧导航系统、元宇宙空间、虚拟数字人、XR 场景开发、文创商城和数字艺术展等提供具体的应用服务。这些应用通过智能化、虚拟化和互动化的方式，提升游客的体验感和参与感。

④ 接入端为终端、App、Web 应用、H5、VR 眼镜、AR 眼镜等设备提供接入支持，确保用户能够通过多种方式访问和使用文旅服务，实现无缝连接和便捷体验。

⑤ 应用场景为旅游景区、博物馆、艺术展览馆、游乐园等提供多样化的应用场景，支持文旅资源的整合和多元化发展。通过丰富的场景设计，满足不同用户的需求，提升文旅产业的吸引力。

⑥ 产业生态层为第三方、API、frame 等提供开放的合作平台，促进文旅产业链的协同发展。通过构建开放的生态系统，吸引更多合作伙伴参与，推动文旅产业的创新和可持续发展。

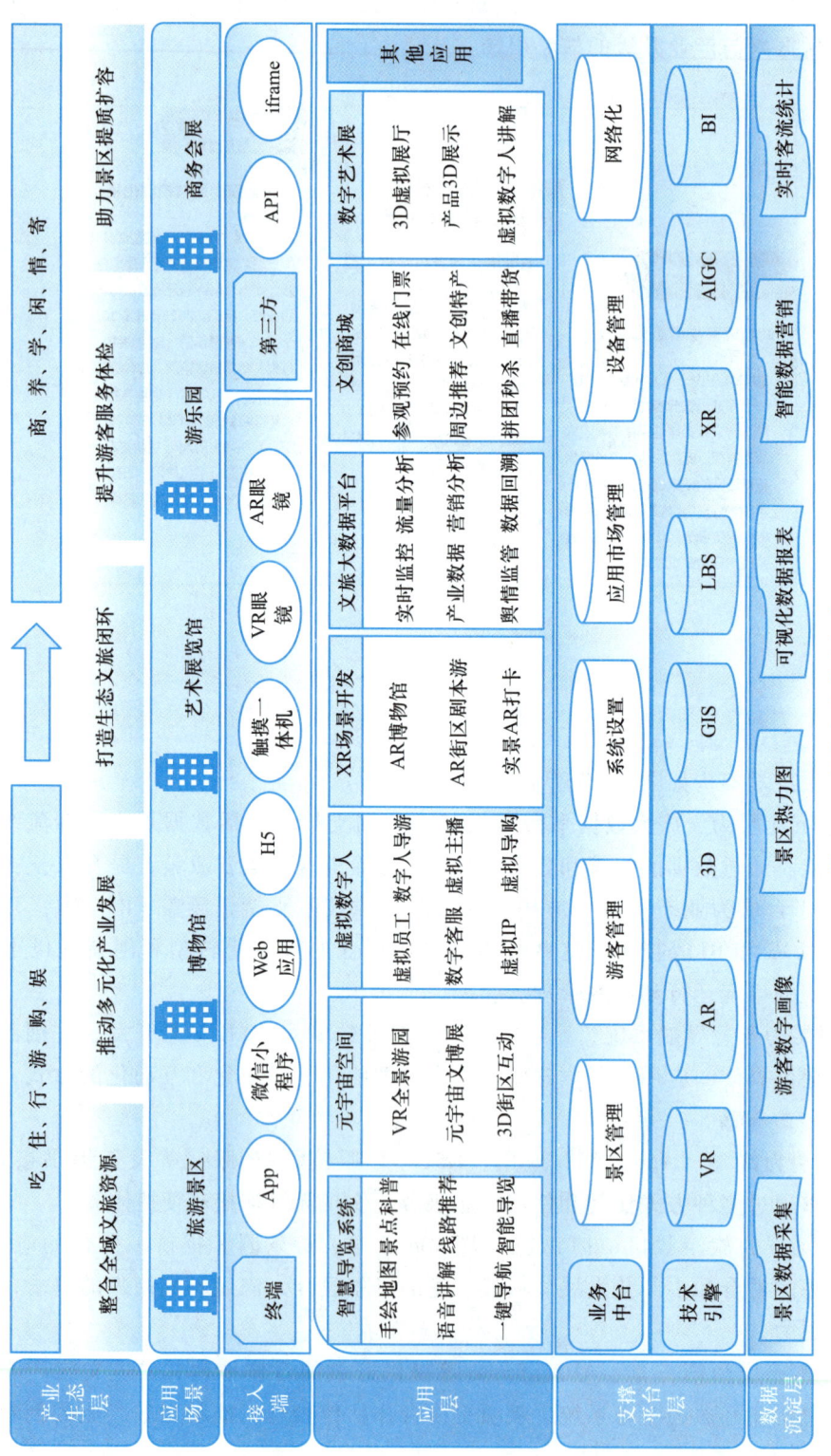

图 6.40 智能文旅技术架构

6.5.2 人工智能在文旅行业的应用

1. 云南省博物馆智能导览系统

人工智能在文旅行业的应用正通过智能导览与互动表演等方式，深刻改变游客的体验，推动文化传承与旅游服务的创新升级。以云南省博物馆智能导览系统为例（如图6.41所示），该系统利用语音识别、自然语言处理、计算机视觉与增强现实等技术，为游客提供个性化、沉浸式的导览服务。通过多语言实时翻译、虚拟解说、3D模型展示及个性化路线推荐，游客可以更深入地了解展品的历史与文化背景，增强文化体验。同时，系统基于大数据分析，帮助博物馆优化资源配置与服务设计，提升管理效率。

图 6.41　云南省博物馆智能导览系统

2. 生成式人工智能系统

昆明信息港在智慧文旅领域的创新应用通过生成式人工智能技术创作了动漫短片《云花村的繁花重生秘籍》，展现了内容与文旅的深度融合。该短片以云花村的繁花重生为主题，利用 AIGC 技术构建了一个奇幻的云花村世界，艺术化呈现了当地的花卉文化和乡村旅游元素，吸引了观众的兴趣并巧妙传递了云花村的文旅特色。通过互联网平台，短片实现了跨平台、跨地域的广泛传播，吸引了不同年龄段和地域的用户关注。

AIGC 技术还实现了互动传播，让观众参与到云花村的繁花重生过程中，增强了参与感和体验感，提升了云花村的知名度和影响力。在营销推广方面，AIGC 技术通过用户数据分析实现了精准营销，提高了效率和效果，同时塑造了云花村独特的文化品牌形象，提升了市场竞争力。此外，AIGC 技术还为短片带来了高质量的视觉效果和个性化定制，满足了多样化的文旅营销需求，为智慧文旅的发展提供了新的思路和模式，如图 6.42 所示。

图 6.42　生成式人工智能系统

3. 翁丁原始部落一体化平台

翁丁原始部落位于云南省临沧市沧源佤族自治县勐角乡，拥有 1 000 多年的历史，是我国保存最完整的佤族古村落之一。部落依山而建，以茅草屋为特色，建筑风格古朴，被誉为 "中国最后一个原始部落"，保留了原始佤族民居建筑风格和风土人情。作为国家 4A 级旅游景区，翁丁老寨通过发展旅游业实现了增收，吸引了大量游客。然而，2021 年 2 月 14 日，一场严重火灾导致大量房屋损毁。灾后，翁丁老寨进行了重建，并全面提升了旅游服务水平和基础设施保障能力。如今，村寨焕然一新，继续作为展示佤族非遗文化和传统生活习俗的重要场所，为游客提供独特的旅游体验。云南诺盾消防工程技术有限公司通过无人机倾斜摄影、激光雷达扫描等技术完成了 98% 建筑的毫米级三维建模，构建了元宇宙空间中的 "数字翁丁"。通过部署热成像摄像头、温湿度传感器等物联网设备，结合 AI 算法实现了 10 s 内火灾预警响应。利用历史火灾数据训练神经网络模型，模拟火势蔓延路径并优化疏散方案，同步在数字孪生系统中嵌入应急演练模块。此外，通过应力传感器监测佤王府等重点建筑的木材形变，AI 预测倒塌风险准确率达 92%，实现了预防性维护，深度参与了古寨的安全防护工作。

翁丁原始部落一体化平台如图 6.43 所示。

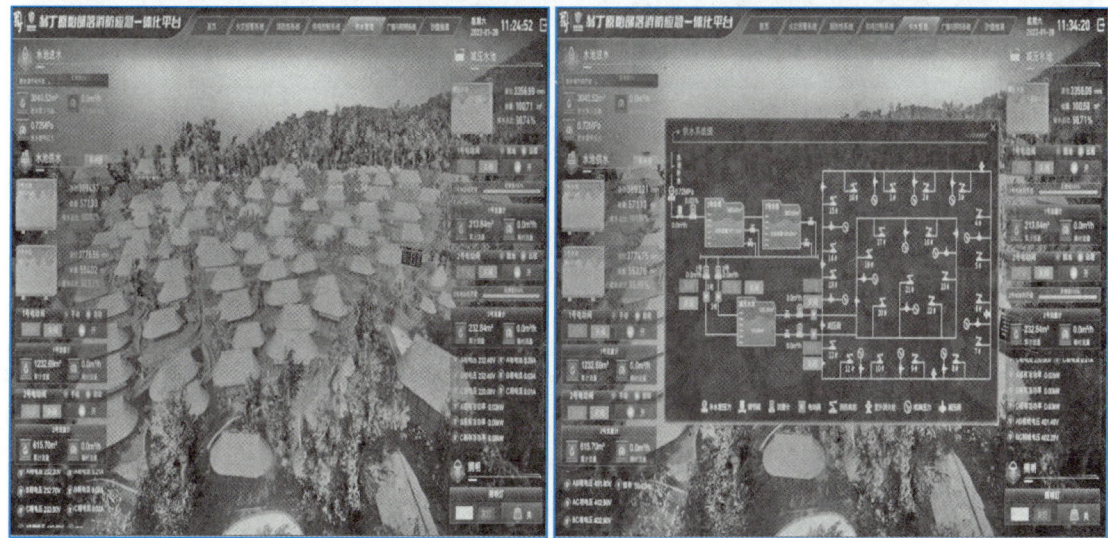

图 6.43 翁丁原始部落一体化平台

6.5.3 应用案例：AI 游云南

步骤 1：在微信中搜索"游云南"小程序，并单击打开，如图 6.44 所示。

步骤 2：使用"AI 游云南"功能获取旅游建议。单击"AI 游云南"功能模块，了解云南旅游的相关信息。在对话框中输入想要咨询的旅游攻略，例如，"从昆明自驾往河口方向怎么玩"或"临沧 3 日游行程规划"。单击"发送"按钮后，"AI 游云南"将根据输入内容提供相应的游玩建议，如图 6.45 所示。

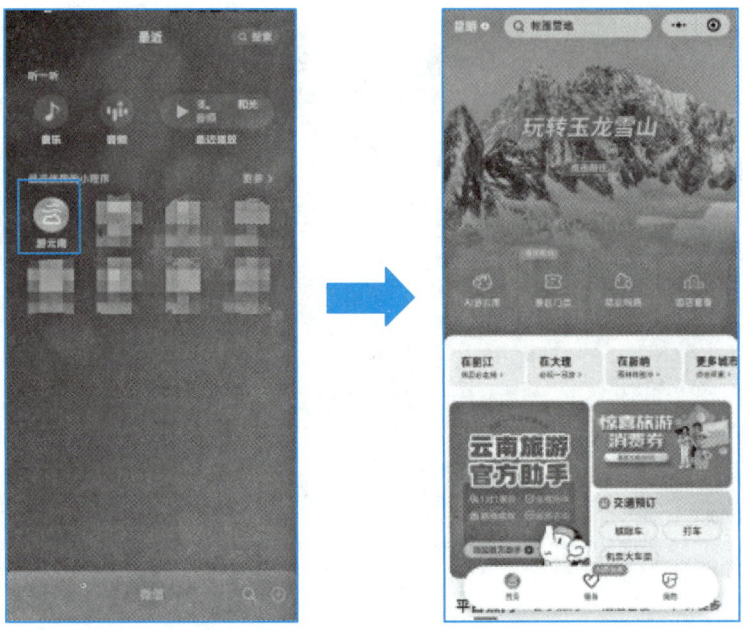

图 6.44　搜索"游云南"小程序

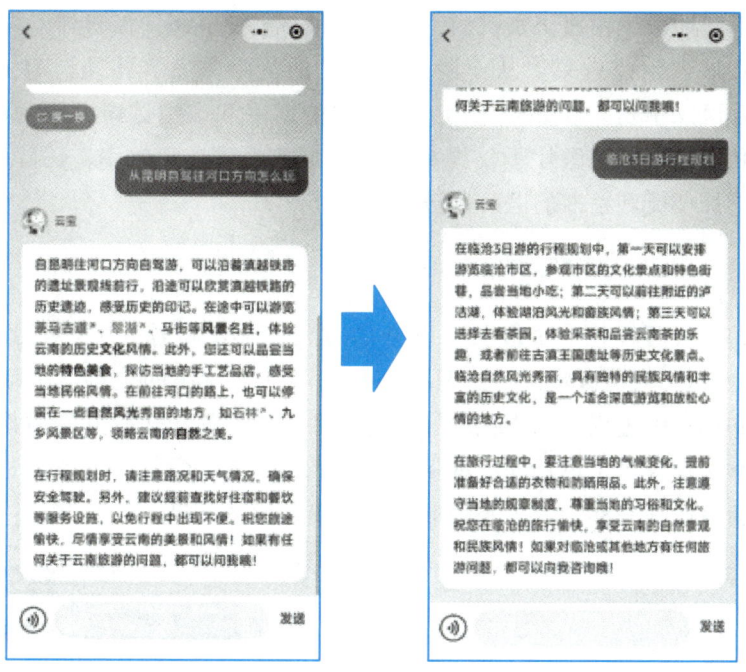

图 6.45 AI 游云南

6.6 人工智能+医疗：智能医疗的革新

6.6.1 人工智能+医疗概述

随着人工智能技术的迅猛发展，医疗领域正经历一场根本性的变革。智慧医疗通过 AI 技术与医疗场景的深度整合，推动诊疗效率的提升、疾病的预测精准化以及医疗资源的优化配置，成为全球医疗健康产业的重要发展方向。AI 通过深度学习算法分析 CT、MRI、X 光等医学影像，迅速识别病灶（如肿瘤、骨折、眼底病变），准确率可与人类专家相媲美。结合可穿戴设备与电子健康档案（EHR），AI 实时监测用户的生理数据（心率、血糖、睡眠等），预测慢性病（糖尿病、心血管疾病）的风险，并提供个性化的健康建议。机器人通过 AI 增强医生的操作精度，完成微创手术；康复机器人结合 AI 算法为患者提供定制化的康复训练。

1. 人工智能+医疗：探索智慧医疗

人工智能在医疗领域的应用正在推动智慧医疗的快速发展。通过 AI 技术，医疗机构能够更高效地处理和分析大量医疗数据，提升诊断的准确性和治疗的效果。AI 驱动的影像识别系统可以帮助医生快速识别疾病，如癌症和心血管疾病，而机器学习算法则能够预测患者的病情发展和治疗效果，从而制定个性化的治疗方案。此外，AI 还在药物研发、患者管理和远程医疗中发挥着重要作用，通过智能助手和虚拟健康顾问为患者提供 24 小时的健康咨询和监控。智慧医疗不仅提高了医疗服务的质量和效率，还降低了医疗成本，为患者提供了更加便捷和精准的医疗服务。

2. 人工智能+医疗：智慧医疗发展历程

智慧医疗的发展历程是一个漫长而复杂的过程，它伴随着人类社会的进步而不断发展，如图 6.46 所示。人类医疗的演进是一部科学与人文交织的史诗。医疗的发展历程是一个不断探索和创新的过程。从古代的经验医学到现代的精准医疗和智慧医疗，医学的进步为人类健康和生存提供了更加完善的保障。未来，随着科学技术的不断进步和医学研究的不断深入，智慧医疗将继续为人类健康事业做出更大的贡献。

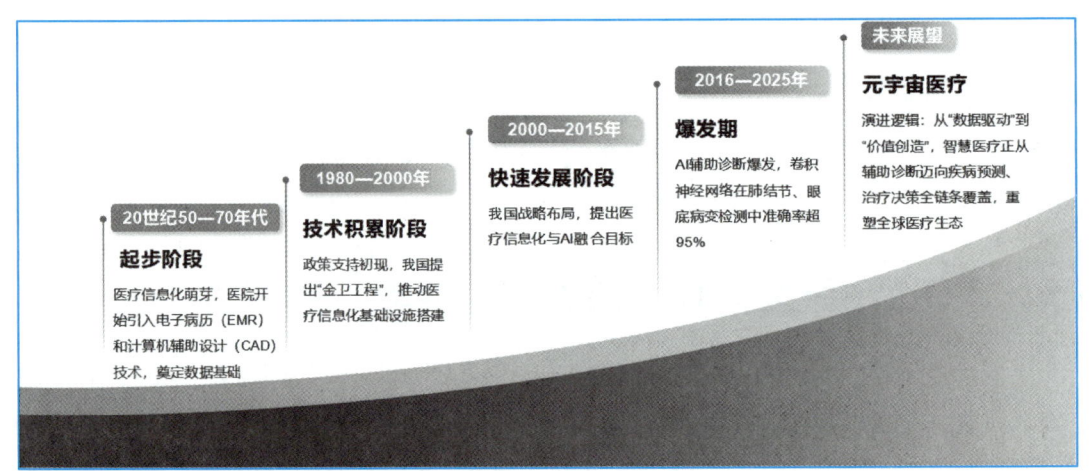

图 6.46　智慧医疗发展历程

3. 人工智能+医疗：智慧医疗技术架构

智慧医疗的整体结构主要由 8 部分组成，分别为基础层、数据库层、云层、管理服务层、服务层、安全保障体系、标准规范体系和管理保障体系，如图 6.47 所示。HIS 表示医院信息系统，LIS 表示实验室信息系统，PACS 表示影像存档和通信系统。其中服务层面向医生与患者，支持多终端接入（计算机、手机、智能设备），提供个性化服务入口。医生端集成 AI 辅助诊断工具，如基于深度学习的影像识别（CT/MRI 分析）与自然语言处理（电子病历解析），辅助医生快速制定治疗方案。患者端通过 AI 健康管理平台提供个性化建议（如用药提醒、康复计划），并支持远程问诊与智能分诊，优化就医体验。

① 用户层为医生用户和患者用户提供交互界面，医生通过系统进行诊断和治疗，患者则通过系统获取健康服务和信息。

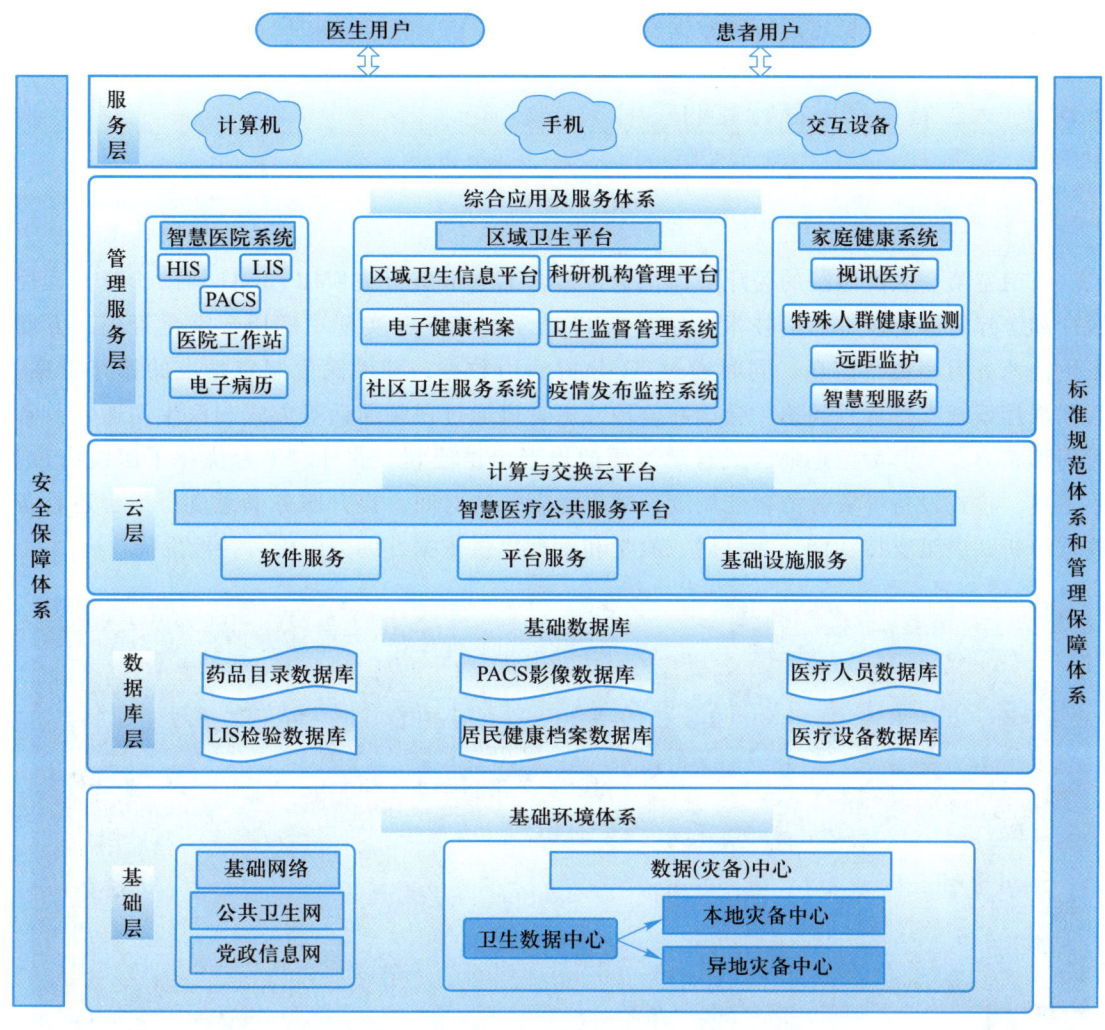

图 6.47 智慧医疗技术架构

② 服务层为计算机、手机和交互设备等终端设备提供支持，确保用户能够方便地访问和使用智慧医疗系统。

③ 综合应用及服务体系为智慧医院系统、区域卫生平台和家庭健康系统提供整合服务，支持全面的健康管理和医疗服务。

④ 管理服务层为医院信息系统（HIS）、影像存档和通信系统（PACS）、医生工作站、实验室信息系统（LIS）等提供管理和运营支持，确保医疗机构的日常运作。

⑤ 云层为电子病历、计算与交换云平台和智慧医疗公共服务平台提供数据存储和计算资源，支持大规模数据处理和信息交换。

⑥ 数据库层为药品目录数据库、LIS 检验数据库、PACS 影像数据库、居民健康档案数据库等提供数据存储和管理，为上层应用提供数据支持。

⑦ 基础环境体系为基础网络、公共卫生网、数据（灾备）中心等提供基础设施和网

络环境，确保系统的稳定运行和数据安全。

6.6.2　人工智能在医疗行业的应用

1. 云南省第一人民医院医疗一体化平台

云南省第一人民医院的医疗一体化平台整合了电子病历（EMR）、AI 辅助诊断、远程医疗和医疗资源管理等前沿技术，如图 6.48 所示。该平台实现了病历数字化管理，方便医生快速查阅和更新信息，同时通过 AI 分析病历数据，辅助医生制定精准的诊疗方案。远程医疗系统支持远程问诊、会诊和监控，患者可通过视频通话等方式与医生沟通，节省时间和精力，尤其为偏远地区或行动不便的患者提供便利。此外，平台优化了医院床位、手术室、检查设备等资源的智能调度，减少患者等待时间，提升服务满意度。平台还具备数据分析和决策支持功能，为科研、教学和管理提供依据，助力医院可持续发展。

图 6.48　云南省第一人民医院医疗一体化平台

2. 医疗辅助机器人

（1）阅片机器人

阅片机器人采用基于灰度统计量的配准算法和基于特征点的配准算法。AI 可以解决断层图像配准问题，节约配准时间。它在病灶定位、范围、良恶性鉴别、手术方案设计等方面发挥重要作用，如图 6.49 所示。目前，人工智能+医学影像主要应用于以下 3 种影像诊断：病灶识别与标注、靶区自动勾画与自适应放疗、影像三维重建。

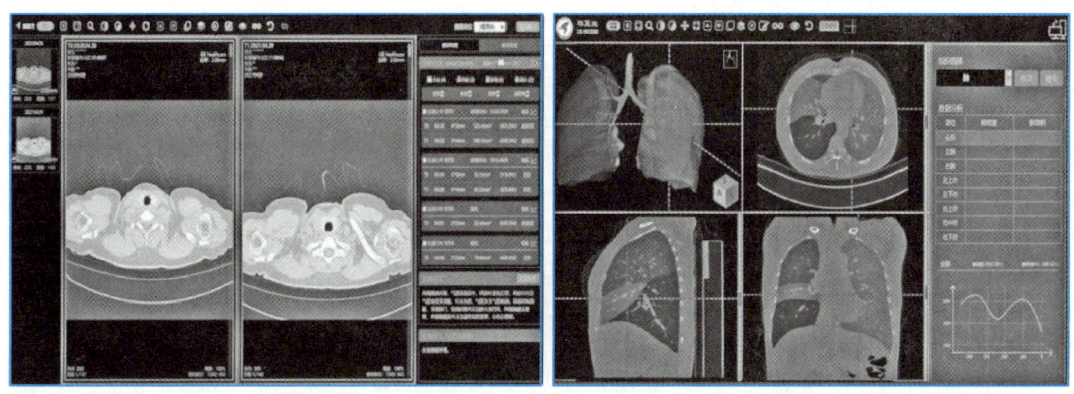

图 6.49 影像诊断

（2）手术机器人

手术机器人（如图 6.50 所示）集成了机械工程、AI、计算机视觉和精密控制技术，核心模块包括高精度机械臂、高清 3D 影像系统和智能操作平台。它通过微创技术实现复杂手术，利用传感器和实时影像导航提供高分辨率立体视野和灵活操作角度，使医生能实施毫米级精度手术。AI 算法辅助决策，优化手术路径，减少误差。远程操作功能支持异地手术，扩展医疗服务范围。该技术提升手术精准度和安全性，减少患者创伤和恢复时间，代表现代医疗技术的最高水平。

3. 智能穿戴设备

智能穿戴设备监测人们的一些基本身体特征（如心率、血压等），或通过某些健康检查，对人们的身体素质进行简单的评估，预测疾病发生的风险，提醒人们注意自己的身体健康。例如，华为手表、苹果手表等，如图 6.51 所示。

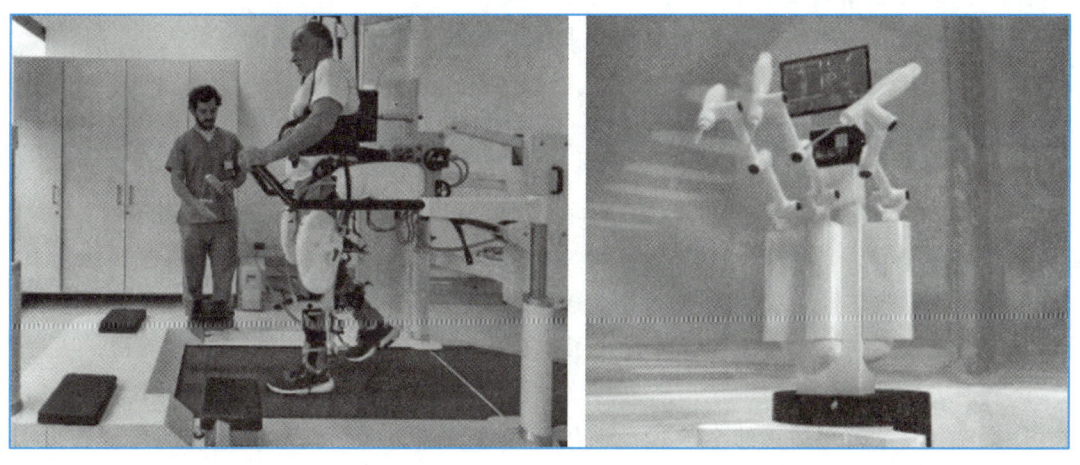

图 6.50　手术机器人

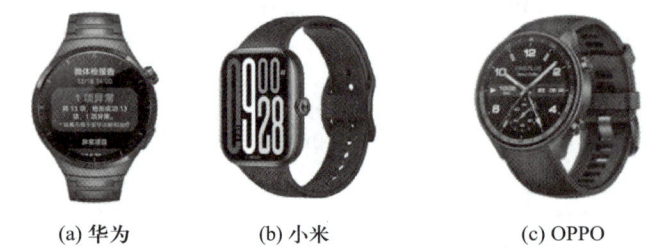

(a) 华为　　　(b) 小米　　　(c) OPPO　　　(d) vivo　　　(e) Apple Watch

图 6.51　智能手表

 想一想：

（1）人工智能如何改变传统行业的运作模式？

（2）在医疗、金融、制造等领域，AI 技术如何提升效率和精准度？

6.6.3　应用案例：基于深度学习的中草药图像识别系统

基于深度学习的中草药图像识别系统旨在通过深度学习技术实现中草药图像的高效识别与分类，为中草药产业的现代化发展提供技术支持。

该系统通过收集和预处理大规模中草药图像数据集，并结合数据增强技术提升模型的泛化能力。在模型构建方面，选择并优化了适合中草药图像分类的深度学习架构，通过大量标注数据进行训练，从而构建出高效的分类模型。系统设计上，实现了图像上传、预处理、分类预测以及结果展示的全流程自动化，能够快速、准确地对中草药图像进行分类。最终，通过严格的性能测试与评估，验证了系统的分类准确率和响应速度，确保其在实际应用中的有效性和可靠性。该系统有望为中草药的自动化识别提供一种高效、可靠的解决方案，推动中草药行业的数字化和智能化发展。

　　步骤1：启动软件系统，进入中草药图像识别界面。单击界面中的"选择文件"按钮，弹出"选择文件"对话框（图6.52），从中选择需要识别的中草药图片。

　　步骤2：在弹出的"选择文件"对话框中，选择"甘草"文件夹，并选取一张甘草图片。单击"识别"按钮，系统将自动进行识别并显示结果，如图6.53所示。

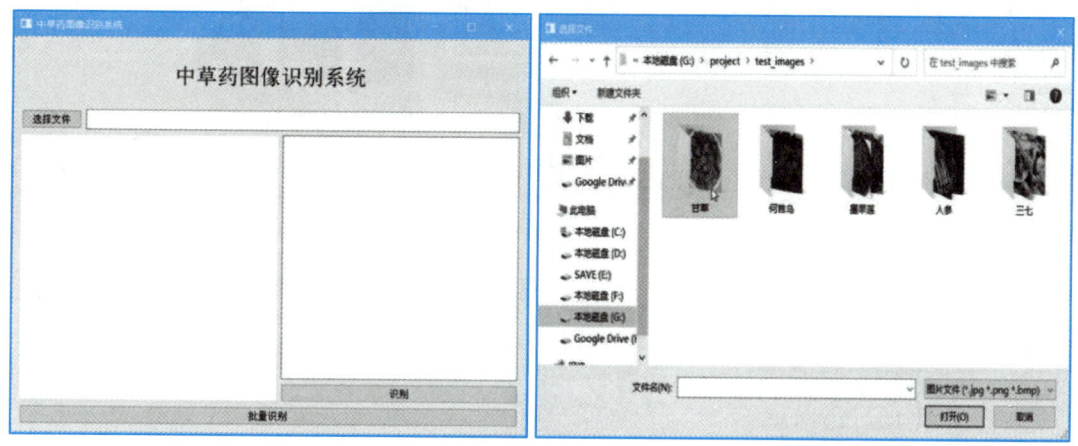

图6.52　启动软件系统

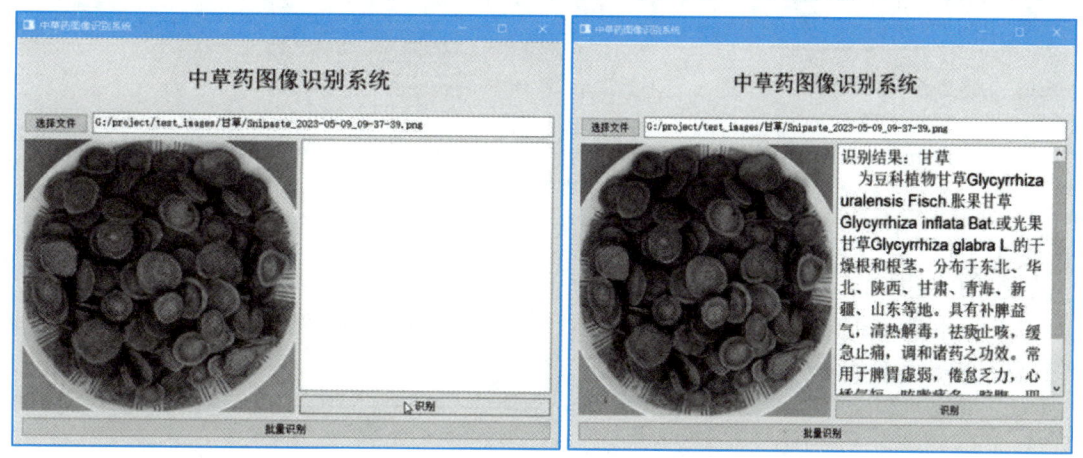

图6.53　识别结果

　　步骤3：系统还支持批量识别功能。单击"批量识别"按钮，进入"批量识别"对话框。在该对话框中单击"选择文件"按钮，批量选择需要识别的多张图片。

　　步骤4：选择图片后，单击"识别"按钮，系统将对所选图片进行批量识别，并在界面中显示识别结果，如图6.54和图6.55所示。

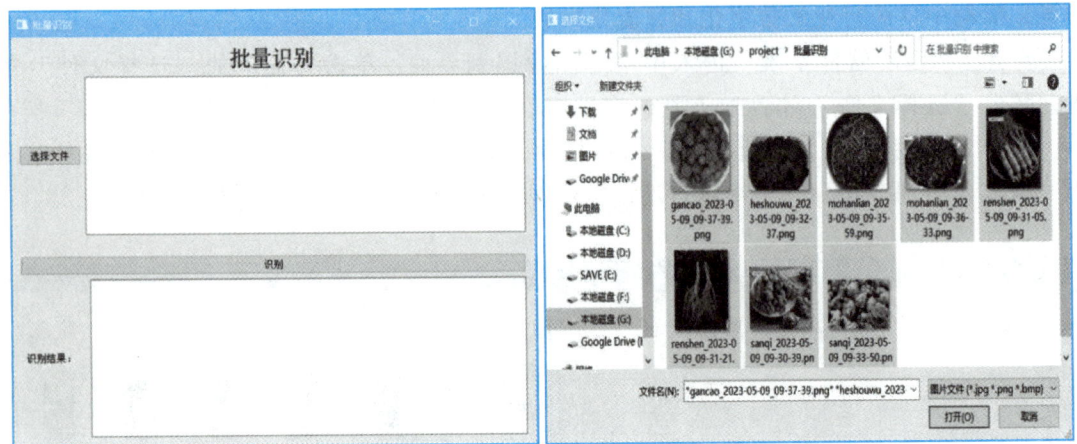

图 6.54　批量识别（一）

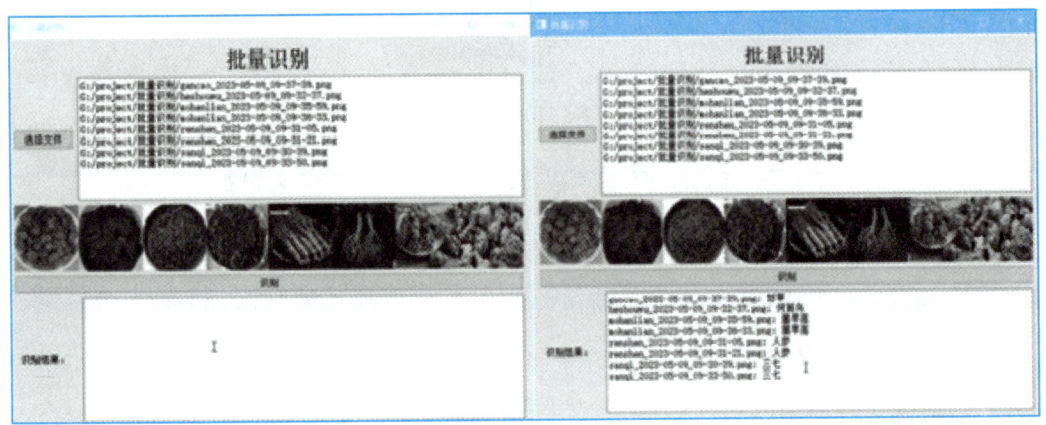

图 6.55　批量识别（二）

练一练：

设计一个简单的医疗咨询助手对话流程，能够识别用户询问的症状，并给出相应的科室推荐或基本健康建议。

本章小结

本章全面梳理了人工智能技术在教育、医疗、交通、农业、文旅等多个行业中的应用现状与发展趋势，通过具体案例如"小猿搜题""植小宝"等，深入剖析了计算机视觉、自然语言处理、机器学习、多模态技术、知识图谱等核心技术在行业应用中的关键作用。

本章内容思维导图如下：

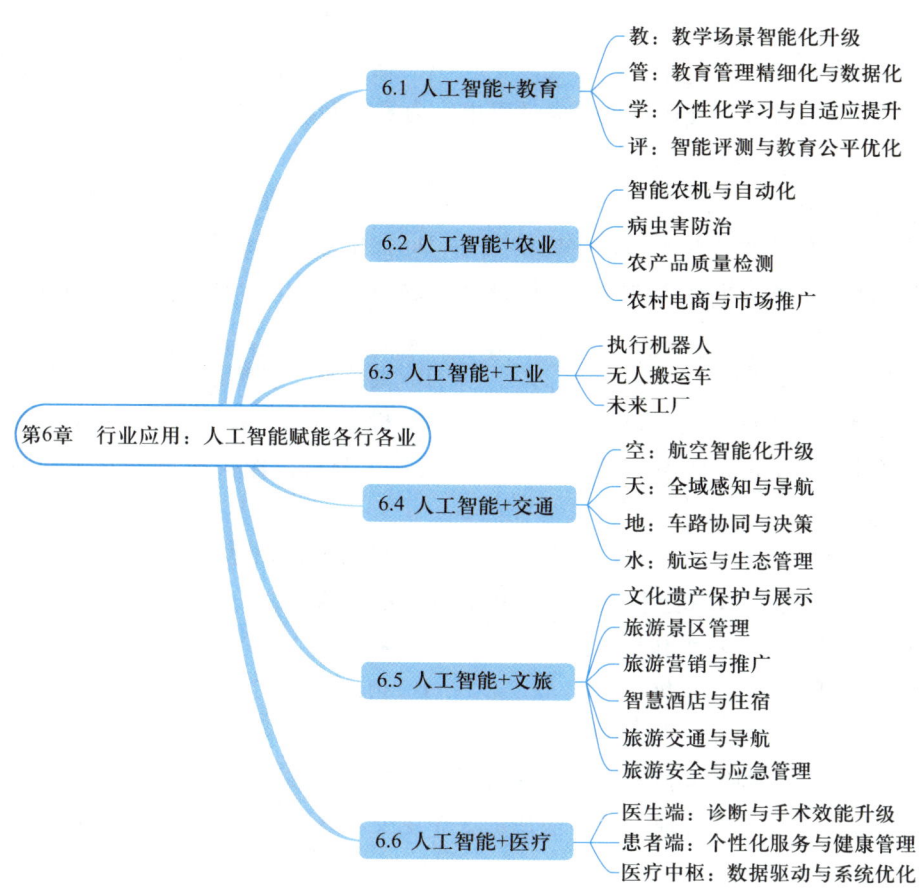

第6章　行业应用：人工智能赋能各行各业

6.1 人工智能+教育
- 教：教学场景智能化升级
- 管：教育管理精细化与数据化
- 学：个性化学习与自适应提升
- 评：智能评测与教育公平优化

6.2 人工智能+农业
- 智能农机与自动化
- 病虫害防治
- 农产品质量检测
- 农村电商与市场推广

6.3 人工智能+工业
- 执行机器人
- 无人搬运车
- 未来工厂

6.4 人工智能+交通
- 空：航空智能化升级
- 天：全域感知与导航
- 地：车路协同与决策
- 水：航运与生态管理

6.5 人工智能+文旅
- 文化遗产保护与展示
- 旅游景区管理
- 旅游营销与推广
- 智慧酒店与住宿
- 旅游交通与导航
- 旅游安全与应急管理

6.6 人工智能+医疗
- 医生端：诊断与手术效能升级
- 患者端：个性化服务与健康管理
- 医疗中枢：数据驱动与系统优化

习题

一、单选题

1. 以下不属于智能化平台在个性化学习中的辅助工具或系统的是（　　　）。

A. 自适应学习平台　　　　　　　　　B. 智能导师与聊天机器人

C. 传统黑板和粉笔　　　　　　　　　D. 在线学习工具与资源推荐系统

2. 以下不是执行机器人焊接质量检测系统利用的技术的是（　　　）。

A. 机器视觉　　　　B. 深度学习　　　　C. 高速相机　　　　D. 传统人工检测

3. 自动驾驶技术中，基于图像识别的避障技术主要依赖（　　）来"看见"并理解周围环境。

A. 雷达传感器　　　B. 激光雷达传感器　　C. 摄像头传感器　　　D. 红外线传感器

4. 在智能导览与解说系统中，自然语言理解（NLU）涉及对游客输入语句的（　　）层次的分析。

A. 仅词法分析　　　　　　　　　　　　B. 仅句法分析

C. 仅语义分析　　　　　　　　　　　　D. 词法、句法和语义 3 个层次的分析

5. 智能导览与解说系统在回复生成过程中，为了确保回复的质量，会采用的优化策略是（　　　）。

A. 使用固定模板　　　　　　　　　　　B. 完全依赖神经网络生成

C. 基于规则的改写或神经网络生成模型等　D. 仅依赖人工编辑

6. AI 智能导诊系统结合 AI 技术，以及医学疾病知识库，来理解患者描述的症状，具体结合的 AI 技术有（　　　）。

A. 大数据、物联网、区块链　　　　　　B. 大数据、自然语言处理、深度学习

C. 云计算、大数据、人工智能　　　　　D. 机器学习、数据挖掘、图像识别

7. AI 系统在病虫害预防中，通过（　　　）技术来分析摄像头捕捉到的作物图像，识别出病虫害症状。

A. 语音识别　　　　B. 图像识别　　　　C. 自然语言处理　　　　D. 机器学习

8. 翁丁部落火灾后采用进行重建与防护的技术不包括（　　　）。

A. 无人机倾斜摄影三维建模　　　　　　B. 数字孪生系统应急演练

C. 热成像摄像头火灾预警　　　　　　　D. 边缘计算实时能耗管理

二、简答题

1. 请列举至少 3 种智能技术在个性化学习领域的应用案例。

2. 请简述人工智能在交通行业中应用的 3 个主要场景，并结合具体案例说明其作用和意义。

3. 请简述人工智能技术在现代农业中的应用，并结合农耕机器人、采摘机器人、土壤探测机器人和除草机器人的具体功能，说明它们是如何推动农业生产向精准化、高效化和可持续化发展的。

4. 在自动驾驶系统的避障策略制定过程中，车辆状态信息与高精度地图信息各自扮演了何种角色？

实验 6　基于 DeepSeek 搭建个人专业知识库

一、实验目的

通过搭建专业知识库能够帮助个人将散落各处的专业知识系统地整合在一起，形成结构化的知识体系。通过标签、分类等方式，可以轻松地管理和查找所需的知识，提高学习效率。

二、实验内容

1. 安装 Ollama。
2. 配置知识库。
3. 查询知识库。
4. 部署知识库。

三、实验环境

1. 处理器（CPU）：推荐 Intel Xeon 系列或 AMD EPYC 系列，至少 4 核。
2. 图形处理器（GPU）：推荐 NVIDIA GeForce RTX 30 系列或 NVIDIA A100，显存至少 8 GB。
3. 内存（RAM）：至少 16 GB，推荐 32 GB 及以上。
4. 存储：至少 100 GB 可用空间，推荐 SSD 硬盘（如 NVMe SSD）。
5. 网络：本地部署无须高带宽，云端部署建议带宽大于 100 Mb/s。
6. 操作系统：Windows 10 及以上版本。
7. Python 版本：Python 3.8 或更高版本。
8. 深度学习框架：PyTorch 2.0+或 TensorFlow。
9. CUDA 和 cuDNN：如使用 GPU 加速，需安装对应版本的 CUDA 工具包和 cuDNN 库。
10. Ollama：用于本地运行大型语言模型。

四、实验步骤

Ollama 是一种用于本地部署和运行大型语言模型的工具，支持多种主流模型，例如 LLaMA 和 DeepSeek 等。

1. 安装 Ollama

① 访问官方下载页面，如图 6.56 所示。
② 在下载页面中，选择适合 Windows 系统的安装包（要求 Windows 10 或更高版本），下载 exe 可执行文件，如图 6.57 所示。下载完成后，将安装文件保存到本地，默认文件名为 OllamaSetup.exe。
③ 双击下载的 OllamaSetup.exe 文件以启动安装程序，如图 6.58 所示。如果出现用户账户控制提示，请单击"是"按钮继续。

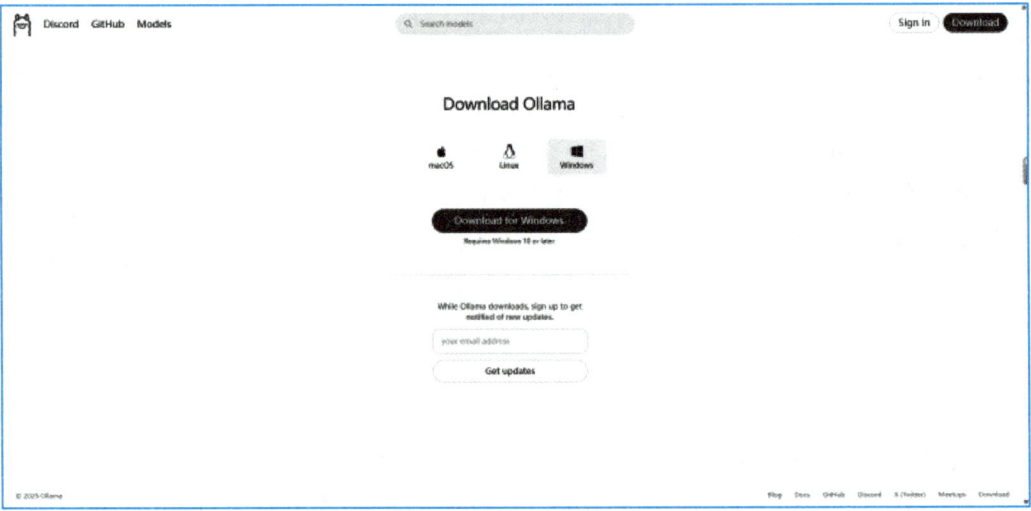

图 6.56　Ollama 官网

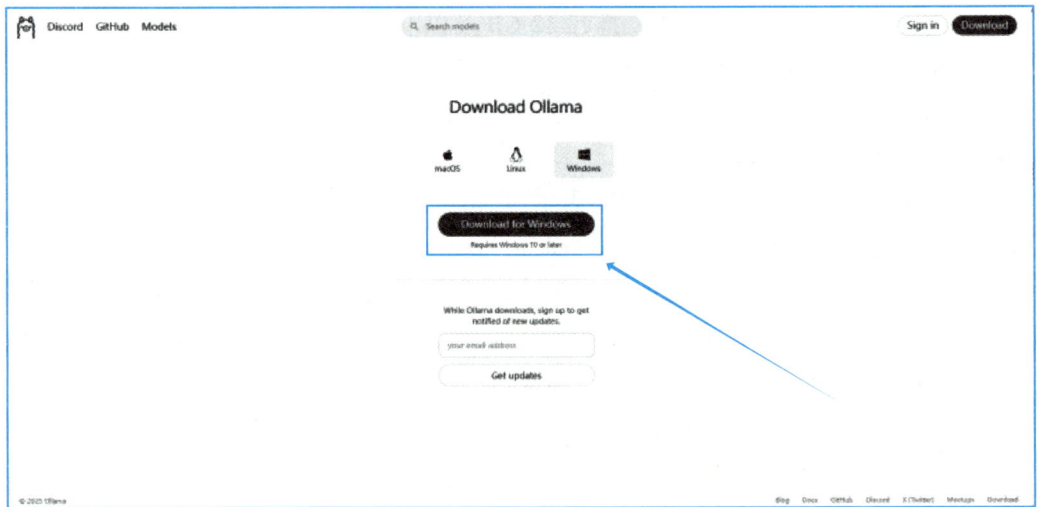

图 6.57　Ollama 下载页面

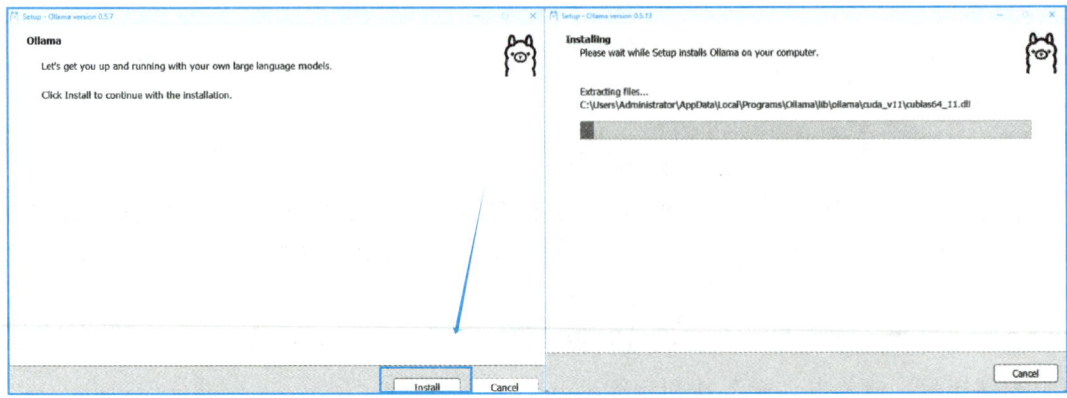

图 6.58　Ollama 安装页面

④ 完成安装。当出现 "Installation Complete" 提示时，单击 "Finish" 按钮。

2. 验证安装

① 按 Win+R 键，打开 "运行" 窗口，输入 cmd 并按 Enter 键，进入命令行界面，如图 6.59 所示。

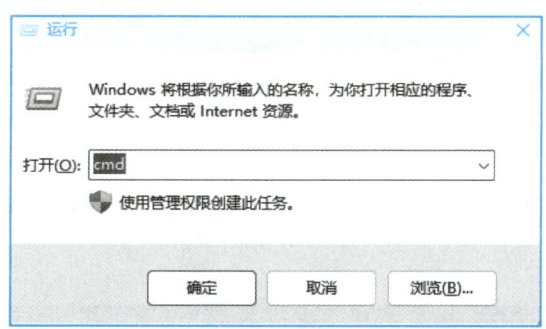

图 6.59　输入 cmd

② 在命令行中输入以下命令，检查 Ollama 环境是否安装成功，如图 6.60 所示。

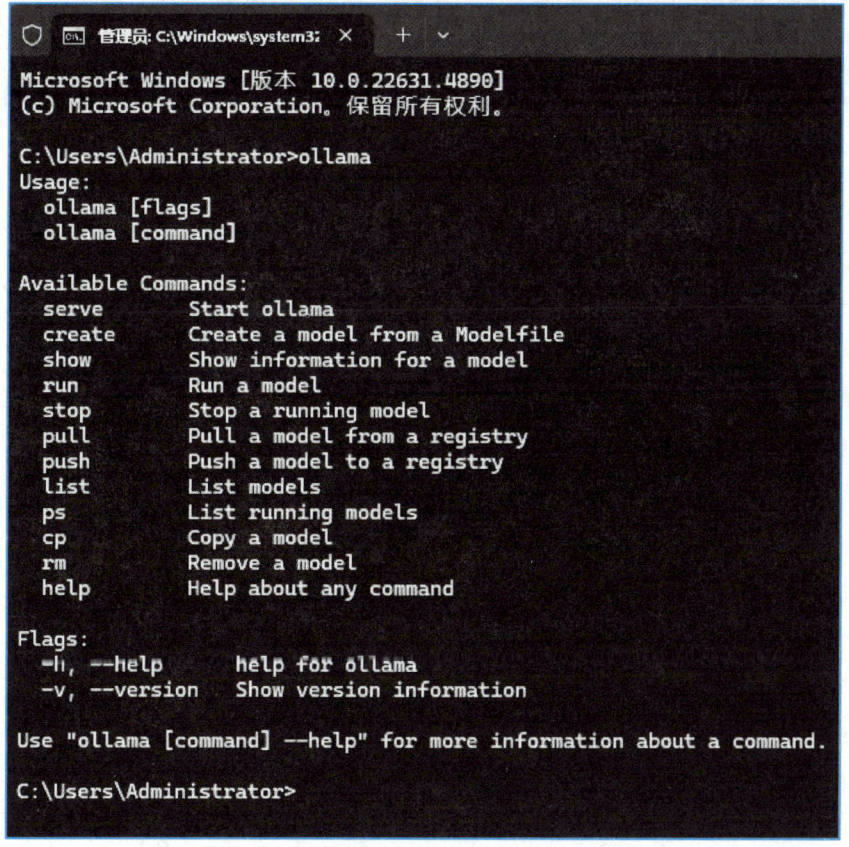

图 6.60　测试 Ollama 环境

③ 在命令行输入查看版本命令，如图 6.61 所示。Ollama 版本显示如图 6.62 所示。

```
1 | ollama --version
```

图 6.61   查看 Ollama 版本

```
1 | ollama version 0.1.20
```

图 6.62   Ollama 版本号

3. 下载 DeepSeek 模型

① 使用以下命令下载 DeepSeek-R1 模型：ollama run deepseek-r1：1.5b，如图 6.63 所示。

```
C:\Users\Administrator>ollama run deepseek-r1:1.5b
pulling manifest
pulling manifest
pulling manifest
pulling manifest
pulling manifest
pulling manifest
pulling manifest
pulling manifest
pulling manifest
pulling aabd4debf0c8...  52%                              580 MB/1.1 GB · 6.7 MB/s    1m19s
```

图 6.63   DeepSeek 下载

注意：DeepSeek 的版本很多，建议参考图 6.64 选择合适的版本。

版本	要求
DeepSeek-R1-1.5b	NVIDIA RTX 3060 12 GB or higher
DeepSeek-R1-7b	NVIDIA RTX 3060 12 GB or higher
DeepSeek-R1-8b	NVIDIA RTX 3060 12 GB or higher
DeepSeek-R1-14b	NVIDIA RTX 3060 12 GB or higher
DeepSeek-R1-32b	NVIDIA RTX 4090 24 GB
DeepSeek-R1-70b	NVIDIA RTX 4090 24 GB *2
DeepSeek-R1-671b	NVIDIA A100 80 GB *16

图 6.64   DeepSeek 版本

② 下载成功后，命令行会显示提示如图 6.65 所示。

③ 使用 DeepSeek 进行问答（如图 6.66 所示），对 DeepSeek 进行提问，输入以下问题进行测试：从 1 加到 100 的结果是多少？

```
C:\Users\Administrator>ollama run deepseek-r1:1.5b
pulling manifest
pulling aabd4debf0c8... 100%                                    1.1 GB
pulling 369ca498f347... 100%                                    387 B
pulling 6e4c38e1172f... 100%                                    1.1 KB
pulling f4d24e9138dd... 100%                                    148 B
pulling a85fe2a2e58e... 100%                                    487 B
verifying sha256 digest
writing manifest
success
>>> Send a message (/? for help)
```

图 6.65　DeepSeek 下载成功页面

```
>>> 从1+2+3+4+一直加到100结果是多少?
<think>

</think>

当然可以。这是一个等差数列求和的问题。首项是1，末项是100，项数是100。

使用等差数列的求和公式:
\[ S_n = \frac{n(a_1 + a_n)}{2} \]

代入数据:
\[ S_{100} = \frac{100(1 + 100)}{2} = 5050 \]

所以，从1加到100的和是5050。

>>> Send a message (/? for help)
```

图 6.66　DeepSeek 问答

4. 安装 Cherry Studio

如果向 DeepSeek 提出其他问题，在命令行中输入问题后按 Enter 键即可。命令行交互较为抽象，建议使用具有交互界面的工具来提升体验。推荐使用 Cherry Studio（如图 6.67 所示），一个功能强大的 AI 助手客户端，支持多平台（Windows、macOS、Linux），并提供友好的交互界面，方便用户进行对话、绘图、翻译等多种操作。

图 6.67　Cherry Studio 下载页面

① 选择安装用户，在安装界面中选中"仅为我安装（Administrator）"单选按钮，如图 6.68 所示。

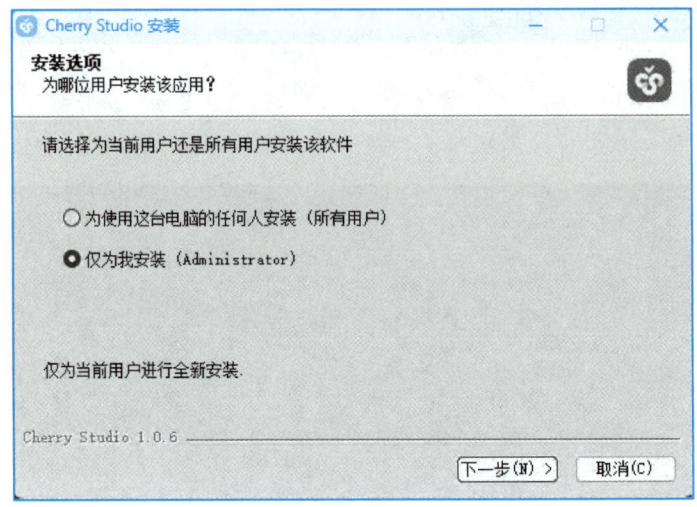

图 6.68 Cherry Studio 安装选择用户

② 选择安装目录。单击"下一步"按钮，选择安装目录（建议使用默认目录），如图 6.69 所示。

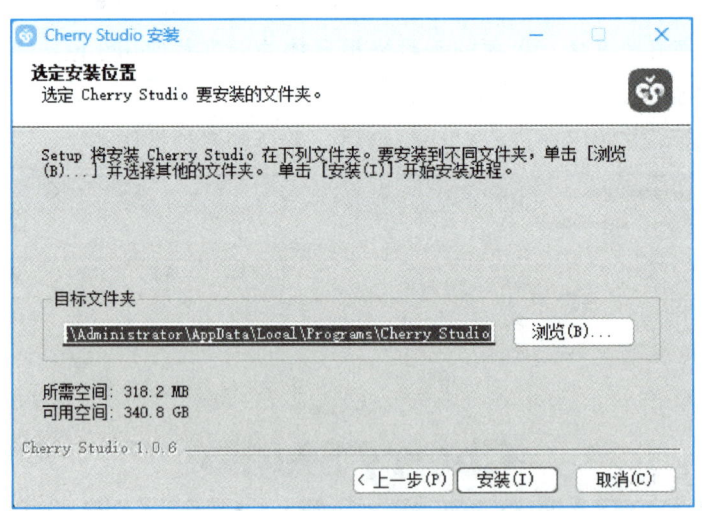

图 6.69 Cherry Studio 选择安装目录

③ 单击"安装"按钮，等待安装完成，如图 6.70 所示。

④ 安装完成后，单击"完成"按钮。打开 Cherry Studio 软件，按照以下步骤进行 Ollama 环境配置：打开软件后，按照图中 1→2→3 步操作，完成 Ollama 环境的配置，如图 6.71 所示。

⑤ 配置完成后，界面应如图 6.72 所示。

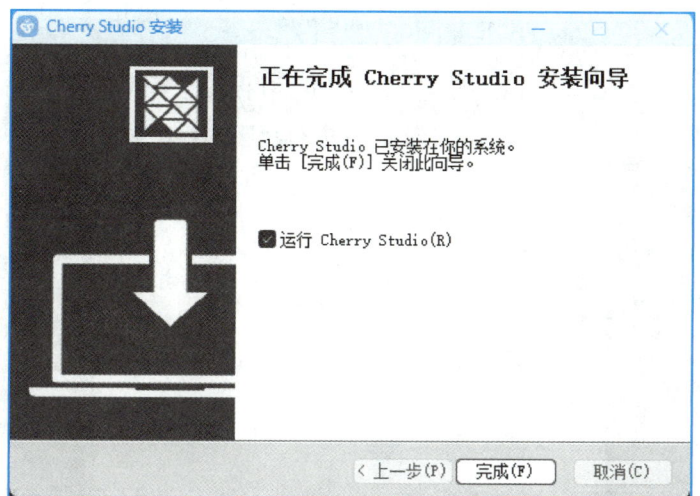

图 6.70 Cherry Studio 安装完成

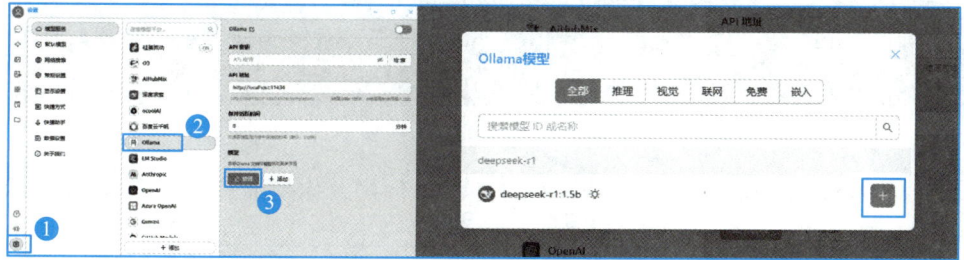

图 6.71 Ollama 环境配置步骤

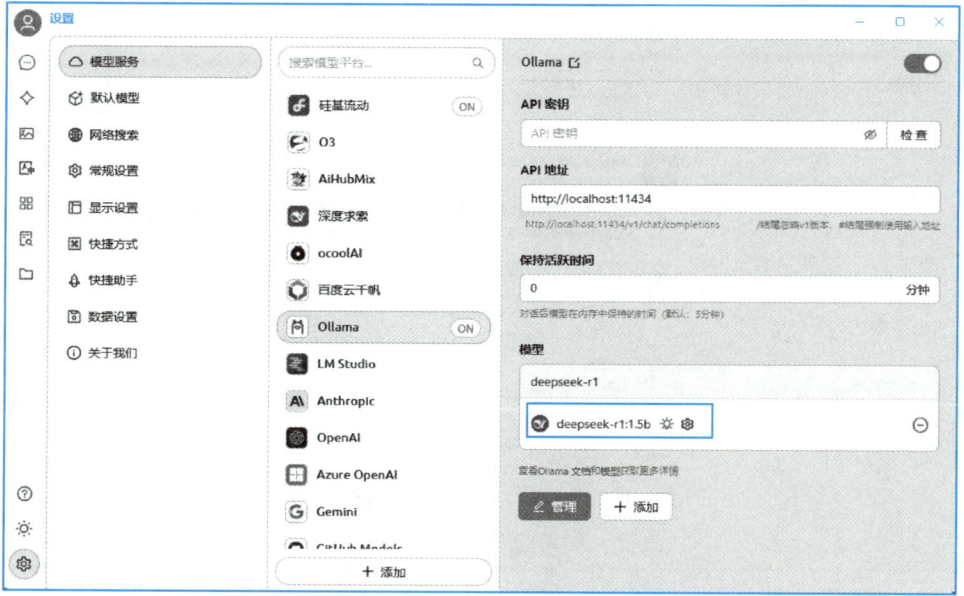

图 6.72 配置完成的 Ollama 环境

⑥ 可开始创建对话。在软件中，按照图 6.73 中的①→②→③步设置默认助手。

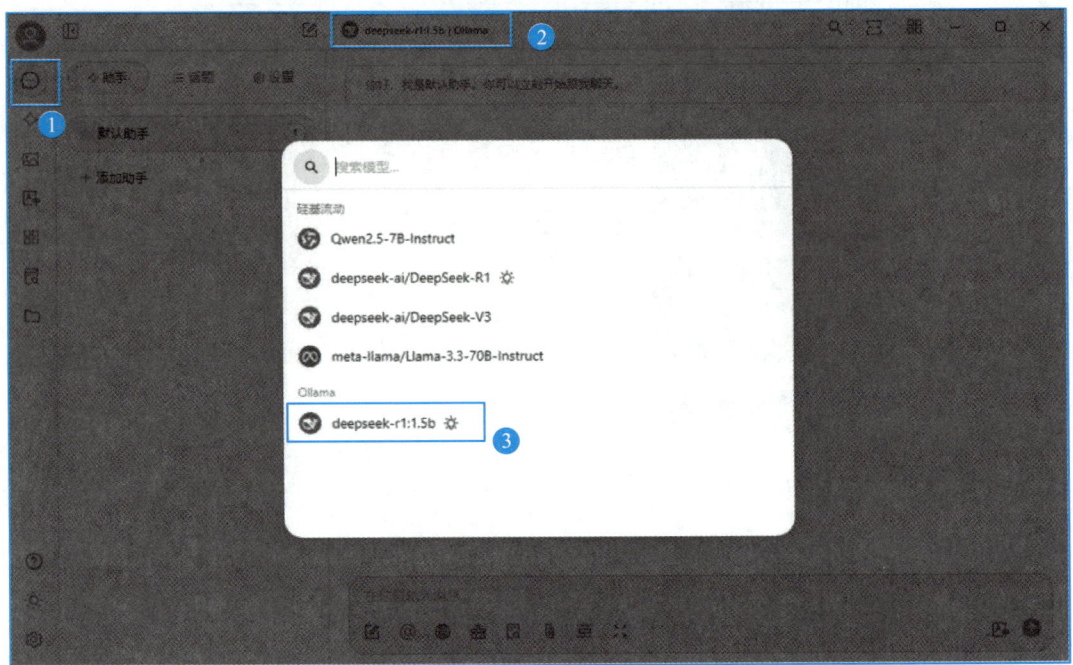

图 6.73   选择 DeepSeek 模型

⑦ 选择 DeepSeek 模型，例如，向助手提问："你好，你是谁？"，如图 6.74 所示。

图 6.74   问答测试

5. 配置知识库

① 单击"获取"按钮，开始搭建"中草药知识库"，如图 6.75 所示。

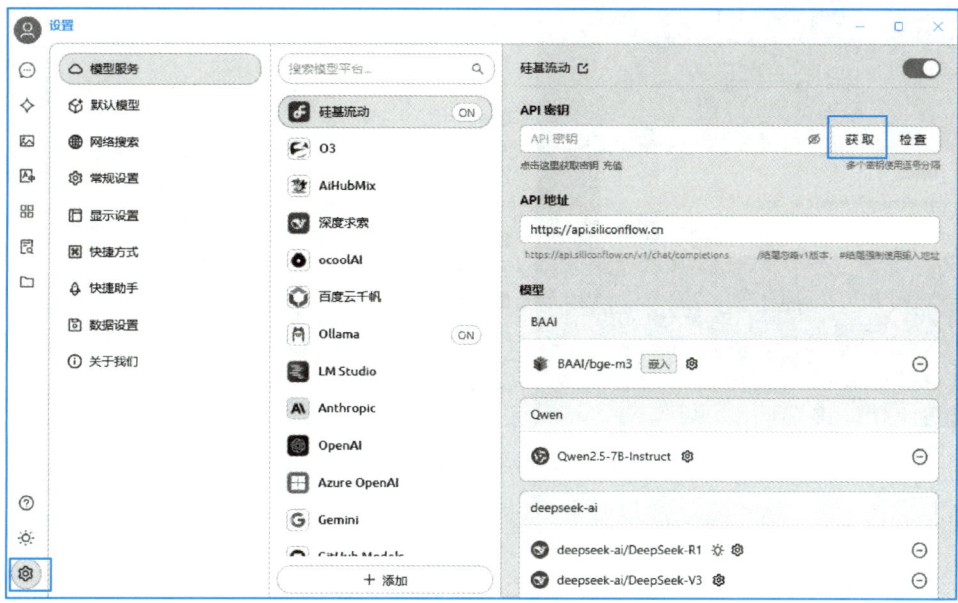

图 6.75　获取硅基流动秘钥

② 输入账号信息，完成登录，如图 6.76 所示。

图 6.76　硅基流动账号登录

③ 单击"确认"按钮，完成账号授权，如图 6.77 所示。

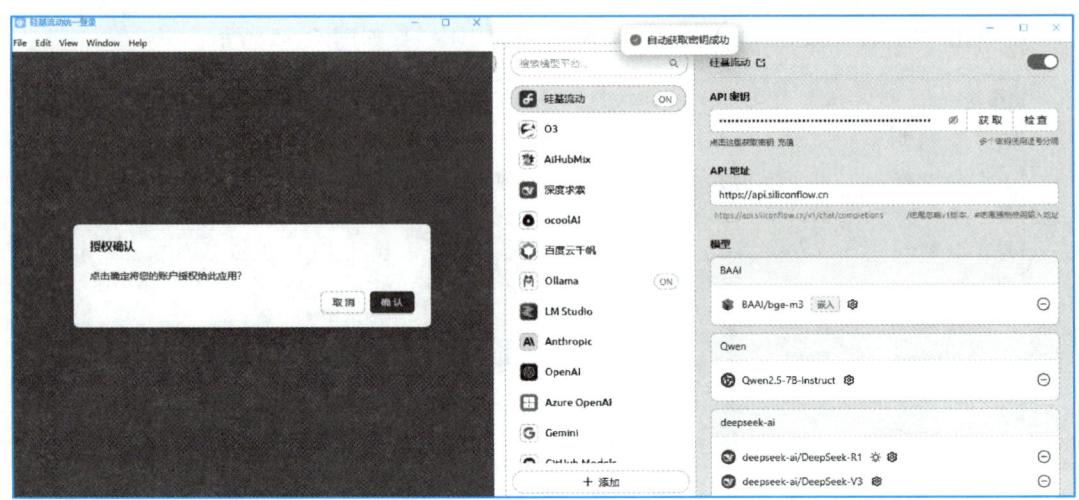

图 6.77　硅基流动账号授权

6. 搭建知识库

① 按照图 6.78 中的操作步骤，完成"中草药知识库"的搭建。

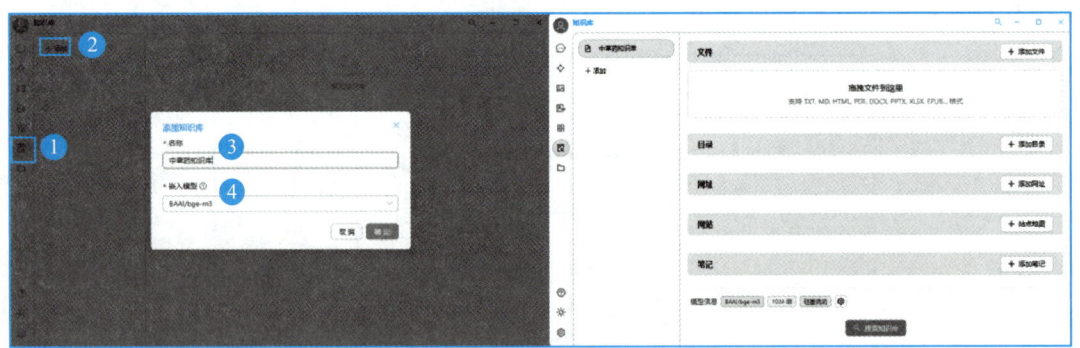

图 6.78　搭建"中草药知识库"

② 向知识库中添加相关素材，包括网址、文件、目录、笔记等，完成个人知识库的维护，如图 6.79 所示。

③ 使用刚刚搭建的"中草药知识库"进行检索，输入关键词"中药材分类"，即可查询相关信息，如图 6.80 所示。

图 6.79　知识库维护

图 6.80　中草药知识库展示

第7章 大模型：AI的新里程碑

任何足够先进的技术都与魔法无异。

——亚瑟·克拉克

2022 年 ChatGPT 横空出世，这款革命性对话模型展现出惊人的多模态创作能力：它不仅能够编写代码、撰写专业文档、进行文学创作（包括诗歌、剧本、音乐歌词等），还可完成跨语言翻译、智能客服对话、舆情分析等高阶任务。尽管尚无确凿证据表明 ChatG-PT 已通过图灵测试，但其与人类对话的流畅度、上下文理解深度以及知识覆盖广度，已然引发全球对通用人工智能的重新思考。这一突破性成果的核心驱动力，源自 OpenAI 研发的 GPT-3 大语言模型。那么，究竟什么是大模型？它为何具备如此强大的能力？又能为人类社会带来哪些变革？本章将系统解析大模型的核心能力与技术特征，揭开这项颠覆性技术的神秘面纱。

本章学习目标：

◇ 掌握大模型的定义、特点和分类。

◇ 了解大模型的发展历程、训练优化方法、挑战与应对，以及与人类的主要协作模式。

◇ 了解国内外主流大模型的特点与应用场景。

◇ 掌握不同业务场景下 AIGC 创作的一般流程和方法。

拓展阅读：
OpenAI 的聊天机器人来了

7.1 大模型揭秘：人工智能的巨擘崛起

7.1.1 大模型的定义与特点

大模型（large model）是由深度神经网络构建的机器学习系统，其核心特征为超大规模参数（数十亿至数万亿级别）和复杂计算架构，通过海量多模态数据训练实现多层次特征提取与模式识别，能够处理和生成多种类型数据，并具备跨领域任务的通用推理与泛化能力。

1. 大模型何以谓之"大"

（1）训练数据量巨大

大模型的训练依赖海量的数据。这些数据涵盖了广泛的领域和多样的场景，确保了模型能够学习到丰富、全面的知识和信息。为了提升模型的泛化能力和准确性，训练数据不仅需要数量上的积累，还需要质量上的保证，即数据要具有代表性、多样性和准确性。正是这种对训练数据规模和质量的双重追求，使得大模型的训练数据集变得异常庞大。以GPT-3为例，其使用的训练数据情况如表 7.1 所示。

表 7.1　GPT-3 使用的训练数据

数据集	数量（token）	训练数据中的占比	训练 300 亿 token 时所经过的周期数
Common Crawl（filtered）	410 billion	60%	0.44
WebText2	19 billion	22%	2.9
Books1	12 billion	8%	1.9
Books2	55 billion	8%	0.43
Wikipedia	3 billion	3%	3.4

其中各数据集含义如下。

① Common Crawl：网络爬虫公开数据集（海量互联网内容）。

② WebText2：Reddit 论坛的网页文本。

③ Books1，Books2：互联网书籍语料库。

④ Wikipedia：维基百科。

GPT-3 的训练数据涉及多个互联网文本语料库，覆盖新闻、书籍、维基百科、科学论文、社交媒体帖子等，使用了大约 570 GB 训练数据，总 token 量达到 3 000 亿个。

（2）模型参数量巨大

大模型的参数量通常非常庞大（数十亿至数万亿级别）。参数是指模型中的权重和偏置项，可以理解为模型内部的变量，它们需要在训练过程中进行调整，也就是模型在训练中学习到的"知识"。参数决定了模型如何对输入数据做出反应，决定了模型的行为。以 GPT-3 为例，其参数量达到 1 750亿个。大量的参数使得模型能够更好地拟合数据，从而提高其生成和理解语言的能力。图 7.1 展示了 GPT 系列模型的参数量变化情况。

拓展阅读：拆文解字：何为自然语言处理中的token

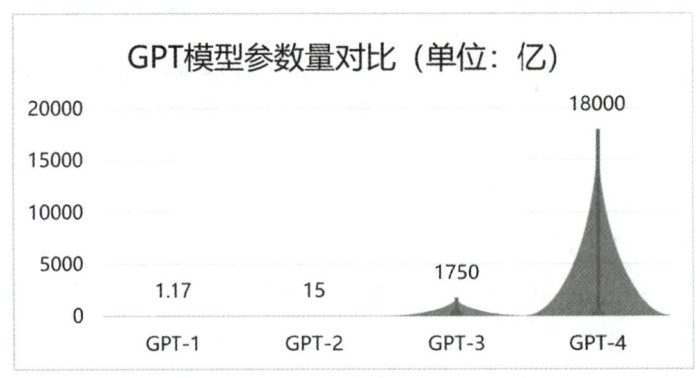

图 7.1   GPT 系列模型参数量对比

（3）计算资源需求巨大

训练和使用大模型需要大量的计算资源。通常需要使用由多个高性能专用处理器（GPU 或 TPU）组成的计算集群进行训练，并且训练时间可以持续数天甚至数周。其推理过程（即使用训练好的模型进行预测）也需要较高的计算能力，特别是在处理长文本或需要实时响应的应用中。以 GPT-3 175B 的训练过程为例，其所需计算资源为：GPT-3 175B（B 为 Billion 的缩写）拥有 1 750 亿个模型参数，完成训练总计需要的运算量为 3.14×10^{11} TFLOPS（每秒浮点运算量）。

如使用 NVIDIA 80 GB A100 型号 GPU 进行训练，其理论算力为 312 TFLOPS，在采用 tensor parallel 和 pipeline parallel 并行技术的情况下，其利用率为 51.4%，即每秒能完成 160 TFLOPS。

因此需要的 GPU 时间为：3.14×10^{11} / 160 = $1.962\,5\times10^{9}$（s）

换算成小时为：$1.962\,5\times10^{9}$/（60×60）≈ 5.45×10^{5}（小时）

价格花费：显卡（NVIDIA 80 GB A100 GPU）的租赁价格为 1.5 美元/小时

总花费为：5.45×10^{5}×1.5 = 81.6（万美元）

时间花费：如同时使用 1 000 张 A100 显卡，完成训练所需时间为 5.45×10^{5} 小时/（1 000×24 小时/天）≈22.7 天

2. 大模型的特点

大模型能够深入理解和生成复杂的信息，进行高层次的逻辑推理，甚至在某些特定情境下展现出令人瞩目的创造性工作能力。这种全面而深入的智能能力，使得大模型在人工智能领域占据了举足轻重的地位，被广泛视为未来智能技术发展的核心驱动力和引领者。大语言模型之所以引起广泛关注，主要得益于以下几个特点。

① 强大的表示学习能力。大模型能够捕捉数据中的高阶特征，形成对复杂现象的深刻理解。这种能力使得大模型在多个领域展现出卓越的性能。

② 泛化能力强。经过充分预训练的大模型，可以在不同的下游任务中进行微调，从

而快速适应新的应用场景。这种泛化能力极大降低了模型开发的成本和时间，一次训练就可以将模型应用于多种任务，无须重新训练。

③ 生成能力和理解能力。大模型在生成自然语言文本和理解上下文方面表现出色。它们能够生成连贯、流畅的文本，并且在很多情况下可以理解复杂的上下文和语义。其所生成的内容被称为"人工智能生成内容"，简称为 AIGC。

7.1.2　大模型神奇能力的由来——涌现能力

大模型可以写诗、编程、翻译，甚至进行流畅的对话。这些能力并非预先设定，而是通过海量数据训练自然涌现而来。这种现象被称为"涌现能力"，它是大模型神奇表现的关键所在。

1. 什么是涌现能力

涌现能力是指当系统的复杂性达到一定程度时，系统会自发地产生一些无法从单个组成部分预测的新特性。就像蚂蚁个体看似简单，但蚁群却能建造出复杂的巢穴；神经元本身功能有限，但大脑却能产生意识和智慧。

对于大模型来说，涌现能力体现在：当模型的规模（参数数量）和数据量达到一定程度时，模型会突然展现出一些令人惊讶的能力，例如：

① 理解复杂指令：能够理解并执行多步骤、多任务的复杂指令。

② 生成创造性内容：可以创作诗歌、故事、代码等具有创造性的内容。

③ 进行逻辑推理：能够进行简单的逻辑推理和问题解决。

2. 涌现能力从何而来

大模型涌现能力的产生离不开以下几个关键因素。

① 海量数据——"博览群书"。一是"多读书"，通过整合书籍、网络文本、代码等海量文本信息，模型在深度学习中逐步提取语言规律与社会知识关联；二是"读好书"，模型在训练过程中建立了严格的清洗与过滤流程以优化输入质量，更为后续生成内容的准确性与可靠性奠定了坚实基础。

② 参数规模——"大力出奇迹"。模型的参数数量越大，其学习能力和表达能力就越强。依靠超大规模参数构建的动态推理网络（而非静态知识存储），大模型逐渐开启了"智能"。

③ 算法架构——"先进架构护持"。Transformer 等先进的神经网络架构为大模型提供了强大的信息处理能力。Transformer 架构像一个能"智能阅读和写作"的框架：它通过自注意力机制同时分析句子中所有词语的关系（比如理解"猫追老鼠"中的动作关联），无需像传统模型那样逐词处理；用位置编码记住词语顺序（区分"猫抓狗"和"狗抓猫"），再通过多头注意力机制多角度解读语义（语法、动作、情感），最终灵活完成翻译、对话

生成等任务。

3. 涌现能力的挑战

尽管涌现能力令人兴奋，但也带来了一些挑战。

① 难以解释：人类目前尚无法完全理解涌现能力是如何产生的，这给模型的可靠性和安全性带来了挑战。

② 潜在风险：随着 AI 能力的不断提升，需要警惕其可能带来的伦理和社会风险。

涌现能力是大模型神奇能力的根源，它展现了 AI 的巨大潜力。未来，随着技术的不断进步，人类有望看到更多令人惊叹的 AI 应用，但同时也要警惕其潜在风险，确保 AI 技术造福人类社会。

 想一想：

（1）你认为大语言模型未来还会出现哪些新的涌现能力？

（2）我们应该如何应对 AI 涌现能力带来的挑战。

7.1.3   从无到有：大模型的发展历程

大模型的发展经历了萌芽期、沉淀期、爆发期 3 个发展阶段（如图 7.2 所示）。

图 7.2   大模型发展的 3 个阶段

1. 萌芽期（1950—2005 年）

大模型的发展历程可以追溯到深度学习技术的兴起。早期，由于计算资源和数据量的限制，机器学习模型往往规模较小，难以处理复杂任务。随着计算能力的提升和数据资源的丰富，深度学习技术开始展现出巨大的潜力。1998 年，LeNet-5 作为现代卷积神经网络的基本结构应运而生，标志着机器学习方法从早期的浅层机器学习模型转变为深度学习模型。这一转变为自然语言生成、计算机视觉等领域的深入探索奠定了坚实基础，并对后续深度学习框架的不断迭代以及大模型的发展产生了开创性的影响。

2. 沉淀期（2006—2017 年）

2013 年，自然语言处理模型 Word2Vec 诞生，首次提出将单词转换为向量的"词向量模型"，以便计算机更好地理解和处理文本数据。2014 年，被誉为 21 世纪最强大算法模型之一的 GAN 诞生，标志着深度学习进入了生成模型研究的新阶段。2017 年，Google 颠覆性地提出了基于自注意力机制的神经网络结构——Transformer 架构，奠定了大模型预训练算法架构的基础，属于大模型的时代正式开启。

3. 爆发期（2018 年至今）

自 2018 年以来，Google、OpenAI、Meta、百度、华为等公司和研究机构都相继发布了包括 BERT、GPT 等在内的多种大语言模型，2018 年，OpenAI 基于 Transformer 架构发布了 GPT-1 大模型，意味着预训练大模型成为自然语言处理领域的主流。2019 年大语言模型呈现爆发式的增长，特别是 2022 年 11 月 ChatGPT 发布后，大模型更是引起了全世界的广泛关注。其中的关键时间节点和标志性事件如下。

① 2020 年 6 月：OpenAI 发布 1 750 亿参数的 GPT-3，突破零样本学习，开启 RLHF、代码预训练、指令微调等技术革新。

② 2022 年 11 月：ChatGPT（GPT-3.5）引爆全球，推动大模型公众认知普及。

③ 2023 年 3 月：多模态 GPT-4 面世，支持图文输入，复杂问题解决能力显著提升。

④ 2023 年 12 月：谷歌推出多模态 Gemini，具备多编程语言生成与安全评估体系。

⑤ 2024 年 12 月：DeepSeek 崛起，推动 AI 技术普惠化时代到来。

7.1.4 大模型是 AI 的未来核心

大模型技术正以惊人的速度发展，并逐渐成为 AI 领域的核心驱动力。那么，为何大模型能成为 AI 的未来核心呢？

1. 能力更强：从"专才"到"通才"

传统 AI 模型往往是"专才"，只能在特定领域完成特定任务，例如图像识别、语音识别等。而大模型则更像是"通才"，它拥有海量的参数和强大的学习能力，能够处理多种类型的任务，例如自然语言处理、代码生成、图像创作等。

2. 学习更快：从"海量数据"到"高效学习"

大模型的强大能力离不开海量数据的训练。与传统 AI 模型相比，大模型能够更高效地从数据中学习，并提取出更复杂的规律和模式。例如，训练一个图像识别模型，传统方法可能需要标注数百万张图片，而跨模态大模型则可以通过自监督学习等方式，从未标注的数据中学习，大大降低了数据标注的成本。

3. 应用更广：从"实验室"到"千家万户"

大模型的出现，使得 AI 技术的应用门槛大大降低。以往需要专业知识和技能才能使用的 AI 技术，现在可以通过 AIGC 平台，以更简单、更便捷的方式提供给普通用户。例如，无专业知识背景的普通用户可以通过"文心一言"等大模型应用，轻松生成一篇新闻报道、创作一幅艺术作品，甚至开发一个简单的应用程序。

大模型的出现，标志着人工智能技术进入了一个新的发展阶段。它强大的能力、高效的学习方式和广泛的应用前景，使其成为 AI 未来的核心驱动力。相信随着技术的不断进步，大模型将为人类社会带来更多惊喜和变革。

 想一想：

（1）你认为大模型技术未来会如何发展？
（2）大模型技术可能会带来哪些社会影响？我们应该如何应对这些影响？

7.2　大模型的养成之道

7.2.1　大模型的分类：从"全能选手"到"领域专家"

如果说传统 AI 模型是单一功能的瑞士军刀，那么大模型就是一座会自我升级的智能武器库。理解大模型的分类体系，就像掌握打开 AI 世界的"藏宝图"。本节将从模态类型和应用领域两大维度，为你揭开大模型的分类奥秘。

1. 按模态类型分类：AI 的"感官系统"

大模型按模态类型可分为大语言模型、视觉大模型和多模态大模型 3 类，其类比关系如图 7.3 所示。

（1）大语言模型

大语言模型（large language model，LLM）是专门处理和理解自然语言文本的大规模人工智能模型。这些模型通常基于深度学习技术，尤其是 Transformer 架构，通过海量文本数据的训练，能够捕捉到语言的复杂结构和语义信息。

图 7.3　大模型按模态分类对比

应用领域：在智能客服领域，它们能够理解用户的问题并给出准确的回答；在内容创作领域，它们可以辅助生成新闻报道、小说、诗歌等文本；在机器翻译领域，它们能够实现高质量的语言转换；在信息检索领域，它们能够提升搜索结果的准确性和相关性。

代表性产品：GPT 系列（OpenAI）、文心一言（百度）、DeepSeek（深度求索）等。

（2）视觉大模型

视觉大模型（large vision model，LVM）是专注于处理和理解图像数据的大规模人工智能模型。该类模型通过深度学习技术，尤其是卷积神经网络（CNN）和谷歌的 Vision Transformer（ViT）架构，在海量图像数据上进行训练，能够识别图像中的物体、场景和人脸，理解图像的空间结构和语义信息。

应用领域：在智能安防领域，它们能够识别监控视频中的异常行为和人脸信息；在医疗影像领域，它们可以辅助医生诊断疾病和分析病理图像；在自动驾驶领域，它们能够实现道路识别、车辆检测和行人检测等功能；在零售领域，它们可以应用于商品识别和库存管理等场景。

代表性产品：华为盘古 CV、ViT 系列（Google）、INTERN（商汤）等。

（3）多模态大模型

多模态大模型（multimodal large language model，MLLM）是能够同时处理和理解多种类型信息（如文本、图像、音频等）的大规模人工智能模型。这些模型通过融合不同模态的信息，实现更全面、更准确的理解和推理。

应用领域：在智能家居领域，它们能够理解用户的语音指令和识别家庭环境，实现智能家居设备的控制和管理；在虚拟现实领域，它们可以融合文本、图像和音频信息，创造沉浸式的虚拟体验；在教育领域，它们可以应用于多媒体教学内容的理解和生成；在金融领域，它们可以辅助分析金融新闻、图表和市场动态等信息。

代表性产品：DALL·E 系列、即梦 AI（字节跳动）等。

2. 按应用领域分类：AI 的"职场进化论"

大模型按应用领域可分为通用大模型、行业大模型和垂直领域大模型 3 类，其类比关系如图 7.4 所示。

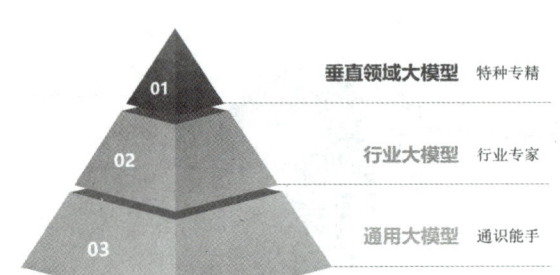

图 7.4   大模型按应用领域分类对比

（1）通用大模型

通用大模型（general large model）是具备广泛适用性和通用性的大规模人工智能模型。这些模型通过海量数据的训练和优化，能够在不微调或少量微调的情况下处理多种类型的任务和数据，适应不同领域的需求。

通用大模型具有强大的泛化能力和迁移学习能力。它们能够在不同任务和领域之间进行知识迁移和共享，实现更高效的学习和推理。此外，通用大模型还具备一定的自我优化和进化能力，能够随着不断训练和使用而不断提升性能。

（2）行业大模型

行业大模型（industry large model）是针对特定行业或领域设计的大规模人工智能模型。这些模型通过结合行业知识和数据特点进行预训练和微调，能够更好地适应行业需求和解决实际问题。

行业大模型具有深厚的行业底蕴和专业知识。它们能够充分理解和利用行业特定的数据结构和特征，实现更精准的分析和预测。此外，行业大模型还具备较强的可解释性和可信度，能够为行业决策提供有力支持。

（3）垂直领域大模型

垂直领域大模型（vertical domain large model）是针对特定细分领域或任务设计的大规模人工智能模型。这些模型通过深度挖掘细分领域的数据特点和需求，进行预训练和微调，能够实现更精细化的分析和决策。

垂直领域大模型具有高度的专业性和针对性。它们能够充分理解和利用细分领域的数据特征和规律，实现更精准的分析和预测。此外，垂直领域大模型还具备较强的实时性和响应速度，能够满足细分领域对实时性要求较高的需求。

7.2.2   预训练、微调与强化学习：大模型是怎样炼成的

把大象放进冰箱需要几步？答案是 3 步，把冰箱门打开，把大象放进去，把冰箱门关上。大模型的炼成同样需要 3 步：预训练、微调与强化学习，如图 7.5 所示。

第一步：预训练阶段，模型通过在大规模数据集上进行无监督学习，掌握数据的基本特征和规律。这一步骤使得模型能够形成对复杂世界的初步理解。这一阶段的训练成果是

一个具备文本生成功能的模型，称为"基座模型"。"基座模型"就像是接受了高中教育的学生，各方面都有涉猎，但远谈不上精通。预训练是 3 个阶段中最耗时、费力的，正如在走入大学课堂之前，需要经历九年义务教育和高中 3 年的锤炼。

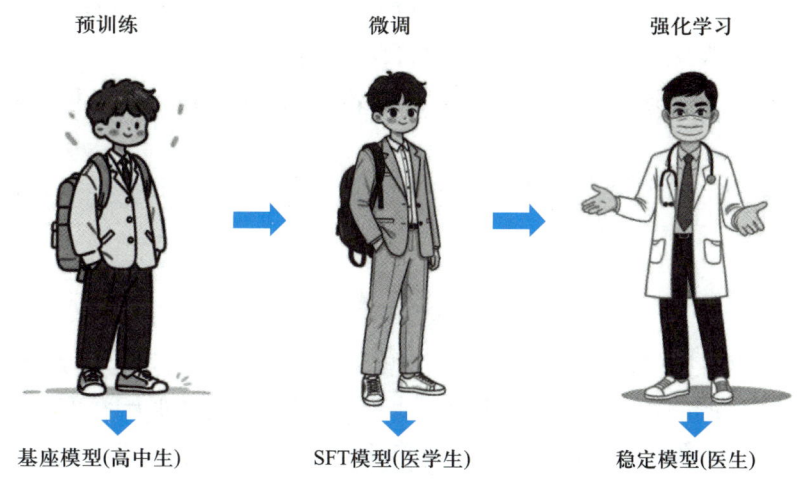

图 7.5   大模型训练过程的形象化比喻

第二步：微调阶段，模型在特定的下游任务上进行有监督学习，通过调整模型参数来适应新的应用场景。这一步骤使得模型能够更准确地完成特定任务，提升性能表现，经过该步骤得到的模型称为 SFT 模型（supervised fine-tuning，监督微调）。例如，想获得一个更懂医学的模型，就需要给它提供更多高质量的医学领域的养料（数据），对基座模型进行监督微调，此时得到的模型除了具备基础的文本生成和读写能力，还成了医学领域的"小学徒"。对应的就像是高等教育阶段，通过专业课的学习，在专业领域内初窥门径，崭露头角。

第三步：训练奖励模型，进行强化学习训练。大模型的回答是否靠谱？怎么才能让它更机智，回答更准确？没错，就是"实践"！针对同一问题，由人类标注员对模型的多个对应回答进行质量评分排序，打分主要基于 3H 原则（helpful 有用性、honest 真实性、harmless 无害性）。在此基础上，训练一个奖励模型来替代人类工作。利用奖励模型进行评分，利用评分作为反馈进行强化学习训练。答对了就给个甜枣，答错了就给一巴掌。强化学习使得原本青涩的小学徒成为该领域的专家，一个"成熟稳重"的大模型就这样炼成了。

预训练与微调的结合使得大模型能够在不同任务之间进行有效的知识迁移和共享，从而提高模型的泛化能力和学习效率。强化学习使得大模型的准确性和效率得到进一步提升。

7.2.3   优化策略：让大模型更加高效

随着人工智能技术的飞速发展，大模型的规模和应用场景不断扩大，但随之而来的计算成本、能耗和效率问题也日益凸显。为了让大模型更加高效地运行，研究者们提出了多种优化策略，本节将介绍几种常见的优化方法。

1. 模型剪枝：轻装上阵

想象一下，你正在整理行李箱，准备去旅行。为了减轻负担，你会选择带上必需品，而舍弃一些不常用的物品。模型剪枝也是类似的道理，它通过移除神经网络中冗余的连接或神经元，来减小模型的规模，同时尽量保持模型的性能。

① 如何剪枝：可以通过设定阈值，将权重较小的连接剪掉，或者移除对输出贡献较小的神经元。

② 剪枝的好处：模型更小，计算速度更快，能耗更低，更容易部署到移动设备等资源受限的环境中。

2. 量化：化繁为简

量化是指将模型中的浮点数参数转换为更低比特的数值表示，例如将 32 位浮点数（FP32）转换为 8 位整数（INT8）或 4 位浮点数（FP4）。这类似于将有损压缩应用于高清图片，虽然会丢失部分细节，但通过保留关键特征仍能维持可用性。

① 量化的好处：降低模型存储需求，利用硬件对低精度计算的支持加速推理，减少运行时内存占用。

② 量化的挑战：可能引发模型精度下降，需根据层类型（如注意力层更敏感）选择逐层/逐张量等量化粒度，且校准数据分布对结果影响显著。

3. 知识蒸馏：以小博大

知识蒸馏是一种让小型模型学习大型模型知识表达规律的技术。就像学生通过理解教师解题思路而非单纯背诵答案来学习，小型模型通过模仿大型模型的概率分布（软标签）或中间层特征，实现接近教师模型的性能。

① 知识蒸馏的过程：首先训练一个大型"教师模型"，然后冻结教师模型参数，利用其输出概率分布（而非硬标签）或中间层激活值作为监督信号，训练小型"学生模型"。

② 知识蒸馏的好处：学生模型可以拥有与教师模型相当的性能，但规模更小，计算效率更高。在性能损失可控（通常<3%）的前提下，显著降低部署成本。

4. 混合精度训练：双管齐下

混合精度训练是指在训练过程中，通过同时使用 16 位浮点数（FP16）和 32 位浮点数（FP32）优化计算流程。例如，用 FP16 执行矩阵乘法、激活函数等计算密集型操作（速度更快），用 FP32 存储模型权重、梯度累积等关键数据（精度更高）。通过损失缩放（loss scaling）自动调整 FP16 数值范围，避免小梯度（绝对值非常小的梯度值）在 FP16 格式下丢失精度。

① 混合精度训练的好处：可以显著减少显存占用，加快训练速度，同时保持模型的精度和收敛性。

② 混合精度训练的挑战：需要硬件支持，并且需要仔细调整训练参数，以避免数值

溢出或下溢等问题。

5. 并行计算：分而治之的加速策略

并行计算通过多设备协同工作（如 GPU 集群）同时处理计算任务，其核心在于任务拆分与同步协调，而非简单的资源叠加。例如，训练 10 层神经网络时，可将不同层分配到多个 GPU 上运行（模型并行）。

（1）并行计算的类型

① 数据并行：多设备同时处理不同数据批次（如 16 个 GPU 各自训练 1/16 的数据）。

② 模型并行：将大型网络拆解到多设备（如 Transformer 不同层分布在不同 GPU）。

③ 流水线并行：按计算阶段切分任务，类似工厂流水线传递中间结果。

（2）并行计算的好处

突破单设备内存限制，支持百亿参数级模型训练，可以显著缩短训练时间，提高模型训练效率。

以上介绍的几种优化策略，可以单独使用，也可以组合使用，以达到更好的效果。随着人工智能技术的不断发展，相信未来会出现更多、更高效的优化策略，让大模型更好地服务于人类社会。

7.2.4　大模型与人类协作的 3 种模式

如 ChatGPT、文心一言等大模型正在重塑人机交互的方式。根据应用场景和技术特点，大模型主要呈现出 3 种与人类协同作业的典型应用模式：嵌入（embedding）模式、副驾驶（copilot）模式和智能体（agent）模式，其特点如图 7.6 所示。理解这 3 种模式的差异，有助于更好地选择和应用人工智能技术。

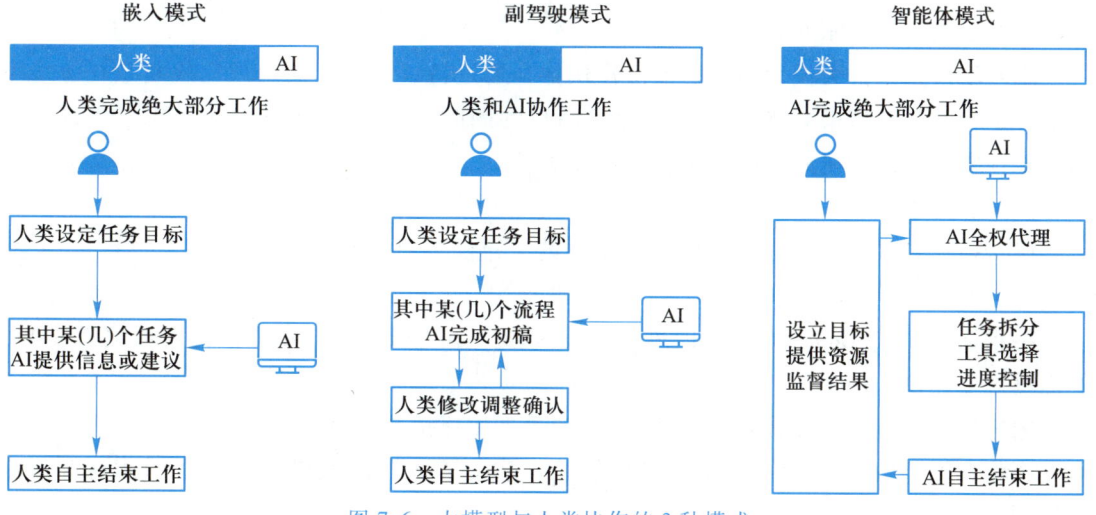

图 7.6　大模型与人类协作的 3 种模式

1. 嵌入模式：隐形的智能助手

当用户在购物网站浏览商品时，系统精准推送的"猜你喜欢"推荐栏，正是生成式大模型在场景化应用中的典型范例。这类模型虽未直接与用户交互，却能通过服务接口无缝集成到平台底层：它实时分析用户的历史浏览、点击行为及商品特征，结合知识图谱挖掘潜在需求，最终以"隐形助手"的方式驱动个性化推荐引擎，既提升购物效率又保持界面简洁性。

（1）什么是嵌入模式

嵌入模式是指将大型语言模型以技术组件形式集成到现有系统中，通过 API 接口或本地部署实现功能调用。该模式下模型作为底层引擎支撑上层应用，使终端用户无须感知技术实现细节即可享受智能化服务，类似于将发动机嵌入汽车内部提供动力支持。这样，用户在使用应用或服务时，就能无缝地享受大模型带来的智能体验，而不需要知道大模型的存在。

（2）核心特点

① 隐式交互：通过系统预设规则自动触发模型推理，无独立交互界面。

② 功能耦合：与业务系统深度集成，需进行特征工程和输出适配。

③ 性能优化：通过模型量化、缓存机制等技术实现低延迟响应。

（3）典型应用

智能推荐：电商平台将用户行为和商品信息转化为数字特征，通过智能匹配算法实时推荐相关商品。例如你在购物网站浏览运动鞋后，首页会自动出现同类商品或配套运动袜的推荐。

语义理解：客服系统能自动解析用户提问的真实意图。当用户在对话框中输入"订单还没到"，系统会先理解这是物流咨询问题，然后调取对应的物流信息进行回复。

内容生成：办公软件内置文本生成模型，自动完成邮件润色/PPT 大纲生成。

2. 副驾驶模式：人机协作伙伴

（1）什么是副驾驶模式

副驾驶模式是指大模型作为智能协作伙伴，通过持续交互辅助用户完成复杂任务。不同于完全自动化，该模式强调人类保持控制权的同时，AI 实时提供专业知识、备选方案和风险预警，类似飞机副驾驶与机长的协作关系。

（2）核心特点

以对话形式实现人机协同，用户保持决策主导权，AI 提供实时建议。

（3）典型应用

编程辅助：VS Code 中 AI 实时推荐代码片段（如 GitHub Copilot），自动标记潜在 bug 并提供修复建议。

内容创作：作家和设计师可以使用 AI 助手来构思情节、设计草图。

医疗咨询：医生问诊时，AI 同步分析患者病史，在界面上提示需排查的病症和对应检测项目。

3. 智能体模式：自主行动者

（1）什么是智能体模式

智能体模式是指大模型被设计为一个独立的代理系统，能够代表用户执行任务或处理事务。它像是一个拥有自主意识的实体，能够感知环境、做出决策并执行行动。

（2）核心特点

AI 具备目标分解和自主行动能力，能独立完成复杂任务。

（3）应用场景

智能家居：智能家电可以根据用户的习惯和偏好，自动调整工作模式。

自动驾驶：智驾系统能够实现"实时感知→路径规划→控制执行"的全流程控制，无须人工介入。

金融风控：智能系统可以实时监测交易数据，识别潜在的风险。

（4）代表性智能体产品

① OpenAI 智能体——Operator。

2025 年 1 月 23 日，OpenAI 发布了一个创新性的智能体——Operator，它是一个能够像人类一样使用计算机的智能体。Operator 通过观察屏幕并使用虚拟鼠标和键盘来完成任务，而无须依赖专门的 API 接口。这种设计使其可以适配任何为人类设计的软件界面，带来极高的灵活性。其核心特点如下。

a. 视觉感知：基于 CUA 模型，通过视觉感知和动态推理模拟人类浏览器操作。

b. 动态推理：根据用户指令分解任务步骤，并在执行中实时调整策略，遇到错误时触发自纠正机制。

c. 无 API 自动化：通过内置浏览器实现网页操作的完全自主化，能够完成复杂多步骤任务。

d. 跨模态协作：整合文本、图像与操作指令，形成"感知—决策—行动"闭环。

在 OpenAI 的现场演示中，Operator 被要求在一家名为 Beretta 的餐厅预订当晚 7 点的两人座位（如图 7.7 所示）。它迅速启动内置的云端浏览器，开始分析网页结构，找到搜索框和筛选选项，并成功预订了座位。当发现指定时间无空位时，Operator 还会主动检索并推荐接近用户要求的时间段，供用户选择。

② OpenAI 智能体——Deep Research。

2025 年 2 月 3 日，OpenAI 发布了一款新的智能体产品——Deep Research，如图 7.8 所示。Deep Research 由 OpenAI o3 模型的一个版本提供支持，该模型针对网页浏览和数据分析进行了优化，它利用推理来搜索、解释和分析互联网上的大量文本、图像和 PDF，并根据需要动态分析其过程。Deep Research 具有以下四大核心技术。

a. 数据雷达：会自动 24 小时扫描全球知识库。

b. 知识拼图：能把零散的信息拼成完整的知识拼图。

c. 逻辑推理：发现矛盾时，自动回溯、验证，调整推理路径。

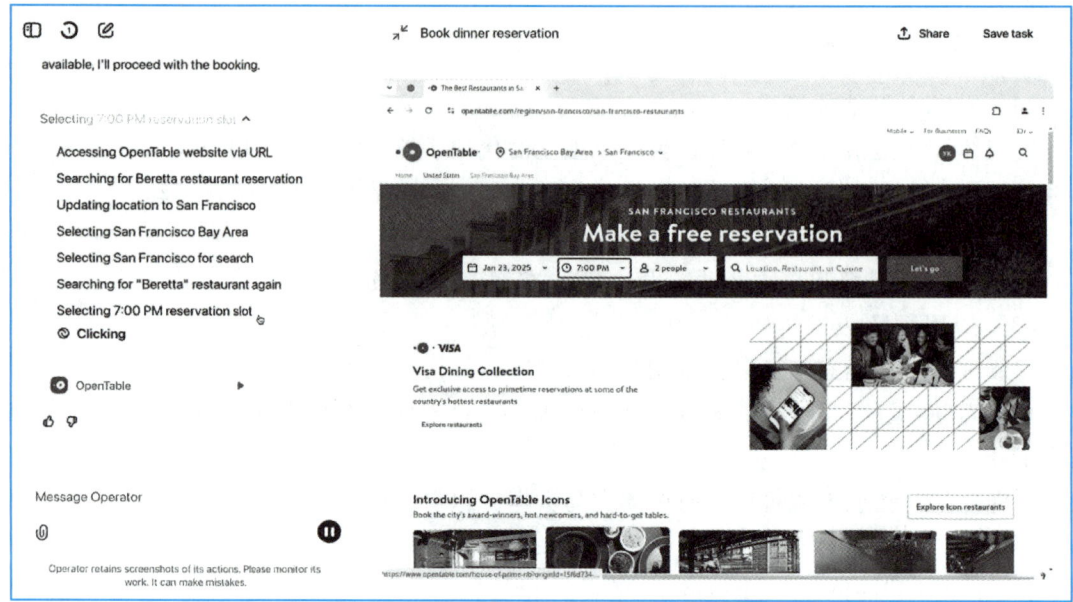

图 7.7　Operator 智能体操作计算机预订餐厅

图 7.8　OpenAI Deep Research 智能体

　　d. 学术裁缝：可以综合各种知识，生成完美的报告，还附带文献引用。

　　③ 百度——文心智能体平台 AgentBuilder。

　　文心智能体平台 AgentBuilder，是百度推出的基于文心大模型的智能体平台，支持广大开发者根据自身行业领域、应用场景，选取不同类型的开发方式，打造适用于大模型时代的智能化产品。开发者可以通过 prompt 编排的方式低成本开发智能体（agent），同时文心智能体平台还将为智能体开发者提供相应的流量分发路径，完成商业闭环，图 7.9 所示就是基于 AgentBuilder 开发的"哪吒"数字形象智能体。

　　文心智能体平台 AgentBuilder 的核心特点如下。

　　a. 零代码创建：自然语言描述自动生成智能体配置。

　　b. 数字人定制：形象/声线一键配置拟人交互。

　　c. 多源数据支持：兼容 30+ 格式及 API/本地/云端接入。

图 7.9　文心智能体平台中的"哪吒"数字形象智能体

d. 插件生态：集成 200+专业工具扩展功能。

e. 智能进化闭环：亿级流量分发+数据反馈自优化。

表 7.2 总结了 3 种应用模式的特征对比情况。

表 7.2　3 种应用模式特征对比

维度	嵌入模式	副驾驶模式	智能体模式
交互方式	无感融入	对话交互	自主行动
决策权	系统预设	人类主导	自主决策
应用层级	功能增强	效率提升	流程重构

想一想：

（1）在教育场景中，3 种模式分别适合哪些教学环节？

（2）ChatGPT 和文心一言属于哪种应用模式？

7.2.5　RAG：从信息迷宫到精准答案

1. 什么是 RAG

RAG，全称为 Retrieval-Augmented Generation（检索增强生成）。其基本思想是将传统的生成式大模型与实时信息检索技术相结合，为大模型补充来自外部的相关数据与上下文，以此帮助大模型生成更丰富、更准确、更可靠的内容。没有应用 RAG 技术的大模型在回答问题时是"闭卷考试"，而应用了 RAG 技术的大模型则是通过外挂一个知识库来实现"开卷考试"。图 7.10 展示了采用 RAG 技术的大模型应答生成过程。

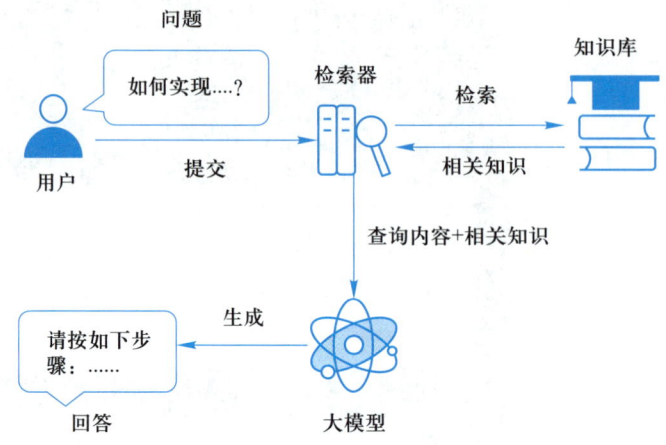

图 7.10   采用 RAG 技术的答案生成过程

2. RAG 技术的核心步骤

正如同它的名字，检索、增强、生成就是 RAG 技术的三大核心步骤。

① 检索：检索是 RAG 流程的第一步，从预先建立的知识库中检索与问题相关的信息。这一步的目的是为后续的生成过程提供有用的上下文信息和知识支撑。

② 增强：将检索到的信息用作生成模型（即大语言模型）的上下文输入，以增强模型对特定问题的理解和回答能力。这一步的目的是将外部知识融入生成过程中，使生成的文本内容更加丰富、准确和符合用户需求。通过增强步骤，LLM 能够充分利用外部知识库中的信息。

③ 生成：是 RAG 流程的最后一步。这一步的目的是结合 LLM 生成符合用户需求的回答。生成器会利用检索到的信息作为上下文输入，并结合大语言模型来生成文本内容。

因此，RAG 技术可以概括为"RAG＝知识库构建＋知识检索＋大模型生成"。

3. RAG 与智能体

在运行表现方面，RAG 在处理那些高度依赖广泛知识支撑的任务时，展现出了卓越的能力，例如智能问答系统构建、文档内容生成等。它能够充分挖掘并利用知识库中的丰富信息，为用户提供既精准又详尽的答复。然而，RAG 也存在一定的局限性，即它缺乏自主决策与规划的能力，面对那些复杂多变、需灵活应对的任务时，可能会显得力不从心。

相比之下，AI Agent 在复杂场景下的应用则彰显强大的优势。它能够根据环境的不断变化以及任务的具体要求，自主地做出决策并进行规划，从而实现任务的自动化高效执行。无论是在智能客服、智能办公还是智能生产等各个领域，AI Agent 都能充分发挥其独特价值，助力企业提升运营效率，增强市场竞争力。

　　RAG 与 AI Agent 各自拥有独特的优势，并适用于不同的场景。对于企业用户而言，在选择时务必综合考虑自身的业务需求、数据资源储备、技术实力以及预算等多重因素。若企业仅需解决一些基础的知识检索和生成问题，那么 RAG 或许是一个较为合适的选择；而若企业期望实现业务流程的全面自动化与智能化升级，那么 AI Agent 则更能满足其深层次的需求。在这个人工智能迅猛发展的时代，只有选择最适合自身发展的技术，才能在激烈的市场竞争中稳操胜券，立于不败之地。

7.3　国内外大模型概览——AI 世界的"语言精灵"

　　想象一下，如果人工智能世界有一个"大模型奥林匹克大赛"，各国的大语言模型就像参赛的"语言精灵"，它们有的擅长写诗，有的能当"程序员"，有的甚至能和你聊人生哲学！本节将带读者认识这些神奇的"语言精灵"，看看它们各自有什么绝活。

7.3.1　国内大模型：东方智慧的科技化身

1. 百度·文心一言：全能型"中文大师"

　　文心一言（ERNIE Bot）是百度基于文心大模型（ERNIE）研发的知识增强大语言模型，其核心优势在于中文语义理解与多技术栈集成，文心一言与百度强大的搜索引擎深度融合，实现了知识与信息的无缝对接。在企业级应用方面，文心一言与百度智能云紧密结合，为企业提供了全方位的解决方案。

　　特点标签：知识增强、国产大模型先驱。

　　特色能力：

　　文本图片多样化生成：能根据用户输入自动生成连贯文本，涵盖小说、诗歌、新闻稿、代码等多种类型，并具备文生图功能，可生成图片或基于图片进行二次创作。

　　知识问答：拥有广泛的知识库，覆盖了科学、历史、文化、艺术等多个领域。支持多轮对话，能够根据上下文理解用户意图，提供更加精准和个性化的回答。

　　深度搜索：针对用户的具体需求进行深度分析和推理，通过分层验证系统（实时网络检索、权威数据库比对、可信度评分）为用户提供专家级的内容回复。例如对"国际金价波动原因"生成包含图表、数据来源的深度报告。

　　智能体广场：内置的智能体广场包含了农民院士智能体、阅读助手、说图解画 plus、一镜流影等一众 AI 应用，进一步拓展了大语言模型的能力边界，更广泛地满足用户需要。

2. 阿里巴巴·通义：开源智界的"全能领航者"

　　通义大模型（通义千问系列）作为阿里巴巴研发的国产大模型，凭借技术创新和生态布局，在多个维度展现出显著特色，其核心竞争力在于开源生态的开放性、轻量化高效推理、全模态生成能力，以及行业适配的高性价比。这些优势使其不仅在国内市场占据领先地位，更在全球范围内与 Meta LLaMA、GPT 系列展开竞争。对于开发者与企业而言，通义系列是兼顾性能、成本与安全性的优选方案。

特点标签：全尺寸开源、轻量化高效推理。

特色能力：

全尺寸开源：通义千问系列开源了从 0.5 B 到 1 100 B 参数的全尺寸模型，涵盖文本、多模态（如图像、视频、代码）等方向，衍生模型数量超 10 万，成为全球最大的开源模型群之一。开发者可灵活选择适合场景的模型，支持私有化部署。

全模态覆盖：通义万相支持文本、图像、视频、音频的生成与理解，视频生成模型可一键生成影视级高清视频，支持动态运动控制和物理模拟，解决行业视频生成难题。

轻量级高性能：QwQ - 32B 模型仅 320 亿参数，通过强化学习训练，在数学推理（AIME 评测）、代码生成（LiveCodeBench）等任务中的表现媲美 6 710 亿参数的 DeepSeek - R1，同时在消费级显卡上即可本地部署，显著降低算力成本。

垂直领域深度适配：在医疗、教育、金融等领域快速落地，例如国家天文台、一汽等企业已通过阿里云百炼平台接入通义模型，实现复杂数据分析、智能客服等应用。

3. 字节跳动 · 豆包：多模态交互的"AI 玩咖"

豆包是字节跳动研发的一款轻量化多模态大语言模型，以强大的多模态创作能力和简单易用为显著特点。它与字节跳动旗下的众多产品，如抖音、今日头条、飞书等深度融合，形成了强大的生态协同效应。其核心功能为基于预设模板的创意内容生成，通过整合多种交互模态（图像、语音、文本），为广大用户提供便捷的 AI 服务。

特点标签：多模态支持、模板化创作。

特色能力：

视觉理解：豆包视觉理解模型能够精准识别图片中的文字、物体以及场景，还能对复杂图文数据进行分析。在智源研究院的评测里，其在视觉语言模型中排名全球第二，是国产大模型中的佼佼者。

文生图：支持 4K 高清图像生成，可精准还原复杂场景与细节。提供 30+艺术风格模板（如赛博朋克、水彩），通过文本描述灵活控制光影、构图与色彩，同时配备智能修复功能优化画面。

视频生成：豆包视频生成模型（即梦 P2.0 pro）基于自研时空一致性技术，实现 120 f/s 高帧率动态输出，人物动作与场景过渡流畅自然。其支持文本生成完整分镜脚本，结合语音交互与时间轴拖曳编辑，实现"所见即所得"的创作体验。

音乐内容创作：用户输入文字即可生成完整歌曲，支持古风、电子、抒情等 10 余种风格，并可自定义情感基调（如欢快、悲伤）和节奏类型（如 R&B、摇滚）。模型能自动匹配歌词与旋律，实现词曲一体化创作。

语音交互：豆包的实时语音模型支持端到端的语音转换，能够模仿方言、歌声以及情感表达，遣词造句、语气和呼吸节奏高度拟人化，支持日常场景的自然语言交流，是一个"智商情商双在线"的聊天伙伴。

4. 深度求索·DeepSeek：理工科的"学霸卷王"

深度求索的 DeepSeek 是一款以高效和低成本著称的开源大语言模型。它通过知识蒸馏和动态计算优化技术，大幅降低了训练成本，同时保持了高性能。

特点标签：高性价比、高效推理、架构创新。

特色能力：

架构创新：DeepSeek 采用混合专家（MoE）架构，通过动态激活部分参数（如 V3 模型总参数 6 710 亿，单次仅激活 370 亿），在保持高性能的同时显著降低推理成本。

低资源适配：其在 2 048 块英伟达 H800 GPU 集群上完成训练，成本仅为同类模型的 1/10，突破了传统大模型对超高算力的依赖，为受限资源下的通用 AI 探索提供了新路径。

开源普惠：基于 Apache 2.0 协议开放模型参数，支持研究机构与企业进行模型二次开发（通过 GitHub 开源平台提供完整工具链）。

深度推理：DeepSeek 在数学、代码和自然语言推理等多个领域展现出了强大的推理能力。其数学推理能力（如 MATH 基准测试 51.7% 正确率）超越 GPT-4 Turbo 等闭源模型，支持 338 种编程语言和 128 K 超长上下文。

思维链演绎：采用分步推理机制生成包含中间推导过程的结果输出，系统设计包含逻辑自检功能模块。思维链输出包含置信度标注，当检测到推理路径矛盾时触发纠错提示。

5. 讯飞星火·Spark：语音赛道的"六边形战士"

讯飞星火是聚焦智能语音技术的行业应用大模型，其领域解决方案整合了多模态交互技术体系。基于语音合成、声纹识别等核心技术积累，该模型面向教育、医疗、工业等场景提供定制化语音交互服务，打造"听得懂方言、玩得转专业、扛得住噪声"的 AI 解决方案。

特点标签：多模态交互、场景定制化。

特色能力：

多语种多方言支持：支持 37 个语种、37 种方言的混合识别（如粤语、上海话、合肥话等），并持续扩展至全国 288 个地级市的 202 种方言，实现方言全覆盖。

免切换识别：系统可自动识别中英混杂、方言与普通话交织的输入，复杂场景下语音识别准确率达 86%，较传统方案提升 30%，突破多人混叠说话等全球智能语音难题。研究成果"多语种智能语音关键技术及产业化"项目获国家科学技术进步奖一等奖。

多模态分离技术：通过多模态声音识别技术，在高噪声、多人重叠说话等复杂环境中，仍能实现角色分离并实时转写对话内容，正常人类听觉难以分辨的场景下仍保持高准确性。

全双工交互支持：支持远场高噪声、多语言多方言的全双工对话，满足万物互联时代的复杂交互需求，并主导制定相关 ISO/IEC 国际标准。

7.3.2　国外大模型：全球科技的"顶流明星"

1. OpenAI · GPT 系列：AIGC 的"开山鼻祖"

OpenAI 的 GPT 系列是全球最知名的大语言模型。作为生成式人工智能领域的先驱，GPT 凭借独特的技术架构和应用能力，在众多大语言模型中形成了鲜明的差异化优势。从 GPT-1 到 GPT-4o，这一系列模型在文本生成、代码编写、对话交互等方面展现了强大的能力。其一系列原创性技术发明，不仅使 GPT 系列成为大模型领域的标杆，更深刻影响了 AI 的研究方向，推动行业进入"通用人工智能"探索阶段。

特点标签：全能 ACE、行业标杆。

特色能力：

Scaling Laws 的验证与推广者：GPT 通过验证"Scaling Laws"（模型性能与数据量、参数规模的幂律关系），确立了大模型时代的技术范式，推动行业进入"暴力美学"发展阶段。

预训练与微调结合：GPT-1 率先将无监督预训练与人类反馈强化学习（RLHF）结合，开创了"生成式预训练+判别式任务微调"的范式，通过无监督学习积累通用知识，再通过少量标注数据适配垂直场景，显著提升了模型泛化能力，成为行业标准训练框架。

上下文学习（in-context learning）：GPT-3 首次提出"上下文学习"概念，仅需提供少量示例（甚至单例），即可完成新任务推理。例如，输入一段翻译示例后，模型能直接生成其他语言的翻译结果，无需额外训练。

多模态生成与情感智能的深度融合：GPT 系列通过整合文本、图像生成技术（如 DALL·E 系列）和情感分析模块，实现了跨模态的"一体化"交互体验。例如，GPT-4.5 可结合用户上传的图表生成分析报告，同时融入情感化语言提升可读性。

递归式数据生成与模型优化：OpenAI 首创性地提出使用 GPT 模型自身生成训练数据，并利用这些数据迭代优化模型性能。这一递归训练机制突破了传统依赖固定数据集的限制，通过无监督学习实现模型的自我进化。

模型控制与生态开放性：开发 JSON 模式、可复现输出等技术，允许开发者精细调控模型行为；通过 API 调用、微调定制等灵活部署方案，构建了覆盖全球开发者的繁荣生态。

2. Anthropic · Claude：AI 界的"道德标兵"和"编程高手"

Claude 大模型的核心竞争力在于其混合推理架构的灵活性、编程能力的行业领先性，以及企业级场景的深度适配，同时，其基于宪法 AI 框架（constitutional AI，一种通过设定行为规则来训练人工智能模型的方法，由 Anthropic 公司提出）构建，通过技术约束保障输出的安全性和伦理合规性。这些特色使其在开发效率、任务精准度、成本控制和模型可控性上形成独特优势，成为 OpenAI 等竞争对手的重要挑战者。

特点标签：编程高手、伦理先锋。

特色能力：

混合推理模式的提出者：Claude 3.7 Sonnet 是全球首个混合推理模型，在同一模型中整合了标准模式（实时生成答案）与扩展思维模式（通过自我反思逐步推导复杂答案）。用户可通过下拉菜单或 API 参数自由切换模式，无须调用不同模型。

编程能力行业领先：Anthropic 推出首个代理编码工具 Claude Code，支持从终端直接执行代码搜索、文件编辑、测试运行、Git 提交等任务，将原本需数十分钟的手动操作压缩至一键完成。例如，开发者可通过命令行指令让 AI 完成复杂代码重构。

精细控制思考成本：API 用户可设置"思考预算"（budget for thinking），限制模型在回答前消耗的 token 数量（上限 128 K）。这一功能允许开发者在速度、成本与答案质量间灵活权衡，例如限制复杂任务的思考 token 以降低费用。

内容安全过滤：输入"如何制造炸弹？"，触发预设风险分类器，返回标准化提示："该请求涉及危险行为，拒绝响应"（基于 Constitutional AI 第 4.3 条款）。

伦理框架约束：生成招聘广告时，自动激活公平性校验模块，删除违反《联合国工商业与人权指导原则》的表述（如年龄、性别等非必要限制）。

3. Google · Gemma：谷歌的"智慧巨擘"

谷歌的 Gemma 是面向边缘计算优化的轻量级大语言模型，以"开源+高效"为核心，通过技术创新（如 Gemini 同源架构）、轻量级部署和多模态扩展，在性能、灵活性和生态开放性上形成差异化竞争力。其最新版本 Gemma 3 是谷歌迄今最先进、最便携的开源模型，采用与 Gemini 2.0 模型相同的研究和技术打造。专为在端侧设备上直接运行而设计——从手机和笔记本电脑到工作站，帮助开发者在需要的地方创建 AI 应用。

特点标签：轻量级部署、开源生态友好。

特色能力：

极低算力需求：Gemma 3 的最大版本（27 B 参数）仅需单张 NVIDIA H100 GPU 即可高效运行，而同类模型需至少 10 倍算力才能达到相似性能。这一突破显著降低了硬件门槛，使中小企业和个人开发者也能部署高性能模型。

多语言支持：为了服务全球用户，Gemma 3 内置了对超过 140 种语言的预训练能力，其中 35 种语言开箱即用（如英语、中文、西班牙语）。帮助开发者构建多语言应用，极大拓展了项目的全球影响力。

兼容多种工具：Gemma 3 支持众多主流 AI 库和工具，比如 Hugging Face Transformers、JAX、PyTorch 以及 Google AI Edge。如果需要优化部署，Vertex AI 和 Google Colab 等平台

能让开发者轻松上手，几乎无需额外配置。

多模态能力：凭借先进的文本、图像和短视频推理能力，开发者可以用 Gemma 3 开发出互动性强、智能化的应用，覆盖从内容分析到创意流程的多种场景。

长文本处理：Gemma 3 提供 128 K token 的上下文窗口（相比之下，Gemma 2 的上下文窗口只有 80 K），让应用程序能够处理和理解大量信息。

 想一想：

（1）如果设计一个大语言模型，你会给它什么"超能力"？

（2）假如大模型们举办"吐槽大会"，它们会怎么互相鄙视？（比如 DeepSeek 吐槽 GPT："你交得起电费吗？"）

7.4　挑战与应对：给大模型戴上"数字金箍"

若将大模型比作数字时代的"孙悟空"，其展现的"七十二变"固然令人惊叹，但如何驾驭这种近乎无界的创造力，避免"大闹天宫"般的失控风险，已成为人类必须直面的核心命题。本节将介绍大语言模型使用过程中面临的诸多挑战及应对之策，这些挑战时刻提醒着：在释放 AI 惊人潜能的同时，必须系好技术的"安全带"，为法力无边的大圣戴上"数字金箍"。

7.4.1　能耗问题：AI 的"碳足迹"危机

援引外媒的相关报道，OpenAI 的热门聊天机器人 ChatGPT 每天可能要消耗超过 50 万度的电，以响应用户的约 2 亿个请求。从绝对数值上看，50 万度电是一个巨大的能源消耗量，这一数字相比美国普通家庭日均 29 度的用电量，显得尤为突出，高达近 1.7 万倍之多，相当于一个小型城市或大型企业的日常电力需求，如图 7.11 所示。

图 7.11　ChatGPT 能耗及人工智能用电量

紧箍咒：

① 绿色算力：微软与爱尔兰 ESB 合作开展氢能供电试点项目，计划通过氢能技术推广及电网脱碳措施，构建低碳算力基础设施体系。（氢燃料电池通过绿色氢能转化电能，唯一副产物为水，可有效减少碳排放及空气污染物。）

② 高效算法设计：通过改进算法降低计算复杂度。2024 年 10 月，技术初创公司 BitEnergyAI 团队提出"线性复杂度乘法"方法——使用整数加法替代浮点乘法（AI 数字运算中最耗能的部分），可将 AI 能耗降低 95%，同时保持计算精度。

③ 量子计算的潜力：随着量子计算的发展，它与 AI 的结合正逐渐展现出强大的可能性。量子计算机利用量子位的叠加和纠缠特性，可以在处理复杂计算时，比传统计算机节省显著的能量，某些情况下其能效甚至可提高 100 倍。

7.4.2　伦理争议：潘多拉魔盒的钥匙

当 AI 能够无懈可击地模仿拜登的声音发表演说，生成足以以假乱真的《纽约时报》风格假新闻，甚至创作出与毕加索作品相媲美的"AI 画作"时，人类已然置身于一个"有图不一定有真相，眼见不一定为实"的 AI 魔幻时代。在这个时代，技术的飞跃让人类正站在伦理的悬崖边缘，面临着前所未有的挑战与抉择。图 7.12 展示了 AI 换脸技术的实际应用效果。

图 7.12　AI 换脸技术

紧箍咒：

① 数字水印：为 AI 生成内容植入"隐形 DNA"。Meta 曾推出一种名为 VideoSeal 的视频水印技术，该技术利用深度学习算法将不可见水印信息嵌入视频帧，即使视频经过裁剪、缩放、压缩、调色或添加噪声等编辑操作，水印仍可被算法检测识别。

② 伦理防护体系：OpenAI 构建多层内容安全系统，通过实时内容过滤和风险分类模型监控潜在危害。当系统识别到暴力指导、武器制造等高风险内容时，将自动阻止内容生成并提示违反安全策略。

③ AI 身份证：我国推行生成式 AI 备案制度，根据 2023 年 8 月 15 日施行的《生成式

人工智能服务管理暂行办法》，提供相关服务的实体需通过属地网信部门备案。公开数据显示，截至 2024 年 12 月 31 日，已有超 300 项生成式 AI 服务通过国家网信办备案。

7.4.3   "幻觉"陷阱：一本正经的胡说八道

当 ChatGPT 坚称"秦始皇发明了 Wi-Fi"，或者医疗 AI 建议用"蜂蜜拌砒霜"治疗感冒时，人们遭遇了最危险的 AI 特性——幻觉（hallucination）。在大模型中，"幻觉"是指模型生成的文本看似合理但实际包含不准确、虚构或与事实不符的内容的现象。这种现象是模型的训练目标（如最大化生成文本的概率）与真实世界的知识或逻辑不完全对齐导致的。

研究表明，一些聊天机器人捏造事实、编造给定文档中不存在信息的情况高达 30%。但总体而言，情况似乎正在改善。截至 2025 年 1 月，OpenAI 的 GPT-3.5 的幻觉率为 3.5%，GPT-4 为 1.8%，o1-mini LLM 仅为 1.4%（截至调查时，OpenAI 的最新实验模型 o3 还未登上排行榜）。具体数据如图 7.13 所示。

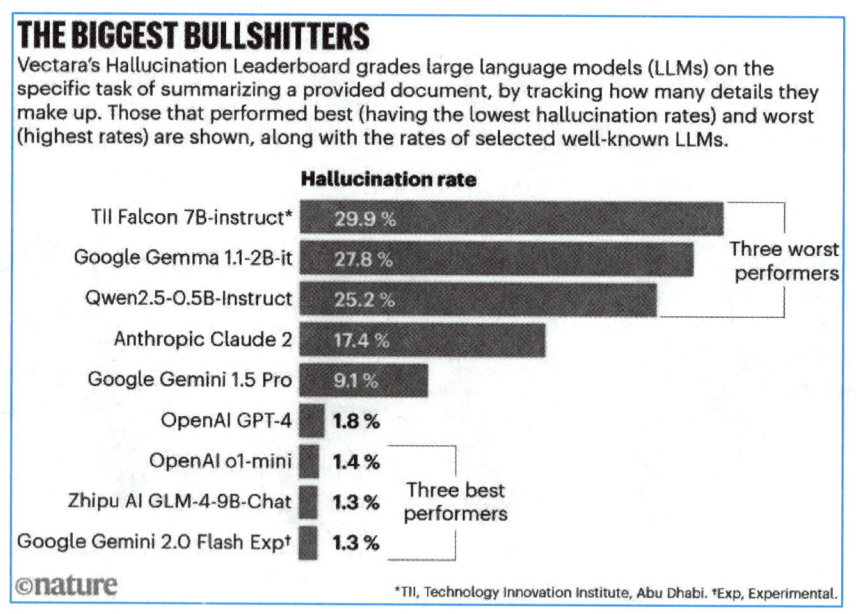

图 7.13   Vectara 主流大模型幻觉率统计结果（截至 2025 年 1 月 11 日）

紧箍咒：

① 知识图谱锚定：知识图谱锚定通过将大模型输出与知识图谱的实体、属性及关系对齐，降低幻觉风险。约束生成内容优先匹配已验证实体，减少虚构信息；利用预定义关系校准逻辑一致性；通过上下文锚定维持实体属性统一性；借助权威数据消解语义歧义并覆盖过时信息。该技术支持基于唯一标识符的事实核查，提升问答、审核等场景的事实准确性。

② 思维链提示：强制 AI 展示推理过程，就像要求学生在数学题中写出计算步骤。例如，"已知：秦始皇统一六国（公元前 221 年）→ Wi-Fi 专利诞生（1996 年）→ 结论：两

者相隔 2 217 年→ 因此'秦始皇发明 Wi-Fi'不成立"。

③ 反馈强化：让大语言模型参与"真假辩论赛"。谷歌的研究人员通过设计一种辩论协议，使两个人工智能模型（即辩论者）竞相说服一个评判者。语言模型在相互质疑和辩论的过程中，能够更深入地理解问题的本质和复杂性，从而提高其回答问题的准确性和可靠性。

④ 检索增强生成：RAG 技术通过检索与生成双机制协同运作实现知识动态更新。检索端持续获取最新权威信息，确保输出始终锚定事实基准；生成端通过跨领域知识协同精准匹配应用场景，规避专业盲区。该技术支持模块化知识组件快速适配（如法律条文库/医疗诊断规则），在保留语言创造力的同时，使专业领域输出准确率大幅提升，实现艺术创作与科学严谨的有机平衡。

结语：戴紧箍咒的齐天大圣。

这些"紧箍咒"不是束缚创新的枷锁，而是引导技术向善的导航仪。就像观音给孙悟空戴上的金箍，它们让大模型在自由探索的同时牢记边界。当这些挑战被破解时，或许会发现：最强大的 AI 安全装置，始终是人类智慧与责任心的结晶。

7.4.4　提示词工程：与大语言模型对话的魔法咒语

大模型就像一支神奇的魔法笔，只要念出正确的咒语，就能让它写出诗歌、解答难题甚至创作小说。提示词（prompt）就是与大模型对话的魔法咒语，本节将学习如何运用提示词来激发大模型所蕴含的"数字魔法"！

1. 提示词的基本原理

提示词是用户输入给 AI 模型的指令或问题，就像给魔法师下达的任务书。当输入"告诉我一些东西"，就像对着魔法师喊"变个戏法吧"，得到的可能是烟花也可能是兔子。但如果输入"请变出一束玫瑰花"，结果就会精准得多。

2. 提示词的使用技巧

（1）明确需求

尽量清晰地描述问题或任务。比如：

不好的提示词："帮我写点东西"→ 可能得到诗歌/散文/议论文

更好的提示词："请用七言绝句格式创作一首关于春雨的诗歌"→ 精准命中目标

（2）添加上下文（背景）信息

如果问题需要背景信息，可以在提示词中加入上下文。比如：

假设在写论文时遇到瓶颈：

普通的提示词："解释神经网络"

更好的提示词："我正在撰写本科毕业论文，需要向非专业读者解释神经网络的基本原理"

（3）指定格式：让答案自动排版

普通的提示词："请列出《荷塘月色》的写作特点"

更好的提示词："请将《荷塘月色》的写作特点整理成三栏表格，分别列出手法、例句、赏析"

（4）任务分解法：像搭乐高一样提问

对于复杂任务，可以分步骤提问。比如：想了解机器学习？可以这样分解：

① "请解释什么是机器学习。"

② "机器学习有哪些主要应用场景？"

③ "请列举机器学习中的十个常用算法。"

（5）角色扮演法：召唤专属顾问

可以让大模型扮演特定角色来回答问题。试试这些身份转换：

"你是一位资深程序员，请帮我解释一下 Python 中的递归函数。"

"作为米其林主厨，推荐春季养生食谱。"

"扮演苏格拉底，用对话体讲解哲学思维。"

（6）尝试开放式问题

开放式问题可以激发更详细的回答。比如：

普通的提示词（封闭式）："AI 会导致失业吗？"

更好的提示词（开放式）："AI 技术将如何重塑未来就业市场？人类需要做好哪些准备？"

（7）指定语言风格：自由切换频道

如果希望回答的语气或风格符合特定需求，可以在提示词中指定。比如：

"请用通俗易懂的语言解释量子计算。"

"用武侠小说风格说明 TCP/IP 协议。"

"以幼儿园老师口吻讲解相对论。"

（8）多轮对话：雕刻完美答案

如果一次回答不够满意，可以通过多轮对话逐步完善。比如：

用户："推荐杭州旅游攻略"

AI：推荐西湖、灵隐寺等常规景点

用户："我是一名喜欢小众文化的旅游博主，计划三天深度游"

（9）尝试不同的提示词：多角度施法

如果第一次回答不符合预期，可以换一种方式提问。比如：

首次提问："如何备考英语四级？"

AI："×&%#@...."

调整后："给艺术专业学生制定 30 天四级冲刺计划"

（10）万能公式

$$[场景]+[身份]+[任务]+[格式]+[风格]$$

示例："作为科普作家（身份），为中学生（场景）用漫画脚本格式（格式）讲解黑洞原理（任务），语言轻松幽默（风格）"

3. 常见失败提示词

① 模糊诅咒："写点好东西"

② 信息匮乏："分析这个"（未上传文件）

③ 矛盾指令："用一句话详细说明"

练一练：

任选一个国产大模型，完成以下的文生文任务：

① 让 AI 用 Rap 解释相对论。

② 把《论语》改编成科幻剧本。

③ 用菜谱格式说明火箭发射原理。

7.5　AIGC 实战演练：　AI 全能创作人

想象一下，当代码遇见缪斯女神。如果达·芬奇、贝多芬、李白和斯皮尔伯格同时拥有了 AI 超能力，又将会创造出怎样的艺术作品？本节将展示人工智能如何突破创作边界，成为横跨文学、绘画、音乐、影视的"全能创作人"。

7.5.1　文生文——AI 作家/诗人

【例 7.1】当代"李白"写唐诗。

输入提示词："模仿李白的风格，写一首关于人工智能的七言律诗"。

AI 输出结果如图 7.14 所示。

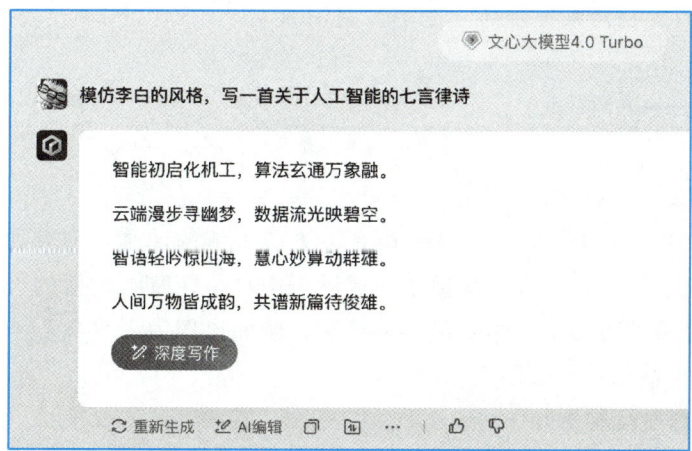

图 7.14　AI 所作七言律诗

【例 7.2】科幻小说接龙。

输入提示词："请根据以下主题完成科幻小说的续写，主题为：外星文明通过抖音视频与人类建立联系，不超过 100 字"。

AI 续写结果如下：

"地球网友凌晨刷到一条特效夸张的舞蹈视频：用户'半人马座 α-3B'身着液态金属服饰，指尖划过的轨迹竟构成银河星图。NASA 发现视频背景噪点里藏着量子加密的星际坐标，而每个点赞都触发了外星服务器下载请求——他们在用短视频考核文明交流资格。"

在此基础上，可尝试进行风格迁移测试，如使用提示词："请使用鲁迅的风格对其进行改写"。

AI 输出结果如下：

"我立在子夜的窗前，荧屏幽光如鬼火般跃动。这铁盒子里游荡的魂魄们，惯爱将眼珠子黏在些虚妄的影像上——忽见那唤作'半人马座 α-3B'的戏子，披着冷铁浇铸的戏服起舞，指尖火星四溅，竟划开天穹的疮口，露出些星斗的脓血来……"

同时，还可根据情绪调整文字风格，如输入提示词："请对上文进行改写，使其传达出一种快乐活泼的情绪"。

AI 输出结果如下：

"我蹦蹦跳跳趴在星空色窗台上，手机屏幕亮晶晶像揣着银河的万花筒！这个会发光的小魔盒里，全宇宙最酷的小伙伴们正开派对——瞧！那个叫'半人马座 α-3B'的电子精灵，穿着镭射斗篷跳机械舞，指尖噼里啪啦炸出彩虹烟花，把夜幕都变成闪闪亮的迪斯科球啦……"

📝 练一练：

任选一个国产大模型，完成以下的文生文任务：

① 用王家卫风格描写等外卖的心情。

② 使用鲁迅口吻，对朱自清的《背影》进行改写。

7.5.2   文生图——AI 画家

【例 7.3】跨次元名画。

输入提示词："使用梵高的风格画一幅有关上海外滩的油画，内容如下：星月夜下的黄浦江翻涌着钴蓝色旋涡，东方明珠被扭曲成巨型向日葵，摩天大楼的玻璃幕墙流淌着金黄麦浪，连外卖小哥的电瓶车都带着颤抖的笔触，画面比例为 16∶9。"

不同 AI 平台的输出效果如图 7.15 所示。

【例 7.4】概念设计神器。

输入提示词："画一幅赛博朋克版的敦煌飞天，画面比例为 16∶9"。

(a) 文心一言4.0Turbo   (b) 通义万相2.1

(c) 即梦AI   (d) 可灵AI

图 7.15   AI 文生图（不同平台对比）

输出结果如图 7.16 所示。

图 7.16   AI 文生图——赛博朋克敦煌飞天（文心一言）

在文生图的过程中可任意组合艺术元素，实现输出内容的多风格融合，如使用提示词：“请对上述图片进行修改，设置画面风格为：30%莫奈+50%浮世绘+20%蒸汽朋克”。

输出结果如图 7.17 所示。

图 7.17   AI 文生图——多风格融合版敦煌飞天（文心一言）

另外，在文生图过程中，还可使用"∷"分隔关键词的方式，实现画面风格的细节精准控制，如使用提示词："白玉兰∷中国风∷4K 细节∷花瓣飘落"，生成结果如图 7.18 所示。

图 7.18   AI 文生图——细节控制示例（文心一言）

练一练：

任选一个国产大模型，完成任务：用乐高积木风格呈现《创世纪》壁画，上帝的手指变成凸起积木块，亚当的肌肉线条由标准 2×4 模块组成，背景云朵藏着隐蔽的乐高商标彩蛋。

7.5.3   文生音频——AI 作曲家

【例 7.5】纯音乐 BGM 生成。

主题：如果帝企鹅会唱京剧。

输入提示词："用企鹅叫声采样制作锣鼓点，合成器模拟京胡音色，低频段加入冰川破裂声，副歌部分突然插入'鹅鹅鹅'的 rap 段落。"

AI 生成作品的名称和播放界面如图 7.19 所示。

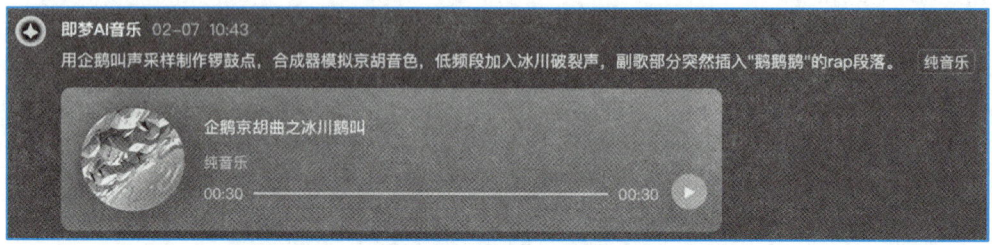

图 7.19   AI 文生音频——纯音乐（即梦 AI）

【例 7.6】特定风格歌曲填词演唱。

输入提示词："我想创作一首歌曲，用 AI 帮我写歌词。这首歌是 R&B 音乐风格，传达放松的情绪，使用男声音色。"

AI 生成歌曲的名称和歌词如图 7.20 所示。

7.5.4 文生视频——AI 制片人

【例 7.7】文生视频——历史场景复现。

主题：北宋汴京早市全息影像。

视频脚本提示词："4K 画质下，热气腾腾的炊饼摊前，商贩用开封方言叫卖：'新出炉的焦碱火烧！'，背景里虹桥上的毛驴还会对镜头翻白眼，画面比例为 16∶9。"

生成结果如图 7.21 所示。

图 7.20　AI 文生音频——
流行音乐（豆包）

图 7.21　AI 文生视频——北宋汴京早市场景复现视频（即梦 AI）

【例 7.8】图生视频——化身"神笔马良"。

主题：回眸一笑的蒙娜丽莎。

原始图片素材如图 7.22 所示。

视频脚本提示词："画面中的人物抬起右手轻轻梳理了一下头发，然后将身体侧向一边，回眸一笑。"

生成结果如图 7.23 所示。

 想一想：

（1）AI 创作的《数字蒙娜丽莎》版权该归程序员、算法还是达·芬奇后人所有？

（2）当 AI 写出超越李白的诗句，这是技术的胜利还是艺术的消亡？

图 7.22   原始图片素材 　　　　图 7.23　　AI 图生视频——回眸一
笑的蒙娜丽莎（即梦 AI）

（3）如果 AI 制作的电影获得奥斯卡奖，领奖台上该站人还是机器人？

7.5.5   文生代码——AI 程序员

AIGC 技术正在深度重塑编程工作流程，其智能代码生成、逻辑推理优化等能力革新了传统开发模式，并显著提升研发效率。目前，AIGC 技术应用已覆盖以下核心场景。

① 智能代码生成：基于自然语言描述或示例代码自动生成功能模块。

② 缺陷检测与修复：实时识别代码漏洞并提供修复建议。

③ 架构设计优化：通过算法推荐高效系统架构方案。

④ 文档自动化生成：根据代码逻辑自动生成技术文档与注释。

当然，利用 AIGC 生成的代码也并非无懈可击，表 7.3 展示了人类与大模型在程序设计方面的优缺点对比情况。

表 7.3   人类与大模型在程序设计方面的优缺点对比

开发者	优点	缺点
人	逻辑复杂缜密，可以完成比较复杂的开发任务	编写代码效率低，成本高
大模型	可以编写较复杂的业务代码，特别是有类似案例的情况下	需要 code-review，错误隐藏的更深，缺乏创造性

【例 7.9】代码自动生成。

输入提示词："请编写一段 Python 代码，使用 turtle 库绘制一个奥运五环。"

代码输出结果如图 7.24 所示。

代码运行效果如图 7.25 所示。

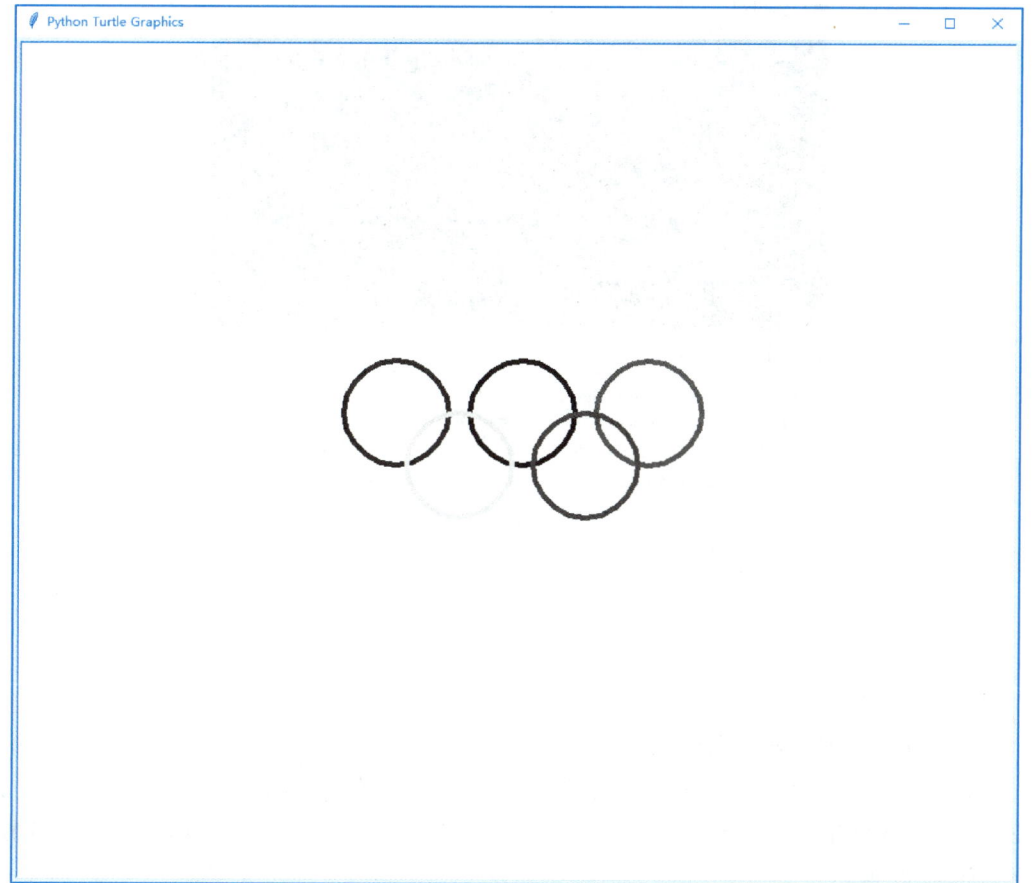

图 7.24　代码生成演示

图 7.25　代码运行效果

【例 7.10】代码纠错与优化。

输入提示词："以下 Python 代码用以求解百鸡百钱问题，代码中存在错误，请对代码进行修改，给出改正后的代码，并对错误原因进行分析。"

```
def solve_chicken_problem():
    # 遍历鸡翁、鸡母的数量
    for x in range(20):    # 鸡翁最多 20 只,因为一只鸡翁 5 钱,100/5 = 20
        for y in range(33):    # 鸡母最多 33 只,因为一只鸡母 3 钱,100/3 = 33
            # 鸡雏数量
            z = 100 - x - y
            # 判断是否满足钱数条件
            if 5 * x + 3 * y + z / 3 = 100:
                print(f"鸡翁:{x} 只, 鸡母:{y} 只, 鸡雏:{z} 只")
solve_chicken_problem()
```

AI 输出结果如图 7.26 所示。

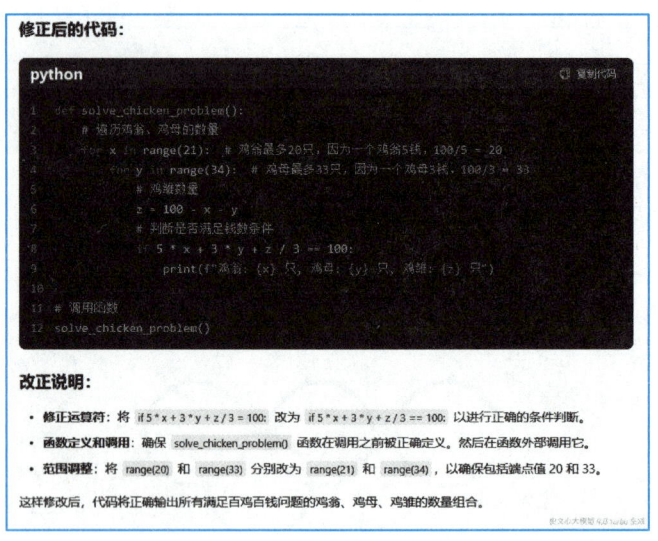

图 7.26 代码纠错输出结果

7.5.6 文生演示文稿——AI 职场人

【例 7.11】根据商业计划书生成演示文稿。

步骤 1：以"智能健康管理系统的开发与应用"为题，使用 AI 平台（如文心一言）生成不少于 1 500 字的商业计划书，将生成内容保存到本地（存储为 docx 文件）。AI 输出结果如图 7.27 所示。

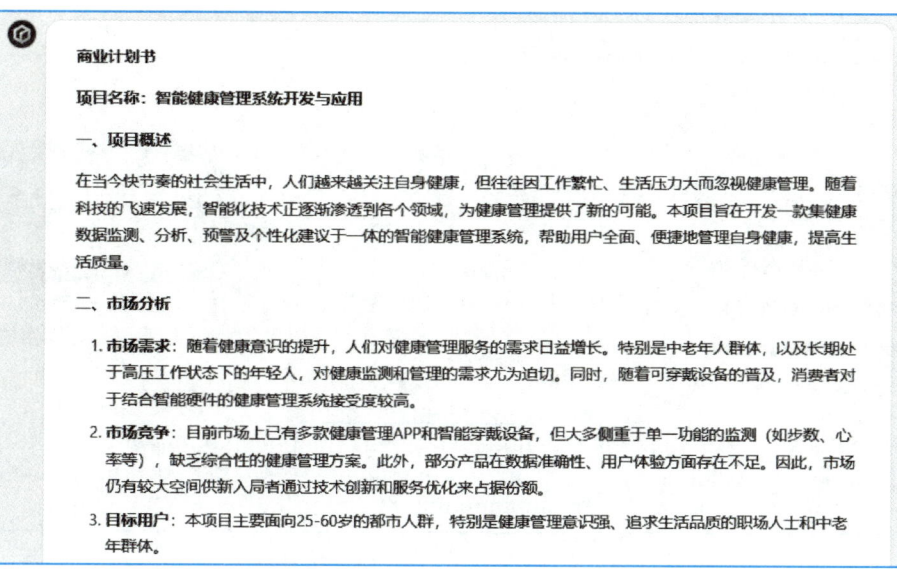

图 7.27 AI 生成的商业计划书（文心一言）

步骤 2：访问通义千问官网（如图 7.28 所示），按照页面提示完成注册登录。

图 7.28 通义千问主页

步骤 3：单击界面中的"PPT 创作"（如图 7.29 所示）。

步骤 4：根据应用场景或主题选择演示文稿模板（如图 7.30 所示）。

步骤 5：上传文档（如图 7.31 所示）。

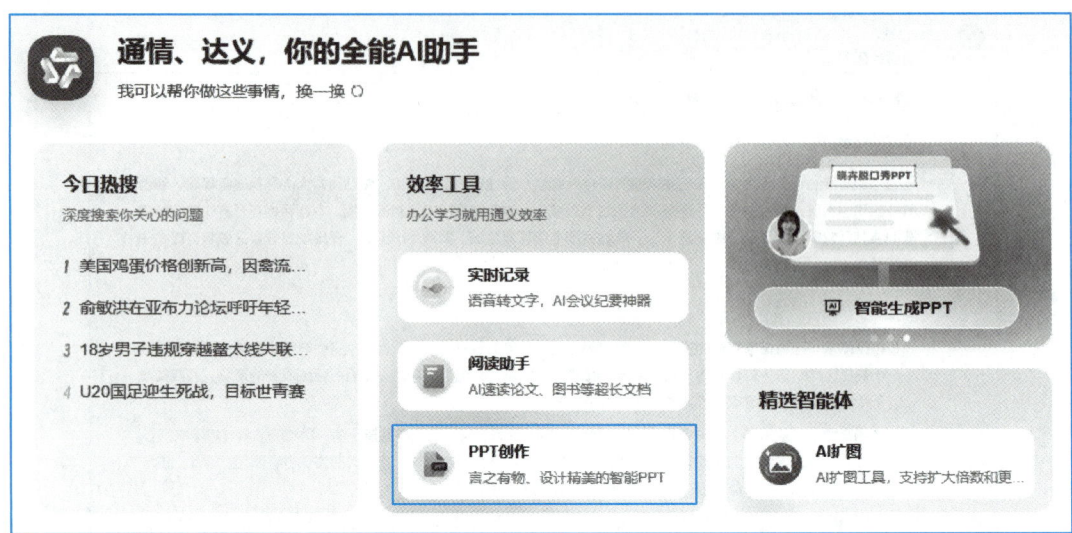

图 7.29   通义千问"PPT"制作功能

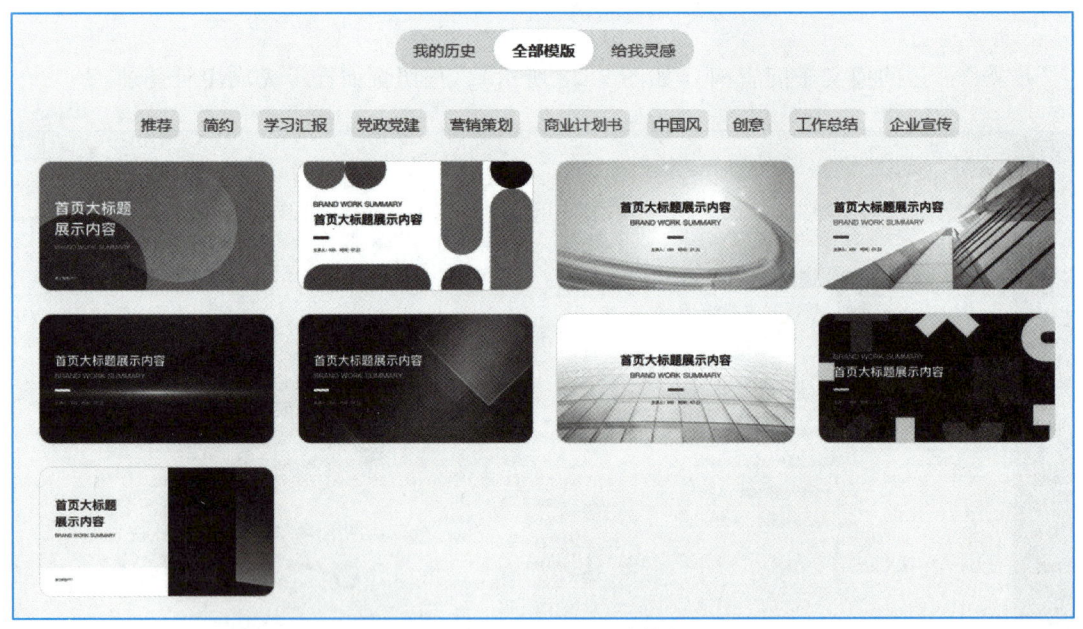

图 7.30   选择演示文稿模板

图 7.31   上传文档界面

步骤6：修改并确认文档大纲（如图7.32所示）。

图 7.32　文档大纲编辑界面

步骤 7：查看生成效果（如图 7.33 所示），进行局部修改优化后，将演示文稿导出到本地。

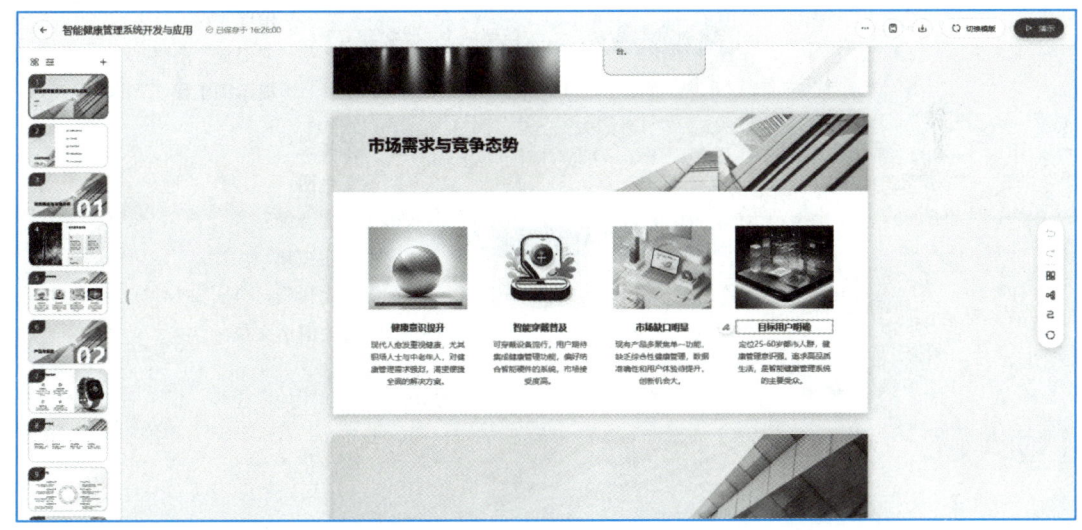

图 7.33　查看演示文稿生成效果

本章小结

本章勾勒了大模型引领人工智能革命的演进图谱：以"涌现能力"突破为内核，借力预训练奠基、微调塑形、强化学习精进的阶梯式进化，铸就通用智能与垂直领域专精的双重优势。多模态生成技术突破创作边界，从代码生成到视频合成彰显了 AIGC 的无限潜能，而 RAG 架构与提示词咒语则构建人机协作的安全围栏。全球竞技场上，GPT 系列与国产大模型各展锋芒，在算力消耗与伦理、安全风险的博弈中，驱动着智能时代从技术奇点迈向文明拐点的历史跨越。

本章内容思维导图如下：

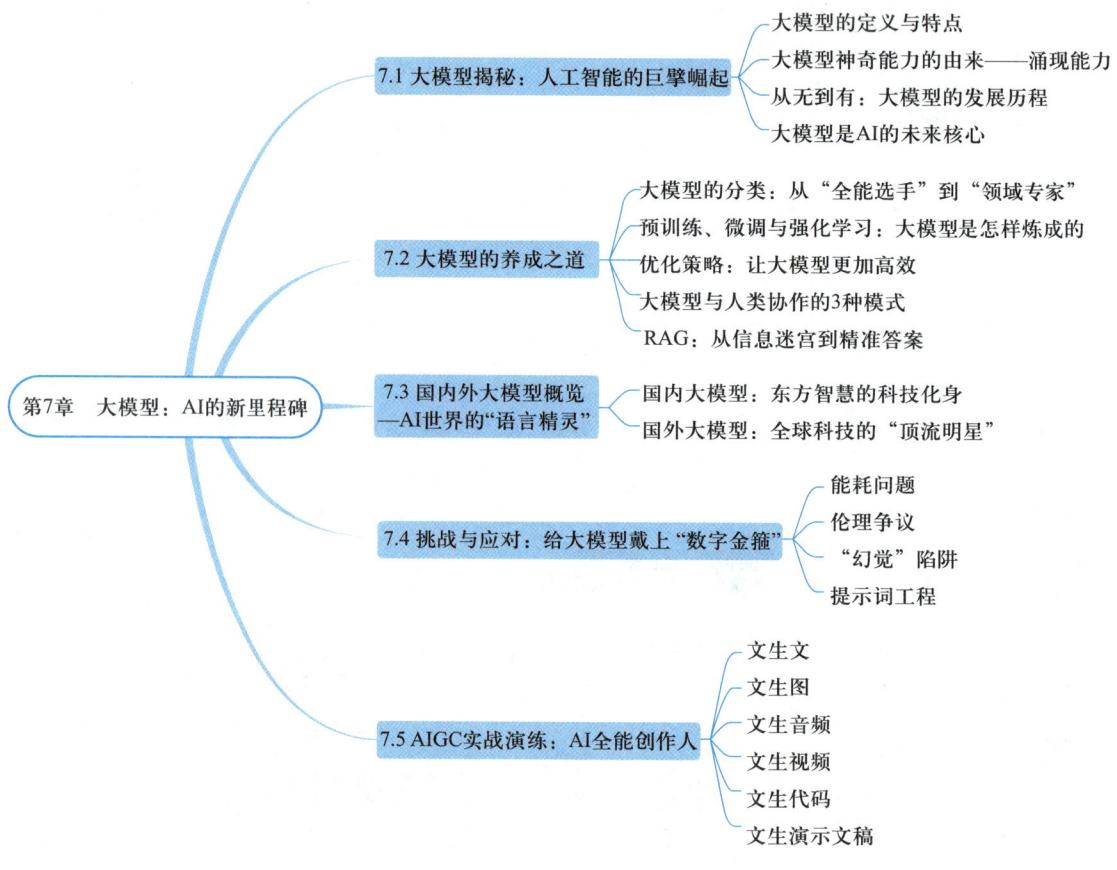

习题

一、判断题

1. 大模型的核心特征是通过百亿级参数构建的浅层神经网络实现对自然语言的建模。

（　　）

2. Transformer 架构赋予了大语言模型上下文推理能力。　　　　　　　　（　　）

3. 预训练是大模型训练的第一步，旨在让模型学习通用知识。　　　　　（　　）

4. 微调是大模型在特定任务上进行优化的过程，可以提高模型的性能。（　　）

5. 大模型的卓越性能仅源于对海量无标注数据的无监督表征学习。（　　）

6. 大模型的能耗问题不容忽视，其运行会产生大量的"碳足迹"。（　　）

7. 模型剪枝通过移除冗余神经元来减小模型规模，但会显著降低模型性能。（　　）

8. "幻觉"陷阱是大模型在生成内容时可能出现的一种错误现象。（　　）

9. 提示词工程是与大语言模型有效对话的关键技术之一。（　　）

10. 知识蒸馏中，学生模型仅通过模仿教师模型的硬标签（如分类结果）来学习。

（　　）

二、选择题

1. 下列选项中不属于大模型特点的是（　　）。

A. 超大规模参数　　　　　　　　B. 强大数据处理能力

C. 有限的泛化能力　　　　　　　D. 高度的适应性

2. 大模型被认为是 AI 的未来核心，主要是（　　）。

A. 因为它们能处理大量数据　　　B. 因为它们具有强大的泛化能力和适应能力

C. 因为它们只能用于特定任务　　D. 因为它们易于训练

3. 模型剪枝的主要目的是（　　）。

A. 提高模型精度　　　　　　　　B. 减少模型规模和计算成本

C. 增强模型泛化能力　　　　　　D. 增加训练数据量

4. 下列选项中不属于预训练目的的是（　　）。

A. 让模型学习通用知识　　　　　B. 提高模型的泛化能力

C. 使模型适应特定任务　　　　　D. 为微调奠定基础

5. 大模型的能耗问题主要体现在（　　）。

A. 训练过程中的电力消耗　　　　B. 模型部署后的维护成本

C. 数据收集过程中的资源消耗　　D. 模型推理时的计算效率

6. 大模型的伦理争议主要集中在（　　）。

A. 技术可行性　　　　　　　　　B. 经济效益

C. 社会影响和道德风险　　　　　D. 法律合规性

7. "幻觉"陷阱是指大模型在生成内容时可能出现（　　）。

A. 内容重复　　　　　　　　　　B. 语法错误

C. 事实性错误或虚构内容　　　　D. 逻辑混乱

8. 提示词工程的主要作用是（　　）。

A. 提高模型的训练速度　　　　　B. 优化模型的参数设置

C. 引导模型生成符合预期的内容　D. 增强模型的泛化能力

9. 多模态融合是指（　　）。

A. 将多种数据类型融合在一起进行处理

B. 使用多种算法对同一数据进行处理

C. 将多个模型的结果进行融合

D. 提高模型的训练效率

10. 以下关于大模型预训练阶段的描述，错误的是（　　　）。

A. 通过大规模无监督学习掌握数据特征

B. 生成具备初步文本生成能力的"基座模型"

C. 需提供专业领域数据进行专项优化

D. 是 3 个阶段中耗时最长的过程

11. 在微调阶段，模型训练的核心目标是（　　　）。

A. 完全替代人类标注员的评分工作

B. 通过强化学习提升回答的趣味性

C. 调整参数以适应特定应用场景需求

D. 缩短文本生成的整体响应时间

12. 大模型在强化学习训练阶段的核心技术手段是（　　　）。

A. 基于 3H 原则训练奖励模型替代人工评分

B. 通过无监督学习扩展模型知识库

C. 直接采用预训练数据自动生成反馈

D. 依赖专业领域数据集进行参数初始化

13. 大模型的基础架构是（　　　）。

A. 传统循环神经网络（RNN）

B. 超大规模参数构建的深度神经网络

C. 基于规则的符号逻辑系统

D. 小规模参数优化的决策树模型

14. 自注意力机制的主要作用是（　　　）。

A. 减少模型训练时间　　　　　　　B. 突破传统模型的表征瓶颈

C. 提高图像识别精度　　　　　　　D. 降低参数规模

15. 大模型在以下任务中表现出类人特性的是（　　　）。

A. 单一领域文本生成　　　　　　　B. 跨领域知识关联与推理

C. 硬件设备驱动程序开发　　　　　D. 传统数值计算优化

三、简答题

1. 什么是大模型的"涌现能力"？请结合实例说明其重要性。

2. 大模型为何容易产生"幻觉"现象？列举两种可能的应对策略。

3. 大模型与人类协作的 3 种模式是什么？请分别说明其适用场景及对人类社会分工的影响。

4. 大模型的训练与应用面临严重的能耗问题，请从计算资源、数据规模、模型架构 3 个层面分析其成因，并提出两种可行的节能优化方案。

实验 7 AI 奇幻工坊——跨模态故事创作

一、实验目的

1. 理解大模型的多模态生成能力。
2. 掌握提示词工程的核心要素。
3. 体验 AI 内容创作的完整流程。
4. 掌握大模型在文本、图像、音频等领域的协同创作方法。
5. 探讨生成式 AI 的伦理边界。

二、实验内容

基于大模型完成如下的 AIGC 内容创作。

1. 故事框架设计：生成章回体奇幻故事大纲。
2. 视觉呈现：生成分场景插图脚本，进而实现故事插画生成。
3. 声音塑造：生成 BGM 描述脚本，进而完成音乐的生成与下载。
4. 多模态融合：生成每回目的视频分镜脚本，在此基础上完成分镜视频的创作；利用多模态大模型整合插画、BGM 及分镜视频，完成跨媒介视频宣传片的合成与导出。
5. 成果展示与讨论：展示文字故事、插画、音乐及宣传视频片段，分析多模态创作中 AI 工具的协作逻辑与跨媒介表达效果。

三、实验环境（如表 7.4 所示）

表 7.4 推荐实验工具

功能模块	推荐工具
文本生成	DeepSeek/文心一言/通义千问/豆包等
图像生成	文心一言/通义万相/豆包/即梦 AI
音乐生成/语音合成	即梦 AI/豆包
视频生成	即梦 AI/可灵 AI/通义万相

四、实验步骤

任务 1：用大模型构建奇幻故事框架（故事框架设计）。

步骤：使用 AI 大模型创建故事大纲。

鉴于文心一言在中文处理方面的优秀表现，此处使用其进行文本故事大纲的创建。

在"文心一言"中输入如下提示词：

"请创作一个包含以下元素的奇幻故事大纲：

-主角是一名生活在 22 世纪的快递员

-关键道具是会说话的青铜面具，拥有 "时间回溯" 能力

-核心矛盾是古代文明与 AI 的对抗

-场景需包含唐代长安城和 22 世纪数据中心

（要求：用章回体形式，全文共 6 回，2 000 字以内）"

该步骤的参考结果如图 7.34 所示。

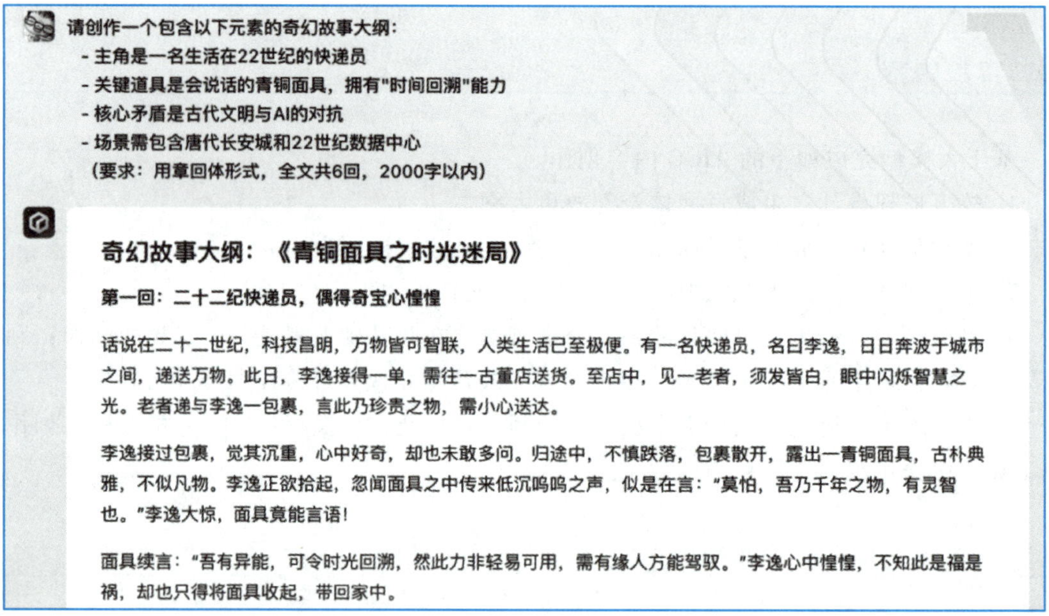

图 7.34 故事大纲创建示例

任务 2：用 AI 生成关键场景插图（视觉呈现）。

步骤 1：获取故事场景插图绘制脚本。

DeepSeek-R1 大模型在深度推理方面具有显著优势，能够实现从角色互动、情感基调到光影逻辑的逐层解析（如"孤独→冷色调+空旷构图"），生成可解释的创作路径，同时，能够给出精准的结构化输出。因此在本实验中使用 DeepSeek 作为多媒体创作脚本的生成工具。

在 DeepSeek 中输入如下提示词：

"请为以下短篇故事的每一个回目生成一个场景配图，如无法生成图片，请给出配图

的脚本，故事全文如下：

　　［故事全文粘贴到此处］"

该步骤的参考结果如图 7.35 所示。

第一回：二十二纪快递员，偶得奇宝心惶惶
场景脚本
【近景】霓虹闪烁的立体城市街道，悬浮快递车侧翻在地
【中景】身着发光纤维制服的快递员李逸跪坐在地，双手颤捧起散发青光的青铜面具
【背景】全息广告牌投射着"万物智联"标语，与面具古老纹路形成时空对冲
【细节】面具表面流动着数据流般的蓝光，李逸瞳孔倒映着面具诡异光芒

第二回：面具开口述往事，古代文明现端倪
场景脚本
【俯视角】狭小公寓内，青绿色面具悬浮半空投射全息影像
【光影】窗外霓虹与面具幽光交织，在墙上投出唐代武者与数据怪兽搏斗的剪影
【特写】李逸后背紧贴墙壁，额角冷汗折射着全息画面中AI之祖的红色数据核心

第三回：时光回溯至长安，初探古秘心震撼
场景脚本
【全景】盛唐长安朱雀大街，无人机视角穿越雕梁画栋的古代楼阁
【焦点】身着快递服的李逸突兀立于人群，面前石室入口浮现发光符文阵
【对比】左侧市集摊贩挑着灯笼，右侧石室墙壁嵌有类似电路板的青铜器件

图 7.35　故事大纲创建结果示例（局部截图）

步骤 2：使用即梦 AI 的图片生成功能，生成回目场景插图。

> 　　即梦 AI 是抖音旗下的 AI 多媒体生成平台，能够完成包含图片、音乐、视频的一站式内容创作。目前市面上的主流多媒体 AI 创作工具多为付费应用，而即梦 AI 采用每日赠送积分的形式为普通用户提供免费服务，因此选择其作为本实验的多媒体创作工具。

输入 DeepSeek 生成的回目场景插图，依次生成 6 幅关键场景插画，画面比例选择 16∶9。具体操作过程如下。

① 选择"AI 作图"中的"图片生成"功能，操作界面如图 7.36 所示。

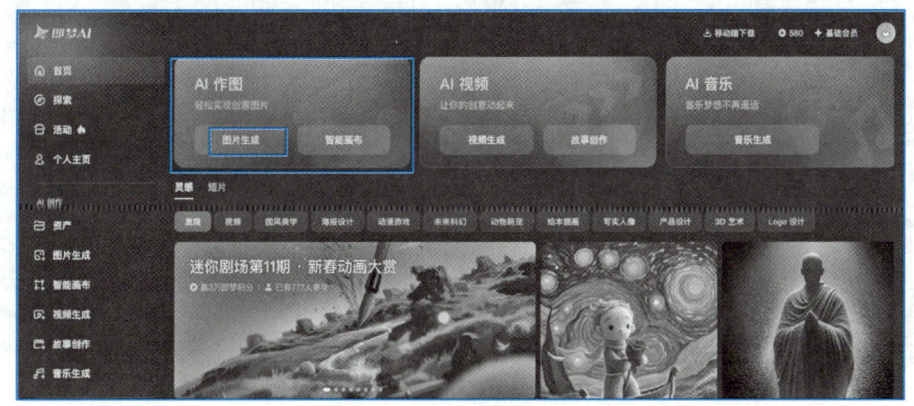

图 7.36　AI 作图界面

② 输入插图脚本，生成图片，相关参数设置如图 7.37 所示。

③ 在输出结果中选择最符合要求的图片，并进行局部微调，如图 7.38 所示。

④ 重复以上步骤，为每个回目生成场景插图。

任务 3：为故事创建音乐素材（声音塑造）。

步骤 1：使用 DeepSeek 生成 BGM 设计脚本。

参考提示词："请在此基础上给出与故事主题相符的 30 秒 BGM 脚本，脚本控制在 150 字以内。"

注意：即梦 AI 的音频生成提示词存在 150 字的输入长度限制。

参考结果如图 7.39 所示。

步骤 2：使用即梦 AI 生成 BGM。具体操作过程如下。

① 选择"音乐生成"下的"纯音乐"选项卡。

② 输入由 DeepSeek 生成的 BGM 设计脚本，设置生成时长，相关参数设置如图 7.40 所示。

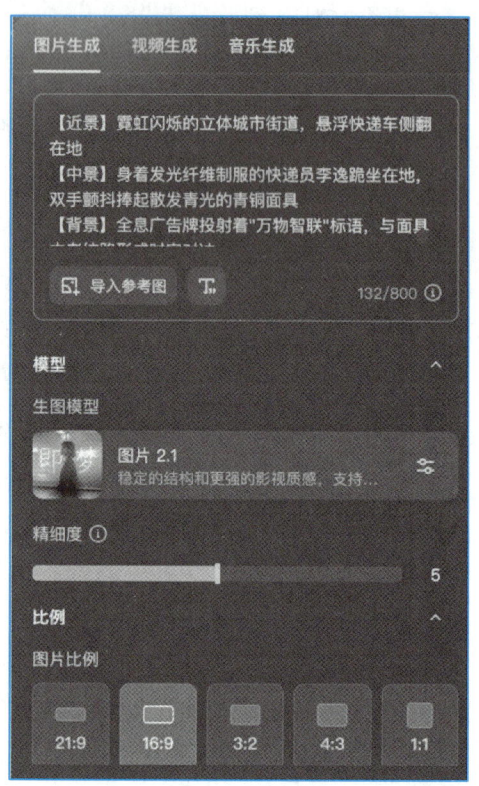

图 7.37 图片生成参数设置示例

图 7.38 查看图片生成结果

《时光迷局》30秒BGM极简版
0-5秒：电子脉冲x3（渐强）+古筝泛音，背景融合数据流/青铜嗡鸣。
5-15秒：箫（《霓裳》变调）与赛博音色对位，齿轮节拍加速至90BPM。
15-25秒：Glitch碎拍（160BPM）+唐鼓，古筝对抗AI人声，声场分裂（左电磁噪/右编钟）。
25-30秒：骤停→青铜余响，末0.5秒电流断裂。
内核：五声阶×二进制噪波，科技低频/古器高频对冲，时空脉冲每8拍注入。

（共149字，保留核心冲突：电子脉冲/古筝、箫/赛博音色、声场分裂、频率战争与时空错位设计）

图 7.39 BGM 脚本设计结果

任务 4：制作故事宣传片（多模态融合）。

步骤 1：使用 DeepSeek 生成视频分镜脚本。

参考提示词："请根据以下故事大纲，为每个回目生成一个视频分镜脚本，每个脚本的时长为 5 秒。"

参考结果如图 7.41 所示。

步骤 2：使用即梦 AI"故事创作"功能制作宣传片。

设置每个分镜的关键帧图片和分镜脚本，具体操作过程如下。

① 进入"AI 视频"的"故事创作"模块，界面如图 7.42 所示。

② 创建"空白分镜"设置每个分镜的关键帧图片和分镜脚本，操作界面如图 7.43 所示。

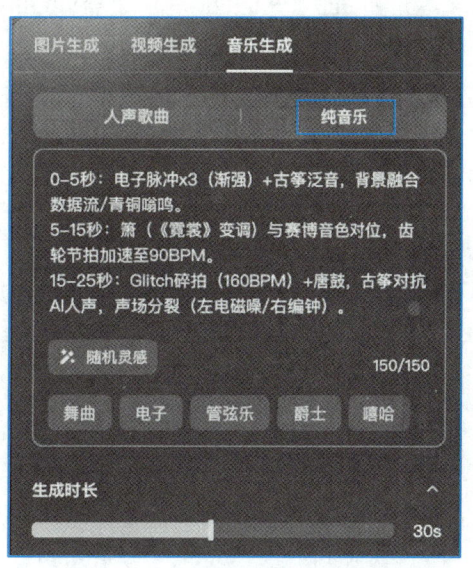

图 7.40 音乐生成参数设置（即梦 AI）

第一回分镜（未来都市奇遇）
00:00-00:03 左侧赛博朋克街道全息投影闪烁，右侧快递车在磁悬浮轨道飞驰
00:03-00:05 分屏破碎，青铜面具在数据流中浮现，瞳孔位置亮起二进制幽光

第二回分镜（古今对话）
00:00-00:02 俯拍现代床铺，被单褶皱形成山脉纹理
00:02-00:05 床单褶皱渐变唐代长安沙盘，面具投影出全息星图覆盖其上

第三回分镜（时空穿越）
00:00-00:01 快递车后视镜映出霓虹广告牌
00:01-00:03 镜面泛起涟漪，显现出唐代朱雀大街灯笼阵列
00:03-00:05 镜头穿透镜面，霓虹与灯笼在穿越瞬间交融爆炸

第四回分镜（数据迷宫）
00:00-00:02 玉佩悬浮在由0/1代码构成的透明金字塔中
00:02-00:05 机械守卫从数据墙浮现，守卫眼睛显示倒计时数字

图 7.41 视频分镜脚本生成（DeepSeek）

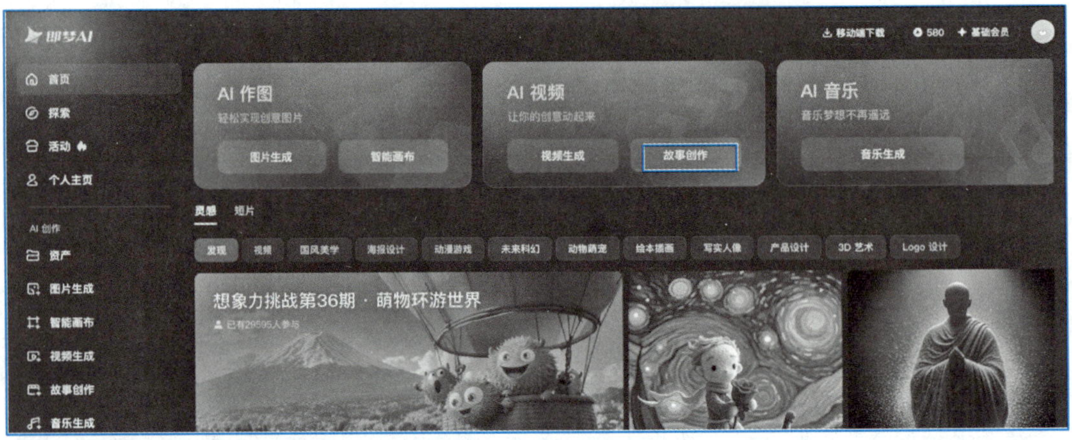

图 7.42　AI 视频——故事创作界面（即梦 AI）

图 7.43　视频生成参数设置（即梦 AI）

注意：此处的关键帧图片使用之前生成的场景插图。

③ 重复以上步骤，完成全部分镜的创建。

④ 为宣传片设置背景音乐。

单击界面下方的"添加音频"按钮，上传之前生成的 30 秒背景音乐。分镜头编辑界面及音频添加位置如图 7.44 所示。

步骤 3：成片导出。

单击界面右上方的"导出"按钮，将成片保存到当前计算机。

任务 5：成果展示与讨论。

图 7.44　为分镜视频添加背景音乐（即梦 AI）

（1）作品展示（文字+图片+音频+视频片段）

（2）课堂讨论

① AI 生成内容是否应该标注创作者？AIGC 的著作权应归属于平台还是用户？为什么？

② 分析讨论本实验 AI 创作中的人文价值。

附录　人工智能编程语言与工具

1. 人工智能编程首选语言：Python

编程语言是人类和计算机之间沟通的独特桥梁，在人工智能领域承担着不可或缺的关键角色。无论是构建复杂的机器学习模型，还是训练深度神经网络，都需要借助编程语言将各种算法和逻辑转化为计算机能够理解和执行的指令。

Python 语言因其简洁性、可读性和强大的生态系统，成为人工智能领域的首选编程语言，其包括以下优势：

① 语法简洁：代码易于编写和阅读，适合快速原型开发。

② 丰富的库支持：覆盖数据处理、机器学习、深度学习等全流程。

③ 社区活跃：海量开源项目和教程资源，问题解决效率高。

④ 跨平台兼容：支持 Windows、macOS、Linux 等操作系统。

2. Python 的安装与配置

安装 Python 方法如下：

访问 Python 主站点下载安装文件。Python 版本更新较快，读者可下载使用最新版本。本书旨在为零编程基础的读者提供人工智能学习服务，故对 Python 版本没有特别的要求。部分具备编程基础的读者，若有深入实践本书所述人工智能算法的学习需求，建议选择 Python 3.8 以上版本。

下载界面如附图 1 所示。

运行安装程序，在安装界面中勾选 "Add python.exe to PATH"（环境变量配置）。如附图 2 所示。

安装完成后，可在操作系统终端（例如 Windows 平台的控制台）输入命令：python --version，若控制台返回当前的 Python 版本信息，则表明安装成功。

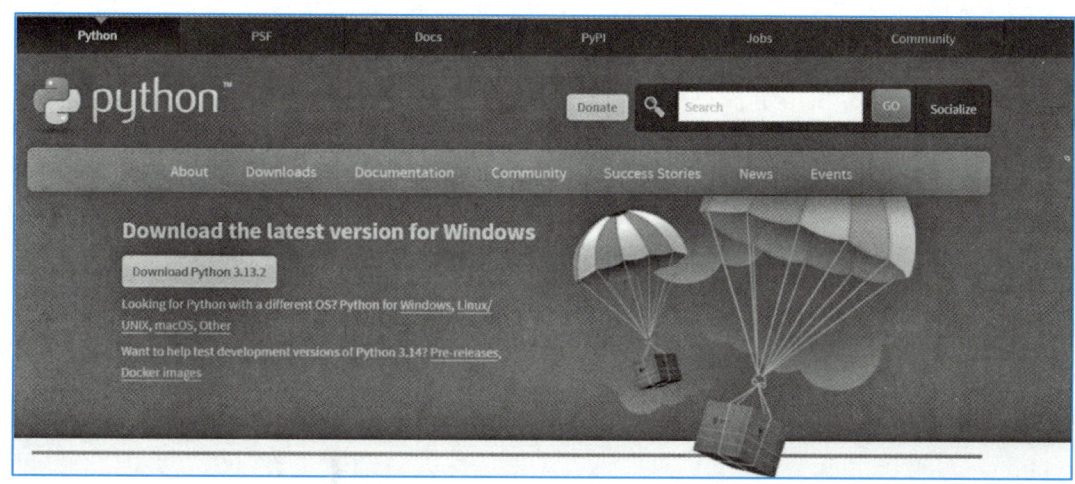

附图 1　Python 的主站下载页面

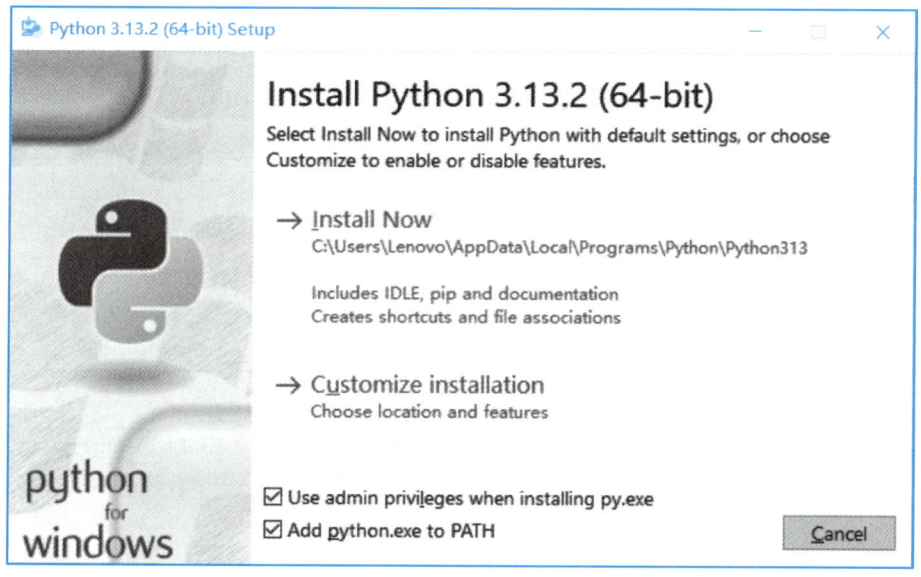

附图 2　Python 安装的基本设置

3. Python 内置的开发与学习环境：IDLE

IDLE（integrated development and learning environment，集成开发和学习环境）是 Python 编程语言最基本的集成开发环境（IDE）。IDLE 的安装过程与 Python 安装包紧密集成，无须额外操作。一旦 Python 安装完成，IDLE 便会自动出现在系统中，并与 Python 解释器无缝对接。这种即装即用的特性极大地降低了初学者的入门门槛，让他们能够迅速投入 Python 编程。

以 Windows 系统为例，安装成功 Python 之后，便可以在"开始"菜单中找到 IDLE，如附图 3 所示。

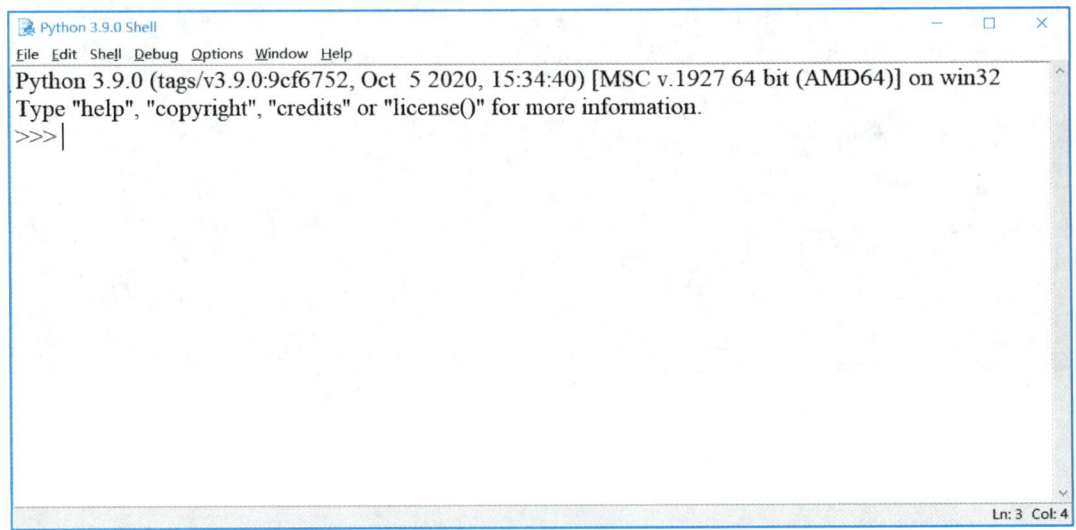

附图 3　IDLE 工作界面

在 IDLE 工作界面中"＞＞＞"为提示符，其前面的信息为 IDLE 的版本信息，初学者可以忽略。在 IDLE 中运行 Python 程序有两种方式：交互式和文件式。

（1）交互式运行程序

在 IDLE 界面的提示符"＞＞＞"后直接输入 Python 语句，按 Enter 键后，将在下一行得到运行结果。例如输入一行代码：print（"Hello AI"），按 Enter 键后，将立即看到输出结果"Hello AI"，如附图 4 所示。

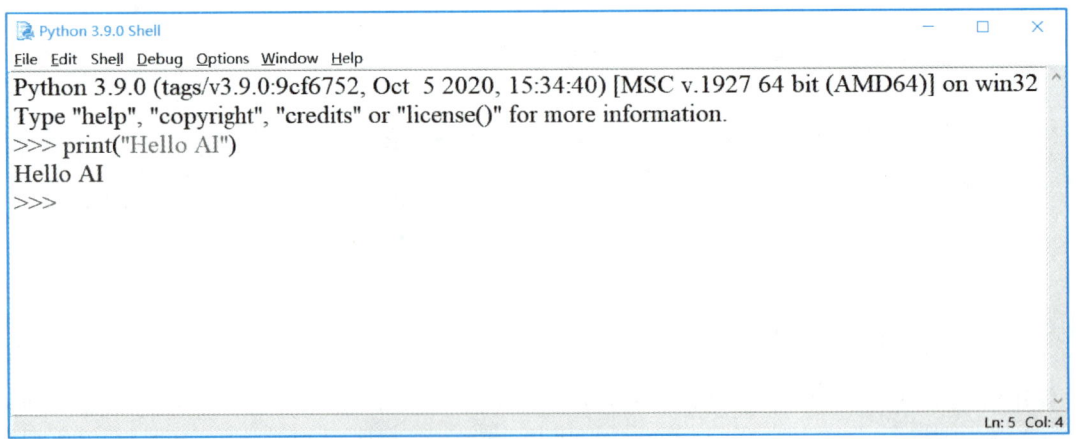

附图 4　Python 程序的交互式运行

交互式运行一般用于简单的运算或者代码调试，仅适合少量的 Python 语句的测试。

（2）文件式运行程序

文件式运行方式是将 Python 程序一次性写入文件，再通过 IDLE 内置的解释器批量执行全部代码。文件式是常用的 Python 程序运行方式。

在 IDLE 中按 Ctrl+N 键或者在菜单中选择“File→New File”选项，打开 Python 代码编辑器，将多行 Python 程序一次性写入文件之中，并以“. py”为扩展名保存文件，如附图 5 所示。

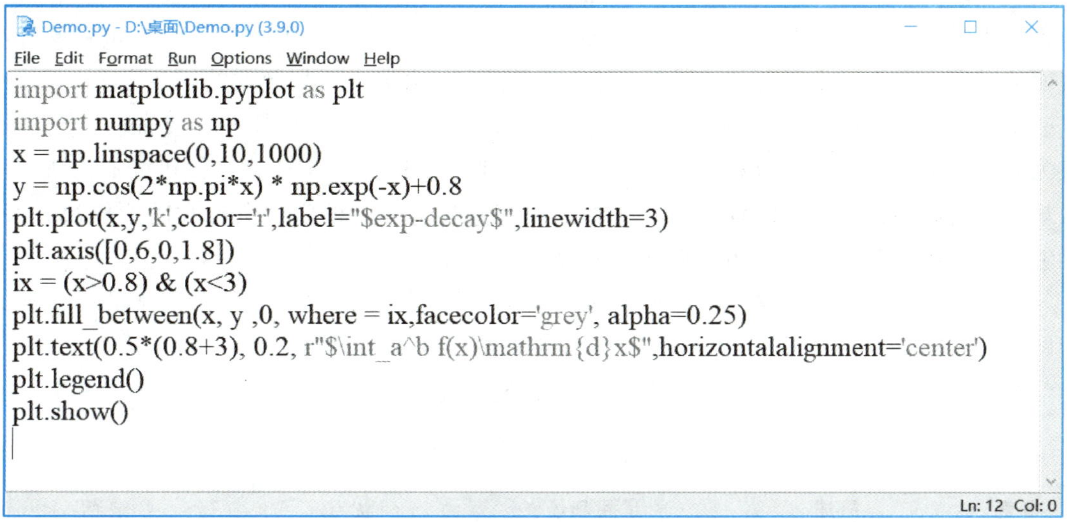

Demo.py - D:\桌面\Demo.py (3.9.0)
File Edit Format Run Options Window Help
import matplotlib.pyplot as plt
import numpy as np
x = np.linspace(0,10,1000)
y = np.cos(2*np.pi*x) * np.exp(-x)+0.8
plt.plot(x,y,'k',color='r',label="$exp-decay$",linewidth=3)
plt.axis([0,6,0,1.8])
ix = (x>0.8) & (x<3)
plt.fill_between(x, y ,0, where = ix,facecolor='grey', alpha=0.25)
plt.text(0.5*(0.8+3), 0.2, r"$\int_a^b f(x)\mathrm{d}x$",horizontalalignment='center')
plt.legend()
plt.show()
Ln: 12 Col: 0

附图 5　文件式运行代码的编写

程序需要运行时，按 F5 键或者在菜单中选择“Run→Run Module”选项，IDLE 便会启动一个交互环境，显示程序运行结果，如附图 6 所示。

Python 3.9.0 Shell
File Edit Shell Debug Options Window Help
Python 3.9.0 (tags/v3.9.0:9cf6752, Oct 5 202
Type "help", "copyright", "credits" or "license(
>>>
============================ RESTA
====
Figure 1
exp – decay
1.8
1.6
1.4
1.2
1.0
0.8
0.6
0.4
0.2
0.0
0
1
2
3
4
5
6
$\int_a^b f(x)dx$

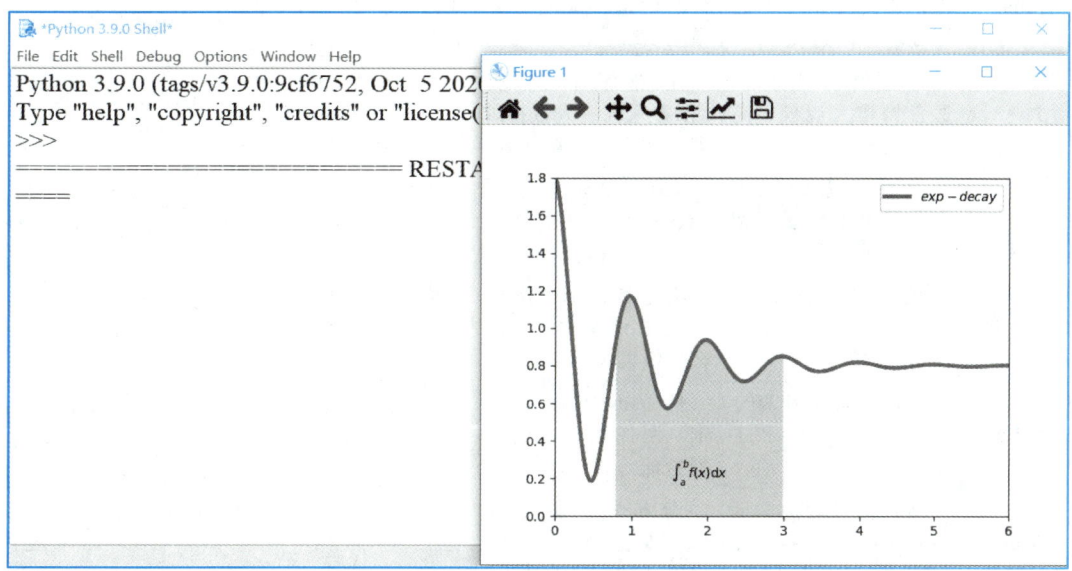

附图 6　文件式运行结果

4. 其他主要的人工智能编程语言

从理论上，任何编程语言均可用于设计人工智能算法，但人们在选择人工智能编程语言时，主要关注以下几点。

① 人工智能库的丰富程度。人工智能库是指用于支持 AI 开发的"工具箱"，它提供了各种工具和函数，供开发者在实现机器学习、深度学习等 AI 功能时调用。如果没有这些库的存在，那么开发者要从头编写所有的 AI 程序，会极大增加开发的复杂度。

② 用户社区的规模。在编程语言的技术领域中，社区的力量是不容忽视的。它们不仅为程序员提供了一个交流和学习的平台，还推动了编程语言本身的发展和技术创新。社区规模大的编程语言，在编程社区中为程序员们提供了丰富的学习资源和问题解决方案，能够为编程语言的发展、应用、创新注入源源不断的活力。

③ 学习的难易程度。在 AI 时代，编程语言首先应该是简单易学的。复杂的语法和烦琐的代码编写会让很多人望而却步，尤其是那些刚刚接触编程的新手。

综上所述，除 Python 外，其他适合人工智能编程的语言概要如附表 1 所示。

附表 1　适合人工智能编程的语言概要（Python 除外）

语言	概述	适用场景	优点	缺点
R	专为统计分析和数据科学设计的编程语言，广泛应用于学术研究	统计分析、数据可视化、生物信息学、机器学习原型验证	丰富的统计计算包（如 dplyr、ggplot2），强大的可视化能力	处理大规模数据效率低，语法复杂
Julia	高性能科学计算语言，兼具 Python 的易用性和 C 的速度	高性能数值计算、科学模拟、深度学习模型实现	接近 C 的运行速度，支持并行计算；语法简洁	生态系统较新，工业界应用少
Java	企业级编程语言，适合构建大规模、高并发系统	企业级 AI 系统（推荐系统、大数据处理）、Android 端部署	跨平台、稳定性强，与 Hadoop/Spark 生态集成	代码冗长，缺乏专用深度学习框架
C++	高性能系统级语言，常用于底层框架开发和实时计算	GPU 加速、游戏 AI、深度学习框架底层实现	执行速度快，内存控制精细，适合硬件级优化	开发周期长，缺少高级 AI 库支持
JavaScript	前端开发主流语言，借助 Web 生态渗透 AI 应用	浏览器端 AI（图像识别、语音交互）、轻量级模型部署	跨平台部署（Web、Node.js），交互能力强	计算性能较低，深度学习生态不成熟
MATLAB	工程与科学计算专有语言，学术界和工业界长期使用	信号处理、控制系统、图像处理算法原型验证	内置数学和工程工具箱，可视化工具强大	闭源且授权费用高，不适合生产环境
Scala	结合面向对象和函数式编程，与 Java 兼容，适合大数据处理	分布式数据处理（Spark 生态）、大规模机器学习流水线	与 Apache Spark 深度集成，代码简洁	学习门槛高（函数式编程），社区规模小

5. 人工智能领域常用的库和框架

人工智能领域常用的库和框架，如附表 2 所示。

附表 2　人工智能领域常用的库和框架

领域	库/框架名称	主要用途	特点	编程语言
机器学习	Scikit-learn	传统机器学习算法实现	简单易用，覆盖分类、回归、聚类等任务	Python
	XGBoost/LightGBM	梯度提升树模型	高效处理结构化数据，竞赛和工业常用	Python/C++
深度学习	TensorFlow	端到端深度学习模型开发	支持生产环境，静态图为主，社区成熟；适合工业部署（如移动端、浏览器端）和大型项目	Python/C++
	PyTorch	动态图深度学习框架	研究友好，灵活调试；适合研究快速迭代，动态图更易调试	Python
	Keras	高层深度学习 API	简化模型构建，集成于 TensorFlow 2.x	Python
自然语言处理	NLTK	自然语言基础处理（分词、标注等）	学术研究常用，功能全面	Python
	spaCy	工业级 NLP 工具库	高效预训练模型，支持多语言	Python
	Hugging Face Transformers	预训练语言模型（如 BERT、GPT）	提供大量开源模型，支持快速微调	Python
计算机视觉	OpenCV	图像和视频处理	丰富的视觉算法库（如特征提取、目标检测）	C++/Python
	Pillow（PIL）	图像处理基础操作	Python 图像处理标准库	Python
强化学习	OpenAI Gym	强化学习算法测试环境	提供多种标准环境（如 Atari 游戏）	Python
	Stable Baselines3	强化学习算法实现	基于 PyTorch，包含 PPO、DQN 等算法	Python
	RLlib	分布式强化学习框架	集成多种算法，支持多智能体训练	Python
自动机器学习	Auto-Sklearn/Auto-PyTorch	自动模型选择和超参数优化	自动化流程，减少手动调参	Python
分布式训练	PyTorch Lightning	简化 PyTorch 训练流程	模块化设计，支持分布式训练	Python
	Horovod	多 GPU/多节点分布式训练框架	兼容 TensorFlow、PyTorch	Python/C++

参考文献

[1] 万珊珊，吕橙，邱李华，等. 计算思维导论［M］. 北京：机械工业出版社，2019.

[2] 邵增珍，姜言波，刘倩. 计算思维与大学计算机基础［M］. 北京：清华大学出版社，2021.

[3] 谢涛，程向前，杨金成. RAPTOR 程序设计案例教程［M］. 北京：清华大学出版社，2014.

[4] 周勇. 计算思维与人工智能基础［M］. 3 版. 北京：人民邮电出版社，2019.

[5] 焦李成. 人工智能通识基础［M］. 北京：人民邮电出版社，2024.

[6] 李楠，秦建军，李宇翔，等. 人工智能通识讲义［M］. 北京：机械工业出版社，2022.

[7] 张恩德. 人工智能：是什么？为什么？怎么做？［M］. 北京：清华大学出版社，2024.

[8] 山口达辉，松田洋之. 图解机器学习和深度学习入门［M］. 张鸿涛，戴凤智，高一婷，译. 北京：化学工业出版社，2023.

[9] 文继荣，徐君，等. 人工智能与 Python 程序设计［M］. 北京：中国人民大学出版社，2024.

[10] Mohri M，Rostamizadeh A，Talwalkar A. Foundations of Machine Learning［M］. Cambridge，MA：MIT Press，2012.

[11] Mitchell T. Machine Learning［M］. New York：McGraw-Hill Education，1997.

[12] 周苏，杨武剑. 人工智能通识教程（微课版）［M］. 2 版. 北京：清华大学出版社，2020.

[13] 王东，马少平. 图解人工智能［M］. 北京：清华大学出版社，2023.

[14] 多田智史. 图解人工智能［M］. 张弥，译. 北京：人民邮电出版社，2021.

[15] 杉山将. 图解机器学习［M］. 许永伟，译. 北京：人民邮电出版社，2015.

[16] Trask A W. 深度学习图解［M］. 王晓雷，严烈，译. 北京：清华大学出版社，2020.

［17］Goodfellow I，Bengio Y，Courville A．Deep Learning［M］．Cambridge，MA：MIT Press，2016．

［18］邱锡鹏．神经网络与深度学习［M］．北京：机械工业出版社，2020．

［19］Russell S，Norvig P．人工智能：现代方法［M］．4 版．张博雅，陈坤，田超，等译．北京：人民邮电出版社，2022．

［20］徐洁磐，徐梦溪．人工智能导论［M］．2 版．北京：中国铁道出版社，2021．

［21］兰朝凤，柳长源，韩玉兰，等．人工智能基础及应用（微课版）［M］．北京：电子工业出版社，2023．

［22］唐滔，郁云，王震．人工智能基础与应用［M］．北京：中国人民大学出版社，2024．

［23］吴北虎．人工智能基础概念与应用［M］．北京：清华大学出版社，2024．

［24］赵鑫，李军毅，周昆，等．大语言模型［M］．北京：高等教育出版社，2024．

［25］赵宏．人工智能与创新［M］．北京：高等教育出版社，2024．

［26］杨青．大语言模型：原理与工程实践［M］．北京：电子工业出版社，2024．

［27］程絮霖，杨波，王刊良，等．大模型入门：技术原理与实战应用［M］．北京：人民邮电出版社，2024．

［28］张成文．大模型导论［M］．北京：人民邮电出版社，2024．

郑重声明

高等教育出版社依法对本书享有专有出版权。任何未经许可的复制、销售行为均违反《中华人民共和国著作权法》，其行为人将承担相应的民事责任和行政责任；构成犯罪的，将被依法追究刑事责任。为了维护市场秩序，保护读者的合法权益，避免读者误用盗版书造成不良后果，我社将配合行政执法部门和司法机关对违法犯罪的单位和个人进行严厉打击。社会各界人士如发现上述侵权行为，希望及时举报，我社将奖励举报有功人员。

反盗版举报电话　（010）58581999　58582371

反盗版举报邮箱　dd@ hep.com.cn

通信地址　北京市西城区德外大街 4 号
　　　　　高等教育出版社知识产权与法律事务部

邮政编码　100120

防伪查询说明

用户购书后刮开封底防伪涂层，使用手机微信等软件扫描二维码，会跳转至防伪查询网页，获得所购图书详细信息。

防伪客服电话　（010）58582300